UTILITY
TUNNEL
ENGINEERING

综合管廊工程

[德] 迪特里希·施泰因（Dietrich Stein） 著

王恒栋　马保松　译

人民交通出版社股份有限公司

北 京

图书在版编目(CIP)数据

综合管廊工程/(德)迪特里希·施泰因著;王恒栋,马保松译.—北京:人民交通出版社股份有限公司,2023.2

ISBN 978-7-114-18133-7

Ⅰ.①综… Ⅱ.①迪…②王…③马… Ⅲ.①市政工程—地下管道—管道工程 Ⅳ.①TU990.3

中国版本图书馆 CIP 数据核字(2022)第 140243 号

著作权合同登记号:图字 01-2021-7357

Zonghe Guanlang Gongcheng

书　　名:综合管廊工程
著 作 者:[德]迪特里希·施泰因
译　　者:王恒栋　马保松
责任编辑:李　梦
责任校对:孙国靖　宋佳时
责任印制:张　凯
出版发行:人民交通出版社股份有限公司
地　　址:(100011)北京市朝阳区安定门外外馆斜街 3 号
网　　址:http://www.ccpcl.com.cn
销售电话:(010)59757973
总 经 销:人民交通出版社股份有限公司发行部
经　　销:各地新华书店
印　　刷:北京印匠彩色印刷有限公司
开　　本:787×1092　1/16
印　　张:24.5
字　　数:578 千
版　　次:2023 年 2 月　第 1 版
印　　次:2023 年 2 月　第 1 次印刷
书　　号:ISBN 978-7-114-18133-7
定　　价:130.00 元

(有印刷、装订质量问题的图书,由本公司负责调换)

译者前言

城市地下管线是指城市范围内给水、排水、燃气、热力、电力、通信、广播电视等管线及其附属设施,是保障城市运行的重要基础设施和"生命线"。近年来,随着城市快速发展,地下管线建设规模不足、正常管理水平不高等问题凸显,一些城市相继发生大雨内涝、管线泄漏爆炸、路面塌陷等事件,严重影响了人民群众生命财产安全和城市运行秩序。切实加强城市地下管线建设管理,保障城市安全运行,对提高城市综合承载能力和城镇化发展质量有着重要意义。

地下综合管廊是指在城市地下用于集中敷设电力、通信、广播电视、给水、排水、热力、燃气等市政管线的公共隧道。我国正处在城镇化快速发展时期,但地下基础设施建设滞后。推进城市地下综合管廊及附属设施建设,统筹各类市政管线规划、建设和管理,解决反复开挖路面、架空线网密集、管线事故频发等问题,有利于保障城市安全、完善城市功能、美化城市景观、促进城市集约高效和转型发展,有利于提高城市综合承载能力和城镇化发展质量,有利于增加公共产品有效投资、拉动社会资本投入、打造经济发展新动力。为此,国务院办公厅于 2015 年 8 月印发了《关于推进城市地下综合管廊建设的指导意见》(国办发〔2015〕61 号),要求全面贯彻落实党的十八大和十八届二中、三中、四中全会精神,按照《国务院关于加强城市基础设施建设的意见》(国发〔2013〕36 号)和《国务院办公厅关于加强城市地下管线建设管理的指导意见》(国办发〔2014〕27 号)有关部署,适应新型城镇化和现代化城市建设的要求,把地下综合管廊建设作为履行政府职能、完善城市基础设施的重要内容,在继续做好试点工程的基础上,总结国内外先进经验和有效做法,逐步提高城市道路配建地下综合管廊的比例,全面推动地下综合管廊建设。

《国务院关于加强城市基础设施建设的意见》(国发〔2013〕36 号)要求到 2020 年,我国建成一批具有国际先进水平的地下综合管廊并投入运营,反复开挖地面的"马路拉链"问题明显改善,管线安全水平和防灾抗灾能力明显提升,逐步消除主要街道蜘蛛网式架空线,城市地面景观明显好转。该文件还要求在综合管廊建设过程中,要坚持立足实际,加强顶层设计,积极有序推进,切实提高建设和管理水平。坚持规划先行,明确质量标准,完善技术规范,实现基本公共服务功能。坚持政府主导,加大政策支持,发挥市场作用,吸引社会资本广泛参与。

《中共中央 国务院关于进一步加强城市规划建设管理工作的若干意见》(2016 年第 7号)明确指出:"城市是经济社会发展和人民生产生活的重要载体,是现代文明的标志。"该文件要求:"认真总结推广试点城市经验,逐步推开城市地下综合管廊建设,统筹各类管线敷设,综合利用地下空间资源,提高城市综合承载能力。城市新区、各类园区、成片开发区域新建道路必须同步建设地下综合管廊,老城区要结合地铁建设、河道治理、道路整治、旧城更新、棚户区改造等,逐步推进地下综合管廊建设。加快制定地下综合管廊建设标准和技术导

1

则。凡建有地下综合管廊的区域,各类管线必须全部入廊,管廊以外区域不得新建管线。管廊实行有偿使用,建立合理的收费机制。鼓励社会资本投资和运营地下综合管廊。各城市要综合考虑城市发展远景,按照先规划、后建设的原则,编制地下综合管廊建设专项规划,在年度建设计划中优先安排,并预留和控制地下空间。完善管理制度,确保管廊正常运行。"

德国波鸿鲁尔大学特聘教授、工程学博士迪特里希·施泰因(Prof. Dr. -Ing. Dietrich Stein)结合大量的理论研究和工程实践,撰写了 *Der begehbare Leitungsgang* 一书,研究分析了传统直埋管线的弊端,论述了综合管廊建设的技术要求和管理要求,主要内容包括绪论、直埋管线敷设与维护、综合管廊中的管线敷设与维护、环境保护和生态评估、综合管廊经济评价和法律问题等,对我国推进综合管廊工程建设具有重要的参考价值。

本书由上海市政工程设计研究总院(集团)有限公司王恒栋总工程师(结构)、中山大学马保松教授联合翻译。

本书的中文版得到迪特里希·施泰因博士的书面授权,并得到国家"十三五"重点研发计划"城市市政管网运行安全保障技术研究"(项目编号:2016YFC0802400)课题"城市地下综合管廊规划建设与安全运维体系"(课题编号:2016YFC0802405)的资助,在此表示感谢。

限于译者水平,书中难免存在疏漏和不妥之处,恳请各位专家和读者不吝批评指正。

王恒栋
2021 年 6 月

目　　录

第1章 绪 论

1.1 市政管线建设概述

在 21 世纪,城市将成为人类最为重要的活动积聚区。1990 年全球已有 23 亿人居住在城市中,根据联合国预测,到 2025 年城市人口数量有望翻一番,全球总计将有大约 100 座特大城市,其中每座城市的居住人口都在 500 万以上。

鉴于人口快速增长和城市化进程的加快,居住在城市的市民对现代基础设施的需要也在不断增强,要求集中供热、管道天然气、给水、电力、通信、物流等能够保障稳定供给,这些管线的主要类型如图 1-1 所示。此外,鉴于对环境要求的日益严格,要求垃圾能够及时被清运而且要进行环境无害化处理,这就意味着在许多情况下,必须建造新的市政管线系统,并持续地对它们进行扩建、拆除和翻新[1-1]。

德国在 19 世纪就开始有计划地建造市政管线系统,1842 年开始建造排水管道,1854 年开始建造给水管道,1885 年开始建造燃气管道。之后持续地对这些管道进行了扩建,并在联邦德国❶建成总长超过 1400 万 km 的公有、私有排水管道和数百万公里的燃气、给水、电力、热力和通信管线。所有这些管线系统都根据位置和深度标准的规定,敷设在道路的地下空间(图 1-2)。

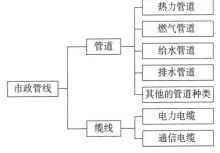

图 1-1 市政管线的主要类型

道路横断面中管线的种类、数量和分布首先取决于特定建设场地,例如道路宽度、排水方式、街道居民以及房屋建筑等。通过这些市政管线,道路下部地下空间得以充分利用。但是,当道路的红线宽度有限时,要敷设众多的市政管线就会面临一系列的难题。

传统市政管线大多采用直埋方式敷设于地下,这种敷设方式是把管线敷设在道路横断面内互相分隔开的区域里,由此带来的问题可以归纳为以下几个方面[1-2]:

(1)绝大多数直埋管线形成了网络系统,这就意味着它们只有作为一个整体时才是完全有效的,一旦其中的一个部位发生故障,就有可能对整个区域产生负面的影响。

(2)每个直埋管线都受限于相应的规划和敷设原则。由于它们既有平行并列敷设,也有相互交叉敷设,所以总会产生重叠交叉的区段。此外,各个直埋管线互相之间也会产生不利的影响(例如电力电缆-燃气管道-集中供热管道),因此在规划过程中尤其要注意这些不利

---

❶ 德意志联邦共和国在两德统一前简称"联邦德国",德意志民主共和国简称"民主德国"。1990 年 10 月 3 日,民主德国并入联邦德国,实现两德统一。两德统一后,德意志联邦共和国简称"德国"。

的影响因素。各个直埋管线对地下空间需求的差异也非常大,如果在一个地方必须要敷设一根大的管道或建造一个非常大的地下构筑物,那么其他地下管线或地下设施就会受到影响,因此有必要进行非常严谨的协调和统筹。

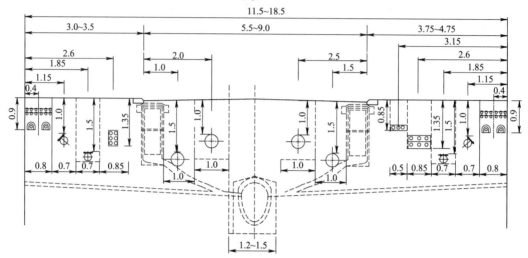

图 1-2　根据德国工业标准 DIN 1998(1941 年 5 月出版)在道路横断面中进行的管线敷设(尺寸单位:m)[1-24]

(3)所有的直埋管线和地下设施都是复杂的系统工程。事后的变动例如修缮、翻新和扩建以及保养和检查,在多数情况下需要耗费大量的费用才可能实现。每一次这样的更新,都会对交通和周边的环境产生不利的影响。

上述最后一个问题具有很强的现实意义,因为从今天来看,前述的这些管线中的很大一部分是有所损坏的,更准确地说是无法完全有效运转的。产生这种情况的原因包括结构老化、在使用过程中各种内外部需求不断变化、材料选择错误,以及没有按照专业技术标准对管线网络进行规划、敷设和维护。同时市政管线的损坏不仅意味着破坏了各自的系统,在多数情况下还会通过其输送的介质对环境以及居民造成危害。

根据通常所说的"救火策略",只有在发生严重的管线损坏时,人们才会对这些管线的损伤部位进行修复,在管线事故的抢修时往往不会与其他管线运营商进行协调,抢修管线在绝大多数情况下只能采用明挖施工。

在城市中心区域,当对道路下方的管线进行重新敷设和翻新时,采用明挖施工尤其是针对埋设相对较深的排水管道时,会受到越来越多政治、生态上的限制。因为这种施工方法对交通及环境的影响大,施工安全隐患多,而且成本高昂。

在认识到这一点后,综合管廊就受到了青睐。把市政管线敷设于综合管廊,不但能够满足当前的管线需求,而且给未来管线的增容、扩容预留了空间。

综合管廊必须要满足管线运营商的要求,快速而低成本地服务于市政管线的功能需求,对新兴技术发展做出快速反应,并能把新的管线纳入整个管线系统中。

综合管廊能在很大程度上满足这些要求,并且同时避免在以传统直埋方式敷设市政管线的过程中所遇到的问题。对于这种新的敷设方式,人们可以在文献中找到很多不同的概念,比如综合排管、工厂的管线专用地道、管线通道、管线地道、管线隧道或者基础设施通道等。瑞士标准 SIA 205[1-3]中给出的定义为:"可通行的管线隧道是包含单种管线或者不同供给层级和供给范围内的多种主要管线的地下设施。综合管廊的作用是通过一条或多条操作通道为装配、操控、保养和维修工作提供保障。"

随后在1910年开始使用一个全新的概念"综合管廊"[1-4]，德国非开挖技术协会(GSTT)把这种综合管廊定义为："一种用于市政管线的敷设和运转的地下设施，四周封闭的空间分隔成操作通道、敷设区域和装配区域。综合管廊由综合管廊线路、不同尺寸和用途的功能建筑结构、承重和支撑结构以及操作设备组成。"[1-5]

综合管廊的优点如下[1-6,1-7]：

(1)对于所有的管线来说，便于维修的要求得到了满足，管线的局部损坏或故障能够及时地被发现，从而能节省大笔的后续维修费用。这不仅是指对损坏部分进行维修的费用，还有那些目前看来微不足道但在未来因检查所带来的高昂检修费用[1-8]。

(2)综合管廊的建造是基于结构安全性能设计的，有很坚实的结构主体。由此，管线敷设于综合管廊内，就可以抵御很多外部环境的危害，比如土壤、地下水对管线及设备的腐蚀等。

(3)管线敷设于综合管廊内，可以避免由于冰冻、道路沉降、外部荷载、冲蚀、外部腐蚀、相邻或交叉管道施工等原因所造成的管线损害。

(4)树木和植被在市中心道路上再度拥有足够的空间和场地，不会对市政管线造成损害，也不会由于管线的敷设、运行和维护对树木和植被本身造成损害。由此将能够对居住的舒适性和城市气候产生积极影响。

(5)由于能够避免管线输送介质的损耗，并降低使用期间用于建造和维护措施的材料和能源的消耗，因此综合管廊是一种节约资源的管线敷设方式。

(6)在现有管线下方采用非开挖施工建造综合管廊，可以使其在综合管廊竣工前保持原有系统的正常运转。由此，可以最大限度地降低对现状市政管线的影响，并在建造过程中对敷设在道路下方的管线进行节能环保改造。

(7)综合管廊的建设提供了更人性化的检修空间，并且管线的维修工作可不受天气条件或植物生长期的影响。

(8)在面向未来的规划中，综合管廊可容纳更多的远期管线，并可对现有的管线进行增容和扩容，以适应城市发展和城市环保改造不断增长、不断变化的需求，同时不对土壤、地下水、植被和当地气候造成破坏。

上述建设综合管廊的优势在未来将有重要意义，因为除了对现有的损坏或者老化的管线和管线系统进行损伤修复和整修以外，对于这种市中心的基础设施，显然出现了一个新的、可能也更为重要的问题领域。这个问题领域是由于社会的不断变化和进步而产生的，这些社会的变化和进步使得对城市市政管线的需求发生了改变。对此，着眼于过去和不久的将来，可以列举以下例子[1-9～1-11]：

(1)随着玻璃纤维技术的发展，光导纤维体取代了铜导体进行信息传输。

(2)德国电信公司不再具有垄断地位，这使得其他企业也能够提供通信服务[1-12]。

(3)未来会有一些无法预见的、新的数据传输业务涌现，而传输这些数据需要增敷的电缆或光线的数量无法预测。

(4)根据要淘汰老旧的、带有有害物质的铸铁管的要求，燃气管道的材质将向合成材料转变。

（5）传统使用排放大量废气的燃油和煤这种一次性燃料的房屋取暖将转变为依靠管道天然气或集中供热系统。

（6）大面积的工业用地被改用于居住和第三产业，随之而来的是要增加、完善配套的市政管线系统。

（7）由于雨水渗出或者被调蓄，导致雨水管道有效流通截面的水流流速不够。

（8）建立饮用水和生活用水分开的分质给水体系，因为在私人领域，水的消耗量中仅有约2%是用于饮用，而30%以上是用于冲洗厕所[1-10]。

（9）消费者习惯发生改变，比如节约用电、用水。

（10）单件货物通过管道来运输，从而给地面道路运输减轻了负担。

（11）将市中心地下道路中含有有害物质的空气进行集中收集、净化，达到环境保护要求后再排放[1-13]。

基于已有的直埋管线敷设实践，对于目前还不能预见未来发展需求而带来的管线问题，很难采取有效的应对措施，因为任何仓促地对管线进行大规模的更新都是不可行的，财政上也是无法负担的。

所以，要满足这些理想状态的要求，在市中心范围内进行大规模的综合管廊建设的可行性方案会被否决，其主要原因是令人担忧的技术、行政和法律上所面临的巨大困难。有主流观点认为，综合管廊根本不能回收其巨额的建设及运营成本。

也有研究认为，综合管廊在建造和运营过程中的技术问题已经得到解决[1-9,1-14～1-17]。近几十年以来，私营企业推动建设了大量的综合管廊，这些综合管廊并没有出现严重的缺陷，也没有出现明显的损坏事件。

推广使用综合管廊的根本障碍在于市政管线的建设和管理体制。污水排放是每一座城市管理者的应尽责任，而日常的运营则委托给不同的专业公司，通过特许权协议进行管理。这个障碍在不远的将来可能会被消除，因为与电力、燃气、给水网络类似，作为现行地区性组织形式的替代方案，现在私营企业也可以参与污水处理的市政任务，德国的环境和经济部门在1991年12月4日的一份"联合声明"中就对此做出了要求[1-18]。这一发展为新的组织形式提供了机会，在这种组织形式中，城市的市政管线可以归集到一处，因而必然能够接受综合管廊这种新的管线敷设方式[1-9]。

基于上述论点，在北莱茵-威斯特法伦州科学研究部与环境、规土和农业部（MURL）的推动下，在波鸿鲁尔大学开展了一个联合研究项目，名称为"在综合管廊的帮助下对市中心市政管线进行环保改造以及对污染的工业废弃地进行开发的研究"[1-14]。这个研究项目从1995年进行到1997年，其成果将在后文中进行简要介绍。

这个项目的施工技术和安全性技术研究是在波鸿鲁尔大学土木工程学院管线敷设和维护工作组的迪特里希·施泰因（Dietrich Stein）教授的带领下完成[1-19]。通过调查各种市政管线的需求，开展相关的实验研究，征求不同的意见和建议，在此基础上得出了复杂管线的综合改造方案，完成综合管廊的改造工作。除了上述几个方面，还有一些具有建设性的重要内容值得注意，比如综合管廊的管线分支口的整合，吊装口、人员出入口的设置，安全技术以及明挖和非开挖施工的可行性研究。

1.2 市政管线更新改造案例概述

下面简要介绍一个案例,该案例研究是依托赫尔内市环境保护和地下工程部门提出的两个示范项目进行的,项目包括约3km的城市主干道的管线改造及一个工业废弃地的开发。

赫尔内市要根据"未来生态之城"的方案发展成为一个生态样板城市。这个方案是由北威州的科学研究部,环境、规土和农业部,城市发展和交通部设计的,目的是把生态城市改造的各种途径与地方自治的总体关联性结合起来。由于综合管廊可以满足这个方案特殊的目标,例如保护资源、减少环境破坏、促进新型能量传输和分配技术的适用等,因此赫尔内市也加入了上述的研究项目。样板工程的设计、研究以及对生态课题的探讨由彼得·德莱尼沃克(Peter Drewniok)博士带领的位于莱比锡和布拉格的环境科技和基础设施工程公司完成[1-20]。

在对基础设施体系间环保的相互作用进行全面评价的框架下,根据环境可持续发展测试的方法,要对于管线的直埋敷设和在综合管廊中敷设这两种方案进行比较分析。在这种情况下,不仅要对新建情况下的投资进行评价,还要对运营和维护费用进行评价。此外,在对各个管线系统的使用年限进行广泛评估时,还要对这两种系统的生态后果进行评估。

环保问题以及关于融资运营模式和经济评价的课题由保罗·克莱默(Paul Klemmer)教授带领的波鸿鲁尔大学经济学院研究团队完成[1-21]。

经济分析包括对传统管线系统和综合管廊的成本效益进行比较。在评价中对于传统的管线系统,还应当考虑当管网发生爆管、外力破坏等故障引起的间接影响。

对合法性问题、法律形式、合同、赔偿责任制度和担保制度,以及法律和私人的支配范围的研究,在彼得·小泰汀格(Peter J. Tettinger)教授的带领下,由波鸿鲁尔大学法律系和矿业及能源法研究所完成[1-22]。研究的难点在于法律上的可行性以及管理和收费的合法性问题。此外,还要研究各个管线运营商如何降低企业内部风险和安全技术风险;研究在什么层面上设置怎样的法律框架,可以促使形成综合管廊安全保障及投融资体系,并将预期的效益变现。对此,有必要采取立法行动,并形成相应的解决方案。

上述各项研究表明,要有目的地把综合管廊规划在那些最有可能全面发挥其优势的地方。从当今的角度来看,这些应用场合有[1-23]:

(1)城市中心的改造。城市中心及建筑密集区域的更新改造会带动市政管线的更新、增容和扩容。

(2)工业区的重建和改造。对于有特殊功能的区域,例如机场、博览会场地、货运中心、港口区域、大学、医疗中心等,通常都有极高的市政管线安全要求或高度灵活布置的要求,以适应基于使用的、不断变化的管线需求。

(3)交通设施的改造。规划新的街道、道路改扩建工程、改造城市轨道交通等,意味着要对一个片区的管线网络进行改造。在高负载交通枢纽附近的综合管廊要设计成环形,以避免干线综合管廊的相互交叉,并为将来的交通建设预留空间。作为立体交叉的地段,综合管廊可以与地下通道兼顾设计。当交通路线和管道路线高度重叠时,例如大桥、铁路、地下道路或者轨道设施,可以通过合建综合管廊以避免相互之间的干扰。在拓宽街道、改造轨道设施以及实现主要网络升级的过程中,综合管廊也可以有效地保持道路范围内的管线畅通。一般情况下,如有必要重新敷设管线,新建的管线可以采用非开挖施工方式从地下设施密集交叉区域穿越。同样,在现有的或者规划中的地下设施(例如地下停车场、地铁、地道)中,也可以考虑采用综合管廊方案进行整合。

(4)居住区域的新建或改造。在紧密推进的对市政管线的安全性有相应要求的房屋建设中,可以在主要通道下建设综合管廊。

以上研究结果对于管线运营商来说是一个契机,因为在这里不只是考虑综合管廊自身的建造,而是把整个项目综合在一起进行开发建设。

第2章 直埋管线敷设与维护

2.1 市政管线敷设的基本原则

通过对公共区域的管线规划、敷设与维护的实践并对由此产生的问题进行分析,可以加深对在综合管廊中敷设管线与直埋管线敷设差异的理解。图1-1中所列出的"其他管线类型"包括垃圾真空收集管道[2-1~2-3]、地下物流管道[2-4~2-7]、街道废气排放管道[2-8]和集中供冷管道等,由于其对城市基础设施而言仅具示范意义,因此并未得到普遍应用推广。

在德国,公共区域的管线敷设须遵照德国工业标准DIN 1998的有关规定[2-9]。该标准适用于建设用地以及将来的建设规划用地区域。该标准的第1版早在1931年就已经颁布执行,当时的名称为《公共道路规划中供气、供水、供电和其他管线及其组装件的分类与处理准则》。此后,在1940年和1941年先后发布了第2版及第3版。1978年的现行版本经历了不断地修订,除了适应30多年间不断变化的情形外,还考虑到了在环境保护、不断提高的供给舒适性、不断增大的供给规模以及新兴通信技术发展的需求、不断提高的管线连接性能要求。

因此,就产生了对于敷设地下管线更高的空间需求。在道路下方地下空间综合利用方面,不仅要开发利用人行道下部空间,也要开发利用机动车道下部空间,统筹考虑管线敷设和其他重要的地下基础设施。

德国工业标准DIN 1998的作用在于对管线、通道及相关设施(如交通运输及管线设施,有轨电车设施,因法律法规、许可协议要求而安装的内部设施)的建设进行了规定,从而提供了一个在技术和经济上行之有效的解决方案,这意味着:

(1)对于安装满足公共需求的管线及配件来说,该标准制定出了一套最有利的规则,能够满足管线敷设的技术要求以及道路建设的技术要求。

(2)该标准尽可能消除使用公共道路空间时的相互干扰。

(3)通过设置综合管廊并进行维护,可减小对道路上机动车和行人通行的影响,进而减少经济损失。

德国工业标准DIN 1998中,敷设管线的基本原则包括[2-9]:

(1)一般情况下,管线的附属管配件和设备必须敷设在机动车道以外的地方,特别是当机动车道下有给水管道、排水管道时。

(2)如果机动车道以外的空间不足,应首先在机动车道下方敷设主要管线和干线管线。

(3)在分配空间时,应考虑管线之间的影响,并且要为管线的施工和运维预留必要的工作空间。

(4)在机动车道下进行管线敷设时,应优先使用邻近道路边缘的那条车道。

按照德国工业标准 DIN 1998,在一个道路横断面内敷设不同管线的示例如图 2-1 所示。

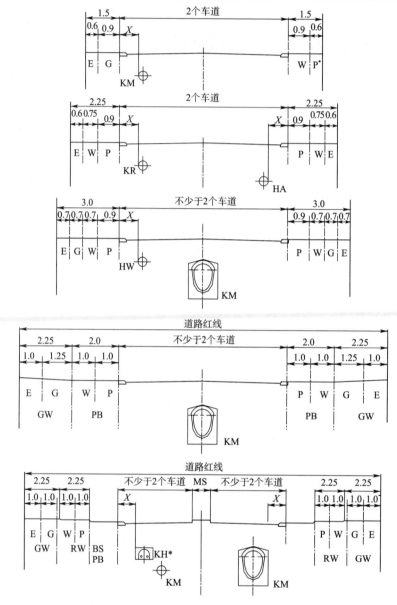

图 2-1　根据德国工业标准 DIN 1998(1941 年 5 月版)在道路横断面中进行的管线敷设(尺寸单位:m)[1-24]

E-区;G-G 区;P-P 区;W-W 区;FH-长距离热力管道;HA-压力输送污水管;HW-给水干管;X-路肩石到道路排水沟的最小距离,为 1.2m;KM-合流污水管;KR-雨水管;MS-中央分隔带;GW-人行道;RW-非机动车道;BS-不连续绿化带;PB-路边停车位

注:* 表示仅当机动车道外侧的空间不足时,敷设在此位置。

　　管线应尽可能在只占用一条车道的情况下进行敷设。为了在机动车道以外区域敷设管线及其他设施,该区域内的空间划分为人行道、非机动车道、路边停车位、绿化带(不含树木)等。原则上这些区域将被规划在道路两侧,并按照图 2-2 进行划分和排列。

　　通常情况下,起始于道路分隔线的人行道会划分不同的区域,如:E 区(电力)、G 区(燃气)、W 区(水)、P 区(通信)。

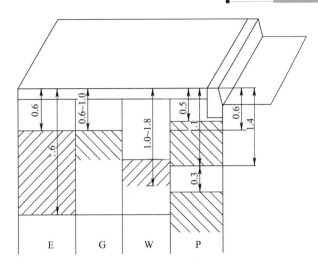

图 2-2　根据德国工业标准 DIN 1998 对人行道的管线敷设进行的区域划分(尺寸单位:m)[2-9]

按照德国工业标准 DIN 1998(05.78)进行的区域划分见表 2-1。需要说明的是,表 2-1 中所列的区域标准宽度参数要求在必要情况下可以有所突破。

道路下部区域使用功能划分表　　　　　　　　　　　　　　表 2-1

管 线 类 型	区域标识	在道路横断面中的位置	区域的标准宽度(m)	区域的重合范围(m)
电力电缆	E 区	地表以下	0.7	0.6 ~ 1.6
燃气管道	G 区	地表以下	0.7	1.0 ~ 1.8
给水管道	W 区	地表以下	0.7	1.0 ~ 1.8
通信电缆,包括道路附属设施专用通信电缆、公安及消防专用通信电缆	P 区	地表以下(靠近机动车道边缘的人行道)	0.7	0.5 ~ 0.6 或者 ≥1.4
排水管道,包括合流污水管道(KM)、污水管道(KS)、雨水管道(KR)、压力输送污水管道(HA)等	—	机动车道区域(对于在人行道的敷设来说这里看作一个单独的区域)	—	—
热力管道(FW)	—	在机动车道以外,敷设时热力管道不能设置在机动车道中央	2.0	1.2

基于局部地区条件,尤其是考虑现有的管线敷设情况,可以确定一个与之不同的区域划分方案。所有的管线、检查井以及其他配套设施应当在机动车道范围内,通过立体交叉的方式进行布局,尽可能地减少对彼此的干扰,房屋连接管也是如此。只有在各个相应运营商允许的情况下,才能通过内部结构或者突出结构(例如检查井、电缆竖井、广告柱、电线杆)对其他空间进行占用。当不考虑立体交叉时,管线不能敷设在轨道系统下方。

敷设管线时,在管线之间应留有一个最小间距,这样既可以对管线进行保护,又确保了操作作业时必要的施工空间。为了实现保护功能,在第三方作业时要尽可能减小对相邻管线的影响,在正常运营时同样要避免互相影响,例如:

(1)由于热力管道或者其他电缆的升温而导致电力电缆的功率损耗。

（2）电力电缆对通信电缆的影响。

（3）集中供热管道或者电力电缆导致给水管道的水温上升。

对于操作作业来说，预留工作空间是必要的。在公共交通区域，按照紧凑合理的原则确定工作空间。但在建成区域，由于条件的约束，工作空间会被进一步压缩而变得更加紧凑[2-10]。

除了明挖施工之外，还可以采用非开挖的方式敷设管线。

2.2 直埋管线在敷设和运营中的问题

传统直埋方式敷设的管线会引发许多问题，包括重复开挖造成的生态破坏和维修成本的增加。此外，运营商也无法按照客户的需求，又好又快地进行管线的增容扩容，也无法根据新兴业务的需求增加敷设新的管道。

在管线的敷设、运营、维修和保养过程中，还会出现其他问题，这些问题将在后文中进行更详细的研究。这些问题与以下因素有紧密联系：敷设方式、公共地下建筑空间所提供的场地、树木和植被、管线的敷设条件和环境条件、维护、介质流失及地下水渗入。

2.2.1 敷设方式

在联邦德国常采用明挖法（图2-3）对道路下部的管线进行敷设与翻新。这种方法的施工流程是挖掘沟槽、在有支护或者边坡保护条件下敷设管线（图2-4）、基坑回填、交通路面修复。

图2-3 在支护的保护下敷设排水管道[2-83]

当沟槽开挖深度≥1.25m时，如果沟槽不采用放坡来保障安全，则需要采用其他支护方式。对于放坡、施工区的宽度以及支护的要求应按照德国工业标准（旧德标）DIN 4124[2-11]以及欧洲标准德国版（新德标）DIN EN 1610[2-12]执行。表2-2和表2-3罗列了沟槽在拥有可进入的施工空间和没有可进入的施工空间的情况下，取决于公称直径DN的沟槽最小宽度。《交通区域内挖掘的补充技术规范和准则》（ZTV A-StB 89）[2-13]以及《道路建筑中土方作业的补充技术规范和准则》（ZTVE-Stb 94）[2-14]对这些尺寸均有明确的规定。

a)垂直支护

b)放坡支护

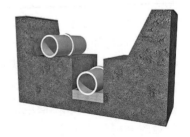

c)阶梯式支护

图2-4 采用明挖法敷设管道的沟槽横断面示意图[2-15]

德国工业标准 DIN 4124 规定的没有可进入施工空间的沟槽最小净宽[2-11]　表 2-2

常规敷设深度 h(m)	$h \leq 0.7$	$0.7 < h \leq 0.9$	$0.9 < h \leq 1.0$	$1.0 < h \leq 1.25$
沟槽最小净宽(m)	0.3	0.4	0.5	0.6

取决于公称直径 DN 的沟槽最小宽度[2-12]　表 2-3

公称直径 DN（mm）	沟槽最小宽度(m)		
	有支护的沟槽	无支护的沟槽	
		$\beta > 60°$	$\beta \leq 60°$
DN≤225	OD + 0.40	OD + 0.40	
225 < DN≤350	OD + 0.50	OD + 0.50	OD + 0.40
350 < DN≤700	OD + 0.70	OD + 0.70	OD + 0.40
700 < DN≤1200	OD + 0.85	OD + 0.85	OD + 0.40
DN > 1200	OD + 1.00	OD + 1.00	OD + 0.40

注:1. 在参数 OD + X 中, $X/2$ 相当于管道和沟槽墙面以及沟槽支护(撑条)之间的最小工作尺寸。

　　2. OD 为管道外径,单位为 m。

　　3. β 为无支护沟槽的斜坡倾斜角度。

除了 DIN EN 1610 以外, ATV-A 127[2-15] 和 ATV-A 139[2-16] 也适用于明挖施工敷设排水管道基坑和静力计算。

在新敷设管线时,大约 95% 都采用明挖施工,这种施工方式是沿着道路分段开挖、敷设管道,再进行基坑的覆土回填。采用这种施工方式会对路面造成持久性的损伤。在市中心区域,对机动车道范围内的管线,尤其对埋设深度较深的管道进行翻新时,明挖施工方式会受到越来越多的政治和生态保护方面的限制,因为明挖施工往往产生下面这些问题:

(1)施工及交通绕行导致的噪声、振动和废气排放的压力。

(2)对邻近的建筑设施和种植物造成损害。

(3)由于交通绕行导致能耗、通行量损失以及通行时间的增加。

(4)增大了街道居民的安全风险。

(5)导致资源需求的增长。

(6)弃土及建筑垃圾占用垃圾填埋场的空间。

当前,人们正着力于将这些影响作为所谓的"间接费用"进行货币化,并在选择施工方式特别是在选择非开挖和明挖施工时,将这些费用一并考虑进去。

正如实践经验所体现的,与在没有建筑物的待开发区域内进行相似的管道新建工程相比,在城市内进行管道翻新的直接费用要高出一倍多。多出的费用是由以下几个原因导致的:

(1)由于空间限制,必须将所有的挖掘物移除。

(2)为了维持交通运输不中断而必须开展的临时便道施工,并在施工过程中移除其他主要障碍。

（3）施工将产生包括指示牌在内的交通引导措施费用。

（4）为了车辆、行人等在沟槽上方通行而建造临时通道。

（5）施工中应保证施工封闭区域管线的正常运营。

在施工时，因现有管线的存在而造成的施工障碍，比如在进行管道翻新时，要对相邻的管线进行保护，甚至要进行管线的翻交（图2-5）。

a)苏黎世的管道翻新措施

b)分离式下水道的污水管

图2-5　明挖施工时管线翻新措施[2-19]

那些施工挖掘出来的废弃管线和弃土一般无法再次利用。如果同一个沟槽并行敷设两条管线，而其中只有一条管线可以继续使用，在管线翻修施工中往往要把整个沟槽都挖出来［图2-5）］。旧沟槽不能与新沟槽整合为一体，也无法采用常规的支护方式，即使不考虑施工费用，也不能将它完全填充，因为要避免对仍完好的管道造成损害[2-20]。

当采用加厚道路路面的方式进行管道翻新时，如果用压路机将沟槽填充物压实，就会产生一种危险，即管道沟槽旁边堆积起来的土体被再次压实的过程中，会对道路和人行道产生损伤，以至于在极端条件下要对损伤严重的道路进行完全的翻新[2-19]。

这种施工方式不符合对于减少产生废弃物、保护建筑材料资源等生态环境方面的要求。道路的面层、基层以及挖出的弃土会产生大量的建筑垃圾，处理这些建筑垃圾需要占用垃圾填埋场的空间。在翻新的过程中它们被高品质、新型面层、基层以及具有更好密封性的填充材料所取代，从而导致建筑材料资源的消耗增大。目前，对于各条管线的翻新是分开进行的，管线运营商施工时也常常缺乏协调，导致在较短的一段时间内同一地点的街道被反复开挖，形成了所谓的"拉链马路"[2-21]。

在过去的15年中逐渐发展起来的不使用明挖施工的管线敷设方法，即非开挖施工[2-22～2-28]在市中心区域得到了大量的应用，但并没有从根本上消除"拉链马路"[2-29]。

2.2.2　公共地下空间

"土地拥有'给予一切的空间'"这句话，对于大城市的道路使用者而言不再完全正确，在很多情况下通过各方大量的努力，要采用不断拓宽公共街道的方式才可能在不互相损害的情况下敷设管线，以满足监管部门和管线运营商的各自利益诉求。

"不去探讨这些设施的深层含义，除了电力电缆以外，排水管道、给水管道、燃气管道、垃圾管道、电报电缆、电话电缆、消防及公安电报电缆也理应占有相应位置以及相对富余的施工空间。更复杂的是还有难以计数的通向家家户户的用于燃气、给水、电话、电力的分支管线,这些管线很有可能敷设在人行道上,以尽可能地避免对机动车道的影响。"[2-30]这段来自 1901 年的报道描述了这样一个到现在毫无改善、反而越来越糟糕的现状。

大量的管线敷设在市中心人行道和道路下方非常紧凑的空间内,由此导致陈旧的、不能运转的管线无法移除。此外,各种管线互相交错,给管道的敷设带来了更多困难,因为必须要给增加的其他管线腾出空间,施工过程中不能对既有管线产生负面影响,更不能将其损坏。图 2-6 和图 2-7 清楚地展示了目前市中心地下空间的现状,通常没有足够的空间用于敷设必要的管线,更谈不上严格按照现行的技术标准敷设新的管线。

a)管线重叠交错区域

b)各种电缆缠绕在一起

图 2-6 复杂的管线系统沟槽[2-84]   图 2-7 纽约各种管线交叉的情形(1916 年)[2-85]

在给水、燃气领域,人们尝试运用下列方法解决上面提到的问题:

(1)减小与其他管线的间距(目前规定的最小间距:平行敷设 40cm,交叉敷设 20cm)[2-31]。

(2)在阶梯式沟槽中将燃气管道和给水管道敷设在一起[2-10,2-31]。

(3)减小敷设深度[2-31]以及将挖出的材料重复用于管线沟槽的回填,而不用中粗砂回填管线沟槽[2-32]。

基于施工场地内的管线无法完全按照标准进行敷设这一事实,在每一项地下工程开工前都有必要进行管线探测。德国工业标准 DIN 18300《建筑承包合同程序(VOB) 第 C 部分:建筑承包合同通用技术规范(ATV) 土方作业》[2-33]以及德国工业标准 DIN 18319《建筑承包合同程序(VOB) 第 C 部分:建筑承包合同通用技术规范(ATV) 顶管施工》[2-34]规定:"如果不能确定现有管线、电缆、排水管道、引导标志、路障以及其他建筑设施的位置,就必须进行地下管线探测。"尽管有明确规定,但在地下工程施工过程中,由其他管线造成的损害仍不少见。其中的损害绝大多数不是由于挖掘沟槽的疏忽所导致,而是因为在施工开始就没有对其他管道进行探测。对建筑企业开展的非典型调查显示,在施工区域内没有对其他管道进行探测,要么是因为用于探测管线的费用太高,要么是因为忽略了管道探测这一步骤[2-35]。

如上所述,在紧凑的地下空间内有许多未知的管线,在施工过程中有可能对这些管线造成重大损坏,尤其是在管线密集的房屋连接区域进行大型机械化施工时,几乎每家管线运营商都将此作为主要的损害来源。这种大型机械化施工造成的管线事故不仅会导致经济方面的损失,还会造成环境污染。

2.2.3 树木和植被

树木和植被曾一度是城市财力和生命力的标志,但这种认知长时间被遗忘,为了改善道路交通,大量的树木被砍伐以便于道路的拓宽。近几年来,德国的城市、乡镇中开始重新规划并采取措施,在考虑疏导交通的同时增加城市的绿化面积,这种趋势越来越明显。

对树木和植被进行维护和保护(尤其是在人口密集地区,树木和植被已被清除的风景区)的理由如下[2-36]:

(1)减少对风景的干扰。

(2)降低对地方气候的影响。

(3)挡风。

(4)避免侵蚀。

(5)制造氧气、净化空气、减小噪声、增加遮阴区域。

(6)新种植的植物要达到同样的效果需要更长的时间。

(7)产生园林造型的效果。

(8)树木具有经济价值。

为了尽可能地降低公共交通区域地下管线与树木和植被间产生的影响,绿化管理部门和管线运营商在建造和维修工程规划和实施过程中,应及时协调与合作,使得在一个项目中将合法的管线敷设工作与绿化工作整合起来。

当树木和管线之间的矛盾无法协调时,也必须确保总体上树木的总寿命或者管线的总使用寿命都不受损害。要通过有针对性的手段,确保各种树木的生长和维护以及管线的运营不会受到限制(图2-8)。

在关于树木位置和管线的规则中列出了由于管线的敷设或维护而导致的对树木生长的潜在危险:

(1)靠近具有支撑作用的树根(树木会有倒掉的危险)。

(2)靠近离树干很近的树根(会导致树木缺乏养料而死亡)。

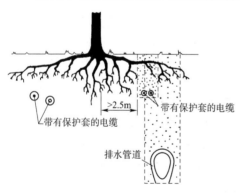
图2-8 防止树根侵入的措施[2-38]

带有保护套的电缆
>2.5m
带有保护套的电缆
排水管道

(3)损坏树干和树根(会导致真菌感染,且没有解救办法)。

(4)用对植物不好的材料和物质对建筑沟槽进行填埋。

(5)用不适宜的材料填埋建筑沟槽时持续排水产生的作用。

(6)更长期的或持续的地下水水位下降或地表水水位下降。

(7)通过材料、工具或者车辆对树根表面施压,使得树木根部的空间被压缩。

(8)填埋时树干被覆盖住。

(9)供热管道或者高负荷的电力电缆使得地面温度升高。

（10）树木根部的区域变干燥。

（11）管道运输的物质渗入到树木的生长区域内。

（12）对树干和树冠的损害。

考虑到对树木和植被的保护，非开挖施工成为替代明挖施工新敷设管线以及翻新管线的新方案。对树木造成损害的潜在后续费用，至今仍是由公众所承担（具体为绿化部门或者公园建设部门），这些费用包括树木的维护费用、为了敷设管线而砍伐树木的费用以及由挖掘管线而产生的树木修剪费用等。如果在管线工程招标开始就考虑到这些费用，并计入建设总费用中，那么关于非开挖施工相较于明挖施工而言费用昂贵的争议就是另外一种结论了。

树木或者其他固定安装的花箱（盛放植物的容器）除了其有利的一些特性外，也会给管线的运营、维修、检查和保养带来困难和危险，比如管线的运营安全性可能由于以下原因受到影响：

（1）树木的根部会对管道外壳、密封套筒、管接口以及消火栓排水口造成挤压、损坏或者使其失效（图2-9）。

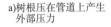
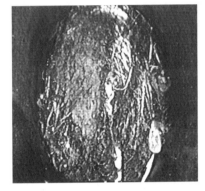

a)树根压在管道上产生　　　　　　　　b)树根在管道内生长
外部压力

图2-9　树根对管道产生的影响

（2）在电缆边长出来的树根，会降低其电流负载能力，致使电缆过载或者缩短其使用年限[2-39]。

（3）由树木引起的荷载。

（4）在暴风雪天气中，树木被连根拔起，从而引起管线损伤。

（5）在树木种植过程中采用有腐蚀性的土壤和材料。

（6）给树木施肥会引起对管道的腐蚀。

（7）在树穴或者树根附近施工。

（8）对管线运营的监控变得更困难。

（9）排除管线事故变得更困难，而且由此会导致供给中断的时间更长。

因此要采取如下保护措施：

（1）环状隔墙［图2-10a]。

（2）由铁、混凝土或者塑料板材制成的隔墙［图2-10b)]。

（3）保护套管。

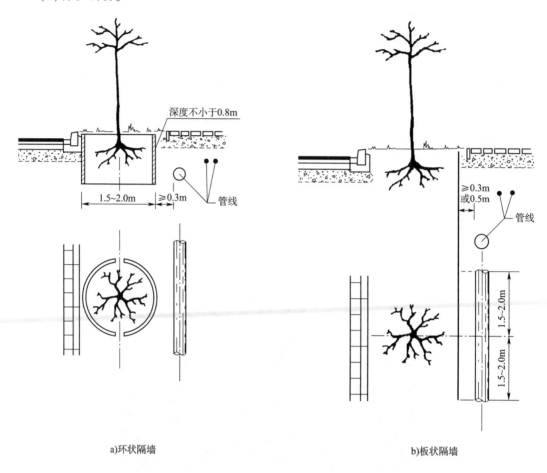

深度不小于0.8m

1.5~2.0m　≥0.3m　　管线

≥0.3m
或0.5m　　管线

1.5~2.0m

1.5~2.0m

a)环状隔墙　　　　　　　　　　　　b)板状隔墙

图2-10　对树根的保护措施[2-38]

2.2.4　管线敷设的环境条件

在土壤中敷设管线意味着管线外部的荷载以及电缆电流额定值的确定常常无法实际测算。土壤不是均匀介质,同时外部环境还在持续地变化,例如:

（1）沉降。

（2）山体滑移。

（3）地下水活动。

（4）树根生长。

（5）温度影响。

（6）邻近的建筑工程。

（7）交通荷载。

在规划设计管线时,虽然会对这些影响因素进行超载计算,但并不是每种可能的荷载都能考虑到,由此就会发生一些对管道造成损害的事故。图2-11为道路坍塌导致的事故。

a)波鸿的损坏事故[2-88]   b)伍珀塔尔的损坏事故[2-89]

图2-11 道路塌陷

对于电力电缆而言,在埋地敷设过程中,环境条件对运营(电流额定值)的影响是很难确定的。虽然人们可以通过对土壤进行调查得出关于预期的物理特性(例如电缆周围土壤的热阻)的大致数据,但是仍无法预言其在未来40年中不会变化。此外,随着时间的推移,土壤因外界影响而产生位移,电缆随之也会产生变形甚至有可能被损坏[2-58]。

在1995—1996年和1996—1997年的两个寒冬中,燃气、给水以及集中供热管道因土壤冻结而遭受的影响受到了社会公众的特别关注。由于冻结,土壤的冻胀对管线造成损害,使塑料管道脆化,水在管道内结冰,电缆在低温条件下会变短并且有可能断裂。因冰冻而受到损坏的燃气管道还会导致一种特殊的危险,在通常情况下泄漏的燃气会穿过管道上层的土壤,然后在地面挥发掉,这样基本没什么危险。但是在土壤冻结的情况下,燃气会从土壤空隙中渗漏出去,由于上部土壤冰冻层的存在,泄漏的燃气只能沿着管道逸出,侵入建筑的地下室,当地下室中燃气积聚到足够的浓度时会引起爆炸。

2.2.5 管道的维护

根据德国的标准建筑法规,"建筑设施应当这样规划、建造和维护:公共安全和秩序,尤其是生命安全或者健康不能遭受危险;必须按照其目的使用,不能有任何弊病。"[2-42]开发商通过采纳所在州的建筑法规,对建筑设施维护保养承担相应的法律责任,并由此在使用期间通过采取相应的措施应对建筑物的老化或劣化。

维护是指"对一个系统进行保护和恢复,以及查明和判断其真实状态的措施"[2-43],具体包括保养、检查以及维修[根据欧标德国版(新德标)DIN EN 752-5[2-44],把建筑外的排水系统维修称作整修]。

日常检查及保养可以降低总的维修费用,正确计划的预防性维修可以降低管线运营的总费用。

2.2.5.1 保养

根据德国工业标准DIN 31051[2-43],"保养"的定义为:"为保证一个装置的技术性能达到理论状态而采取的技术措施"。

人们把理论状态理解为一个设施、一座建筑或者单个部件在各种情形下达到的性能最佳状态。

保养是和检查、维修这两种主要措施紧密联系在一起的。尽管各个措施的差别很明显，但是它们的对象之间是有联系的，因为保养、检查和维修的界限很难分清。就好比如果保养是通过保养人员的工具来实施的话，那么它往往是与寻找对象状态的特点并弄清其原因(检查)联系在一起的。

有计划地进行保养的前提是"制定一个保养计划，这个计划是与各个公司或者各个设施的特殊利益相协调的，并且是具有约束力的"[2-43]。

在欧洲标准中，对于建筑外的排水系统，人们使用"维护"替代"保养"这个概念。根据欧洲标准德国版(新德标)DIN EN 752-7[2-44]，"维护"是指"提前计划好的措施和当下反应的结合，使得装置保持在能够确保良好运转的状态"[2-45]。这种措施的典型例子有：

(1)对损害的管线或者其他部分进行局部维修或者替换。

(2)对机械装置(例如水泵)进行保养。

与"运转"(即对管道输送的介质进行监测、控制或者重新分配)联系起来，可以通过控制达到下列目的[2-44]：

(1)基于已提出的需求，确保整个装置一直处于准备运转状态并具有运转能力。

(2)确保装置的运转是安全、环保、经济的。

(3)确保当装置的一个部分停止运转时，其他部分的运转能力尽可能不受影响。

对于埋地管线，保养措施首先包括保持以电能、水能或者机械方式运转的设施或者管线部分的功能正常，也包括清洁工作。

对于新的设施，人们力争管线部件的运转尽可能不需要保养，因此对于燃气和给水网络，对配件的保养一般是半年一次，以确保其在需要时功能正常。

对损坏的管线局部进行维修和替换是以能接触到它为前提的。这就意味着，相关的损坏区域通常必须类似明挖管线一样能够暴露出来。

2.2.5.2 检查

检查是指对系统的真实状况进行确定和分析的措施[2-43]。由此可以看出，对于埋地管线来说，检查的主要任务是查明缺陷，比如裂缝、密封失效或者电缆损坏，并且确定其规模。检查的结果要进行分析评估，并据此进行维修。对于检查来说，制定一个考虑到各个企业或者各个设施的特定利益并且有约束力的计划是非常必要的。此外，这个计划应包括关于地点、期限、方法、工具和手段的说明[2-43]。

(1)集中供热管道

集中供热管道使用连续工作的检测和检漏装置进行敷设时可能有±2m的指示偏差[2-46]。在德国，塑料外壳复合管大多采用电气检测。对于内部敷设电缆的管道来说，一般到检查井进行检查就足够了。如有必要，会使用自动设备对管道进行检测(例如湿度传感器)[2-46]。对集中供热管道来说，确定渗漏的地方尤其重要，因为渗出的热水会使得管道周围的保温材料全部湿透。保温材料全部湿透会使其保温效果大大降低，并降低热水的温度。同时，在潮湿的环境下，还会产生管道腐蚀风险。保温材料从外部吸收的潮气也可能导致敷设的管线或者套管被损害。腐蚀和机械破坏被认为是首要的损害原因。

（2）燃气管道

对燃气管道的检查主要是指对泄漏部位进行定位。这对于燃气管道来说尤为重要，因为泄漏的燃气会和空气形成可爆炸的混合物，从而导致事故发生。如果泄漏的燃气没有在其泄漏的地方提前被发现，而是通过土壤空隙进入建筑物中，则特别容易造成危险。

德国燃气与水工业协会（DVGW）工作须知 G 465/I[2-47]对检查进行了规定："对燃气管道网络进行检查的运营压力不能超过 4bar（1bar = 0.1MPa）"。检查的最短期限参照表 2-4 给出的数值。有计划的检查还包括对管网中的阀门、凝水器和调压器进行测试。如有必要还需要对隔断阀的可转动性进行检查，这个过程可以参考制造商的建议。

在操作压力不超过 **4bar** 的情况下对燃气管道网络进行检查的最短时间限值[2-47]　表 2-4

操作压力 p（bar）	根据每公里渗漏点数量确定的燃气管道网络检查最短时间（年）	
	≤2 个渗漏点/km	>2 个渗漏点/km
$p \leq 0.1$	4	2
$0.1 < p \leq 1.0$	2	1
$1.0 < p \leq 40.0$	1	0.5

德国平均每公里就有 0.8 个泄漏点（1998 年），老的管网中泄漏点出现的频率要高得多，每公里有 4～5 个。究其原因多是密封套筒干裂造成的。

造成埋地燃气管道损害的原因是多样的：

①由外界影响导致的对管道的直接机械损伤，主要是由于挖掘机造成的损伤，但是也可能是由邻近的管道造成的损害（图 2-12），如一条燃气管道的泄漏点是由于水从破损水管中以很强的水流冲击并带出土壤颗粒造成的[2-90]。

②由于附近建筑施工打桩的振动而导致的动态荷载或者交通运行产生的振动而导致的对管道的间接损伤。

③由于温度影响或者冰冻导致的管道不均匀伸缩。

图 2-12　燃气管道破损图

④未发现的管道材料缺陷。

⑤外部腐蚀。

⑥套管垫片干裂。

⑦由于管道敷设不均匀产生的弯曲应力，管道敷设不均匀是由于渗漏水、地下水、管道基础的放置、施工质量问题等导致的。

⑧由于附近挖掘沟槽而导致管槽底部向一侧滑动。

图 2-13 展示了 1990 年联邦德国小于 16bar 的埋地燃气管网中产生漏损和事故的原因。

在所有燃气管道事故中，大约 70% 都是受机械外力的影响，这种影响通常是由挖掘机作业引起的。这种挖掘机导致的损害首先发生在局部、房屋连接管分配困难的燃气分流区域。因为挖掘机的主要工作方向是沿着马路挖掘管槽,对以直角方式敷设的房屋连接管特别容易造成危险[2-48]。通常情况下,这种严重的损害是被直接发现并消除掉的。对燃气管道网络进行循环检查有利于查明更多的损害。对此,人们采用了所谓的"地毯式探测器",可以发现燃气百万分比浓度(ppm 浓度)范围。这种探测器由人手动操作,在地面上以步行速度沿着燃气管道线路前进。由于燃气在土壤里是以漏斗形扩散开的[图 2-14a)],而且其扩散进程取决于土壤的种类、湿度、表面覆盖层[图 2-14b)]以及温度,因此不管是这种方法还是其他方法都不可能对破损位置进行准确的定位。对此,在由地毯式探测器界定了的泄漏的漏斗状区域内,人们会打出或者钻出一个探测孔,把燃气从这个探测孔中释放出来,然后放入一个探测器中,可以通过浓度差异推测出破损的位置。总的来说,对于埋地的燃气管道来讲,只能对已发生的损坏事故采取措施,而无法预知和避免即将发生的泄漏。此外,由于事先没有在燃气泄漏时注意到它,会产生燃气泄漏通过空隙侵入建筑物的危险[2-49]。

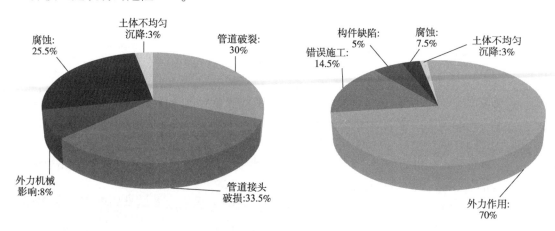

图 2-13 埋地燃气管网中产生漏损和事故的原因[2-91]

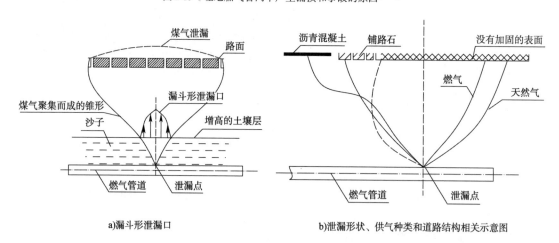

a)漏斗形泄漏口　　　　　　　　　　b)泄漏形状、供气种类和道路结构相关示意图

图 2-14 道路下面燃气泄漏示意图[2-46]

(3)给水管道

与燃气管道相似,对于给水管道来说,最主要的检查任务是查找渗漏点,包括对所有管

网部件,尤其是阀门的检查。给水管道的破损原因和燃气管道的基本一致,尤其是挖掘机造成的损坏和附近管道施工造成的损坏。这里通常不是指直接的破坏,而是指对给水管道防腐蚀功能的损坏,因此发现破损的时机就会滞后。

给水管道的损坏意味着给水的损失,而这是应当避免的,因为:

①从生态和经济角度来说,饮用水是一种昂贵的资源。

②对于饮用水供给安全性的要求是最高的。

③渗漏会导致饮用水管网被污染。

德国燃气与水工业协会工作须知 W 390[2-50] 和 W 391[2-51] 对给水管道网络的检查作出了规定,其中也对给水流失的查明和分析进行了说明。在给水管网中,具体的给水漏失率以单位时间单位长度的水量$[m^3/(h \cdot km)]$给出,见图 2-15 下部的阴影区域。举个例子,$0.1m^3/(h \cdot km)$的给水漏失意味着一条长 10km 的给水管道每小时的给水漏失量为 $1m^3$,一年约 $9000m^3$。这种对给水漏失量的判断很大程度上取决于管道周围的土壤[2-52]。

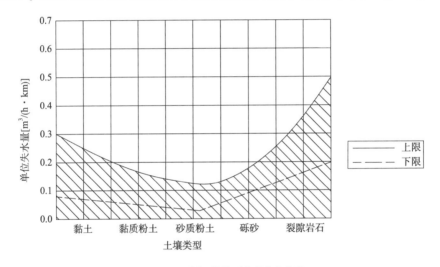

图 2-15 不同土壤类型的单位失水量

对给水管网进行检查时,要对随机检查和计划检查进行区分。随机检查是对持续输送水量和持续消耗水量进行对比。通过这一方式只能查明相对较大的故障。计划检查,即按照确定的时间间隔进行反复检查,对此,前面提到的德国燃气与水工业协会操作准则建议的时间间隔是 4 年。计划检查主要包括以下措施[2-52]:

①使用声学检漏仪进行气密性试验。

②使用微时测量(夜晚最低消耗量测量、零消耗量测量)方式进行气密性试验,即使用合适的测量工具,对足够小的、隔离出的供给区域内的输送量进行记录。

③对损坏点进行定位。对于损坏点定位而言,为了划定损坏点范围,要对合理缩小的区域反复进行流量测定,或者采用声学的方法进行测量。声学测量方法中,可以利用管网在其不同的点位(例如阀门处)听声,从泄漏点漏出来的水会发出嘈杂声,这个声音会在管道中传播。通过分析测量出的频率和声音传播的时间,就可能推断出破损点的位置。此外,这个嘈杂声的传播还取决于管道的材质、漏洞的大小、压力、管道内径、敷设深度以及土壤类型。

（4）排水管道

排水管道长时间或者暂时经受着物理、化学、生化和生物方面的压力。与输送的介质相反，除了外界影响的压力（例如土壤压力、交通压力、地下水压力）外，这里还存在一种由其运输的介质本身导致的重要负荷。污水内含的有害物质可以以不同的方式对管道的功能造成损害。表 2-5 概括了可能的损害、损害原因以及损害结果，图 2-15 则展示了两种德国排水系统中最普遍使用的混凝土管道与陶瓷管道的事故率。

排水管道中可能的损害、损害原因以及损害结果（根据 ATV-M 143[2-82]进行了简化） 表 2-5

损　　害	可能的损害原因	可能的损害结果
不具有密封性	在规划、实施和运转过程中对规则不够重视，或者是由于其他的损害和材料老化导致的	污水渗出，地下水渗入，树木根系在内生长，形成气蚀
渗漏	在规划、实施和运转过程中对规则不够重视，排入了会沉积或者凝固的物质，清洁不够，管道之间连接不够结实	输送效率降低，堵塞，保养费用增加
位置偏移	规划和实施存在缺陷，负荷产生变化，沉降	连接管道脱落，由于高度落差、裂缝、管道断裂等致使功能丧失
机械磨损	不适合的材料和构件，磨蚀，气蚀，错误的清洗方式	壁厚变薄，管道内壁更加粗糙，影响输送效率
腐蚀（外部腐蚀和内部腐蚀）	有腐蚀性的物质，电化学作用，由生物作用产生的硫酸腐蚀	壁厚变薄，管道内壁更加粗糙，影响输送效率
弯曲软管发生形变	在规划中对规则不够重视，实施过程中违反操作规程	输送效率降低，堵塞，裂缝，凹坑等
裂缝	对规则不够重视，在运输、存放或者安装、存放直线管道以及施加集中荷载过程中对管道造成损害，管道连接处没有制造成可弯曲式的	渗漏、管道断裂、塌落
管道断裂（管壁部分缺失）	渗漏、磨损、腐蚀、裂缝导致的结果	渗漏、塌落
塌落	渗漏、磨损、腐蚀、裂缝、管道断裂导致的结果	损坏极度严重

根据相关要求，可以把对排水管道的施工检查区分为外部检查和内部检查[2-19]。图 2-16 介绍了非标准化方法的总体情况。

在实践中，对排水管道的状况进行检测常采用管道内部检测方法，德国污水技术联合会（ATV）的 ATV-M 143 标准的第 2 部分[2-82]对其作出了规定。如果采取直接的光学内部检查，管道内径要在 DN 900 以上才可行。对于更小内径的管道，则以管道内窥电视的方式进行间接的内部检查。

光学检查的方法只能对损害的程度进行检测。对破损的数量进行检查，目前主要采用以下方法：

①进行气密性试验，该试验将对管道整体、局部或者管道连接处进行检测；常采用水密法或气密法进行检验。

②通过测斜仪、水位压力测量仪或者激光器进行气密性检测。

③通过校准仪器、光电方法、位置测量仪和回声探测探伤仪进行断面测量。

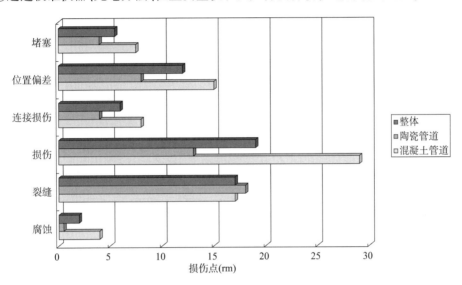

图 2-15　混凝土管道及陶瓷管道受损类型影响的损伤频率[2-19]

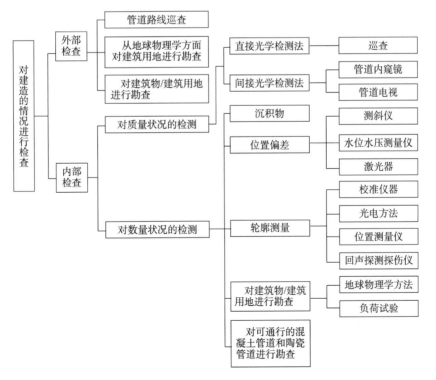

图 2-16　对排水管道的检查方法[2-19]

对现有管道进行气密性检测很复杂,在检测过程中问题重重而且费用高昂,因为整个检测空间必须通过隔离部件进行完全隔离。一般的排水系统使得这一操作异常困难,在这种排水系统中,与房屋连接的管道常常无法触及,同时人们还没有找到满意的方法对可能存在的渗漏点进行精确定位。因此要在一些极为敏感的区域,例如水源保护区域[2-19,2-53],对建筑施工有着更为严格的标准和附加的安全措施要求,例如冗余的管道系统(比如双层管道、矿物层外壳)和渗漏点定位系统。

在德国,公共区域内排水管道检查的频次见表2-6[2-54]。德国污水技术联合会的标准的第1部分[2-55]也有规定。对管道进行光学检查的建议见表2-7。

排水管道检查频次　　　　　　　　　　表2-6

排水管道类型	检查频次	
可通行式排水管道	正常情况:(1~2)次/10年	特殊情况:1次/2年 (例如在水源地保护区)
不可通行式排水管道	正常情况:1次/10年	特殊情况:1次/2年
有通道的检查井	在机动车道下:1次/5年	在住宅区道路以及其他区域内1次/10年 (有通道的检查井)
没有通道的检查井	在机动车道下:1次/1年	在住宅区道路以及其他区域内1次/2年
非电动阀门检查井	2次/年或按照生产商提供的维护频次	
清洗口和回流阀门	2次/年或按照生产商提供的维护频次	
使用管道内窥镜CCTV对道路下面的排水管道、窨井等进行检查	根据需要	

在非公共区域内,对于建筑和地面的排水设施而言,检查措施的种类和范围由德国工业标准DIN 1986第30部分[2-56]进行规定,至少每25年需要通过管道闭路电视(CCTV)对其密封性进行测试。对于工业污水以及水源保护区域内的管道,要求则更高。自1996年1月1日起生效的北莱茵-威斯特法伦州建筑法规[2-57]规定,对于现有排水管道发生变化后的第一次密封性测试,最迟要在该法律生效之日起的20年内实施。上述法律以及法规的实施可能导致将来产生更多的困难和费用,因为通常检查仅局限于居住建筑的排水管道。

此外,在公共排水系统范围内,迄今为止从管道或者地表产生的损伤,例如管道的外部腐蚀、管道基础被掏空,对于管道状态的鉴定来说都是十分重要的损伤类型,但无法精确评估。目前,正在对这些存在的问题进行研究,相关的检查费用也非常昂贵。

(5)电力电缆

只有在主要的线路中才需要对埋地敷设的电力电缆的现状进行持续的监控,对电力电缆的现状进行持续的监控能够便于故障定位。

过去传统的故障定位方法是采用不同方式测量电路,这种方法在当今只应用在对铜制电缆的故障测量中。在此基础上,从20世纪70年代起,新的方法和测量设备开始发展,使得更简单、更快速、更准确的电缆故障定位成为可能[2-58]。

表 2-7

各联邦州对排水管道进行光学检查的规定[2-54]

联邦州	法规条例	实施日期	使用管道内氮镜首次检查的要求	使用管道内氮镜重复检查的要求	密封性检验	翻　新	应 用 范 围
巴登-符腾堡州	自我检查条例	1989年8月9日	未直接提到	未直接提到	10年内完成首次检验，以后每10~15年进行重复检验	根据"节约用水的紧迫性"进行翻新	所有公用管道及私人管道
巴伐利亚州	自我监督条例	1995年9月20日	超过40年的污水管道，存在损坏的管道，水源保护区内的管道	1次/5年	1次/20年，第一次在40年后进行，可采用水密法或气密法检验	对发生泄漏的排水系统要立即予以修复	除了仅用于家庭之外的其他管道
黑森州	自我检查条例	1993年2月22日	有要求，但没有设定期限	有要求，但没有设定期限	对于管道采用内氮镜检查存疑，不确定时，对于私人用的污水管道，采用0.3bar的压力进行水密法或气密法检验	在技术允许范围内立即开展	污水管道
梅克伦堡-前波莫瑞州	自我监督条例	1993年7月9日	未直接提到	未直接提到	在5年内完成，特殊情况下在7年内完成，以后1次/10年	没有提到	所有公用管道，服务面积大于3hm²的私人管网
北莱茵-威斯特法伦州	管道自我监督条例	1996年1月1日	10年内完成，每年对管道网络的10%进行检查	15年内完成，每年对管道网络的5%进行检查	没有提到	在管道受损时即修复	所有公用管道，私人污水管网
莱茵兰-法耳次州	排水设施自我监督条例	1994年2月25日	有要求，但没有设定期限	有要求，但没有设定期限	没有提到	没有提到	所有公用管道，服务服务面积大于的状况检测
萨克森州	自我检查条例	1994年10月7日	至少在10年内全部完成，新建管道在15年后开始，水源保护区内要缩短	10年内全部完成	有，通常情况下肉眼检查即可，下水管享有优先位序	没有提到	所有公共管网，私人污水管道

人们把电缆故障定位的方法分为预定位和后定位两种。表 2-8 给出了电力电缆设备定位方法及其应用范围。

电力电缆设备定位方法及其应用范围[2-61]   表 2-8

定位方法	电缆故障的定位			电缆护套故障的定位
	接地故障或者短路故障		断路	
	低电阻	高电阻		
预定位	反射法、 跨步电压法(接地故障)	带有反射图像的电弧冲击法、 电流脉冲法、 电压耦合衰减法、 跨步电压法(接地故障)	反射法	跨步电压法
后定位	声频法、 跨步电压法(接地故障)	脉冲电压法、 跨步电压法(接地故障)	脉冲电压法	跨步电压法

通过预定位,人们得到了从电缆起始端到故障位置的距离信息。根据电缆的路线规划,就可以对该地区的这一位置进行确定。以这个位置为基础,再采用后定位的测量方法对故障位置进行准确判断。

对于这一点,有一个现今经常使用的进行预定位的方法,叫作反射法,也可以叫作脉冲反向信号法。这种方法通过对故障位置(接地或者短路、电缆断掉以及这些故障类型的组合)、接头、电缆末端等发生电阻变化位置的高频脉冲进行反射,从而进行分析。这种方法适用于对低电阻故障和电缆断裂进行预定位。

在这种测量方法中,人们会按照周期性的序列,以一定的形式和大小向故障位置发射脉冲。发射的脉冲会根据波阻抗的变化反射并以回波脉冲的形式返回到电缆起始端。这个反射信号会显示在屏幕上。通过先进的工具,可以实现对测量数据的储存,从而对电缆进行比较。通过对无故障和有故障的电缆进行对比,则可以借助脉冲从电缆起始端到故障位置所需的时间,计算出距离从而对故障位置进行明确判定。

在预定位中对高电阻故障进行测量,则采用电弧冲击法[2-59]、电流脉冲法[2-60]以及电压耦合衰减法,这些内容在这里不进行深入探讨。

在所有上述方法中,可以实现的测量准确性取决于所使用工具的测量公差,以及被测量电缆的鲜为人知的物理性质。考虑到所有参数,要对公差按照不少于 ±5% 进行计算[2-58]。

准确的后定位通常是与费用高昂的测量方法联系在一起的,例如声频法或者脉冲电压法,并且采用这些方法也并不能总是实现精准的定位。此外,在低压电网内,所有的拐弯处和电缆末端都会产生局部反射,这些在预定位中严重妨碍了评估。在采用脉冲电压法进行后定位时,需要通过抽走私人住宅接入线的保险丝并隔开私人住宅连接线将所有的用电设备绝缘[2-58]。

尤其是在电缆密集的地方,筛选出有故障的电缆非常困难,因为人们不可能总是根据以前的规划进行电缆敷设,电缆的位置会随着时间的推移发生变化。因此,对于预定位和后定位,除了电流脉冲法和声频法还有一些其他的测量方法可以使用[2-58]。

造成电缆故障的主要原因有[2-58]:

①工艺缺陷。

②运输和储存不当。

③装配误差以及敷设电缆时发生错误(过大的弯曲应力、挖掘以及尖锐的石头或物体损伤)。

④老化。

⑤机械损伤,大多是由后期的地下施工导致的。

⑥由温度过热和电压过载导致的损伤。

⑦腐蚀损伤(因土壤有腐蚀性的成分而导致的化学腐蚀,因杂散电流而导致的电解腐蚀,以及因振动而导致的晶间腐蚀)。

机械损伤是导致电缆故障最常见的原因,这个趋势还在不断增长。此外,我们摘引了德国电力公司协会(VDEW)每年根据电缆及配件的类型进行统计的电缆干扰和损坏数据[2-61],显示中等电压电缆的所有损伤中的30% ~60%是由于外部影响导致的,即由于地下施工和挖掘机施工导致的;与此相反,只有10% ~20%是由于电力性能的降低而导致的[2-58]。

在联邦德国大约有650000km 的埋地电力电缆。这些电缆由于机械损伤,每年每100km就会出现约1.35 个损坏点。每年用于消除这些电缆损伤的费用以亿马克(原德国货币单位)来计[2-39]。此外,还可能有相当可观的后续费用,例如由于停电产生的费用,并没有计算在内。

(6)通信电缆

光纤不但能够提供更高的传输效率,而且具有安全性高、维护方便、保养费用低等优势,在通信电缆领域用量不断增长。现代自动化的检查技术体现了其重要意义,因为每一次停电,尤其在依赖于通信的领域,例如银行、保险公司或者机场,据统计5.6 ~22h 的消除故障期间,很容易就导致超过百万马克(马克为德国原货币单位)的经济损失[2-62]。

德国电信的故障统计材料提供了1992 年光纤电缆的故障率[2-62]:

①支电缆:0.93 个故障/100km。

②远程电缆:1.22 个故障/100km。

根据国际电信联盟(ITU)1994 年在日内瓦的调查,确定了导致增加衰减和断裂的故障原因如下[2-62]:

①沟槽和挖掘机施工。

②非直接的、由于保护套管被损坏导致纤维承受压力。

③氢腐蚀。

④敷设错误(例如对电缆和套管产生过大的拉应力、弯曲应力和扭曲应力)。

⑤温度。

⑥啮齿类动物啃咬和车辆碾压。

传统的埋地敷设方式使得通信电缆非常容易因沟槽和挖掘施工、啮齿类动物啃咬以及交通的影响而遭到损坏。根据统计来看,所有的通信网络故障中,将近70%都是由这种敷设方式导致的[2-63]。

在过去的几年中,为了提高光纤网络的运转安全性并避免通信网络故障的发生,出现了自动的电缆检查系统,例如"光纤管理系统"[2-62]。该系统采用一种带有特殊测量模型的大型计算机,可以对 4~96 条光纤进行程序编制,通过测量程序,对未接通的光纤进行衰减测量,也可以在不断开通信网络的情况下对正在运转的光纤进行衰减测量。人们可以通过对反向散射曲线的当前值和已储存的理论曲线进行比较,得出偏差数值,并由此进行警报信号设置。通过结合电缆走向和反向散射曲线,可以在大型计算机中算出并展示出电缆故障的地理位置。

至今为止,为了进行持续的监控,在由铜制电缆形成的通信网络中,主要连接电缆和地区连接电缆(除了在近距离范围内)是连到压缩空气监控设备上的。在这种情况下,空气制造和净化设施会将干净且干燥的压缩空气通过空气分配设备输送到密封的电缆内。由此能够确保充满了干燥空气的通信电缆可以进行气动监控[2-64]。在对科技状况的调整(1993年)中,电缆监控设备进一步发展,以微处理器驱动的方式进行运作。在主要电缆的套管内置入压力传感器,即可定位压力转换器,通过它可以及时发现电缆故障。

2.2.5.3 维修

维修是指用技术手段恢复一个系统达到理论工作状态的措施[2-43]。与此不同的是,在欧洲标准德国版(新德标)DIN EN 752 第 5 部分(以下简称 DIN EN 752-5)[2-44],在排水领域维修被定义为改造,它"包含了所有恢复或者改进现有排水设施的措施"。这就是说,对于埋地的管线网络而言,必须在查明、定位和评估损伤之后对相关管线进行修补、整修和翻新。

根据 DIN EN 752-5,修补是指消除局部、有限的损伤的措施。这种情况只对紧邻的损伤点进行维修和改造。此类损伤包括如电缆断裂,燃气、给水以及排水管道的连接松动或者铁制管道的防腐蚀涂料遭到破坏等。对管道而言,内部修补也是有可能的,例如排水管道连接处不密封可以采用在内部内衬接头或者通过其他密封措施[2-19]对其进行密封。而对于埋地电缆或者管道的外部损伤,则只有通过小范围挖掘的方式才能发现损伤位置,这就意味着巨大的费用。例如,如果要对敷设在保护管中的集中供热管道的保温层部分进行修补,就必须把保护管挖掘出来并取走,并在完成实质的修补后恢复其初始状态。因此,在对埋地管道进行修补时,附加的措施往往要比实质性修补的工作量大得多。

根据 DIN EN 752-5,人们对整修的理解是"在全部或部分地采用原有材料的情况下,对现有管道的功能作用予以改进的措施"。整修措施是针对管线系统的所有部分以及排水系统的排水区域(两个窨井之间的管道部分)从里向外进行的。整修方法包括喷涂法和内衬法。喷涂法是基于腐蚀损伤的原因在整修管道的内壁上喷涂一层水泥。内衬法则是用预先成型的复合材料管道内衬在现有的管道内壁。

根据 DIN EN 752-5,人们对翻新的理解是"敷设新的排水管以替代现有的管道"。翻新可以在原来的位置上通过更换来完成(毁坏原材料),或者在其他的位置上完成(丢弃原材料)。如果在其他的位置进行翻新,就必须考虑到旧的管道被遗留在土壤中不会造成损坏。这种通过远离旧管道而看起来最有效的方法,在实践中却并非经常使用,因为这种方法往往意味着高昂的费用。如果不把旧的管道移除,至少就要用适宜的材料对其进行回填,并确保在土壤中没有遗留下任何不能控制的空洞。

相关标准[2-19]包括对建筑以外的排水系统进行维修的全面信息。

2.2.6 管道的漏失

管道不密封导致的结果如下:

（1）液体溢出（渗出）或者气体逸出。

（2）地下水进入（渗入）或者泥土进入管道。

以上两种情况都会导致管道进一步的损害。以上两种情况或者其他影响是否产生，首先取决于管道（高压管道以及自流管道）中的压力比，以及管道相对于地下水位的位置（图2-17）。

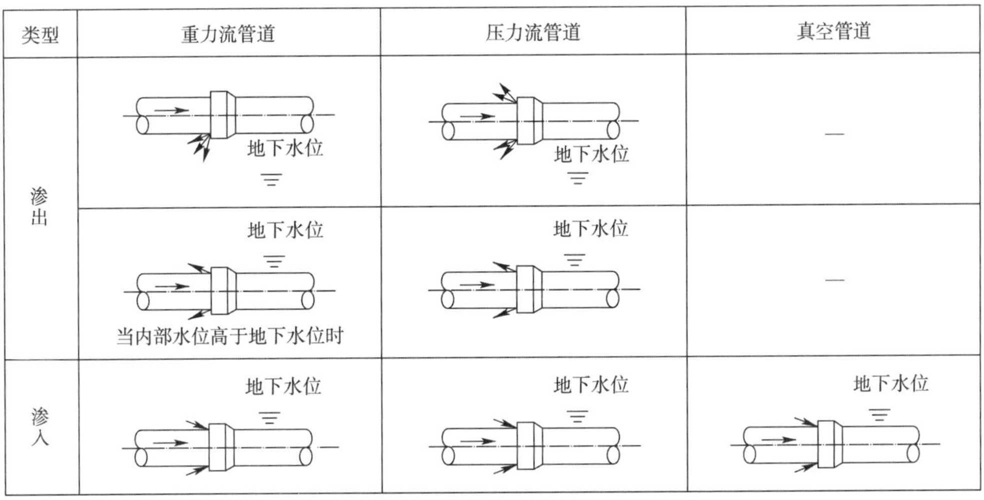

图2-17　管道渗出和渗入示意图[2-93]

对于高压管道（例如集中供热管道、燃气管道、给水管道）以及位于地下水位上方的重力流排水管道，要考虑这些管道因渗漏造成的损害，包括：

（1）有害物质渗漏到地下水和土壤中。

（2）对管道、建筑或者道路上部建筑物造成破坏性后果。

（3）由于渗漏造成直接经济损失。

（4）有害物质、生物、污物等侵入管道，由此导致卫生上的危险，特别是在饮用水区域。

（5）由于泄漏的气体导致爆炸危险。

（6）管道基础发生变化并导致位置移动、变形、裂缝、管道破裂、坍塌等间接损害。

（7）对相邻或者相关的管道产生损害。

从位于地下水上方的重力流管道中渗漏出的污水量取决于管道损伤的类型、损伤范围、充满度和工作压力以及水文地质情况[2-76]。此外，土壤和地下水被污染的范围取决于污水的内含介质。

新的研究结果证明，管道连接不严密、出现裂缝和碎裂、连接接头安装不专业以及管道破裂等都会导致污水渗漏。有时管道的细微裂缝虽然会被土壤临时封堵，但随着时间的推移，仍然无法完全杜绝渗漏。

这类故障会由于充满变数的径流系数、降雨事件或者损坏管道的机械影响（例如用水进行高压清洗或者密闭性试验）而产生。而在损伤更严重和土壤渗透性确定的情况下，还可能或多或少地出现持续的渗漏事件[2-77]。

一项对敷设在联邦德国的污水管道系统内（分流系统内的雨水管道和污水管道）的整个渗漏情况进行的评估显示，在对边界条件进行有利假设的情况下（即最低限度的评估），渗漏量大约为 3300 万 m³/年。而在对选择的影响参数进行不利测算的情况下（即最高限度的评估），渗漏量大约为 4.4 亿 m³/年。

由于土壤与未处理的污水直接接触，污水渗漏对土壤环境产生了严重的影响，而地下水被污染的可能性则取决于更多的边界条件[2-69]，例如渗流长度、沉淀物的细菌繁殖、土壤的过滤作用。

尤其是对于不密封的管道底部区域，当管道下面的土壤由粗砂或砾石组成（高渗透性），而且地下水位于管道底下不到 1m 的距离时，物质渗入地下水中的可能性非常大。

地下水的危害是一种长期性危害。地下水一旦被污染，就无法重新恢复其原来的状况，或者只有经过很长的时间才可能恢复其原来的状况。这与地表水有着非常大的区别。这里尤其是指那些持续性的、能够积累微生物的污染[2-78]。相应的危害案例以及净化土壤和地下水的解决案例则包含了时间上的需求和费用[2-19]。

对于敷设在地下水中的排水管道来说，渗入过程尤其重要。除了地下水，同时可能还有管道区域内的土壤物质也随之进入。

管道渗漏的过程、范围根据介质的不同而不同。在燃气领域不会对漏气量进行测算，因为由于技术方面的原因（气体压缩）不可能对要测量的数值进行准确的记录。在给水领域，在德国人们依据的是图 2-15 中显示的漏失水量，并且在一定范围内是允许的。

由于渗入，外来水流在排水系统中占了很大一部分。根据各种不同的研究[2-79,2-80]结果，外来水量占污水量的 25% ~ 400%。就此而论，房屋连接管和房地产排水设施的问题尤其突出，根据参考文献[2-80]，它们只占建设费用的 10%，却造成了约 90% 的外来水问题。一项对 1980 年因渗入导致的财政后果的评估[2-81]显示，每年每升外部水导致的污水处理费用为 3000 马克。

第3章 综合管廊中的管线敷设与维护

3.1 综合管廊的发展概况

在综合管廊内敷设管线的想法可以追溯到古希腊和古罗马时期。根据考证,在希腊萨摩斯岛上,大约在公元前 530 年就敷设了一条 1040m 长的给水管道(管道是陶土管)。这条综合管廊在卡斯特罗山下以人工掘进的方式建造,宽度达 1.8m,能够满足两个人同时进入。综合管廊的建造初始目的很简单,就是想通过在综合管廊内敷设一条敌人无法接触到的给水管道,以确保在被包围的情况下仍能够保障正常供水[3.1-1]。

到了近代,建造综合管廊的想法很少会从这种战略角度考虑,更多的出发点是要解决在道路下大量敷设的管道常常会导致道路开挖甚至对居民造成损害的问题。工程师詹姆斯·霍布雷希特(James Hobrecht,1825—1903 年)很早就意识到了这些问题。詹姆斯·霍布雷希特被认为是柏林排水系统(1869—1878 年)的奠基人,他主持开展了柏林的施普雷河整治和交通建设工程。基于他广博的知识,除了柏林以外他还参与了其他 34 个德国城市、莫斯科以及日本的排水系统规划[3.1-2]。关于在市中心敷设管道的问题,尤其是在伦敦,詹姆斯·霍布雷希特于 1890 年曾经写到[3.1-3]:"在伦敦首先发现了这种紧急状况的严重性。那里很早就开始建造市政管道,就像人们看到的一样,由于没有考虑到未来的发展需求,人们根据法律把这些管道以约定合同的形式给予了完全不同的各个企业。因此在 19 世纪 50 年代,就有一些道路下方敷设了一根挨着一根的铸铁管道,并且在管道敷设和修理时发现路面不断出现裂缝,成为严重的问题。"

作为这种不良状况的解决方法,人们考虑到了建造地下综合管廊,即在人行道或者道路下方修建综合管廊。它容纳了燃气、通信和给水管道。污水管道则在建造时被分隔开,敷设在另一条管道下方。这些设施的建造从 1861 年就开始了。截至 1933 年,其总长度达到了约 20km,但是没有建成一个贯通的网络。在那个时代,备受关注的两个综合管廊案例是伦敦的霍尔本路管廊工程(图 3.1-1)和沙福兹伯里大街管廊工程(图 3.1-2)。两条综合管廊现在还在运营中,将来还能用于新的管道敷设。这些综合管廊通过同样可通行的支廊与毗连的房屋连接起来,由此简单地完成了连接工作。1890 年,《建筑学手册》[3.1-4]对伦敦综合管廊的描述为:"在英国的城市中,人们针对交通拥挤的道路常常建造一种特殊的地道,作为道路路基中的隧道,在这个隧道中,所有的市政管线都敷设在其中。"

伦敦拥有大约 10km 这样的地下综合管廊。沙福兹伯里大街有一条综合管廊,它的底部宽度为 3.6m,拱顶的高度为 2.05m,在内部共敷设了 7 根燃气管道和给水管道,还有很多的供电电缆,在底部下方中间位置则是砌成椭圆形的下水道,尺寸为 1.41m×2.84m 的人员出入口设置在道路中间的人行道内。由于人员出入口上方设有格栅盖板,所以有利于通风。

可通行的支廊通向每一栋房子的前墙,因此可以完全预防道路开裂。

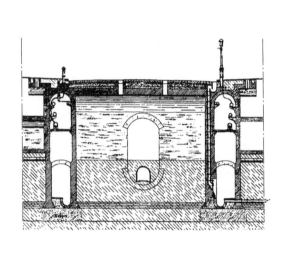 

a)伦敦霍尔本路两侧均设置管道的示意图   b)综合管廊内部实景

图 3.1-1 伦敦霍尔本路管廊工程[2-93]

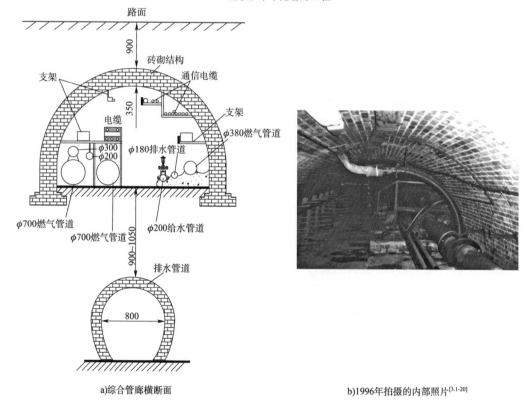

a)综合管廊横断面   b)1996年拍摄的内部照片[3.1-20]

图 3.1-2 伦敦沙福兹伯里大街的管廊工程[3.1-21] (尺寸单位:mm)

另一条综合管廊建造在伦敦的霍尔本路。综合管廊内通信、燃气、给水和排水管道被安置在道路两边"低于道路的地方",按照英国的传统,路堤和两边余留下的人行道与房子地下室相连,所以这些管道不仅很容易就能接触到,而且还很容易建立连接。

1928 年,伦敦把燃气管道加入综合管廊中,之后再也没有进行过与此相关的新的敷设工作,尽管到那时为止的 67 年间没有发生过损坏等问题。出现这一状况的原因是综合管廊通风不够,因为当初仅设置了自然通风系统[3.1-5]。1890 年,詹姆斯·霍布雷希特总结了在当时对建造综合管廊的顾虑,具体如下[3.1-3]:

"……与此相反,综合管廊的反对者们强调,必须依靠人工通风而非自然通风才能排除爆炸和窒息的危险。他们还强调,在综合管廊中只有在人工照明的情况下才能进行工作。除此之外还列举了种种反对的意见,诸如:没有给施工作业人员预留宽敞的通道,也没有给管道预留充裕的空间,安装管道非常困难,燃气和下水道中的气体会通过建筑物的侧廊侵入房屋,属于其他企业的管道会被工人偷走,如果发生暴动,在地道中的暴民会引发不可估计的损害。……尽管如此,综合管廊的支持者仍坚持站在另一边,并突出强调综合管廊的安全性能和使用状况会保持良好。"

"那时,在决定是否使用综合管廊时,不同管线的运营商的顾虑和个人利益的考量扮演了十分重要的角色。未解决关于燃气管道敷设的安全性问题和越来越高的投资费用是导致管线的运营商拒绝使用综合管廊的原因。为此,英国在 19 世纪末期颁布实施了一部法律,根据这部法律,伦敦市长应当被赋予这样的权利,即在他想要的地方、以他想要的方式,建造和维护综合管廊。市长有权敦促企业在综合管廊中敷设管道,并征收使用费。"

詹姆斯·霍布雷希特提出了普遍性的要求[3.1-3]:"市政管线不论以何种方式都不再委托给私人企业,因为这些企业在有争议的情况下必然会考虑使用与公众利益背道而驰的特权。所以,在大中城市采用综合管廊敷设管线的技术标准应当是统一的。"

在法国首都巴黎,主要是通过改造已有的下水道,在下水道内部敷设更多的管道而形成综合管廊。目前总共已有 1950km 的综合管廊网络可供使用。污水通过开放式的水槽排放,给水、压缩空气和电缆被安装在隧道的上部,即使发生暴雨和洪涝也不影响这些管道的安全使用[3.1-3][图 3.1-3a)]。在巴黎,燃气管道不敷设在可通行的排水隧道中[3.1-6]。房屋连接管是通过可通行的支廊实现的,目的是方便安装管线,同时避免在敷设和保养管道时进行任何挖掘作业[图 3.1-3b)]。

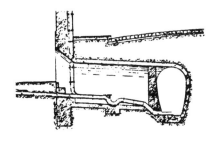

a)把管线安装在隧道的上部[3.1-22]　　　b) 综合管廊内管线与私人住宅管线的连接[3.1-6]

图 3.1-3　巴黎带有管道的下水道(19 世纪)

德国的第一条综合管廊建于1893年,是在汉堡市新建凯撒·威廉路期间,在詹姆斯·霍布雷希特的倡议下实现的。由此,人们不仅看到了综合管廊能够避免因不断的道路开裂对居民造成损害的优点,而且开始考虑敷设高质量的路面,这些路面本应得到保护以免遭受因开裂造成的破坏。根据市政府对汉堡市民的通知[3.1-7],以试验为目的,最开始建造两条不同结构、长度为450m的综合管廊,它们各自建造在凯撒·威廉路临街一侧的人行道下方。第一种结构形式是紧靠住宅一侧的外墙,在这堵墙和毗连住宅地下室的墙之间,燃气管道采用埋地敷设。第二种结构形式(图3.1-4)突出的地方在于,靠住宅一侧的墙是由立柱以及立柱之间的拱架组成[3.1-8]。通过这种薄壁结构,便于建造私人住宅的连接支廊。由于在这种结构中把燃气管道也纳入其中,因此结合道路路灯的柱身设置了通风系统。

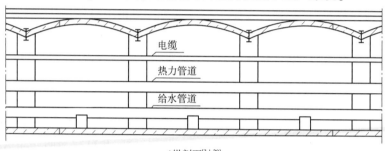

a)纵剖面[3.1-20]

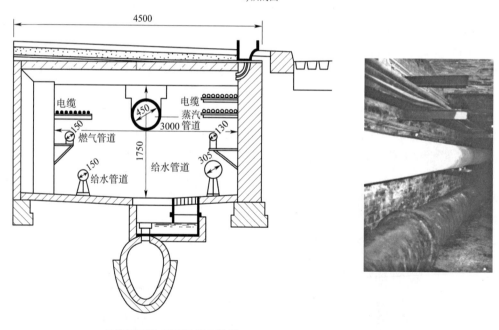

b)横断面(第二种结构形式)[3.1-21]　　　c)1995年拍摄的内部照片[3.1-20]

图3.1-4　1893年汉堡市建造的综合管廊(尺寸单位:mm)

由于财政原因,仅批准在道路一侧建造综合管廊,在此情况下,两种结构形式都按照净高1.7m、净宽3m、长450m的标准进行建造。这个最初建设得非常宏大的综合管廊首先敷设了电缆、给水管道、蒸汽管道和一部分的燃气管道。内部空间随着时间的推移不仅得到了充分使用,而且在后来远远不够用了[3.1-5]。综合管廊在第二次世界大战期间被部分毁坏和损伤,但至今仍在使用中。

在德国市政工程领域,综合管廊的想法在早期并没有得到重视。其原因有技术方面的顾虑,但更重要的还是经济上的顾虑。在 1978 年修订德国工业标准 DIN 1998 时,综合管廊并没有被考虑进去,因为人们从法律和行政的角度看到了实施综合管廊所面临的重重困难。但是在非公用的管线领域,就是另一种情况了。工业用地、大学、污水处理厂、医院、机场和博览场馆的运营商认识到综合管廊的诸多优点,并将其付诸实践。在这种情况下,无须考虑各个管线运营商的利益和特权。非公用领域使用综合管廊的案例有斯图加特大学、波鸿鲁尔大学(图 3.1-5)、乌尔姆大学、多特蒙德大学、法兰克福机场以及杜塞尔多夫的博览场馆。

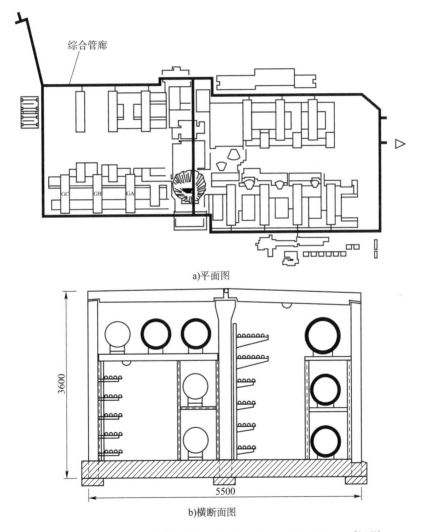

a)平面图

b)横断面图

图 3.1-5　波鸿鲁尔大学的综合管廊(建造于 1965 年)(尺寸单位:mm) [3.1-23]

在瑞士,人们也很早就开始研究在综合管廊内布置管线。根据文献[3.1-21],1922—1923 年,温特图尔市的政府部门就决定,紧挨着排水管道上方建造一条能容纳城市管线的综合管廊(图 3.1-6)。为谨慎起见,人们把燃气管道保留在人行道下方。人们还为未来的分支管道预先规划好了通道,在这些支廊中,人们安装了带有 4 个开孔的十字形混凝土结构。

用综合管廊下方的排水管道收集所有的污水,同时也有未来用于连接的支渠。因此,对于这条非常繁忙的温特图尔的道路,人们再也不会担心今后会有开挖施工和道路开裂。尽管这一措施是完全令人满意的,但是市政部门由于高昂的费用放弃了建造更多这样的综合管廊[3.1-21]。

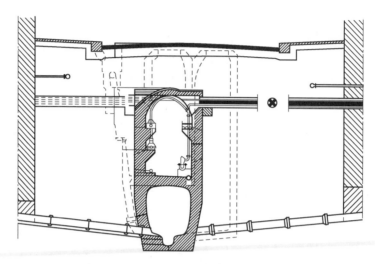

图 3.1-6　温特图尔的综合管廊(建造于 1922—1923 年)[3.1-21]

　　在苏黎世,柯林斯大街的综合管廊于 1927 年建成,用于收纳燃气、给水、电力和通信管道。此外,排水管道与综合管廊的底座融为一体。这条综合管廊由两部分组成(长度分别为252m 和 127m),它们由一条铁路分隔开来。图 3.1-7 介绍了综合管廊的大致位置。这条综合管廊的建筑外壳是由一个矩形的,净尺寸为高 2.2m、宽 2.45m 的钢筋混凝土结构构成的,顶板的厚度在 35~95cm 之间。柯林斯大街的综合管廊没有被完全使用,在施工时保留下来的空间至今也没有完全派上用场。图 3.1-8 为柯林斯大街综合管廊的标准横断面图,以及容纳私人住宅连接管的支廊横断面图。综合管廊的入口是通过位于其上方车行道的窨井实现的,这些窨井也用于自然通风。窨井盖无法上锁,根据地下建筑管理处的说法,至今没有因擅自进入窨井而产生问题。还有一个集中吊装口,通过它可以从路面上把较长的管道部件吊入综合管廊里面,进一步的运输则要靠人工。私人住宅的连接管则通过可通行的支廊实现[图 3.1-8b)、图 3.1-9],每个支廊都设有一个出入口。通道底部的排水则流入埋的更深的排水管道[图 3.1-8a)]。

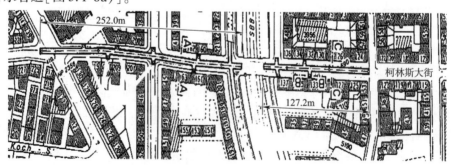

图 3.1-7　柯林斯大街的综合管廊(苏黎世)[3.1-24]

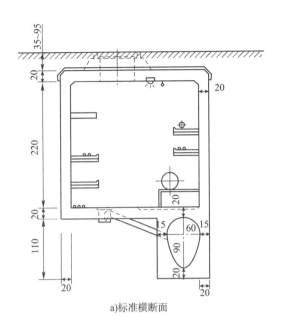
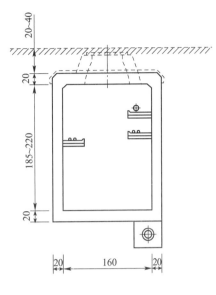

a)标准横断面　　　　　　　　　　　　　　　b)容纳私人住宅连接管的支廊横断面

图 3.1-8　柯林斯大街综合管廊横断面图(苏黎世)(尺寸单位:cm)

与绝大多数综合管廊相反,柯林斯大街综合管廊内管道支撑结构不是由钢结构组成的,而是采用混凝土管道支座,从而在管道转弯处可以抵消管道的推力(图 3.1-10)。根据苏黎世地下建筑管理处的报告,柯林斯大街的综合管廊已经安全运营了 70 年。

图 3.1-9　柯林斯大街综合管廊的连接　　　图 3.1-10　柯林斯大街综合管廊混凝土
　　　　　　支廊(苏黎世)　　　　　　　　　　　　　管道支座(苏黎世)

1928 年,苏黎世在 3 条交通繁忙的道路内建造了总长度约为 1.5km 的综合管廊。排水管道设置在综合管廊的底板下部,采用单舱方式与其他管道分隔设置,同时用于综合管廊底部的排水,但其结构仍为一个整体。图 3.1-11 展示了这些综合管廊的标准横截面[3.1-21]。其中,燃气管道敷设在连续底座上,大约每隔 40m 固定在房屋连接管的支廊两侧。一个自动定时循环的机械通风设备能够确保足够的空气流动,虽然这在冬季会导致支廊中水管结冰现象,但是不至于管道破裂。苏黎世地下建筑管理处 1953 年的一项经验报告显示工作人员对这些设施很满意[3.1-10]:

"对整个设施进行监管的道路监督机构确定,这些综合管廊发挥了很好的功能,而且维护只需要很少的费用。最初,我们担心燃气管道可能发生泄漏,会产生灾难性的事故,因此有很深的顾虑,但是最初的担忧没有发生。这些综合管廊完全经受住了考验,在过去的 20 年间,综合管廊没有发生任何故障。同样,综合管廊的附属设备也没有发生任何故障。"

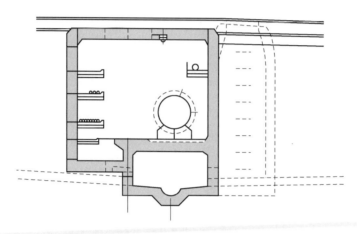

图 3.1-11　苏黎世贝克尔路综合管廊的标准横截面(建造年份 1928 年)[3.1-21]

瑞士现代的设施以及 1984 年的瑞士标准 SIA 205[3.1-11](各种管道的敷设)均表明在综合管廊中敷设管道的想法具有重要的价值。这里首先要提到的是苏黎世韦德霍兹利污水处理厂的综合管廊和苏黎世狮子路的综合管廊。苏黎世韦德霍兹利污水处理厂的综合管廊于 1983 年扩建,长 1080m。用薄钢板作为外壳,在内部分隔为三个相邻的小舱室,类似高架桥梁一样搁置在地面上的墩柱底座上(图 3.1-12)。这种罕见的设置原因是地下水位很高,而且由于扩建期间污水处理厂仍然保持运行,因此老的埋地管道不能进行迁移。这条综合管廊把供应电力的电缆和控制电路收纳在上层,把所有的卫生及生产线路收纳在空间最大的中间层[图 3.1-13a)],并且把送风、排风管道设置在下层。由此,除了排水本身以外,所有对于污水处理厂的运行来说必要的管道都敷设在这个大约 5.5m 宽、7.5m 高的综合管廊中。图 3.1-13b)为综合管廊的横断面图。

a)外观

b)鸟瞰图

图 3.1-12　苏黎世韦德霍兹利污水处理厂的综合管廊(建造于 1983 年)[3.1-25]

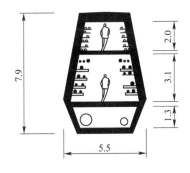

a) 中间层的内部视图　　　　　　　　　　　b)综合管廊的横断面图

图 3.1-13　韦德霍兹利污水处理厂的综合管廊(苏黎世)(尺寸单位:m)[3.1-20]

苏黎世韦德霍兹利污水处理厂的综合管廊除了标准断面别具一格之外,管道采用了造价较高的不锈钢材质,投入运行 16 年来没有出现过任何故障。

苏黎世狮子路综合管廊的建设是在对道路进行功能改造的过程中实施的,目的是把这条路建成商业街,以提高其价值。由于密集的行人、公共汽车、有轨电车和汽车等交通,避免未来的道路重复开挖是最优先考虑的因素。该综合管廊净宽为 3.9m,净高为 2.7m。同时,它可用作有轨电车的基础,有轨电车的道床就是综合管廊的顶板。考虑到有轨电车通行会对综合管廊造成振动,故设置了减振的弹簧群系统。图 3.1-14 为狮子路综合管廊在道路空间中的排布,图 3.1-15 为其标准横断面,图 3.1-16 为拍摄的内部照片。断面净宽 0.8m、净高 2.05m 的空间留出来作为操作通道。横断面的尺寸这么设计,既可以为未来综合管廊的进一步开发预留足够的空间,也可以为废弃的管道提供安装的空间。

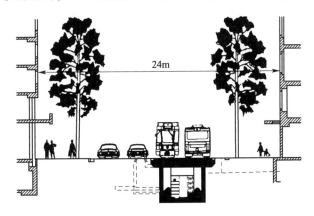

图 3.1-14　苏黎世狮子路综合管廊在道路空间中的排布[2-24]

在选择综合管廊建筑材料时,尤其要注意防腐蚀性的要求。各种有效的安全措施对于综合管廊的安全运营来说十分重要。

苏黎世地下建筑管理处负责人用这样一句话总结了瑞士人在综合管廊中敷设管线的积极经验:"如果今天人们要新建一座城市,那么毫无疑问,在绝大多数情况下要把管道敷设在综合管廊当中[3.1-12]。"

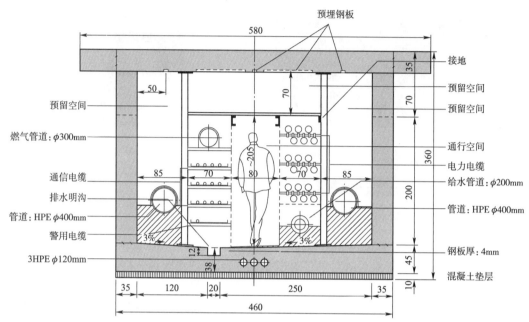

图 3.1-15　苏黎世狮子路综合管廊的标准横断面(尺寸单位:cm)[2-24]

图 3.1-16　苏黎世狮子路综合管廊在建造时拍摄的内部照片[3.1-20]

　　除此之外,还可以找到更多在欧洲使用综合管廊的例子,例如意大利、葡萄牙和西班牙。目前,在罗马(图3.1-17)建造了长度大约为140km的综合管廊系统,在那不勒斯建造的综合管廊系统长度大约为12km。罗马的综合管廊和葡萄牙波尔图的综合管廊(图3.1-18)一样,均采用了拱形结构。有趣的是葡萄牙的综合管廊在敞开式排放污水的同时,在综合管廊中敷设了燃气管道。

　　美国和加拿大在19世纪开始建造综合管廊。1965年,美国开展了一项关于把综合管廊用作防空洞的研究(图3.1-19),但是没有得到实施。美国橡树岭国家实验室在1969年的一项关于美国和加拿大使用综合管廊的调查结果表明[3.1-26],在当时大部分美国大学校园和许多政府部门的办公场所均建有综合管廊。在阿拉斯加州费尔班克斯也建造了综合管廊,但没有在公共空间得到应用,尽管草图都已经制作好了。其主要的障碍是,被调查的城市对管线运营商的需求不一致。图3.1-20为美国综合管廊的典型横断面,这种横截面几乎毫无例外地是由钢筋混凝土制成的。

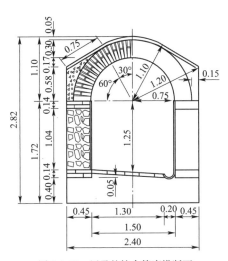

图 3.1-17 罗马的综合管廊横断面
(尺寸单位:m)[3.1-21]

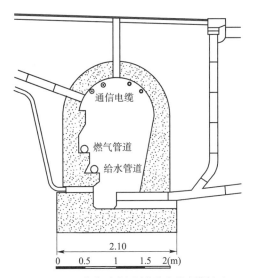

图 3.1-18 葡萄牙波尔图的综合管廊横断面
(尺寸单位:m)[3.1-10]

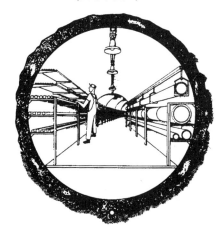

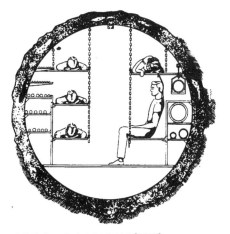

图 3.1-19 1965 年美国的一项关于把综合管廊用作防空洞的研究[3.1-26]

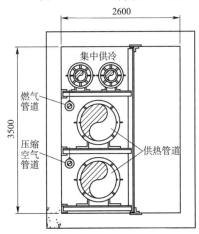

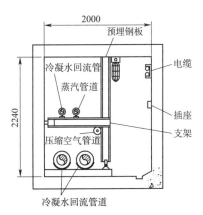

图 3.1-20

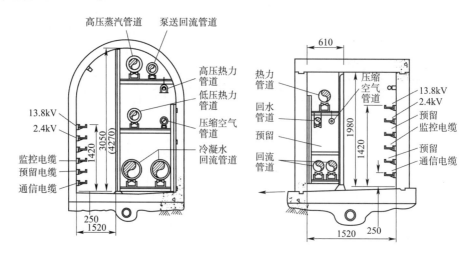

图 3.1-20　美国综合管廊的典型横断面(尺寸单位:mm)[3.1-26]

当西欧和美国由于詹姆斯·霍布雷希特在 19 世纪就已阐明关于安全性、部门间权限之争的顾虑,而把综合管廊的使用局限在一些特殊情形下时,一些国家则已将其作为主要的开发原则,探索综合管廊的建设。苏联第一条综合管廊于 1933—1934 年在莫斯科建成[3.1-5],这个由砌体结构和钢筋混凝土结构建造起来的综合管廊,敷设了电力电缆、通信电缆、给水、集中供热、压力流雨水管道(图 3.1-21)。

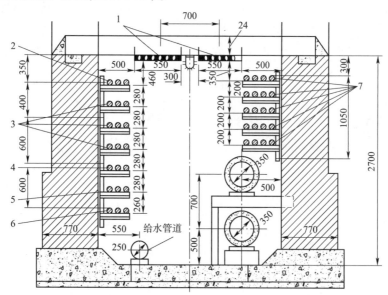

图 3.1-21　苏联建于 1933—1934 年的综合管廊(尺寸单位:mm)[3.1-5]
1-工作电缆;2-路灯电缆;3-电力电缆;4-通信电缆;5-公交电缆;6-通信电缆;7-通信电缆

第二次世界大战后,人们开始在基辅和苏联其他城市建造综合管廊。这些在战后第一年建造的综合管廊在建造方式和结构上与 20 世纪 30 年代莫斯科建成的综合管廊基本一致。20 世纪 50 年代初,第一条可以用一体化钢筋混凝土预制构件进行装配的综合管廊被建造出来。图 3.1-22 为相关的示例。苏联在这个领域进一步的发展是根据模块设计原理形成的预制构件体系,集中制造预制构件,并以数量较少的、不同的标准化建筑部件使得构建综合管廊横截面和设定综合管廊路径具有高度的灵活性（图3.1-23）。

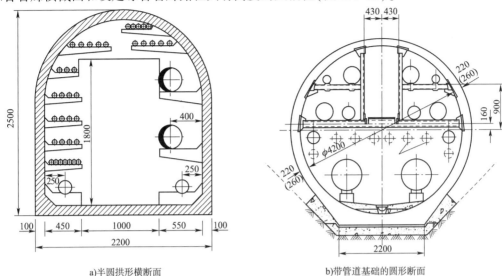

a)半圆拱形横断面　　　　　　　　　　　　　　b)带管道基础的圆形断面

图3.1-22　苏联用钢筋混凝土预制构件建造的综合管廊（尺寸单位：mm）[3.1-5]

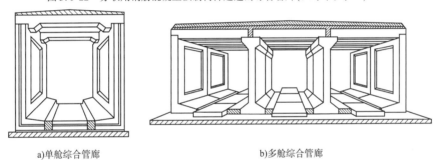

a)单舱综合管廊　　　　　　　　　　　　　　b)多舱综合管廊

图3.1-23　用钢筋混凝土预制构件建造的复合型综合管廊横断面[3.1-5]

在苏联的综合管廊系统中，用于污水和雨水的管道通常敷设在综合管廊之外，也可能设在综合管廊底部的下方。此外，对综合管廊中的照明、通风和警报设施等装配设备也进行了规定。在综合管廊横断面中敷设燃气管道必须要有持续的照明，并进行机械通风。

民主德国在住宅建筑的工业化进程中，在新开发的住宅区域配建了综合管廊。在20世纪70年代，人们为超过100个住宅区建造了总长度超过200km的综合管廊。在这些综合管廊建设中，大量采用高度标准化和预制化的建造技术，实现了综合管廊结构的快速建造[3.1-13]。

在民主德国，各种不同规格能够装配的钢筋混凝土结构借鉴了苏联的技术体系，并得到进一步发展。其中，一种由两个U形部分组合成的横截面，即所谓的"上下分块预制拼装体系"应用最为广泛。1964年，人们在图林根州的苏尔市建造"模板和实验建筑"[3.1-5]时也运用了这一设计原理，在那里建造了一条长为23km的综合管廊。图3.1-24展示了主管廊、支管廊的横断面和内部使用情况[3.1-5]。

所有预制装配式结构部件在混凝土工厂进行预制，随后在施工现场进行拼装，这种综合管廊原则上采用明挖施工。民主德国的综合管廊配备了通风设施，如果综合管廊敷设了燃气管道,则必须使用强制通风设备。此外,综合管廊被划分成若干防火分区,并配有排水设施。同样,人们还对电力供应、通信设施和固定照明作出了规定。

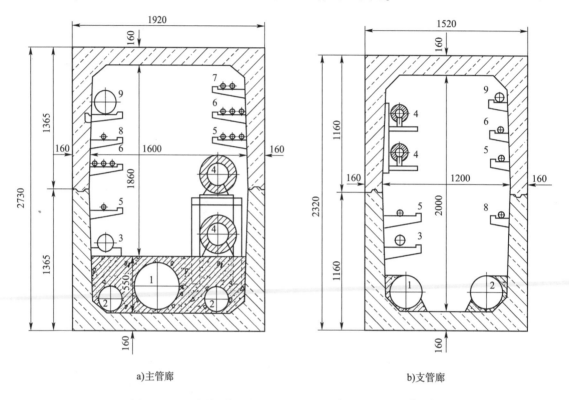

a)主管廊　　　　　　　　　　　　　b)支管廊

图 3.1-24　民主德国第一条综合管廊的横截面(尺寸单位:mm)[3.1-5]

1-雨水管道;2-污水管道;3-给水管道;4-集中供热管道;5-电力电缆;6-电力电缆;7-电力电缆;8-通信电缆;9-燃气管道

综合管廊的建造有一套标准体系[3.1-14],该标准体系涵盖了综合管廊的建筑形态、管道布置、装配和运营要求。在民主德国,人们认为综合管廊是人性化的地下基础设施系统,根据经验的确如此。政府部门在规划开发大型居住区时,配套建设综合管廊会让管线敷设更为简便,尽管综合管廊和房屋之间需要敷设大量的进出户管道,但这并没有使管线敷设较直埋管道敷设更复杂。出现的问题主要是建筑质量较差、协调不足、材料的可用性受到限制。

柏林在 1929 年建造了第一条长为 3.3km 的综合管廊,位于席琳路和法兰克福大道的地铁站之间(图 3.1-25)[3.1-15]。这条由 3 段组成的综合管廊是沿着柏林地铁 5 号线,在地铁隧道上方直接现浇混凝土建成的,高 1.8m、宽 1.65 ~ 3.45m。柏林市到 1998 年底共有超过 16km 的综合管廊,最长的连续系统位于柏林马灿区的道路和空地面下方,还有 6 条综合管廊经过城市东北部的新建区域和中心区。这些综合管廊共为大约 40 万居民、大量地方机构、工商业机构以及各类企业提供服务(图 3.1-26)[3.1-16]。

科特布斯于 1914 年首次为城市医院建造了一条综合管廊。在 1964—1989 年期间,出现了更多的综合管廊,总长度达到 17.5km(图 3.1-27)[3.1-17]。民主德国其他较大的综合管廊网络出现在埃尔夫特(21km)、哈勒(19km)、莱比锡(10km)和罗斯托克(25km)等城市[3.1-15]。

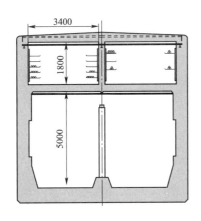

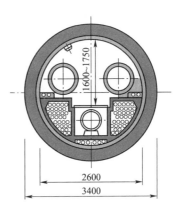

a)多舱综合管廊　　　　　　　　　　　　　　　　　b)圆形综合管廊

图3.1-25　柏林市法兰克福大道综合管廊的标准横截面(1923年)(尺寸单位:mm)[3.1-16]

图3.1-26　柏林马灿区综合管廊网络的平面图[3.1-16]

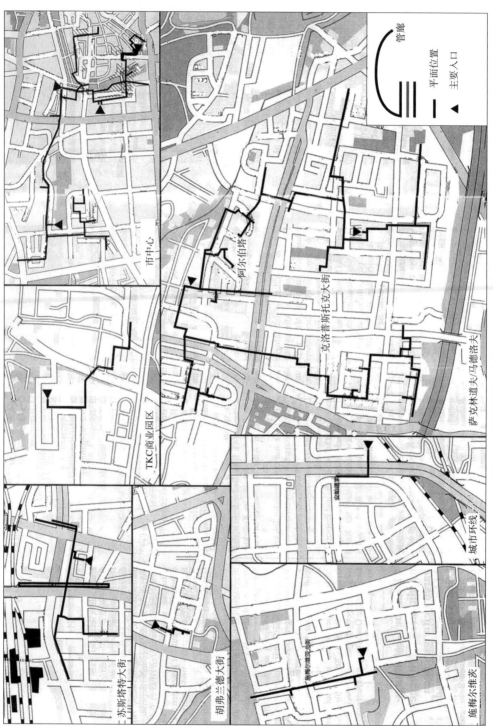

图3.1-27 科特布斯综合管廊网络的总平面图[3.1-15]

布拉格于 1970 年开始建造一个大规模的综合管廊系统,涉及该城市主要市政管线网络的更新,该系统的建造主要基于以下原因:

布拉格所有市政管网现状都非常糟糕(老化、腐蚀、不当的建造方式、建筑材料不适合、不按照需求布局)。例如,给水漏失率合计达到 50% ~ 60%,在极端情况下达到 80%,意味着漏失水量大约为 3300 万 m^3/年。1981 年开展的一项调查表明[3.1-18],布拉格所有的市政管网都出现了极高的故障率,而且损坏趋势进一步增加。当时在布拉格地区,每年因为对管道和电缆进行维修要开展挖掘 6000 次,每年挖掘的长度合计达 50km 左右,同时导致约 25 万 m^2 的人行道和 3.5 万 m^2 的道路产生开裂。除了已产生的费用和对交通、居民造成的损害,还对布拉格十分重要的旅游业造成了巨大的影响,因此人们无法长期忍受这一情况。综合管廊被看作是能够有效解决如此严重问题的唯一手段。总而言之,要求私有化的管线运营商强制使用综合管廊;同时,法律规定,在通过综合管廊进行开发的区域内,所有旧网络全部停工。为实现综合管廊的建造和运营,布拉格市政府还专门成立了一个主管部门。

虽然人们预见到对于通信和其他数据管线的需求在不久的将来会出现增长,但是根据参考文献[3.1-18],在 1981 年,现存容量中的 80% ~ 100% 都被计划好的线缆管道占用了,连当时必需的电缆都无法敷设,而且线缆管道本身的情况也非常糟糕,以至于不可能敷设新的电缆。针对这个问题,综合管廊不仅提供足够的预留空间以满足未来的需求,而且能够对普通居民的需求做出快速反应。这在布拉格的市中心范围内尤其重要,因为这一情况能大大提高城市的吸引力。捷克电信公司高度评价这种综合管廊的优势,除了立即做好准备使用此种综合管廊外,该公司还承担了 25% 的投资费用。

通过建造数字化监控中心,并对大量参数进行持续监测,不但可以实现对综合管廊建筑外壳的监测,同时在任何时候都可以快速地对泄漏和损坏进行检测和定位。在综合管廊内敷设管线,确保了对居民供给的高度安全性。

布拉格的综合管廊可以分成 3 种类型。在城市外部,管线敷设在Ⅰ类综合管廊中,这种综合管廊基本上以明挖方式施工建造,采用矩形断面。其中容纳电力电缆(110kV)、燃气主管道(直径 >700mm)以及给水主管道(直径 >1000mm)。在市内区域,这些管线敷设在Ⅱ类综合管廊中,这种综合管廊位于地面以下 20 ~ 30m 深处,以非开挖方法施工建造,采用拱形断面。这种类型的综合管廊计划总长度为 50km,截至 1996 年,有大约 3km 投入了运营。

Ⅱ类综合管廊的作用是确保综合管廊建设不受市中心道路走向的影响。这类综合管廊通过 30m 深的工作井与Ⅲ类综合管廊实现点到点的连接,Ⅲ类综合管廊沿着道路的走向建造在地面以下 10m 深处。同样地,对毗连建筑的供给可以从Ⅲ类综合管廊出发,顺着可通行的综合管廊支廊完成。

在布拉格市中心规划建设总长度约为 240km 的Ⅲ类综合管廊网络,截至 1996 年,有 5km 已运营。目前布拉格正在推进建设总长度为 44km 的综合管廊。

排水管道基本上不与综合管廊建在一起,这主要是历史方面的原因造成的。因为布拉格的排水系统早在 1907—1911 年期间就已经规划和建设好了,直到今天其功能都没有大问题。因此在布拉格,每一次新敷设管线或者对现有管线进行翻新都要遵循当时的规划原则。

3.2 综合管廊的主体结构

3.2.1 综合管廊的主要功能和规划任务

综合管廊作为典型的线性地下构筑物,在运营过程中要发挥以下主要功能[3.2-1]:

(1)承载所有的外部荷载,例如土压力,交通荷载,水压力形成的均匀荷载、线性荷载、集中荷载。

(2)具有良好的密闭性,以应对渗漏水、高压水、雨水、树根生长以及其他冲击影响。

(3)根据数量、种类、尺寸以及预留的空间将规划敷设的管线收纳进来。

(4)保证正常的安全运营要求,保证沉降、倾斜、通风、排空、冲洗、内部环境质量、管线互相之间的影响等在安全控制范围内。

(5)便于人员巡检。

(6)便于管线的设备操作。

(7)在对管线进行翻新、替换和拆除过程中,有足够的操作空间。

(8)在对管线进行监控和维护的过程中,有足够的操作空间。

由于综合管廊的使用期限较长,因此其新建和扩建需要在市政规划部门、综合管廊运营商和管线运营商的紧密合作之下,开展建设方案研究,从而形成在功能和经济效益方面对大家都有利且有效的技术方案。从可持续发展的角度来说,在规划阶段应对未来的需求进行预测,尤其是建筑的耐久性以及未来的布局。每一个规划阶段都包括以下任务[3.2-1]。

3.2.1.1 基本评价
(1)对任务分配进行解释。

(2)对基本信息进行分类。

(3)建筑条件及建筑规划。

(4)交通条件及交通规划。

(5)管网规划。

(6)线路空间。

(7)新建管道的技术条件。

(8)现有管道状况的测定和评估。

(9)供给安全和设备安全的条件。

(10)水文地质条件。

(11)其他参数。

3.2.1.2 对比研究
(1)直埋管线和综合管廊总体优势和劣势对比。

(2)成本预算和对比。

(3)多方案比选。

3.2.1.3 前期规划
(1)对基本评价中理想状态和现实状态进行对比。

（2）对局域性和整体性的专业规划进行协调。

（3）从技术和经济方面对方案进行多方面研究分析,包括设计方案确定、材料选择、定线（线路和坡度线、深度、位置）、确定建造方式和建造技术,对管道进行临时计算和测量等。

（4）考虑到各种约束条件并予以阐明,特别是道路法方面的要求。

（5）通过对不同的敷设方法和关于使用期限的解决方案进行比较,从而对成本现值和年度成本进行经济性评估。

（6）安全性评估。

（7）撰写决策指导书。

（8）确定优先的选择方案。

为了满足上述要求,在对综合管廊主体进行规划时,应重视下文中介绍的关于定线、横截面形状、横截面尺寸、外形以及材料、建造方式等方面的内容。

3.2.2 定线

在确定定线时,要对下面两种区域进行区分:当前带有建筑和管道的区域、新开发区域。

在已经有建筑的区域内,综合管廊必须遵照现有的地下空间使用要求进行建造。综合管廊可能会由于建筑地基、地下室房间、现有的管线、地下交通设施以及地面的使用情况（如停车区域或者植被）而受到限制。图 3.2-1 为综合管廊定线选择的标准。

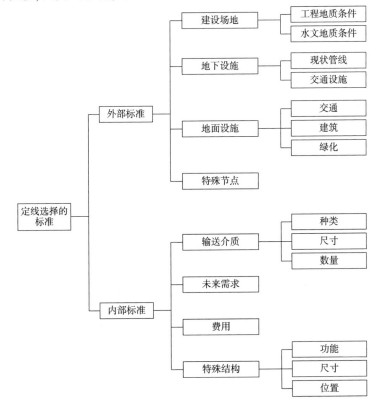

图 3.2-1 综合管廊定线选择的标准[3.2-20]

路线的走向通常在公共建筑空间内。在大多数情况下,定线遵循上方交通道路（道路、人行道、非机动车车道等)的走向。在被高度占用的主干道的地下空间中,综合管廊主要设置在道路中央。如果设置在两侧(比如道路非常宽)比在道路中间设置单独一条综合管廊更加经济,或者如果目前只建造了一条单侧的综合管廊,那么可以将综合管廊设置在路边的区域内,例如在人行道的下方。

在新开发的区域内(例如新的工业用地或者把工业废区再利用),综合管廊可以和交通设施联合开发建设。在这些区域建造的综合管廊内的管线随着地块开发的需求不断丰富和完善,尤其对于工业开发地块,建造综合管廊的优势更加明显,因为在工业园区初始开发阶段很难准确预测管线的需求,当工厂建设时又急需敷设相应的管线。如果综合管廊建在地面以下很深的地方,那么定线就不再取决于地面的道路走向了。这些综合管廊不用为其两侧用户提供直接服务,而应把更重要的主管道运送到供给区域内。

综合管廊的纵坡要么遵循地形地势,要么符合敷设于综合管廊中的管道的特殊坡度要求,这对于通常作为重力管的排水管道而言意义重大。此外,综合管廊的埋深和纵坡取决于:

(1)必要的最小坡度和最大坡度。

(2)排水系统。

(3)房屋连接管。

(4)排水管段等。

由于综合管廊底部需要排水,纵坡要保持在 0.5% 左右[3.2-2]。

3.2.3　横断面形状

综合管廊的横断面形状包括[3.2-3]:

(1)圆形断面。

(2)拱形断面。

(3)矩形断面。

(4)组合断面。

图 3.2-2 为已建设或已设计的横断面形状案例,这些断面可以用于单舱综合管廊和多舱综合管廊。多舱综合管廊通过大小不一、各种类型的断面互相连接起来,可左右并列、上下重叠或者局部交叉。在选择断面时,要考虑结构、施工和运营等方面的技术要求以及经济合理性。

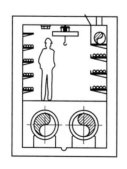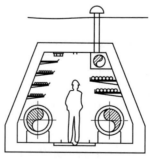

图　3.2-2

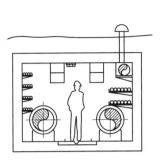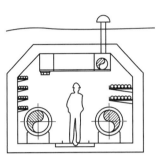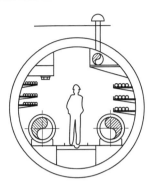

图3.2-2 综合管廊的横断面[3.2-20]

圆形和拱形断面有很强的结构承载能力,在相同的壁厚下比矩形断面具有更强的结构承载能力。用于主体结构的建筑材料和施工方式也取决于断面形状。综合管廊设计的指导方针为:"综合管廊应当合理布置管线,通常情况下采用矩形断面空间使用更合理。"[3.2-4]

3.2.4 横断面尺寸

综合管廊横断面的净尺寸由以下要求决定:

(1)可维修性。

(2)要安装的管线的数量和尺寸,包括远期预留空间的要求。

(3)管线安全运营的间距。

(4)阀门和配件的尺寸。

为了确保可通行性,综合管廊必须拥有不小于1800mm的通道净高[3.2-4]。操作通道的宽度通常为800mm,最小为700mm。在特殊情况下,局部路段(管道的支撑结构、管道和电缆的交叉点)的最小宽度可以为600mm。在综合管廊中,这些位置要相应地标出来。操作管道的宽度 b 通过下式计算: b = 敷设管道额定宽度的最大值 +200mm。

为了确保管道运输安全,操作通道的宽度最小值为1m[3.2-2]。通道的高度通常情况下2m就足够了。如果要安装房屋连接管,连接管道很有可能要从通道的上方通过。因此在这种情况下,通道高度应不小于2.2m;这也适用于安装照明灯具,但是通道区域内的净高度不应小于1.9m。

综合管廊横断面的尺寸和结构取决于敷设在其中的管线。通过这些管线的大小和数量,不仅能确定整体建筑的尺寸,还可以确定其经济性。人们力求实现对现有空间利用的最大化,但在确定综合管廊尺寸时,也要从未来的角度进行考虑。要考察周围环境中的建筑种类和居民情况,并且由此评估出未来对管线的需求。为了科学合理地确定综合管廊的断面尺寸,应当让管线运营商提前参与进来,这些企业可以提出合理的管线需求。此外,还可能要考虑用于地下物流、垃圾的真空管道等新型管道,这些管道的占用面积很难评估。

保持管道和电缆之间必要的间距对于空间的使用十分重要。在确定必要的管线间距时,不仅安全方面的考虑非常重要,维护工作(例如焊接施工、清洗、替换管线)所需的空间也非常重要。此外,还要考虑部分必要的阀门和管线连接件的尺寸会非常大,这一点也是极为重要的。

3.2.5 横断面结构

综合管廊可以分为单舱断面或者多舱断面(图3.2-3)。当考虑以下内容时应选择多舱断面:

(1)避免管道间的相互干扰。

(2)发生事故后的损坏限额。

(3)地下建筑空间无法提供足够的场地。

(4)其他原因。

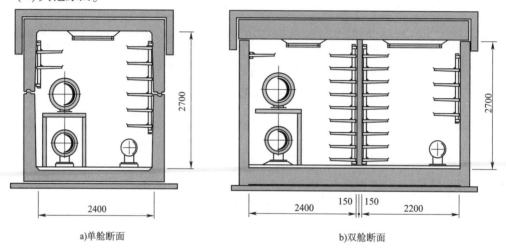

| a)单舱断面 | b)双舱断面 |

图3.2-3 综合管廊断面类型(尺寸单位:mm)[3.2-21]

管线之间的相互干扰首先是通过温度和电磁场产生的。尤其是饮用水,会通过散发热量的管道(如供热管道、电力电缆)对水质造成损害。如果将这些管道敷设在不同的舱室中,这种影响就可以减小到最低限度,就不必在管道上增加昂贵、体积庞大的绝缘或保温设施。同样,电力电缆对通信管道的影响也可以通过敷设在不同的舱室中得以排除。

当发生事故时,设置更多的舱室可对损坏进行限制。尤其对于火灾、爆炸和洪水等损坏事件来说,这是很重要的。一方面,损坏的结果基本上限制在单个舱室内,另一方面,通过将管线分隔开,损坏的可能性也得以降低,例如火源(电力电缆)和燃气管道分隔开来。

受外界条件约束时,例如已有建筑物的限制,通过把综合管廊的断面划分为多个舱室,可以综合利用现有的地下建筑空间。例如在狭长的道路不太可能拓宽已有的建筑物,但是可以将舱室上下叠放,从而满足敷设管线的要求(图3.2-4)。

从结构受力的角度考虑,把综合管廊设计为多舱断面可以减小钢筋混凝土箱形断面的壁厚,减少材料用量。此外,多舱断面为高次超静定结构,抵抗不可预料的外部荷载能力更强(例如地震、不均匀沉降产生的应力)。反对以多舱断面建造综合管廊的主要原因是,多舱断面综合管廊的建设和运营费用更高,而且在维持舱室分隔的情况下,分支口、交叉口以及房屋连接管线更为复杂。多舱综合管廊建设费用更高的原因是多舱断面比单舱断面的几何形状更加复杂,也造成无法使用的空间更大(操作通道更多),以及每个舱室都要设置单独的附属配套设施。多舱断面运营费用更高的原因也在此,因为用于每个舱室的巡视、照明和通风费用会越来越高。

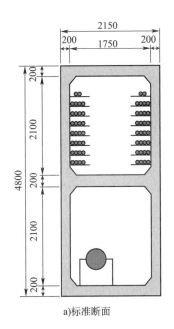

a)标准断面   b)拼装钢筋混凝土预制构件

图 3.2-4 上下重叠舱室的综合管廊(尺寸单位:mm)[3.2-22]

在管线分支口和交叉节点范围内继续维持分隔开的舱室比较困难,因为这样会导致造价和施工难度的增加。房屋连接管的出线形式也会变得复杂,因为它们要么必须绕过相邻的舱室,要么必须穿过舱室的壁板。

3.2.6 主体结构材料与施工方法

对于综合管廊的主体结构建造而言,首先应考虑使用钢筋混凝土材质。近年来,综合管廊还使用可装配的波纹钢板和大内径的塑料管道。对于要选择使用的材料来说,需要考虑的重要因素包括耐久性能、建设费用、结构形式、结构承载力、施工便捷性。

综合管廊的施工方式,一般可分为现浇钢筋混凝土综合管廊、预制装配式综合管廊、装配整体式综合管廊,如图 3.2-5 所示。

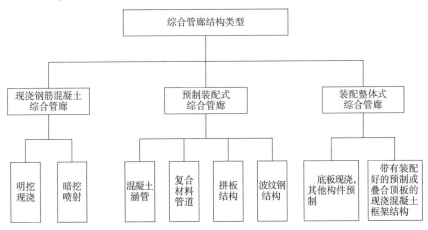

图 3.2-5 综合管廊的结构类型[3.2-20]

在使用钢筋混凝土的情况下,如果综合管廊的标准断面统一,而且一次施工的长度较长,那么采用预制装配施工具有一定优势。但是综合管廊的断面尺寸不能太大,这样单个节段就不会太重。反之,如果综合管廊在线路上有很多节点,这些节点常引起断面的变化;或者综合管廊断面非常大,采用预制拼装会形成多道拼缝,从密封的角度来看,现浇混凝土的施工方式因拼缝更少而更具有优势。此外,运输的距离以及运输方法也十分重要。有时采用现浇混凝土和预制拼装相结合的施工方式更为可行。

3.2.6.1 现浇混凝土施工方法

对于各种各样的综合管廊断面形式和结构形式来说,首先应考虑使用现浇混凝土施工方法。如今使用砌体结构建造综合管廊不再常用,主要的原因是施工非常耗费时间和费用。现浇混凝土可以把混凝土直接浇筑到模板中并能够硬化。施工工作步骤通常划分为支模板(图3.2-6)、绑扎钢筋(图3.2-7)、浇筑混凝土以及拆除模板。

图3.2-6　现浇钢筋混凝土综合管廊施工现场[3.2-23]　　　图3.2-7　现浇双舱钢筋混凝土综合管廊绑扎钢筋现场[3.2-24]

如采用现浇混凝土施工,明挖施工方式的优势比较明显,其灵活性使得在各种条件下都能够施工,几乎所有的断面形状和大小都可以实现;缺点是施工的效率较低,但可以通过使用成形大模板来加快施工进度。

3.2.6.2 预制拼装施工方法

预制拼装施工是在工厂里预制钢筋混凝土构件,运输到施工工地拼装组成一个整体结构。与现浇混凝土相比,预制拼装有以下优势[3.2-5]:

(1)构件制作符合工业化制造标准,质量高、效率高。

(2)采用高精度模具,确保了构件的尺寸精确。

(3)有利于使用高强度混凝土。

采用预制拼装建造综合管廊时,应当注意以下原则[3.2-2]:

(1)标准形式尽可能统一,以发挥预制拼装的优势,降低综合造价。

(2)合理控制构件尺寸和质量。根据《道路交通和准许通行条例》所容许的道路运输尺寸,通常情况下构件最大宽度为2.4m,最大高度为3.6m。根据表3.2-1,如果尺寸更大或者总质量更大,就需要特别许可[3.2-5]。把构件的总质量控制在6~8t比较合适,以便于采用常规的车辆进行运输。

(3)在构件制作时,预埋、预留好预埋件和孔口。

公路运输混凝土预制构件允许的最大尺寸和总质量 表3.2-1

项目	不需要道路交通许可通行	需要年度许可
宽度(m)	2.50	3.00
高度(m)	4.00	4.00
长度(m)	20.00	约25.00
总质量(t)	40.00	约56.00

预制拼装施工也可以制作各种形式的综合管廊断面和结构尺寸,但应对断面进行标准化,尽可能统一断面形式,以提高综合经济性能。如果断面形式太多,拼缝的数量会增加,不但存在接缝的防水隐患,还将增加造价。

预制拼装综合管廊可以归纳为如下几种形式:

1)类型1:整节段矩形断面

整节段矩形断面[图3.2-8a)]相较于由多个部分组成的结构有以下优势:

(1)拼装过程只局限于整节段的拼装[图3.2-8b)]。

(2)拼接缝只存在于构件的断面内。通过嵌入密封片和密封件采用螺栓或预应力连接,可提高防水效果。

(3)整体结构承载力较高,可减小构件壁厚。

(4)可以在封闭的空间内施工。

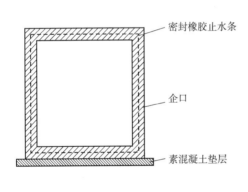

a)断面示意图[3.2-2]　　　　　　　b)现场施工[3.2-22]

图3.2-8 类型1:整节段矩形断面形状[3.2-20]

但是,这种类型也存在以下严重问题:

(1)在更大的断面尺寸下,单个节段构件质量会非常大。因此,应限制断面的净尺寸,或者限制节段长度。例如民主德国常用的构件尺寸为:宽度和高度均为2.0～2.4m,长度为1.0m。但这样的尺寸只能容纳下相对较小的断面。

(2)断面形状和尺寸受到限制。

整节段预制构件也可以用作多舱断面。一方面,可以把两个节段并列放置[图3.2-9a)],另一方面,可以直接制造一个双舱节段[图3.2-9b)],但单个节段构件的质量会进一步增加。

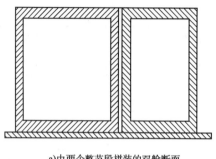 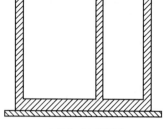

a)由两个整节段拼装的双舱断面　　　　　　b)整体式双舱断面

图3.2-9　预制拼装双舱断面[3.2-2]

2)类型2:圆形断面

圆形断面可以直接采用公称直径更大的标准化钢筋混凝土管道或预应力混凝土管道(图3.2-10)。由于这种管道在大型的排水管道中广泛使用,在制造、密封和敷设过程中已经积累了丰富的经验。

圆形断面结构的受力非常好,管道壁可以相对薄一些。考虑到人员通行的要求,管径至少应达到2.5m。缺点是圆形断面空间利用不佳。图3.2-11为圆形断面内部管线布置情况。

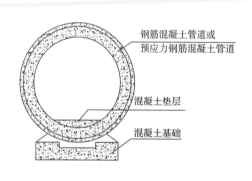 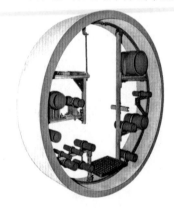

图3.2-10　类型2:圆形断面示意图[3.2-2]　　　　图3.2-11　钢筋混凝土管道断面管线
　　　　　　　　　　　　　　　　　　　　　　　　　　　布置示意图[3.2-25]

3)类型3:上、下U形分块的矩形断面

上、下U形分块的矩形断面由两个U形块体组成,两个U形块体在竖向进行拼缝连接,如图3.2-12所示。其优势在于两个U形块体的尺寸和质量基本相同,通过不同高度的U形块体连接起来,可以形成各种各样的断面尺寸。这样,就可以避免整节段矩形断面构件的不足。多舱断面可以通过将多个U形块体并列拼装得以实现。

上、下U形分块的矩形断面在民主德国应用比较广泛,截至1988年,以这种施工方式建造的综合管廊长度大约为110km。

4)类型4:带顶板的U形断面

这种结构是在一个U形块体上部增加一个顶板组合而成(图3.2-13),两个部件均由预制钢筋混凝土构件组成。这种结构的优点是,在安装顶板之前就能在综合管廊中敷设管道和电缆。

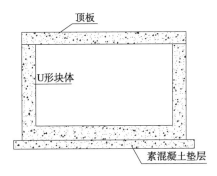

图 3.2-12　上、下 U 形分块的矩形断面[3.2-2]　　　图 3.2-13　带顶板的 U 形断面[3.2-20]

在正常运营阶段,将沉重的管道运输到综合管廊内难度较大,如果在顶板安装之前就把管道安装在综合管廊内部,就可以解决这一问题。

采用图 3.2-14 提供的连接方式可以保证 U 形块体和顶板的密封连接。图 3.2-14a)采用的是销接。为了传递横向力,设计了一个可以放在预留孔的销钉,再浇筑密实混凝土,这种构造只能传递相对较小的水平力,因为销钉和预留孔之间有一定的公差。在水平力更大的情况下,更好的方法是采用企口连接[图 3.2-14b)],或者牛腿连接[图 3.2-14c)]。

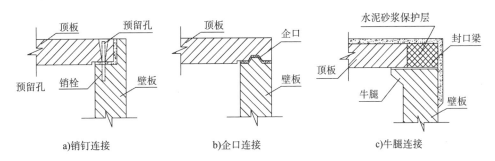

图 3.2-14　带顶板的 U 形断面连接形式[3.2-2]

如果在顶板安装之前就把管道敷设在综合管廊中,这时的 U 形断面侧壁要单独承受外部荷载,因此要对这种工况进行计算分析。如果壁厚增加过大,也可以在施工时增加临时支撑。如果要求顶板随时能取出来,那么应对壁厚进行综合设计。

从顶板到壁板的水平力传递可以采用图 3.2-15 所示的构造,尺寸大的 U 形块体质量非常大,为此可以减小构件的长度,但接缝的数量将变多,同时拼装的费用将提高。通过一种混合施工方式可以对此进行补救,这种施工方式以现浇混凝土的方式制造 U 形结构,而顶板为预制或半预制构件。

多舱断面同样可以通过 U 形块体的并列放置得以实现,如果 U 形块体的质量过大,也可以考虑采用 E 形断面(图 3.2-16)。

5)类型 5:带顶板的左、右 L 形断面

带顶板的左、右 L 形断面如图 3.2-17 所示,由两个预制 L 形块体和顶板组成。这种断面分解的方式可以减小单个构件的质量,可以根据断面形状进行快速组合。L 形断面也可以改变为 T 形断面以用于多舱断面(图 3.2-18)。

在这种断面形式中,底板部位的拼缝必须完全密封,才能实现力的传递和保证防水性

能。图3.2-19为几种连接拼缝的构造示意图。

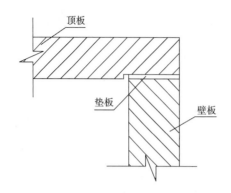

图3.2-15 顶板到壁板的水平力传递示意图[3.2-2]

图3.2-16 E形断面

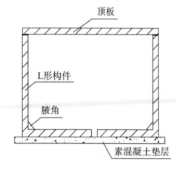

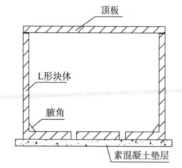

a)底部带有连接件的单舱断面

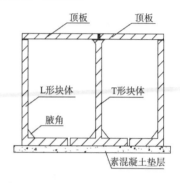

b)带有作为中间隔墙的T形部件的双舱断面

图3.2-17 类型5：带盖板的L形框架[3.2-2]

图3.2-18 T形断面[3.2-2]

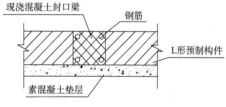

a)L形预制构件之间通过现浇混凝土封口梁连接为整体

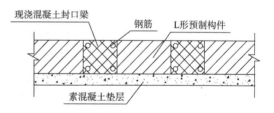

b)L形预制构件之间通过加密现浇混凝土封口梁连接为整体

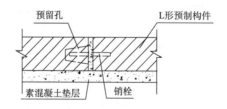

c)L形预制构件之间通过销栓连接为整体

图3.2-19 综合管廊底部连接拼缝构造示意图[3.2-2]

苏联和民主德国对构件进行了标准化、模数化，如图3.2-20所示。

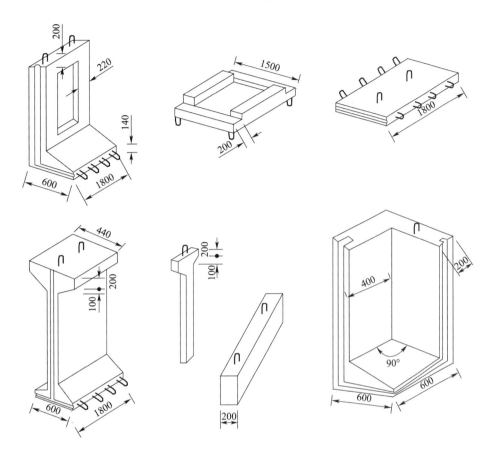

图3.2-20 预制构件拆分示意图(尺寸单位:mm)[3.2-26]

6)类型6:板-柱断面

板-柱断面的立柱设置了凹槽,用于插入墙板及安装底板和顶板(图3.2-21)。立柱固定在基础中,顶板和底板安装在立柱的角点位置,通过销钉增强连接。

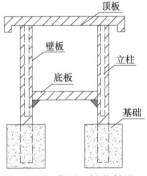

图3.2-21 类型6:板-柱断面
示意图[3.2-20]

这种结构形式采用较少的预制构件即可实现预制拼装施工,从而建造各种断面。通过增加中间立柱可以建造多舱断面(图3.2-22),中间立柱的连接构造如图3.2-23所示。

板-柱断面类型同样在民主德国得到应用,总共建造了大约12km,断面如图3.2-24所示。其使用特点为:

(1)排水管道可敷设在综合管廊底部下方的土壤中。

(2)综合管廊下部没有封闭措施。

(3)采用条形基础。

(4)顶板可以设置1.5%的横坡,并兼作人行道或车行道。

(5)立柱间距为2.5m或3.0m,网格示意图如图3.2-25所示。

(6)管线从顶板放入综合管廊。

(7)电缆悬挂在侧壁。

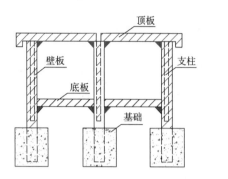

图 3.2-22　带中间立柱的板-柱断面示意图[3.2-20]

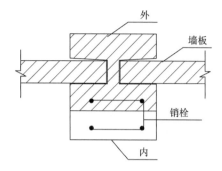

图 3.2-23　中间立柱连接构造示意图[3.2-27]

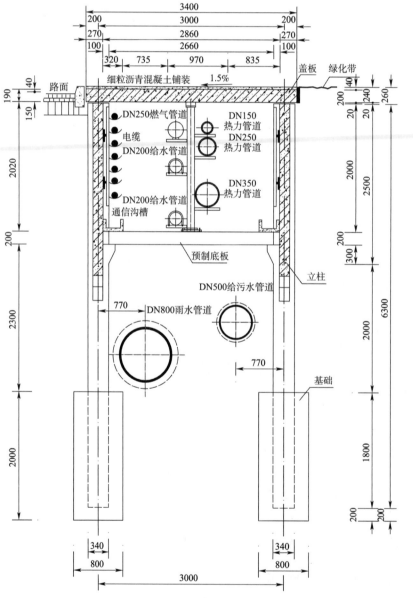

图 3.2-24　管线敷设示意图(尺寸单位:mm)[3.2-27]

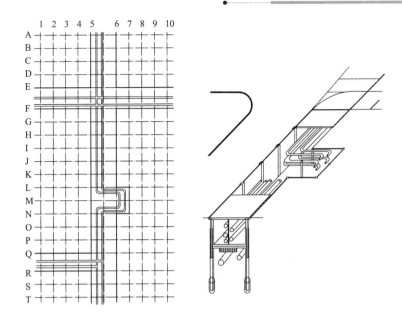

a)网络示例　　　　　　　　　　　　b)三维示意图

图3.2-25　网络化示意图[3.2-27]

这种综合管廊的整体密封性能欠佳,故在地下水位比较高的区域不太适用。

7)对预制拼装的评估

基于对构件制作过程的可控性,预制拼装的应用有许多优点,但也受其他条件的限制。预制构件的选择应当满足以下要求:

(1)预制构件应尽可能标准化、系列化。

(2)控制预制构件的最大尺寸和质量。

(3)尽可能减少拼缝数量。

3.2.6.3　混合型施工方法

混合型施工方法是预制拼装施工和现浇混凝土施工的结合。在这种方法中,在预制构件拼装而成的综合管廊外部现浇一层混凝土,类似于叠合结构体系,其主要施工步骤如下:

(1)现浇混凝土底板。

(2)安装预制壁板、立柱。

(3)现浇预留的侧壁连接部位。

(4)安装叠合顶板。

(5)现浇必需的内壁、顶板。

3.2.6.4　波纹钢板综合管廊

在综合管廊结构中也可能采用可装配的波纹钢板。波纹钢板的尺寸取决于综合管廊的埋设深度及装配条件。由于波纹钢板是通过螺栓将钢板组装而成的闭合断面,这种情况下只能采用明挖施工。图3.2-26为波纹钢板的俯视图和断面图。

采用波纹钢板可以制造出圆形、拱形和类圆形的断面。这些断面主要应用于地下人行道、下穿道路的箱涵、桥梁和水利工程。波纹钢板的防腐主要通过热镀锌处理来实现。具体的工程实例有1965年在蒂森—惠德—下莱茵地区建成的综合管廊(图3.2-27)、1993年在莱比锡—华沙的一块工业用地建造的综合管廊(图3.2-28)[3.2-6]。上述工程实例断面的直径为2.77m,总长度大约为3200m;用于连接房屋的支廊(长度1000m)直径为1.2m[3.2-7]。

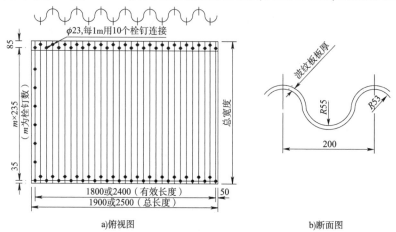

a)俯视图　　　　　　　　　　　　　b)断面图

图3.2-26　波纹钢板(尺寸单位:mm)[3.2-28]

图3.2-27　由波纹钢板建造的蒂森—惠德—下莱茵地区综合管廊内部照片[3.2-29]

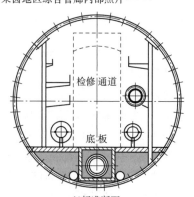

a)内部照片　　　　　　　　　　　b)标准断面

图3.2-28　由波纹钢板建造的莱比锡—华沙综合管廊[3.2-20]

波纹钢综合管廊的结构受力比较特殊,波纹钢板通过螺栓连接的数量和种类繁多,均应满足防腐要求[3.2-8]。

(1)结构计算模型

由波纹钢板拼装而成的断面从力学角度来看是一个空间弯曲体,结构的承载力是由波纹钢板和周围土壤共同作用而实现的。

由于土壤自重和上部交通荷载导致断面变得宽扁,断面的底部区域相对于周围的土壤发生相对位移,并由此产生了对地的摩擦力和侧向土压力,使波纹钢板和周围土壤保持在平衡的状态下[3.2-28]。

波纹钢板的波形对于提高结构的承载能力而言非常重要,波纹钢板的截面刚度取决于截面的壁厚和波形。

图3.2-29为一种可能的结构计算模型。

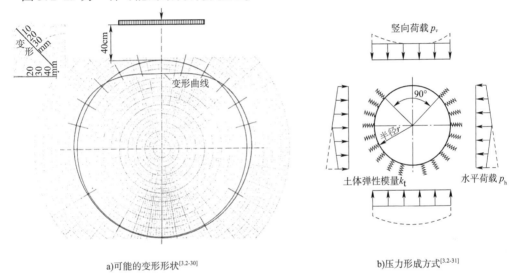

a)可能的变形形状[3.2-30]　　　　　　　　　　b)压力形成方式[3.2-31]

图3.2-29　由波纹钢制成的圆形断面结构计算模型

(2)波纹钢板的连接

通过螺栓连接起来的部件的使用状况与密封情况紧密相关。相比用于地下通道的波纹钢管涵,在综合管廊工程中,波纹钢管涵的部件必须满足更高的要求,用螺栓连接波纹钢管涵部件的难度也更高。由于在拼装中有大量的横缝和纵缝,故必须采用良好的密封装置[3.2-9]。

(3)防腐

腐蚀是金属材料必须面临的问题,金属构件的局部腐蚀会造成整体功能的损坏[3.2-10],这在波纹钢板的使用中非常重要,因为相对薄的板材稍有轻微的材料损坏就会对支承作用产生破坏,或者螺栓的腐蚀会损坏部件之间的连接。热镀锌防腐蚀涂层的寿命有限[3.2-31],所以必须设计附加措施,例如最小厚度预留一定的余量,或者附加防腐余量。只有当镀锌层上没有出现任何缺陷时,防腐才会长时间有效。

3.2.6.5　高密度聚乙烯综合管廊

高密度聚乙烯管道作为综合管廊结构主体只有零散的应用,图3.2-30为在劳海姆地区的应用实例。高密度聚乙烯管制成的综合管廊具有如下优势:

（1）质量小，运输方便。

（2）耐腐蚀性、耐久性好。

（3）防水性能好。

（4）连接性能好。

其缺点是：

（1）高密度聚乙烯易燃，在348℃时可发生自燃。

（2）温度达到136℃时将丧失结构承载力。

（3）缺乏系列的管配件。

（4）缺乏该类型综合管廊的长期运营经验。

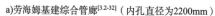

a)劳海姆基建综合管廊[3.2-32]（内孔直径为2200mm）　　　　b)敷设示例[3.2-31]

图3.2-30　由高密度聚乙烯管制成的综合管廊

3.2.7　防水

综合管廊的防水也非常重要，因为综合管廊内有大量的管线和设备，这些管线和设备要能够持久、有效地运行。综合管廊的防水一方面要注意防止由于意外产生的地表水倒灌，同时要防止综合管廊内由于湿度过大而产生的冷凝水对管道造成损害，并要注意外防水。

图3.2-31列举了综合管廊外防水的几种方法，这些方法的选择取决于材料和施工方式。

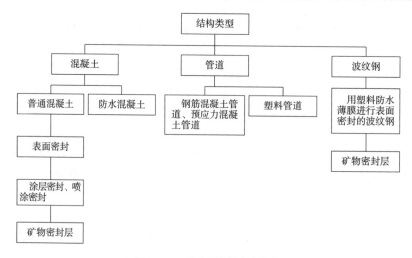

图3.2-31　综合管廊外防水分类

综合管廊防水的细节设计要根据水和土壤的种类、规划的用途确定[3.2-11,3.2-12]。因为综合管廊建造完以后,从外部很难甚至无法进行防水修补,因此综合管廊的外防水十分重要。

外防水的费用根据难度、等级占综合管廊管道建造费用的 3% ~5%[3.2-13],这笔费用比建成后再反复进行防水维修要少。

防水的薄弱部位有:

(1)向下倾斜的综合管廊的管线穿孔。

(2)建筑接缝。

(3)预制拼装综合管廊壁板与底部或顶板的连接部位。

(4)不同防水层的过渡区。

(5)带有向下倾斜的支廊部位。

(6)突出部位。

受结构限制,有时需要设置变形缝[3.2-14],变形缝的防水也是非常重要的。

参考德国联邦铁路股份公司在铁路隧道准则 DS 853[3.2-18]中的要求,防水等级分为:

(1)等级 1:针对仓储室、休息室和工作室。

(2)等级 2:针对敷设在冰霜渗透区域的隧道断面。

(3)等级 3:除等级 1 或等级 2 外没有做出要求的隧道区域和空间。

表 3.2-2 为 DS 853 中对于防水等级的定义。

DS 853 中的防水等级分类　　　　　　表 3.2-2

防水等级	湿度标志	定　　义
1	完全干燥	建筑全断面必须完全密封,以确保内侧不会有潮湿的部位
2	基本干燥	建筑全断面必须保持密封,以确保内侧只会出现零星的轻微潮湿,任何一个部位均不会产生成滴的水流。用干燥的手部触摸轻微潮湿的部位,手上不能看到任何水迹。在上面铺一张能吸水或渗透的报纸,上面不能由于吸水性而产生湿渍
3	微微潮湿	建筑全断面必须保持密封,内侧只允许出现零星的湿渍部位,不会有水滴溢出

也有专家参考了美国、澳大利亚和比利时的地铁隧道防水标准,对表 3.2-2 进一步细分,提出了更为详细的防水等级划分表 3.2-3。

对地下空间防水的要求[3.2-19]　　　　　表 3.2-3

防 水 等 级	湿 度 标 志	空间的使用目的	漏水量[L/(m² · d)]
1	完全干燥	储藏室和休息室	0.001
2	基本干燥	地铁隧道	0.01
3	微微潮湿	公路隧道和人行隧道	0.1
4	微量滴水	铁路隧道	0.5
5	滴水	排水管道	1.0

对综合管廊防水等级进行划分很有必要,以免对综合管廊结构外壁、综合管廊中的管道及设备造成损坏。与交通隧道相比,现有综合管廊的自然通风环境更不利。考虑到这些因素,任何情况下都不能在综合管廊内壁产生流动状的水,有些部位微微潮湿尚可接受,所以综合管廊的防水等级应至少达到 3 级。

3.3 综合管廊的施工方法

综合管廊的施工方法包括明挖施工、非开挖施工、组合施工等。

3.3.1 明挖施工

明挖施工的特征是挖出沟槽,在放坡或者有支护条件下建造综合管廊主体结构,然后进行基坑沟槽回填。

图 3.3-1 将钢筋混凝土预制节段

针对基坑的标准主要有:

(1)德国工业标准 DIN 4124[3.3-1]。

(2)"基坑"工作组的建议[3.3-2]。

(3)"驳岸"工作组的建议[3.3-3]。

针对管道沟槽的标准主要有:

(1)ATV-A 139[3.3-4]。

(2)管道沟槽须知[3.3-5]。

(3)欧标德国版(新德标)DIN EN 1610[3.3-6]。

综合管廊主体结构明挖施工流程为:

(1)把预制或半预制的构件吊装到基坑或沟槽中(图 3.3-1),然后把这些构件组装好[3.3-7](图 3.3-2)。

(2)现浇整体混凝土[4.3-8]。

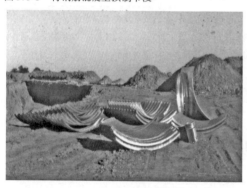 

a)装配之前的波形钢材部件[3.3-61] b)以明挖施工方式组装波形钢材部件[3.3-62]

图 3.3-2 用波形钢材部件组装成的综合管廊

基坑分为有支护基坑和无支护基坑[3.3-9]。

无支护基坑和沟槽深度分别为 1.25m 和 1.75m,必须根据土力学的标准设置边坡(图 3.3-3)[3.3-1]。

当通过计算无法满足德国工业标准 DIN 4084[3.3-10]所要求的稳定性时,放坡角 β 应满足以下要求(图 3.3-4):

(1)当土壤为非黏性土或者软黏性土时,$\beta \leqslant 45°$。

(2)当土壤为硬黏性土或者半固体黏性土时,$\beta \leqslant 60°$。

（3）在岩石中时, $\beta \leqslant 80°$。

图3.3-3　综合管廊的边坡形状[3.2-20]

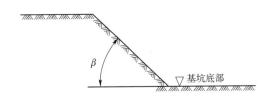

图3.3-4　边坡稳定角度[3.3-1]

当基坑深度大于3m时,要建造多级边坡,多级边坡马道最小宽度为1.5m(图3.3-5),同时要在坡道上设置保护层。

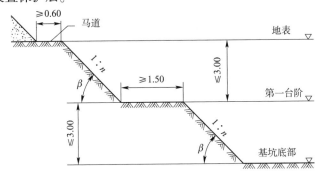

图3.3-5　多级边坡[3.3-1](尺寸单位:m)

注:1:n 为坡率。

在市内区域,基坑通常采用垂直支护。

根据德国工业标准 DIN 4124[3.3-1]的支护类型(表3.3-1),基坑支护在回填之后可能被拆除,也可能部分或完全保留[3.3-11]。

基坑和管道沟槽的支护类型[3.3-1,3.3-11,3.3-59]　　　　　　　　　　　　表3.3-1

标准水平支护	基坑沟槽用水平木板支护,并根据开挖深度设置竖向和水平支撑
图示	8×16 或12×16挡板　φ10或φ12 横撑　作业空间　临时加强挡板　尺寸单位:cm
沟槽最大深度	3.0～5.0m
沟槽最大宽度	1.65～1.95m

支护防水性能	一般不防水
支护结构是否保留在建筑地基内	否
标准垂直支护	通常情况下,支护板随着开挖进行施作或者提前垂直打进土壤中
图示	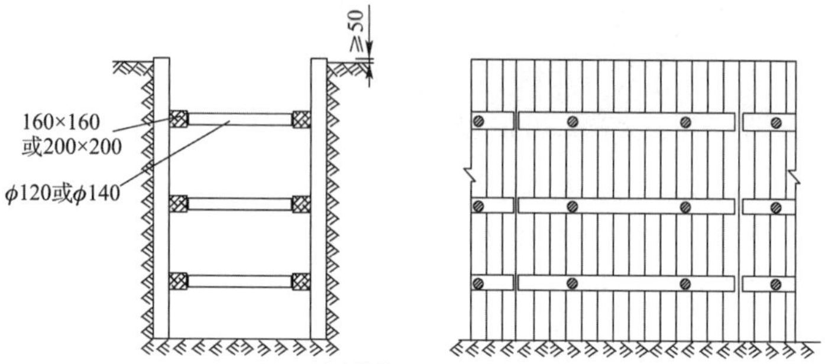 尺寸单位:mm
沟槽最大深度	3.0~5.0m
沟槽最大宽度	1.4~1.9m
支护防水性能	一般不防水
支护结构是否保留在建筑地基内	否
一体化支护	采用金属构件制成的大模板并带有自身稳定的框架结构体系
图示	 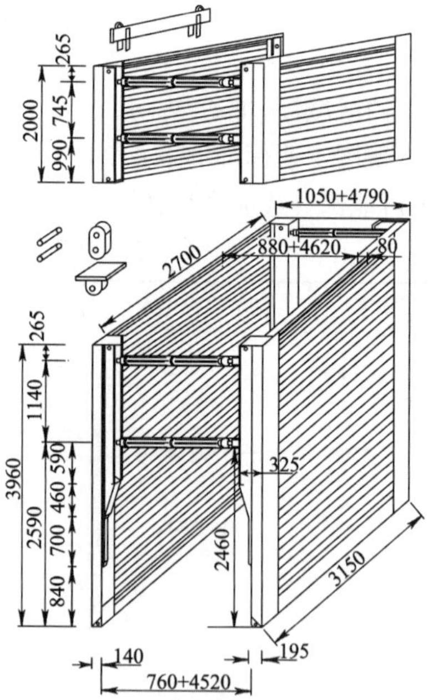 尺寸单位:mm
沟槽最大深度	约6.0m
沟槽最大宽度	约4.5m

支护防水性能	一般不防水
支护结构是否保留 在建筑地基内	否
板桩墙	功能和工序原则上和标准垂直支护一致
图示	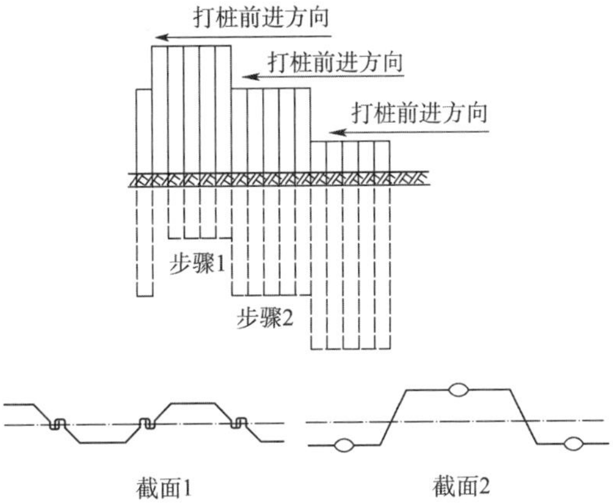
沟槽最大深度	约30m
沟槽最大宽度	没有限制
支护防水性能	一般不防水
支护结构是否保留 在建筑地基内	部分留在建筑地基内
横梁支护	采用宽缘工字梁或者与对接搭板焊接在一起的U形板,以1.0~3.5m的间距打入土体中,并根据压力大小使用竖向或水平支撑
图示	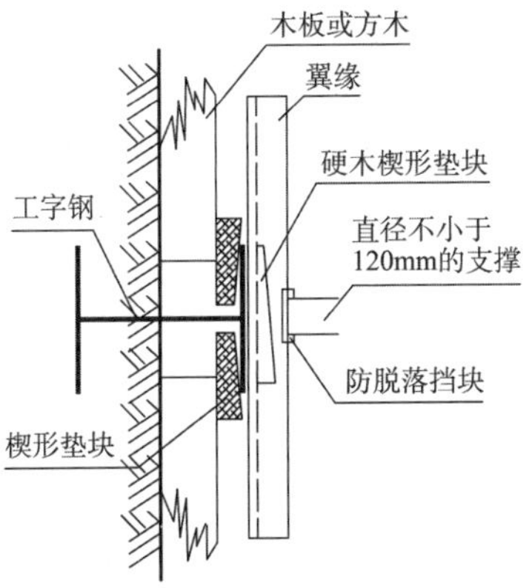 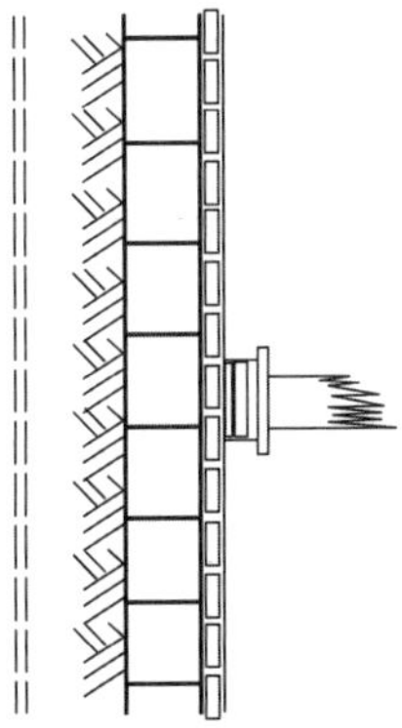 
沟槽最大深度	约30m
沟槽最大宽度	没有限制

支护防水性能	一般不防水
支护结构是否保留在建筑地基内	部分保留
咬合桩	咬合桩的直径为 0.5~1.0m
图示	尺寸单位：mm
沟槽最大深度	约 30m
沟槽最大宽度	没有限制
支护防水性能	防水性能良好
支护结构是否保留在建筑地基内	是
排桩支护	使用的钻孔灌注桩的直径为 0.5~1.0m
图示	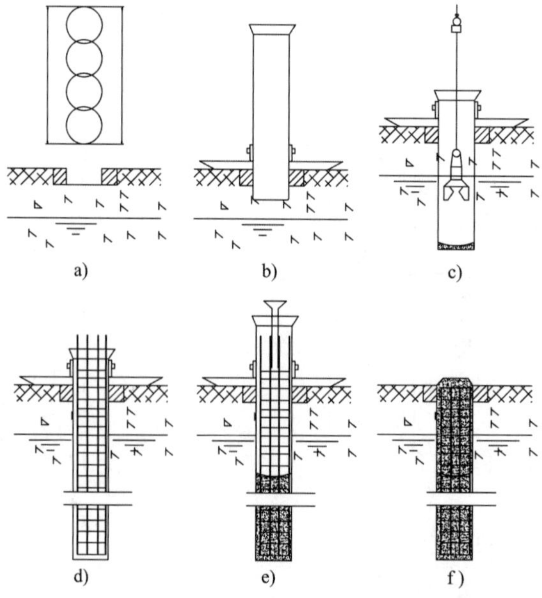

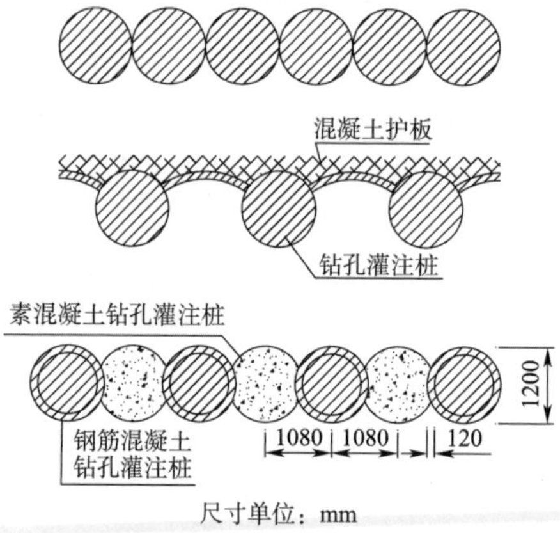

续上表

图示	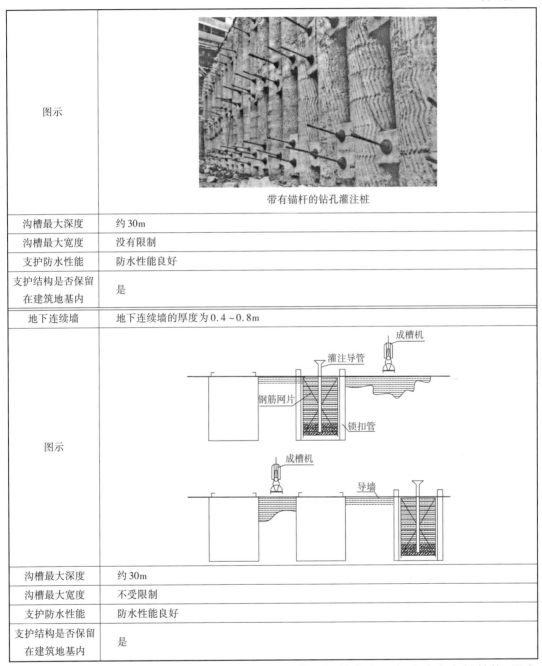 带有锚杆的钻孔灌注桩
沟槽最大深度	约30m
沟槽最大宽度	没有限制
支护防水性能	防水性能良好
支护结构是否保留在建筑地基内	是
地下连续墙	地下连续墙的厚度为0.4~0.8m
图示	
沟槽最大深度	约30m
沟槽最大宽度	不受限制
支护防水性能	防水性能良好
支护结构是否保留在建筑地基内	是

　　保留在基坑中的支护结构可以和综合管廊主体结构结合在一起成为永久性结构,即永久和临时结构合一的叠合墙或复合墙[3.3.1-2],如图3.3-6所示。

　　关于建设操作、尺寸分类、承重层和路面的结构形式等信息可以从以下标准、规章和规则中获知,见参考文献[3.3-12~3.3-22]。

　　上述的支护类型和支护方法是为狭长施工场地设计的,针对施工特点,也可以采用敞口盾构支护方式(图3.3-7)。

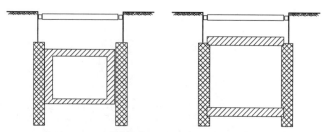

图 3.3-6 支护墙与建筑结构相结合的基坑[3.3-11]

a)全景   b)采用敞口盾构的施工现场

图 3.3-7 敞口盾构[3.3-63]

在市内建成区域采用明挖施工时,常常会遇到现有的地下管道,尤其是地下连接管道,这是无法避免的。只有在基坑施工开始前对地下障碍物进行仔细调查,在施工时留好保护空隙,才能避免既有管线遭到破坏。而对于基坑开挖产生的地下水,必须通过排水措施将基坑底部的水排出。

3.3.2 非开挖施工

非开挖施工的特点是在密闭的地下空间内建造综合管廊,只需要在起点工作井和终点接收井进行基坑施工。

采用非开挖施工建造综合管廊可以分为以下两种主要类别:

(1)全断面非开挖掘进施工:包括爆破掘进(图 3.3-8)、人工掘进(图 3.3-9)、机械掘进(图 3.3-10)。

(2)采用隧道掘进机械掘进施工:包括隧道掘进机(TBM)、盾构机、顶管机。

综合管廊各种非开挖施工方法对比见表 3.3-2。

综合管廊各种非开挖施工方法对比[3.3-25]   表 3.3-2

工程技术特征、环境因素、掘进方法	综合管廊特征								外形精度要求	地下水(G)和层状裂隙水(S)处理		环境因素		
	断面尺寸		断面形状		长度		结构安全性					噪声、振动	产生的气体、粉尘	对工作人员的保护
	不变的	变化的	不变的	变化的	短的	长的	单层壳	双层壳	高	无附加措施	有附加措施			
完全式掘进爆破掘进	√	√	√	√	√	√	√	√	×	S×	G√	△	△	▽

续上表

工程技术特征、环境因素、掘进方法	综合管廊特征											环 境 因 素		
	断面尺寸		断面形状		长度		结构安全性		外形精度要求	地下水(G)和层状裂隙水(S)处理		噪声、振动	产生的气体、粉尘	对工作人员的保护
	不变的	变化的	不变的	变化的	短的	长的	单层壳	双层壳	高	无附加措施	有附加措施			
人工掘进	√	√	√	√	√	×	—	√	√	×	G√	▽	▽	▽
在部分挖掘的断面使用移动式机械	√	√	√	√	√	√	√	√	√	S√	G√	▽	△	▽
机械式掘进隧道掘进机（TBM）	√	×	圆形①	×	—	√	√	√	√	√	S√	▽	▽	▽
盾构机(SM)	√	×	圆形②	×	—	√	√	√	√	√	S√	▽	▽	△
顶管盾构机（SMRV）	√	×	圆形③	×	—	√	√	√	×	√	S√	▽	▽	△

注:1. 对施工方法的适应性:√ 表示完全适合，× 表示不适合，—表示一般情况下不适合。

2. 作用:△表示大，▽表示小。

①特殊情况下也可能是椭圆形断面。

②特殊情况下也可能是半圆拱、矩形或者其他形状断面。

③特殊情况下也可能是蛋形、矩形断面。

图3.3-8 布拉格市采用爆破掘进的综合管廊施工内景

图3.3-9 科隆市以人工方式掘进的综合管廊[3.3-38]

图3.3-10 在部分挖掘的断面使用移动式机械[3.3-64]

3.3.2.1 全断面掘进

在全断面掘进中,断面的形状和尺寸是任意的,甚至可以在同一个掘进段内部进行变化[3.3-31,3.3-21]。

通过人工挖掘或者在部分挖掘的断面使用移动式机械的方式挖掘隧道时,通常按照保护设施的选择和使用情况分为有超前支护掘进、无超前支护掘进两种方法。

(1)无超前支护掘进仅适用于稳固的、只需局部采取适宜的防护措施的岩石层。

(2)有超前支护掘进施工要求采取系统的防护措施,用于提前对工作面进行临时支护,可以采用木支撑体系、钢结构支撑体系、锚杆或复合支撑体系,并采用喷射混凝土或二次衬砌进行加固[3.3-25]。

3.3.2.2 采用隧道掘进机掘进

采用隧道掘进机掘进相较于其他掘进方法有以下优点[3.3-33]:

(1)由于机械化程度高,使得掘进速度很快。

(2)隧道断面轮廓精度高。

(3)对既有建筑物产生的影响小。

图 3.3-11 用于硬岩地层的隧道掘进机[3.3-35]

(4)对于操作人员具有高度的安全保障。

(5)不需要施工降水,噪声小,施工方式环保。

(6)可直接建造综合管廊结构主体,满足了高质量要求,经济性能突出。

隧道掘进机如图 3.3-11 所示,常用于岩石地层建造综合管廊[3.3-25,3.3-24]。

此外,也常用盾构法施工和顶管法施工。盾构法施工使用的盾构管片如图 3.3-12 所示,盾构机如图 3.3-13 所示。

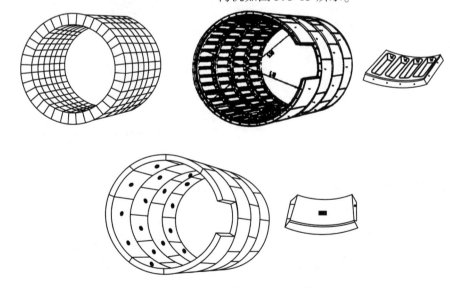

图 3.3-12 不同盾构管片类型[3.3-65]

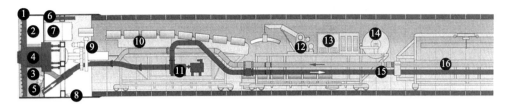

图 3.3-13 盾构机的纵剖面图[3.3-35]

1-切割轮;2-气动减振装置;3-膨润土悬浮液;4-驱动装置;5-石料破碎机;6-推进油缸;7-压力气闸;8-控制缸/盾尾;9-安装工具;10-丘宾筒片传送带;11-传送泵;12-丘宾筒片起重器;13-开关柜;14-缆盘;15-供油管道;16-馈电线

当综合管廊内径小于2.3m时,不宜采用盾构法施工;盾构法施工的综合管廊外径可以达到14.2m[3.3-35]。

顶管法施工的特征在于顶管机头没有推进力,推进力从工作井开始,在长行程液压千斤顶和中继间的共同作用下,把管节一次顶推到接收井,如图3.3-14所示[3.3-36~3.3-42]。

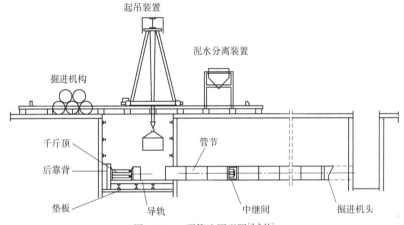

图 3.3-14 顶管法原理图[3.3-66]

在顶进过程中,管节外壁和周围土体产生的摩阻力随着顶进长度呈直线上升,虽然可以使用膨润土悬浮液作为减阻剂,但是总的摩阻力仍比较大。为了避免因推进力持续增长导致顶推力过大进而导致管节的损坏[3.3-38,3.3-43~3.3-45],顶进过程中的顶进长度受到管节内径和壁厚的限制。中继间设置间距为80~100m,在管节之间预先安装。顶管在借助中继间的情况下一次顶进长度可以达到2000m,到目前为止最长的顶管记录是1994年在多纳莫塞尔的欧洲管网项目中,该顶管的内径为3.0m,外径为3.8m[3.3-46,3.3-47],一次顶进长度达到2535m。

最大直径的顶管是1988—1990年完成的基尔峡湾综合管廊工程,一次顶进长度为1368m,顶管内径为4.1m,外径为5.0m[3.3-48~3.3-51](图3.3-15)。

由于机械和施工技术的原因,采用传统的隧道掘进机械只能建造圆形断面隧道。但是考虑到对地下建筑空间分配和边界条件的规划,对于综合管廊而言,更多情况下宜采用矩形断面。

得益于隧道掘进机械领域的最新发展,目前已研制出了矩形或类矩形的掘进机械。

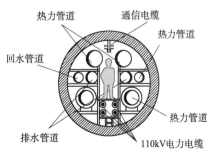

图 3.3-15 基尔峡湾综合管廊断面和空间分配[3.3-50]

75

1）偏心多轴式（DPLEX）顶管施工法

DPLEX 顶管施工法[3.3-52,3.3-53]基于模块组装方式（图3.3-16）实现了圆形、矩形或者拱形断面（图3.3-17）的顶管施工。双层壳结构体由丘宾管结构和后期运进来的混凝土内壳组成（图3.3-18）。

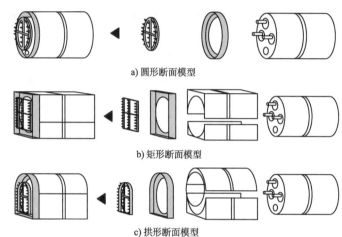

a) 圆形断面模型

b) 矩形断面模型

c) 拱形断面模型

图3.3-16　可开挖不同断面形状的 DPLEX 顶管机的模块组装原理[3.3-67]

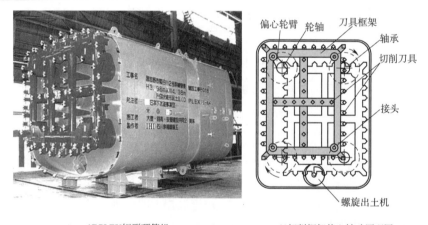

a)DPLEX矩形顶管机

b)切削框架偏心转动原理图

图3.3-17　DPLEX 矩形顶管机和切削框架偏心转动原理图[3.3-67]

a)矩形断面管片试验

b)内衬施工后的内景

图3.3-18　双层壳结构[3.3-67]

2）Takenaka 盾构机

日本 Takenaka 公司开发的盾构机已被用于建造矩形断面的综合管廊[图 3.3-19a)]。开挖矩形隧道断面的第一步是借助凸出的、传统的圆形切削轮将土体挖走;第二步是将具有摆动作用的切削臂调回到切削轮后面,把角落范围剩余断面的土体挖去[图 3.3-19b)]。此外,位于底部的盾壳下方区域设计了装配硬质合金齿的盾构前部,从而对土体进行预切削。通过钢筋混凝土管片和现浇混凝土内衬层可以把隧道建成带内衬的综合管廊[图 3.3-19c)]。

a)高度H=7950mm、宽度B=5420mm的盾构机

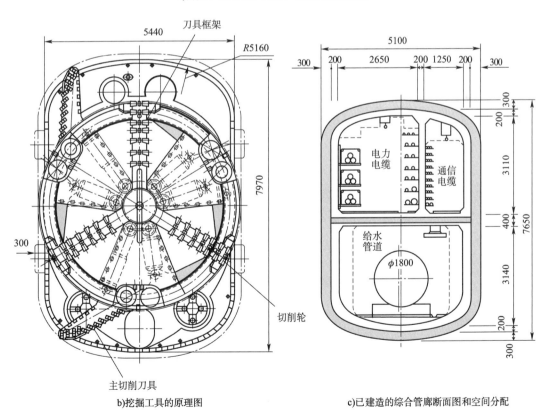

b)挖掘工具的原理图　　　　　　c)已建造的综合管廊断面图和空间分配

图 3.3-19　Takenaka 公司的矩形盾构机和已建造的综合管廊(尺寸单位:mm)[3.3-68]

3.3.3 组合施工

3.3.3.1 半敞开式施工

半敞开式施工方法以明挖和非开挖施工方法组合为基础[3.3-54~3.3-56]，它从工作井始发，通过钢筋混凝土结构的掘进管向前方掘进。不同于顶管施工,该方法开挖的土体是通过掘进设备的顶部开口,直接用挖土机挖土(图 3.3-20)。

相较于明挖施工,半敞开式施工时基坑的宽度和深度减小,从而可以方便地移除施工中遇到的地下障碍物(图3.3-21)。

半敞开式施工具有以下优点[3.3-57]：

(1)相较于明挖施工:减少了对路面的开挖工程量,减少了挖土量和回填量,减少了支护面,对邻近建筑物和种植物的损害更小,减少了排水费用,机械化施工的质量更好。

(2)相较于非开挖施工:土体的开挖和运输设备较简单,挖土只需要挖土机,掘进机只包含用于测绘和控制技术的设备,由于可以从地面进入,因此可以相对简单地排除施工中遇到的地下障碍物。

图 3.3-20　半敞开式施工场景[3.3-69]

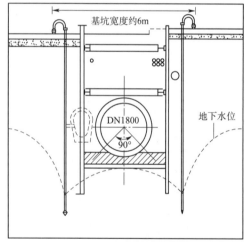

a)明挖施工　　　　　　　　　　b)半敞开式施工

图 3.3-21　明挖施工与半敞开式施工的对比[3.3-54]

3.3.3.2 盖挖施工

盖挖施工方法也叫作随挖随填施工方法,是随着地铁的建造一同发展起来的(图3.3-22)。与明挖施工方法一样,盖挖施工方法也存在如何处理管道交叉和分支的问题[3.3-58]。

当采用地下连续墙作为基坑支护(图3.3-22)进行盖挖施工时,主要施工步骤如下：

(1)整平路面,建造导墙。

(2)成槽并将膨润土悬浮液注入槽中。

(3)把钢筋笼放入地下连续墙的每个槽段内(每段长度为2.5～6m)。

（4）下导管。

（5）浇筑水下混凝土。

（6）拆除导墙后,将地下连续墙面预埋的钢筋或钢筋接驳器与混凝土顶板钢筋连接起来。

（7）浇筑顶板混凝土。

（8）路面施工,道路重新开放,开始路面下的施工作业。

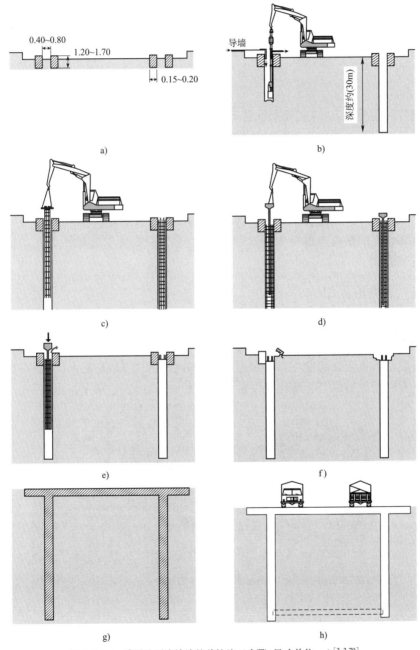

图3.3-22 采用地下连续墙的盖挖施工步骤(尺寸单位:m)[3.3-70]

3.4　综合管廊节点

综合管廊根据管线敷设和运营的要求,需要设置以下节点:

(1)人员出入口。

(2)管线吊装口。

(3)人员紧急逃生出口。

(4)管线分支口。

(5)交叉节点、支廊。

(6)通风口。

(7)排水口。

当采用非开挖施工方法时,还要设置工作井和接收井。

规划设计时应当尽可能将不同功能的节点整合到一起,比如可以在交叉节点的位置设置管线分支口、吊装口及人员出入口。

在综合管廊纵坡的最低点应当设置集水坑,同时应考虑集水坑中潜水泵、管道配件的综合情况,例如清扫装置、排空装置、水罐和阀门。此外,将最低点用作自然通风的进气口也是十分有意义的,这样可以将进气口和排气口之间的高度差最大化。

综合管廊纵坡的最高点也要考虑管道配件的安装要求,尤其是给水和集中供热管道的排气阀的安装要求。

3.4.1　人员出入口

对于综合管廊的运营来说,人们能够快速、安全、方便地进出十分重要。人员出入口分为常规的人员出入口和紧急的人员出入口。

常规人员出入口可以建造在综合管廊边上,通过阶梯进入(图 3.4-1),也可以建在综合管廊顶部或者布置在与综合管廊相交位置的工作井中,通过固定梯子进出(图 3.4-2)。

a)柏林的综合管廊（钢格栅开启状态）[3.4-7]　　b)波鸿鲁尔大学的综合管廊[3.4-8]

图 3.4-1　采用阶梯式的人员出入口

如果综合管廊的路线经过房屋建筑,可以在这些建筑上建造人员出入口,如苏黎世火车站前广场和狮子路综合管廊,两者的人员主出入口都与火车站的地下通道形成一体

(图3.4-3),而莱比锡—华沙工业用综合管廊的人员出入口则布置在工业用地内的中央供热站。这种解决办法很有用,但是很大程度上受所在区域给定条件的限制,因此无法广泛采用。

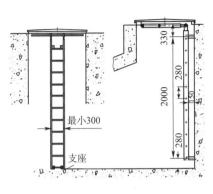

a) 工作井示意图[3.4-9]

b) 汉堡威廉皇帝路综合管廊人员出入口[3.4-8]

图3.4-2　采用直爬梯进入的人员出入口(尺寸单位:mm)

采用阶梯式人员出入口比较人性化,但相比于简单的工作井直爬梯而言,费用更高。目前钢筋混凝土材质、砖砌材质的工作井可以根据 DIN EN 476(图3.4-4),选用标准化的产品。当工作井深度超过5.0m时,需要设计防坠落的安全设施,如在直爬梯上设置护笼或增加中间休息平台。

图3.4-3　苏黎世火车站前广场和狮子路综合管廊
人员出入口[3.4-8]

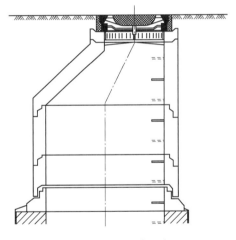

图3.4-4　根据 DIN EN 476[3.4-10]建造的排水
系统的工作井

人员出入口的设置要考虑布置在经常进出的路段,要避免不必要的长段路程;也要考虑地面交通情况,尽量避免把人员出入口布置在车行道上。

人员出入口的门、盖板、通道必须满足以下要求:

(1)防止非法侵入综合管廊中。可以通过可上锁的铁门和铁制盖板来实现,如果常规人员出入口同时也作为紧急出口,从综合管廊内出来时,铁门和铁制盖板应都不需要用钥匙就能直接打开。

(2)防止地表水倒灌到综合管廊中。

（3）通道的净宽应大于或等于 610mm[3.4-1]。

（4）盖板能够承受相应的交通荷载，在德国工业标准 DIN 1229[3.4-1] 中有明确的规定（表 3.4-1）。

工作井顶盖板和护盖安装的等级分类　　　　　　　　　　　　　表 3.4-1

顶盖板/护盖等级	适用的安装位置
A15	步行道、自行车道
B125	人行道、步行区域以及同类路面、客车停车场、停车平台
C250	只适用于路缘通道内的顶盖板，路缘通道是从路缘石开始延伸到车行道的距离，最大值为 0.5m；延伸到人行道的距离，最大值为 0.2m
D400	车行道及人行道、停车场以及同类固定交通路面
E600	工业园区或工厂内供重载车辆使用的道路
F900	特殊的道路，如商业机场的跑道等

图 3.4-5 和图 3.4-6 为阶梯式人员出入口和工作井式人员出入口合适的盖板。图 3.4-7 为布拉格的鲁道夫音乐厅综合管廊的两个人员出入口。

a)平盖板　　　　　　　　　　　　　　　　b)曲面盖板

图 3.4-5　人员出入口的各种盖板[3.4-9]

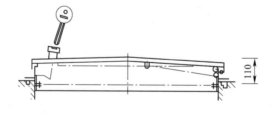

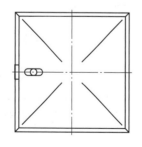
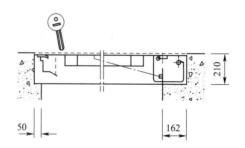

图 3.4-6　采用充气弹簧支撑杆的盖板(尺寸单位:mm)[3.4-9]

a)打开状态下的保护措施 　　　　　　　　b)通过梯子往下走

图3.4-7　布拉格鲁道夫音乐厅综合管廊人员出入口[3.4-8]

3.4.2　吊装口

综合管廊是有使用年限的,综合管廊的使用年限明显超过敷设在其中的管线的使用年限。因此,在综合管廊运营期间要考虑到管线的更新,基于这个原因,综合管廊必须设置至少能运入6.0m长管道的吊装口。这个长度通常情况下与管道的供货长度相一致。管道越短,接头越多,现场安装工作量越大,费用越高,也越容易出错。电缆相较于管道更加灵活,可以卷成卷状进行运输,然后在综合管廊内展开,因此其尺寸不是重要的考量因素。

吊装口可直接设置在综合管廊上方。由于吊装口通常要隔很长一段时间才会使用,因此这种情况不会导致明显的交通障碍。如果有可能,最好还是把吊装口安装在车行道之外。吊装口的间距应当这样选择[3.4-2]:敷设的管线在综合管廊中的运输路程不能超过50m。在连续路段和交通设施存在的情况下,这个间距可以达到100m,也有观点认为300m的间距也是可以的[3.4-3]。为了减少吊装口数量,也可以采用先敷设管道再安装预制顶板的方式(图3.4-8)。

吊装口在通常情况下是狭长的矩形孔口。孔口的宽度应当适应综合管廊中的人行通道宽度(大约为1.0m)或者至少比要敷设在综合管廊中的最大管道外径大0.5m,任何情况下都不能小于0.7m[3.4-3]。除了管道尺寸之外,也要考虑管道部件的尺寸,以及将来要敷设新的容量的需要。

图3.4-9减少了对吊装口长度L的影响参数。图3.4-10是柏林法兰克福大道综合管廊的一个吊装口实景。

按照图3.4-11,在管道长度为6.0m的情况下,吊装口的长度会随着可用断面高度h、埋深$ü$、管道外径DN的不同而变化。出于安全限界的考虑,建议设计吊装口时富裕长

图3.4-8　在还没安装顶板的综合管廊中安装管道[3.4-7]

度不少于50cm。

将吊装口的隔板设计成斜面,可以减小地表吊装口的长度L(图3.4-12)。在莱比锡—华沙工业用地建综合管廊中运用了一种特殊的方法(图3.4-13),即在综合管廊紧急出入口

顶部边上安装向下倾斜的管道,并在紧急出入口上设计一个侧边出入口。

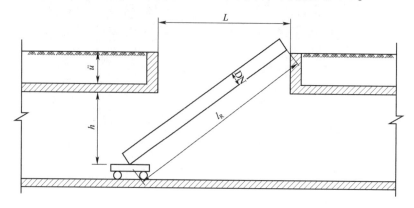

图 3.4-9 对矩形吊装口长度的影响参数[3.4-3]

L-吊装口长度;l_R-管道长度;h-对于吊装管道来说的可用断面高度;$\ddot{u}$-综合管廊埋深;DN-管道外径

a)外景

b)内景

图 3.4-10 柏林法兰克福大道综合管廊的吊装口[3.4-7]

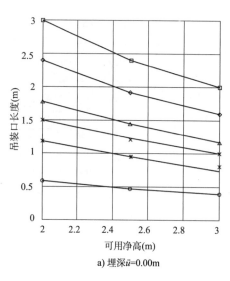

a) 埋深$\ddot{u}$=0.00m

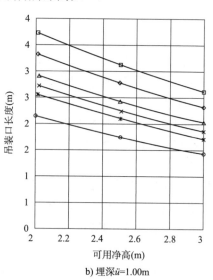

b) 埋深$\ddot{u}$=1.00m

图 3.4-11

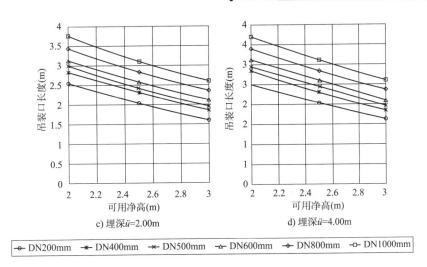

图 3.4-11　取决于可用断面高度、埋设和管道外径,用于吊入不同内径的 6.0m 长的管道的矩形吊装口的理论长度[3.4-8]

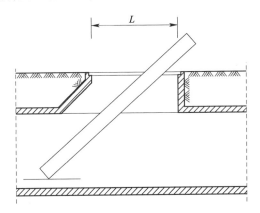

图 3.4-12　将隔板设计成斜面以减小地表的吊装口长度[3.4-3]

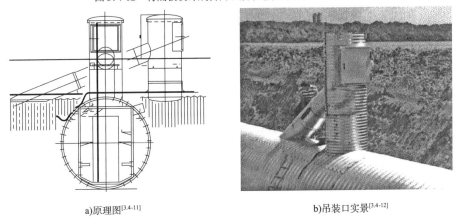

a)原理图[3.4-11]　　　　　　　　　　b)吊装口实景[3.4-12]

图 3.4-13　莱比锡—华沙工业用地合管廊中与人员紧急出入为一体的吊装口

吊装口的盖板有以下两种类型:

(1)将吊装口与覆盖其上的交通路面结为一体:这种情况下,吊装口(比如采用预制构件)是密闭的并且被路面覆盖。采用这种形式的吊装口在使用时需要把道路路面刨开才能

85

使用,如苏黎世狮子路和波鸿鲁尔大学的综合管廊的吊装口就选择了这种形式,因为当时没有考虑到在之后十年使用吊装口,通过综合管廊末端相对大的人员出入口同样可以把材料运送进去。

(2)可经常开启的盖板:这种盖板的产品很多,在市场上可以方便采购或者定制,盖板有单部件盖板或多部件盖板,带有或者不带有开启助力装置(气压弹簧、弹簧杆或者液压系统)。多部件盖板通常使用可移动横梁,这样可以便于吊装管道。盖板尺寸可以参考当地的需求,图 3.4-14 ~ 图 3.4-16 为减少了吊装口盖板的几个案例。

图 3.4-14　由两个部件组成的吊装口盖板,采用了可拆卸中闩和气压弹簧作为打开辅助器
(可以上锁,任何时候都能从内部打开)[3.4-9]

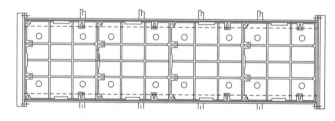

图 3.4-15　多部件组成的吊装口盖板,可以上锁,没有开启辅助器(尺寸单位:mm)[3.4-13]

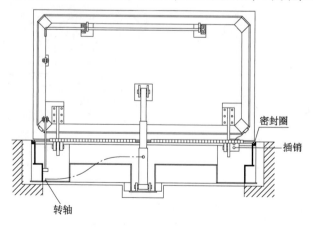

图　3.4-16

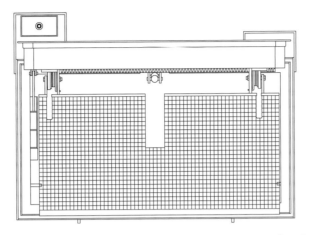

图 3.4-16　单部件组成的吊装口钢盖板,带有液压开启辅助器[3.4-13]

3.4.3　人员紧急逃生口

人员紧急逃生口的作用是在发生故障时,可以让人员快速安全地撤离综合管廊。人员紧急逃生口作为正常人员出入口的补充,目的是便于人员在综合管廊的起始段和末端、封闭的部分综合管廊或者部分区段以及长度大于 15m 的支廊的末端逃生。紧急逃生口的间距不能超过 100m[3.4-2]。参照房屋建筑的要求,紧急逃生口的最大间距是 70m[3.4-11]。

3.4.4　交叉节点及管线分支口

在建造综合管廊的过程中,当与其他的综合管廊交叉、设置管线分支口时,都会涉及对标准断面进行必要的调整,以满足管线、管道配件及人员操作空间的需求。

在实际工程中,应尽可能避免同等级的综合管廊与同等级的其他综合管廊平面交叉,但干线综合管廊与支线综合管廊发生交叉的情况比较多。

综合管廊的交叉节点及管线分支口非常复杂,既要满足管线敷设的要求,还要满足人员通行的要求,图 3.4-17 为综合管廊交叉口的立体示意图。在日本,人们还开发出了一种采用预制装配的交叉口(图 3.4-18 和图 3.4-19)。

如果交叉口处的综合管廊之间不需要直接连通,那么对于多层的交叉口就比较简单。如果交叉口之间要直接连通,可通过垂直竖井进行连通。布拉格的综合管廊系统是由不同种类的综合管廊组成的,主管道敷设在埋深很深的 Ⅱ 类综合管廊中(图 3.4-20),而 Ⅲ 类综合管廊中的供给管道则靠近地面,在不同种类的综合管廊之间通过垂直竖井相连(图 3.4-21),有些竖井的深度超过 30m,并配备了升降梯。

如果必须通过支廊把管线接入地块中的用户,就必须在综合管廊设置管线分支口。这些管线分

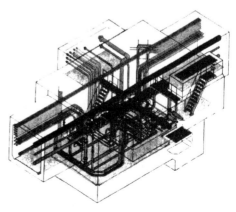

图 3.4-17　综合管廊交叉口的立体图示[3.4-14]

87

支口被有目的地设置在综合管廊中,确保综合管廊的标准断面可以通行,也要保证管线便捷地服务地块和邻近的建筑物。

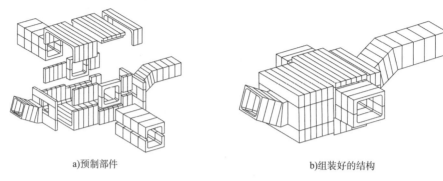

a)预制部件   b)组装好的结构

图 3.4-18　预制装配交叉口[3.4-15]

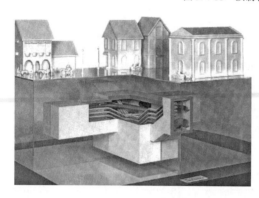

a)在建筑地基内的结构模型   b)在组装管道之前的交叉结构内景

图 3.4-19　交叉口图示及内景[3.4-15]

图 3.4-20　布拉格Ⅱ类综合管廊中的主管道[3.4-8]

分支口可以根据当地情况采用砌体结构或现浇混凝土结构。预制拼装的分支口适用于定型、模块化的综合管廊中,例如地下变电站、污水处理厂、阀门井室、通风井室等[3.4-4]。原东德开发出了一种特殊形式的综合管廊分支口,可以针对不同用途预制装配各种井室(图 3.4-22)。

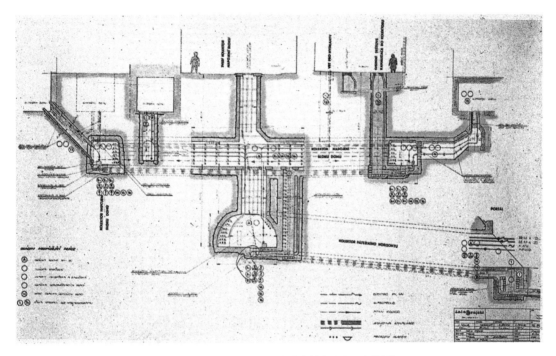

图 3.4-21　布拉格不同种类综合管廊的交叉点[3.4-8]

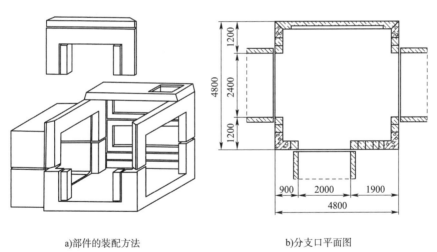

a)部件的装配方法　　　　　　　　b)分支口平面图

图 3.4-22　多部件预制装配的井室(尺寸单位:mm)[3.4-2]

　　在交叉口和分支口的井室,也可用于容纳无法放置在综合管廊标准断面中的管道配件,比如用于燃气管道的压力调节器和用于集中供热管道的温度补偿器(图3.4-23)。

　　上述井室应当有进出口、排水设施和通风功能。井室所需尺寸一方面取决于敷设的管道及其配件,另一方面取决于用于维护管道的必要操作空间。这个尺寸是由管道的设计者决定的,需考虑到未来的预留空间。操作空间所需的尺寸如下[3.4-5]。

　　(1)工作面:井室中在配件的操作区域内,工作面面积最小为1.50m²。工作面最好设计在井室出入口下面,宽度不能小于0.75m。在工作面中不能伸入阀杆。

89

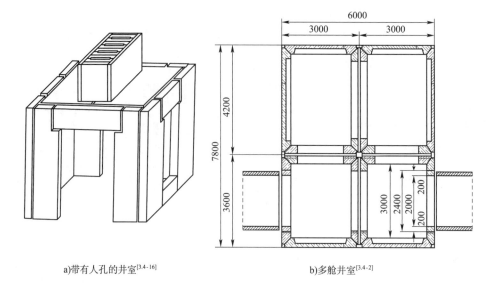

a)带有人孔的井室[3.4-16]　　　　　　b)多舱井室[3.4-2]

图 3.4-23　用于容纳管道配件的井室(尺寸单位:mm)

(2)操作通道:操作通道的宽度一般不能小于 0.5m。特殊情况下,为了控制单个配件,在狭窄位置的最小宽度可以减小到 0.4m。如有必要可以设置两个出入口。

(3)净高:通道高度一般不能小于 1.8m。对于只用于对工作面以外的单个小部件进行控制的通道,高度可以降低,但当操作通道宽度为 0.4m 时,通道高度不得小于 1.4m。

(4)对配件进行操控的高度:对配件进行操控的高度不能大于 1.8m,从工作面应容易够到操控部件。如有必要可以设计一个专用操作平台。

3.5　综合管廊纳入管线分析

下列管线可以共同敷设于综合管廊当中:

(1)集中供热管道(热水、蒸汽)。

(2)燃气管道(燃气,一般是天然气)。

(3)给水管道(饮用水、生活用水)。

(4)排水管道和排水渠(雨水、污水)。

(5)电力电缆。

(6)通信电缆(声音、图像、数据等)。

上述管道按照输送介质温度的不同区分为冷管和热管,实践中也叫作保温管道。这一区分在管道的排布、放置和加固设计中十分重要。

如果尽可能把所有上述的管线集中敷设到综合管廊中,那么综合管廊就充分体现了其意义。特别是在市中心和工业区,这些地方大多对市政管线要求比较敏感,采用传统直埋管网进行施工有很多负面影响(易对其他管线造成损坏,交通受到干扰,产生噪声等)。

图 3.5-1 介绍了整体管网中综合管廊排布的概况。综合管廊在直接服务地块及其建筑物的区域、管线密度很高的区域运用具有很大优势,而在向市区网络输送的上一级管线网络中则很少使用。

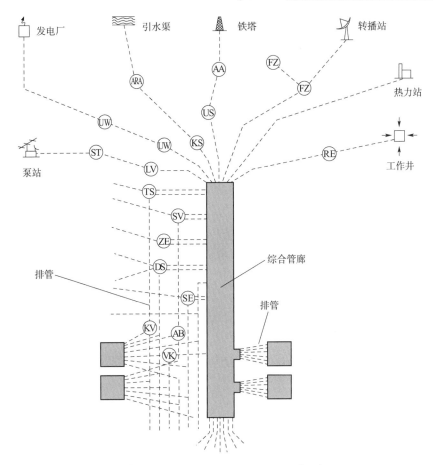

图 3.5-1　管网中综合管廊的排布示意图[3.5-1]

ST-线程放大器;LV-线路放大器;SV-干线放大器;AB-支路;FZ-电信中枢;ZE-中心;VK-分配器;UW-变电分站;TS-变电站;KV-电缆分接箱;AA-预处理装置;US-传电站;DS-减压站;RE-蓄水池;SE-分组;ARA-污水净化设备;KS-控制井

下面根据下列问题并考虑到所有前面的论述,对管线的敷设进行探讨。

1)输送介质的共性和特性

(1)管网是由哪些部件组成的?

(2)这个网络中的哪个部分被容纳到综合综合管廊中?

(3)管线和输送介质的哪些特性对于在综合管廊中敷设很重要?

2)常见的管线材质和尺寸

(1)管线如何安装? 单个部件有哪些功能?

(2)常采用哪些管线材质和尺寸(直径、供货长度、弯曲半径)?

(3)在综合管廊中敷设时,会受到怎样的限制?

(4)由于综合管廊取代了部分管线的防护要求,能否不再使用这些防护部件?

(5)管线有哪些空间需求?

3)综合管廊中管线的敷设和支承

(1)管线支撑类型有哪些?

(2)在有支承的情况下,与传统的敷设方式相比有哪些区别或者共同点?

（3）综合管廊设置管道支座的间距是多少？

（4）荷载如何传递？

（5）可以采用标准化的管道支撑和支架系统吗？

（6）是否需要对管道的膨胀或者其他活动进行平衡？

（7）如何能够实现可能必要的膨胀补偿？

（8）必要的支承和膨胀补偿器会产生哪些空间需求？

（9）如何将管线运入综合管廊中？

4）管配件

（1）如何进行管道连接？

（2）安装会产生哪些空间需求？

（3）如何将管线与房屋连接？

（4）综合管廊中需要哪种会产生额外空间需求的管配件？

（5）对于管线运营来说需要哪些其他配件？综合管廊中的配件应当按照怎样的间距和尺寸进行布置？

（6）如何与不能或者不允许放置在综合管廊中的设施（例如消火栓、大型变电站）形成连接？

（7）管配件必须从综合管廊外部进行操控吗？如何实现或者规避这一点？

（8）如何考虑到可能的损坏事件？

5）管线的检查、维护、整修

（1）在怎样的时间间隔内，需要开展哪些检查、维护、整修工作？

（2）与直埋管线相比有哪些区别？

（3）检查、维护、整修需要额外的空间吗？

6）安全性考虑

（1）输送介质会受到怎样的影响？与传统敷设方式相比有什么优势和缺点（如线路损耗、数据安全性、机械应力等）？

（2）在结构主体、人为、环境和其他设备的损坏事件中（如爆炸、洪水、火灾、投毒），输送的介质会导致哪些危害？

（3）与传统敷设方式相比，其危险性怎样？

（4）基于安全性考虑，需要哪些附属配套设施（如气体警报装置、消防设备、绝缘、强制通风等），从而能预防或消除损害？

3.5.1 集中供热管道

集中供热是指从热源厂或者热电厂，以各种集中供热的方式向需要热源的终端提供取暖和热水供应，以及用于工业目的的用热[3.5.1-1]。根据热源产生的集中程度和产生热源的设备尺寸可以分为长距离集中供热和局部集中供热。下文中只介绍长距离集中供热概念，通常情况下长距离集中供热系统细分为热源厂、集中输送的供热管网系统、换热站以及终端输配设施。

一个长距离集中供热系统通常至少需要两条输送管道，因为热介质传输到用户后必须再传回热源厂。通常情况下双管系统是一种经济的方案。它由一条供热管和一条回水管组成,通过这两根管道可以实现不停地循环。双管系统的热水初始最低温度为 60~90℃。三管系统与双管系统的区别是有两条供热管,热水通过这两条供热管供应给用户[3.5.1-2]。

长距离集中供热网络的热介质大多数是热水。在一些城市中也把蒸汽作为热介质,蒸汽管道在现有管网总长度中占 17%[3.5.1-3]。未来采用蒸汽管道对供热而言是高效节能的输送方式。

3.5.1.1　管道材质和尺寸

一般来说,长距离集中供热管道由管道、保温装置以及硬质保护外壳组成。

集中供热管道绝大多数采用无缝钢管或者焊接钢管。无缝钢管的尺寸在德国工业标准 DIN 2448[3.5.1-4] 中予以确定,材料性质则在德国工业标准 DIN 1629[3.5.1-5] 和 DIN 17175[3.5.1-6] 中予以确定。焊接钢管可以采用纵向焊缝或者螺旋焊缝制成。其尺寸适用德国工业标准 DIN 2458[3.5.1-7],其材料性质适用于德国工业标准 DIN 1626[3.5.1-8]。此外,至公称直径小于 150mm 的无缝钢管按照德国工业标准 DIN 2440[3.5.1-9]、DIN 2441[3.5.1-10] 和 DIN 2442[3.5.1-11] 予以统一规格。壁厚的计算则依据德国工业标准 DIN 2413[3.5.1-12]。

管道通常在 PN10、PN16 和 PN25 的压力等级下进行制造,在特殊情况下为了实现经济性,也可以在 PN40 的压力等级下制造。

管道内压通常按照输送系统的实际需求确定工作应力。公称压力 PN 是指允许施加的内部压力参数,针对的是管道、管配件和所有其他在持续运行过程中处于水压之下的部件[3.5.1-13~3.5.1-14]。所有的管道部件按照统一标准的公称压力进行制造。市场上销售的管道针对不同的工作压力提供了相应的不同等级的管壁厚度。考虑到运营过程中的调压或者在未来可能进行升压而导致压力的变化或者压力波动,所以工作压力必须处于公称压力之下。

集中供热管道中热水的平均流动速度在小管径内为 0.3m/s,在大管径内为 4.0m/s[3.5.1-15]。

到目前为止,集中供热管道的公称直径范围在 20~1000mm 之间[3.5.1-2]。图 3.5.1-1 为德国集中供热管道在公称直径范围内的划分。

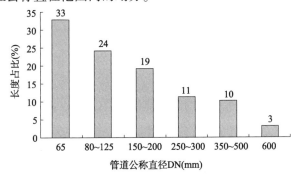

图 3.5.1-1　根据 SIA 205[3.5-1],供热管道占比

公称直径 DN 是一个针对管道部件(管道、管道连接件、管配件)的整数标识,与实际直径相近,单位为 mm。它与内径(DN/ID)或者外径(DN/OD)有关[3.5.1-16,3.5.1-17]。

在长距离供热网络中会产生热量损耗,热量损耗通过带有保温材料的管道外壳可以大大减少。保温材料的功能是尽可能减小供热过程中的热量损耗。

供热管和回水管以及蒸汽管和冷凝管可以采用不同类别的保温材料,一方面由于温度不同,另一方面考虑到电热联产方面的因素,供热管和回水管在价格方面有所区分,所以供热管和回水管的保温材料厚度也有所不同。

保温材料制造的依据是德国工业标准 DIN 1842[3.5.1-18]、DIN 4140[3.5.1-19] 和德国工程师协会(VDI)准则 2055[3.5.1-20]。

以下材料可用于集中供热管道的保温材料:

(1)用矿物纤维制成的保温外壳或保温垫。

(2)聚氨酯、硬质塑料海绵及其他发泡材料。

集中供热管道受覆土荷载、自重、水压力和交通荷载的作用,可能遭到机械损害并可能渗入潮气,需通过硬质保护外壳进行保护。在埋地的集中供热管道中,硬质保护外壳由工程塑料(塑料护套管)或钢护筒制成。

塑料护套管(图 3.5.1-2)由钢管和聚乙烯材质的外护套管组成,两者之间填充聚氨酯保温材质。塑料护套管具有防潮保护功能,并由此形成防腐蚀保护功能,荷载由护套管和钢管承担。

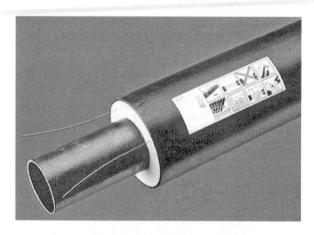

图 3.5.1-2 保温层中带有检漏缆线的塑料护套管[3.5.1-40]

基本上所有上述集中供热管道都可以敷设在综合管廊中。敷设单一的钢管是成本最低的方式,这些钢管采用纤维保温材料作为外壳或外垫加以保温。它们适于架空管道和敷设在综合管廊内。在这种情况下,任何渗漏都可以很快被发现并定位。

供热管道常为 8~12m(供货长度)的钢管。在综合管廊中敷设时,如果这种管道必须通过吊装口吊入综合管廊中,并进行运输及安装,这个长度就会导致一些问题。因此管道长度的选择受综合管廊中敷设空间的影响。

为此,综合管廊中带有外保温材料的钢管的使用年限必须达到 40~50 年,并且在温度和湿暖的影响下有良好的抗老化性能。

考虑到损坏的情况,保温材质必须在完全渗透之后能快速干燥,在干燥之后又能具有初始的外形体积和导热性能。外保温材质在长时间的运用和可能的潮气影响之后,应当能够很容易地从管道和管道配件上取下来。这个材料必须具有足够的稳定性来应对压力和冲击,这样才会保证在安装和使用过程中不会被损坏。

通常情况下,集中供热管道中的管道和配件设计采用的是最小保温层厚度(表3.5.1-1)。如果与表3.5.1-1中的材料的导热性不同,则要对保温层的厚度进行换算。在综合管廊中保温层的厚度应更厚,因为不仅要从经济性的角度来对比热损耗的费用和保温材料的费用,而且要注意到损耗的热量对综合管廊内的空气进行加热不会对其他管道造成负面影响,比如水管变热(细菌滋长的危险)或者高压电缆加热(功率损耗)。目前可以借助大型计算设备,根据综合管廊的几何形状、空间、土壤、集中供热管道、其他管线的热工数据进行整体温度场计算,从而得到合理的保温层厚度。

集中供热管道和配件的最小保温层厚度[3.5.1-41]　　　　　　　　表3.5.1-1

序号	管道/配件的公称直径 DN(mm)	导热性为0.035W/(m·K)的绝缘层的最薄厚度(mm)
1	20	20
2	22～35	30
3	40～100	与公称直径相同
4	≥100	100
5	序号1～4中,在墙孔和盖板孔内、管道交叉范围内、管道连接处、中心管网分配器和加热器连接处的管道和配件,长度不超过8m	序号1～4中要求的1/2

原则上,在综合管廊中实施集中供热管道敷设时,应当使电力电缆和给水管道尽可能远离集中供热管道,从而在一开始就将温度的影响降到最小。

石棉保温材料需要用镀锌钢带、镀锌金属线或者铜线把它直接固定在管道上(图3.5.1-3)。缝隙则通过细金属丝进行缝合。当采用50～90mm或更厚的保温层时,要分为两层施工。第一层的纵向接头和圆弧接头要被第二层覆盖。

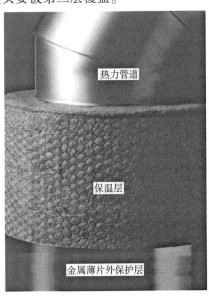

热力管道

保温层

金属薄片外保护层

图3.5.1-3　石棉-金属网垫保温材料制成的供热管道,保温层外有金属薄片覆层[3.5.1-41]

保温层(图3.5.1-4)是最有条件实现无缝安装的。在保温层更厚的情况下,必须对保温层进行多层、错缝安装[3.5.1-15]。

法兰、阀门和其他管道部件同样要设计保温层。保温层应当可以取下,以便于操作和维护。拱形保温层可以采用尺寸稳定的矿物纤维保温板或者用于拼装弯曲部件[图3.5.1-4b)]。

a)用于直管   b)用于弯管

图3.5.1-4 保温层[3.5.1-41]

当供热管道完成装配并成功通过压力测试后时,再安装保温层。装配期间保温材料要注意防潮。

供热管道和回水管的间距很小,应当避免相互触碰(图3.5.1-5)。保温层不能紧贴到综合管廊墙壁或者底部上,在管道转弯处也不能断开。

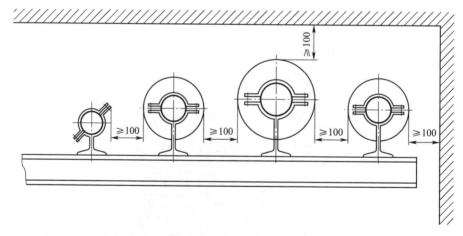

图3.5.1-5 带保温的管道与建筑、其他管道之间的最小间距(尺寸单位:mm)[3.5.1-19]

对于敷设在综合管廊中的集中供热管道来说,结构主体是管道的最好保护装置。管道以及保温层的防护只要使其满足自身产生的应力即可。这些应力源于管道运营、非密封管道中的水、冷凝水以及其他应力,也可能源于在综合管廊中开展的非专业化施工。

综合管廊中水流溢出是无法避免的,而管道的外保护层无法使水从保温材料中及时排出。为了便于水流的排出和保温材料的干燥,建议外防护层的下部不做闭合处理,只覆盖保温材料范围内大约3/4的部分[3.5.1-15]。

3.5.1.2　敷设和支承

集中供热管道在综合管廊中敷设要满足如下要求：

（1）管道和所输送介质的自重能直接或者间接传递到支撑体系中。

（2）管道要承受温度应力。

在集中供热管道系统中，将带有支座（固定支座、滑动支座和导向支座，图 3.5.1-6）的管道支撑物和温度补偿器相连接，以满足管道的敷设要求。管道的轴向伸缩可以在滑动支座和导向支座上实现，也可以采用温度补偿器进行补偿，以避免管道产生过大的温度应力。温度补偿器的回位力通过固定支座传递到综合管廊主体结构。

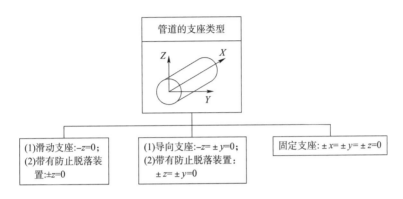

图 3.5.1-6　支座的几种基本形式[3.5.1-15]

3.5.1.3　综合管廊断面中的排布

集中供热管道优先敷设在综合管廊的上部区域。为了尽可能减少其他管线，尤其是燃气、给水和电力管线的影响，集中供热管道应远离上述的管线，并最好敷设在综合管廊的另一侧。

1）管道支座

管道支座必须能承担管道和其运输介质的自重，在综合管廊中通常采用钢结构构件，支座间距要通过计算确定，以保证管道不会出现弯曲[3.5.1-1]。

对于管道支座的间距来说，最主要的影响因素是：包含填充物的管道自重、管道的刚度、管道的容许应力以及每个支座的承载能力。表 3.5.1-2 总结了集中供热管道支座间距的参考数值。

带有保温层的管道支座间距[3.5.1-3]　　　　　　　　　　　　　表 3.5.1-2

序号	公称直径 DN（钢管，标准壁厚）(mm)	参考跨度(100~150℃)(m)	序号	公称直径 DN（钢管，标准壁厚）(mm)	参考跨度(100~150℃)(m)
1	20	1.5	6	80	4.1
2	25	1.7	7	100	4.4
3	32	2.0	8	125	5.1
4	50	2.9	9	150	5.7
5	65	3.8	10	175	6.4

序号	公称直径 DN（钢管,标准壁厚)（mm)	参考跨度(100~150℃)（m)	序号	公称直径 DN（钢管,标准壁厚)（mm)	参考跨度(100~150℃)（m)
11	200	7.0	14	350	9.0
12	250	7.6	15	400	9.8
13	300	8.7	16	500	11.1

在当前的应用实例中,使用定型化、预组装的支撑体系较合适。这种支撑体系方便灵活,可以快速装配,适应不断变化的约束条件(图3.5.1-7)[3.5.1-21]。钢结构支座不受各种要求限制,应至少包含一层热镀锌作为腐蚀防护层,这层热镀锌在螺栓紧固时也不能被破坏。鉴于综合管廊的使用年限较长,尤其是在通风不足的情况下,可考虑采用不锈钢支座。

a)安装在墙壁上

b)安装在墙壁和顶板上

c)安装在底板上

d)安装在顶板的吊杆上

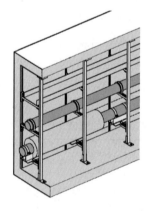
e)安装在墙壁、底板和顶板上

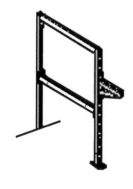
f)安装在墙壁和底板上

图3.5.1-7 矩形断面综合管廊管线支撑体系[3.5.1-42]

在圆形断面的综合管廊中,采用标准化的支撑体系也非常普遍(图3.5.1-8~图3.5.1-10)。

此外,当不需要对管道进行固定时,通常采用管箍或者鞍形滑动支座(图3.5.1-11)。德国科特布斯综合管廊就是采用这种支撑(图3.5.1-12)。

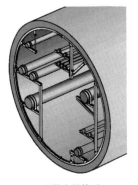

a)整体支撑体系 b)局部细节图

图 3.5.1-8　圆形断面综合管廊管线支撑体系[3.5.1-42]

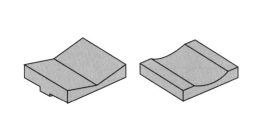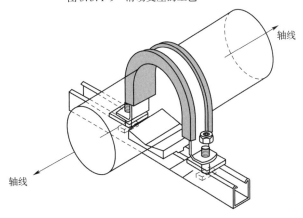

a)鞍形支座 b)带有橡胶板的管箍

图 3.5.1-9　滑动支座的工艺[3.5.1-42]

图 3.5.1-10　带有管箍和垫片的轴向无约束支撑[3.5.1-42]

　　在图 3.5.1-13 所示的综合管廊敷设集中供热管道时,通常将综合管廊的底部或者固定在混凝土底板上的塑钢作为滑动面。在综合管廊中这种敷设方法同样是理想的,更好的方法是采用悬臂敷设或者将管道放置在支座上,因为综合管廊的底部常用于敷设给水和排水管道。安装在悬臂支架上要确保能够吸收掉在滑动支座上产生的推力,或者尽可能降低支撑高度(图 3.5.1-14)。

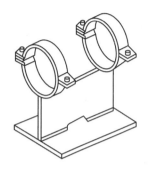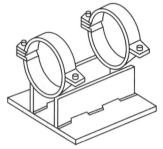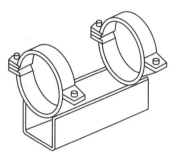

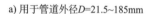

a) 用于管道外径D=21.5~185mm　　b) 用于管道外径D=176~532mm　　c) 用于管道外径D=100~532mm

图 3.5.1-11　鞍形滑动支座[3.5.1-42]

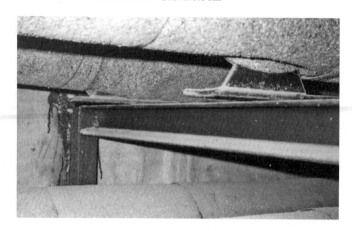

图 3.5.1-12　德国科特布斯综合管廊管道滑动支座[3.5.1-43]

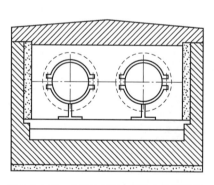

图 3.5.1-13　在滑动支座上的集中供热管道，滑动支座位于底板上[3.5.1-2]

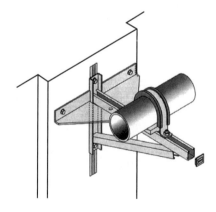

图 3.5.1-14　抗推力悬臂支架[3.5.1-42]

　　只要温度条件允许，可以通过对滑动面覆以单面的塑料涂层来达到更好的滑移性能。在两侧粘贴塑料薄膜或者采用塑料喷涂层效果则更佳。不带导轨的筒状滑动支座在减小摩擦力方面进行了进一步的优化(图 3.5.1-15)。

　　通过导向支座(图 3.5.1-16)可以限制管道向侧面移动。导向支座首先避免了管道朝侧面发生的侧移,通过与防脱装置连接起来,可以防止管道脱落。图 3.5.1-17 为一种带有防脱装置的导向支座。

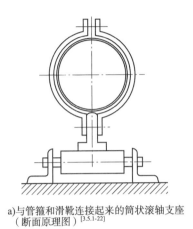

a)与管箍和滑靴连接起来的筒状滚轴支座
（断面原理图）[3.5.1-22]

b)筒状滚轴支座（外观）[3.5.1-44]

图 3.5.1-15　不带导轨的筒状滑动支座

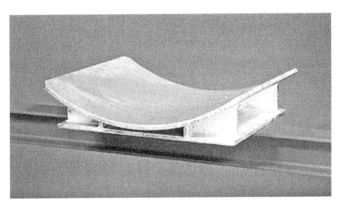

图 3.5.1-16　鞍座支承形式的导向支座[3.5.1-45]

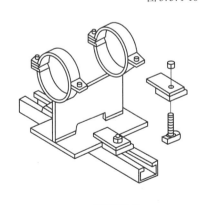

a) 滑靴[3.5.1-42]

b) 在瑞士韦德霍兹利污水处理厂综合管廊中的运用[3.5.1-43]

图 3.5.1-17　带有防脱装置的导向支座

在管道会沿轴线发生扭曲的支承点,采用带有侧面导轨的筒状滑动支座(图 3.5.1-18)。对于需要保温的管道,尤其是集中供热管道,主要采用双筒状的滚轴支座(图 3.5.1-19)。这种情况下,在介质管道和滚轴之间必须设置一个滑鞍,比如带有圆形拱曲状滑动面的鞍座支承,因为热绝缘层会因无法吸收由支承产生的力而被损坏。同时,拱曲中点最好处于管轴线上[3.5.1-22]。

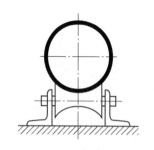

a)适用于将管道直接放置在上面的带侧面导轨的锥形滚轴支座[3.5.1-44]

b)带有钢制锥形滚轴的支座[3.5.1-44]

c)带有侧面导轨的筒状滚轴支座[3.5.1-44]

图 3.5.1-18　带导轨的筒状滑动支座

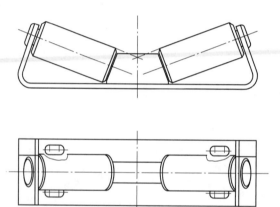

a) 适用于将管道直接放置在上面的带侧面导轨的锥形滚轴支座[3.5.1-45]

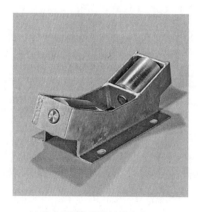

b) 带有钢制锥形滚轴的支座[3.5.1-44]

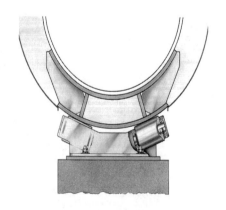

c) 带有侧面导轨的筒状滚轴支座[3.5.1-44]

图 3.5.1-19　双筒状滑动支座

选择滑动支座还是导向支座取决于在管道系统中支撑体系的总体布置。在制造支座时要注意,在管道弯曲处附近也可能发生侧向位移。与温度补偿器相反,支座必须在轴向强制导向[3.5.1-1]。

管道支座所要求的高度取决于保温层厚度和位于综合管廊底部上方的管道安装维护所要求的最小高度。同时要满足排空阀和焊接的空间需求。

在集中供热管道中,要注意避免热损耗。因此建议管道支架(比如管箍)不能直接接触管道,避免穿透保温层,否则会带来以下问题:

(1)热桥效应造成较高的热损耗。

(2)由于外壳和防潮层被穿透,导致腐蚀风险变高、保温效果降低。

(3)进行外部隔热时带来高昂的时间成本和安装成本。

(4)高昂的维护成本。

上述缺点可以通过采用在工厂内就进行了保温处理的管道支座予以避免(图3.5.1-20)。

固定支座用于对管道进行固定,以限制管道的任何位移。固定支座也用于传递温度补偿器的调节力和管道产生的推力。

固定支座要安装在支管和阀门附近,目的是将管道中这些位置的位移和受力最小化。

简单的固定支座和上述滑动支座一样,是通过焊接或者螺钉连接的异形钢结构(图3.5.1-21)。

图3.5.1-20　预保温处理的管道支座[3.5.1-45]

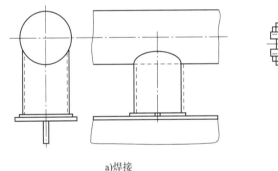
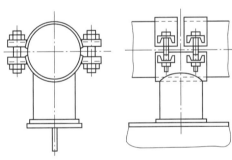

a)焊接　　　　　　　　　　　　　　　　　b)螺栓连接

图3.5.1-21　固定支座[3.5.1-46]

2)温度补偿器

温度补偿器用来补偿由热差造成的结构伸缩。在没有温度补偿器的情况下,可运用L形、Z形或者U形管道自身补偿,称为温度自然补偿。

集中供热管道中的温度波动比较剧烈,因为在管道中输送的介质温度相对较高,相应的膨胀以及由此导致的变形就成为一个重要的问题。图3.5.1-22描述了在不同温度条件下钢管的长度变化。这种长度变化不受管道的公称直径影响。如果管道无法膨胀,就会产生很大的温度应力。

温度自然补偿是利用了管道自身的弹性形变能力。在传统敷设方式中,集中供热管道通过合理的定线(L形线路、Z形线路)有条件地实现温度自然补偿。如果没有合适的定线,可以利用U形温度自然补偿器,其工作原理如图3.5.1-23所示。

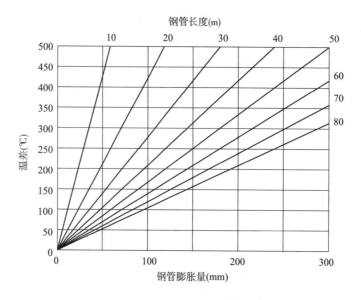

图 3.5.1-22　钢管的膨胀线图[3.5.1-1]

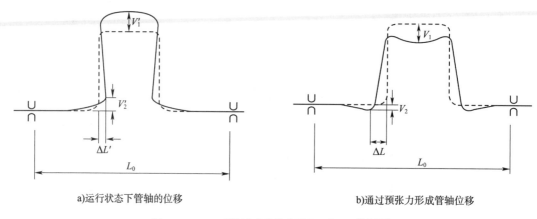

a)运行状态下管轴的位移　　　　　　　　b)通过预张力形成管轴位移

图 3.5.1-23　U 形温度自然补偿器的工作原理[3.5.1-15]

V_1、V_2(V_1'、V_2')-管道的竖向位移量;ΔL($\Delta L'$)-管道的水平位移量;L_0-管道固定支座间距

在管道安装期间,管道可以通过缩短长度形成预张力[图 3.5.1-23b)],这样在运营温度下,它的总伸长量不会太大。通过设置导向支座和固定支座可以实现对管道位移的控制,在两个固定支座之间通常会放置一个温度自然补偿器。

在采用传统方法敷设集中供热管道过程中,更倾向于使用温度自然补偿。在综合管廊中,则更倾向于使用温度膨胀补偿,因为 U 形温度自然补偿器相对来说需要的空间较大。

波纹管温度补偿器是利用机械装置以适应管道热胀冷缩的一种设备。在集中供热领域,波纹管温度补偿器分为轴向补偿器或者铰接补偿器(图 3.5.1-24)。波纹管温度补偿器的基本元件是不锈钢材质的卷曲波纹管,它可以通过弹性形变对管道伸缩进行补偿。轴向温度补偿器适用于中小尺度的轴向移动,一般伸缩量不超过 200mm。铰接温度补偿器适用于轴向或者其他方向的大变量位移[3.5.1-47]。

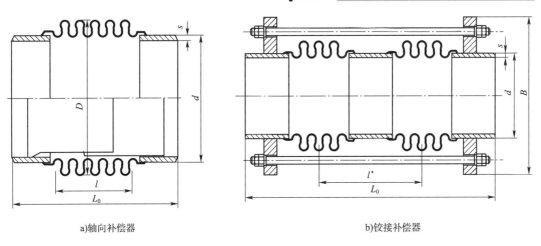

a)轴向补偿器   b)铰接补偿器

图3.5.1-24   波纹管温度补偿器[3.5.1-47]

D-补偿器外径;d-管道外径;s-管道壁厚;B-最大宽度;L-波纹管长度;L_0-补偿器长度;l^*-波纹管间距

由于补偿器的可变形性也能适应管道的侧向弯曲,因此要注意在轴线方向的管位,这可以通过导向支座的方式得以实现。补偿器对管道长度的作用非常大,因此管道长度可通过固定支座的间距予以确定。通常补偿器紧挨着固定支座布置,这样补偿器产生的调节力可以传递到固定支座,调节力会随着管道断面的压力、公称直径和长度的增加而增加。

在使用补偿器时可以在装配期间施加一定的预张力,以减小整个管道系统在正常运营时的温度应力。

图3.5.1-25为固定支座、导向支座和补偿器相结合的示例。选择在系统中使用哪种补偿器首先取决于管道的公称直径和产生的公称压力。图3.5.1-26给出了其参考值。

轴向补偿器   固定支座   滑动支座

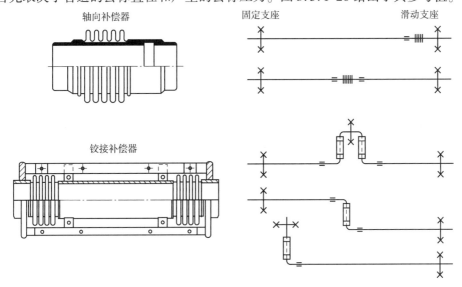

铰接补偿器

图3.5.1-25   在集中供热管网中采用不同的温度补偿方案[3.5.1-15]

轴向补偿器和铰接补偿器的比例可以从表3.5.1-3和表3.5.1-4中得出(标注参见图3.5.1-24)。图3.5.1-27为苏黎世韦德霍兹利污水处理厂综合管廊中铰接补偿器的使用案例。

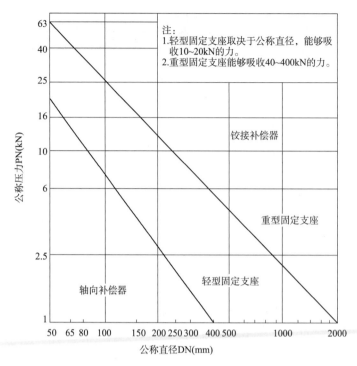

图 3.5.1-26 轴向补偿器和铰接补偿器的使用限制范围[3.5.1-47]

轴向补偿器的尺寸和种类[3.5.1-47]

表 3.5.1-3

公称直径 DN (mm)	允许位移 $2\delta_N$ (mm)	补偿器长度 L_0 (mm)	质量 G (kg)	波纹管接口尺寸		波纹管尺寸			轴向调节力比率 C_δ (N/mm)
				外径 D (mm)	壁厚 s (mm)	外径 D (mm)	卷曲情况下的长度 L (mm)	有效断面面积 A (cm²)	
125	90	310	3	139.7	3.6	178	138	200	78
150	90	310	4	168.3	4.0	210	135	281	85
200	120	385	9	219.1	4.5	261	206	446	103
250	120	385	12	273.0	5.0	319	207	680	103
300	120	385	15	323.9	5.6	375	205	952	109
350	120	380	16	355.6	5.6	403	196	1105	114

铰接补偿器的尺寸和种类[3.5.1-47]

表 3.5.1-4

公称直径 DN (mm)	允许位移 $2\lambda_N$ (mm)	补偿器长度 L_0 (mm)	最大宽度 B (mm)	质量 G (kg)	波纹管间距 l^* (mm)	波纹管接口尺寸		调节力比率		
						管道外径 d (mm)	管道壁厚 s (mm)	C_r (N/bar)	C_λ (N/mm)	C_p [N/(mm·bar)]
300	100	875	550	88	478	323.9	5.6	112	63	1.70
300	200	1320	550	119	927	323.9	5.6	77	22	0.41
350	100	930	600	104	557	355.6	5.6	123	59	1.35

续上表

公称直径 DN (mm)	允许位移 $2\lambda_N$ (mm)	补偿器长度 L_0 (mm)	最大宽度 B (mm)	质量 G (kg)	波纹管间距 l^* (mm)	波纹管接口尺寸		调节力比率		
						管道外径 d (mm)	管道壁厚 s (mm)	C_r (N/bar)	C_λ (N/mm)	C_p [N/(mm·bar)]
350	150	1170	600	121	795	355.6	5.6	101	39	0.63
400	100	1040	650	128	623	406.4	6.3	105	63	1.40
400	200	1500	650	175	1079	406.4	6.3	75	36	0.51

图 3.5.1-27　苏黎世韦德霍兹利污水处理厂综合管廊中采用的铰接补偿器[3.5.1-43]

3.5.1.4　管道连接和管道部件

集中供热管道由带有保温层的管道和其他的管道部件组成[3.5.1-22]。

1）管道连接

在采用钢管时,管道、弯管和管配件通常采用焊接或法兰连接。

（1）焊接

焊接是一种可靠的管道连接方式,相邻管道通过焊接成为一个整体。

在集中供热管道的安装过程中,对于焊接工艺来说,任何一种焊接方法都是可行的,只要能证明所选择的焊接方式能够满足坚固性和密封性方面的所有要求即可。焊接时不能把管道与支撑系统焊接在一起,不论是抱箍还是支座。焊接施工可以在综合管廊中进行。如果有合适的运输设备用于运输焊接好的管道,而且在运输过程中其荷载在允许范围内,也可以在综合管廊外面进行焊接。

当在综合管廊内进行焊接时,在靠近管道焊接部位、管道周边和下部必须有足够空间以便焊工进行无障碍施工。《集中供热网络建造的技术准则》[3.5.1-2]建议尽可能在完成焊接后直接对焊缝进行随机检验,例如通过超声波、X射线或者同位素法进行检验。在安装保温层之前,应当对安装好的管道进行安全性评估,例如采用1.3倍最大工作压力进行闭水试验,采用压缩空气进行试验也可行。

（2）法兰连接

法兰连接（图3.5.1-28）是一种可靠的、可拆卸的管道连接方式,通过法兰盘之间的密封垫片能够达到密封效果。

根据德国工业标准 DIN 2631[3.5.1-23] ~ DIN 2635[3.5.1-24],采用对焊法兰进行阀门装配。

图 3.5.1-28 法兰连接[3.5.1-48]

根据德国工业标准 DIN 2543[3.5.1-25] ~ DIN 2545[3.5.1-26]，采用铸铁法兰进行阀门装配。它们均应符合德国工业标准 DIN2505[3.5.1-27]的技术规定。

2）管配件

集中供热管道中采用管配件，目的是用分叉管配件将供给管道从干线管道中分出来。

管配件可以制造成任意的形式和尺寸。它们按照主要的部件进行统一化、标准化。其材质通常与连接的管道相适应。管配件同样要有保温层和防腐层。

在管道转弯处通常按照德国工业标准 DIN 2605[3.5.1-28]，采用半径和直径比例为 1.5 ~ 2.5 的通用弯头[图 3.5.1-29a)]，或者当公称直径很大时，采用带有一个或多个纵向焊缝的弯头。此外，人们还按照德国工业标准 DIN 2615[3.5.1-29]，采用标准壁厚或者在主管道中加固管壁的支管预制件[图 3.5.1-29b)]，或者采用符合德国工业标准 DIN 2616[3.5.1-30]规定的支管和鞍式支座。

在断面变化中，采用符合德国工业标准 DIN 2616[3.5.1-30]规定的变径管[图 3.5.1-29c)]，这种变径管的形状可以是同心或偏心。在管道直径很大时，可以将拥有相应材料性质的钢板通过滚筒弯曲加工制成变径管。管配件要有一定的过度长度以消除水流产生的噪声。

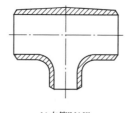
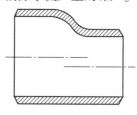

a)弯曲管道[3.5.1-28]　　　　b)支管[3.5.1-29]　　　　c)变径部件[3.5.1-30]

图 3.5.1-29　管配件示意图

3）阀门

根据欧洲标准德国版 DIN EN 736-1[3.5.1-31]，阀门是"一种对流经管道的介质进行开关或部分截断，或者将介质分流或混合的管道装置"。

集中供热用的阀门应满足输送热水的特殊要求，以保证供热管道系统的安全运营[3.5.1-3]。在综合管廊中，阀门布置在如下部位[3.5.1-15]：

（1）管道分支处。

（2）管道网络的连接点。

（3）管道的排水、排空处。

（4）管道的分断处。

在管道进出综合管廊的位置应设置在综合管廊内外都能够操作的阀门。

图 3.5.1-30 介绍了在管网中运用的阀门的基本结构样式和其原则上的作用原理。表 3.5.1-5 则介绍了取决于公称直径的阀门特性和应用范围。

阀门必须符合德国工业标准 DIN 3352[3.5.1-32]中关于明杆闸阀的规定、欧洲标准德文版 DIN EN 3354[3.5.1-33]中关于止回阀的规定、德国工业标准 DIN 3356[3.5.1-34]中关于暗杆闸阀的规定以及德国工业标准 DIN 3357[3.5.1-35] 中关于球阀的规定。

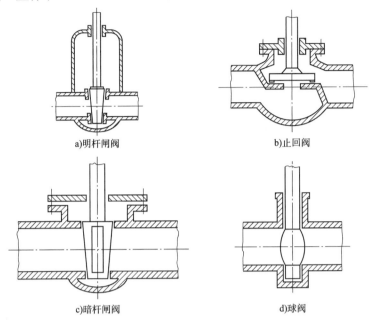

a)明杆闸阀　　　　　　　　　　　　b)止回阀

c)暗杆闸阀　　　　　　　　　　　　d)球阀

图 3.5.1-30　阀门的基本结构样式和工作原理[3.5.1-31]

德国工业标准 DIN 3202[3.5.1-36] 中对阀门在不同公称直径下的安装长度进行了规定。比如带有法兰连接的阀门被分为 F1 ~ F19 的序列。阀门尺寸的参考值参见表 3.5.1-6 ~ 表 3.5.1-8。

阀门特性和应用范围的质量对比　　　　　　　　　　　表 3.5.1-5

比较类别	明杆闸阀	止回阀	暗杆闸阀	球阀
流体阻力	低	中等	低	中等
开合时间	长	中等	短	短
转变流体方向能力	好	尚可	好	尚可
结构长度	短	长	中等	短
结构高度	高	中等	低	低
应用范围				
公称直径 DN = 40 ~ 100mm	一样	是	是	否
公称直径 DN = 100 ~ 200mm	是	是	是	是
公称直径 DN > 200mm	是	否	一样	是

选择的明杆闸阀的平均尺寸和平均质量[3.5.1-39]　　　　　表 3.5.1-6

公称直径 DN(mm)	结构长度(mm)	打开状态下的结构高度(mm)	手轮直径(mm)	质量(kg)
50	250	384	178	18
80	280	510	229	36
100	300	621	254	49

续上表

公称直径 DN(mm)	结构长度(mm)	打开状态下的结构高度(mm)	手轮直径(mm)	质量(kg)
150	350	808	356	92
200	400	986	406	145
250	450	1255	470	234
300	500	1494	470	348

一体化止回阀的平均尺寸和平均质量[3.5.1-39] 表 3.5.1-7

公称直径 DN(mm)	结构长度(mm)	打开状态下的结构高度(mm)	手轮直径(mm)	质量(kg)
65	290	315	200	22
80	310	385	250	34
100	350	395	250	45
125	400	515	315	66
150	480	540	315	91
200	600	620	400	156

一体化暗杆闸阀的平均尺寸和平均质量[3.5.1-39] 表 3.5.1-8

公称直径 DN(mm)	安装长度(mm)	杠杆长度(mm)	质量(kg)
50	150	230	15.3
65	170	400	21
80	180	400	29
100	190	460	35
125	325	460	52
150	350	1000	88.5
200	400	1500	115

管道系统中的阀门不能承受过大的力和扭矩,德国工业标准 DIN 3840[3.5.1-37]对此做了进一步的规定。阀门可以与固定支座和温度补偿器组合起来,这样力的作用就会降到最低。

通常在管道的底点和顶点要安装放空阀和排气阀(图 3.5-32)。

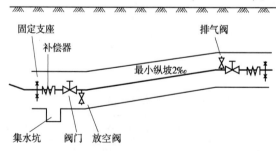

图 3.5.1-31 在集中供热管道底点和顶点的排液阀和排气阀[3.5.1-49]

阀门除了手动操控以外,还可采用自动、电动或者液压传动装置进行操控。在下列情况下,宜采用自动、电动或者液压操控阀门:[3.5.1-15]

（1）在大型阀门采取手动方式颇为费力时。

（2）在要求的时间内无法用手动方式完成时。

（3）在紧急情况下用手动方式不可能实现时。

（4）当通过压力调节器、温度调节器或者水平调节器自动触发时，必须按照预设的程序进行启闭时。

在综合管廊中设置了一种可以自动关闭的阀门，这种阀门在集中供热管道破裂时能避免综合管廊被淹。

阀门的铭牌应有如下标注：

（1）公称压力级别。

（2）容许的最大运行温度。

（3）制造商标记、类型、产品编号，以及要求的流向。

3.5.1.5 维护

在综合管廊中，集中供热管道的维护（保养、检查、维修）由于人可以接触到，所以相对没什么困难。在所有的操作中，尤其应当重视相关的安全性[3.5.1-38]。

保养措施主要涉及现有的阀门。通常要检验阀门的可操作性。如果需要必须对阀门进行润滑。如今新的阀门几乎是不需要保养的。

对集中供热管道进行检查的主要目的是查明泄漏情况。在综合管廊中对管道进行检查的可行性要高得多，因为人员可以进入综合管廊，并直接用肉眼就能查明泄漏情况。如果泄漏的水量较多，可以通过综合管廊的集水坑将其收集并排出。集水坑中水泵突发运转的信号可以及时传递到监控中心，从而采取维修措施。

监控可获取的信息有[3.5.1-2]：温度、压力、压差、流量、热量、泵转速。

在管网中，人们放入了相应的传感器，获取的数据必须传输到监控中心，数据传输可采用通信电缆或无线信号传输。

在综合管廊中，集中供热管道的维修也比传统的直埋敷设更简单，不会受到天气状况的影响，而且可以避免土方作业对交通的严重干扰。局部破损可以当场维修，或将整段管道换掉。

3.5.1.6 安全性

在集中供热管道敷设过程中关于安全性的考虑主要包括两个方面：一方面是集中供热管道破损的损坏程度，另一方面是与集中供热管道敷设在一起的其他管线是否会受到负面影响。

集中供热管道的损坏几乎可以排除。综合管廊的结构主体对管道形成了全面防护，而且管道被保温层和保护壳包裹。需要考虑的危险是集中供热管道或者其他管道产生的意外破损，以及可能发生水淹时保温层被完全浸湿。

集中供热管道输送的是温度相对高的介质，因此尽管有保温层，仍必须忍受热损耗以及由此导致的综合管廊内部温度的升高。这种热损耗对其他管道的影响，尤其是燃气管道、给水管道和电力电缆，可通过相对较少的投入就可以降低，比如：

（1）集中供热管道尽可能远离上述管线，尽可能敷设在管廊的上部，或敷设在与上述管道相对的综合管廊的另一侧。

（2）给水管道要加装保温层。

（3）对燃气管道容量的影响可以通过采用更大直径的燃气管道来解决。

（4）集中供热管道对电力电缆形成的温度升高效果微乎其微，因为其他因素对功率损耗的影响更显著。

3.5.2 燃气管道

在 19 世纪 60 年代初期，原西德开始对天然气供应设施进行扩建，同时摒弃了煤制气或焦炉燃气。使用天然气的转变基于 19 世纪末期开始发展的城市供给网络和 1996 年原东德和原西德的统一[3.5.2-1、3.5.2-2]。

天然气主要成分为甲烷（80%），还包括其他碳氢化合物。

天然气是通过复杂的管网输送到千家万户的，输配网络包括管道、调压装置、计量装置、储存设施。

燃气管道的压力等级分为[3.5.2-3]：

（1）PN 0.1：低压，0～0.1bar。

（2）PN 1：中压，0.1～1bar。

（3）大于 PN 1：高压，超过 1bar。

许多老旧的燃气终端网络在低压范围内运行，这种网络与中压和高压网络相比问题更少。新开发的城区和社区从 20 世纪 30 年代起使用中压网络，也可以采用 4bar 的高压网络与之连接。高压管道通过更小的管截面尺寸和更大的运输容量，可以使管网的建造和运行更加经济。高压、中压和低压是一个系统性的网络，其中的压力调节站就用于不同压力等级之间的调节。

尽管在综合管廊中敷设燃气管道已有数十年之久的应用经验，但在很多情况下还是会被抵制。有的综合管廊使用准则[3.5.2-4]将敷设在综合管廊中的燃气管道所容许的运行压力限制在 1bar，但莱茵技术监督协会在一项研究[3.5.2-5]中明确，也可以把高达 4bar 运行压力的燃气管道敷设于综合管廊中。

在瑞士和捷克，在综合管廊中敷设 4bar 运行压力的高压燃气管道也是很常见的[3.5.2-6]。

3.5.2.1 管道材质和尺寸

对于燃气管网而言，如果通过埋地敷设在市内区域，主要采用的是聚乙烯塑料管和钢管。新敷设的管道通常不再使用铸铁管。德国燃气与水工业协会要求将有断裂危险的灰口铸铁管替换掉，因为其塑性较差，而且管道连接处容易发生泄漏[3.5.2-7]。

许多燃气公司将燃气管道的最小公称直径限制在 100mm。通常公称直径是根据运行压力的预定参数以及所容许的与性能相关的压力损失的预定参数通过计算而确定的。高运行压力可以使管截面尺寸更小，这样建造费用也更低。

当运行压力不超过 1bar 时，使用要求应符合德国燃气与水工业协会的燃气安装技术规程 DVGW-TRGI G 600[3.5.2-8]的要求。当运行压力不超过 4bar 时，可采用 DVGW 规则手册的要求。这部规则手册中没有考虑在综合管廊中敷设燃气管道的情况。因此，使用这部针对传统燃气管道埋地敷设方式的 DVGW 规则手册并不总是有用的。但是根据与此相关的燃气厂和给水厂职业保险联合会[3.5.2-9]的观点，可以采用类似的 DVGW-TRGI G 600 技术要求。

根据 DVGW-TRGI G 600，在综合管廊中敷设的燃气管道仅能使用钢管。钢管的突出特点在于其强度和塑性都很好，而且可以适用于所有的压力等级和管道尺寸。钢管的焊接性能同样出色,针对其较差的防腐蚀性能,可以加设符合德国工业标准 DIN 30670[3.5.2-10] 的聚乙烯外壳。这种外壳防水、耐酸,而且具有很高的绝缘性。制作运行压力不超过 4bar 的钢管应符合 DVGW 465/1I 的技术要求[3.5.2-3]。

钢管的长度可以达到 12m,但是考虑到可运入性以及在综合管廊中的运输,其长度不宜超过 6m。

文献[3.5.2-4]针对管道公称直径提出了建议,在综合管廊中敷设的燃气管道的公称直径应限制在 500mm 以内。在市内区域通常不能超过这一公称直径。

3.5.2.2　安装和支承

燃气管道在综合管廊中敷设必须满足所有安装和运行过程中的要求[3.5.2-8]:

(1)管道支撑物和支座必须能够承载由管道的安装和运行导致的压力。

(2)燃气管道周围的空余空间必须足够大,可以对阀门进行操控,并且能够进行焊接施工。

(3)燃气管道的敷设应不易造成机械损害。

1)在综合管廊中的布置

综合管廊中燃气管道的布置和空间需求的确定,同样可以参考 DVGW-TRGI G 600。对于敷设在综合管廊内的管道规定如下:"燃气管道不能固定在其他管道上,不能作为其他管道和压力的承载体,也不允许其他管道的渗漏水和冷凝水对其产生影响。"

燃气管道在综合管廊中与其他管道一起敷设在较为狭窄的空间内时,还要求始终将燃气管道设置在最上方。泄漏的燃气通常比空气更轻,因此更容易上升到综合管廊的顶部,燃气泄漏警报装置会迅速测出并发出报警信号。

燃气管道与其他管线的间距应尽可能大些,以免这些管线产生的火花源导致燃气被点燃(电力电缆)。

在综合管廊中,燃气管道在安装(例如焊接施工)和运营(阀门操控、维护)过程中都必须能全方位接触到。管道在安装时与悬臂支架、综合管廊墙壁或者综合管廊顶板之间有一个最小间距要求(表 3.5.2-1)。表 3.5.2-1 中提到的管道外径与德国工业标准 DIN 2470-1[3.5.2-11] 给出的权威的管道外径有一定出入。在这里补充说明,这个最小间距可以根据阀门可操控性的要求进行扩增,尤其是使用明杆闸阀时。

从悬臂支架、综合管廊墙壁或综合管廊顶板到燃气管道的最小间距[3.5.2-4,3.5.2-11]

表 3.5.2-1

公称直径 DN（mm）	按照参考文献[3.5.2-4]的管道外径（mm）	按照德国工业标准 DIN 2470-1 的管道外径（mm）	管道中点和悬臂底部之间的间距（mm）	管道中点和顶盖、墙壁之间的间距（mm）
80	89	88.9	67	350
100	108	114.3	80	350
125	133	139.7	94	350
150	159	168.3	111	400
200	219	219.1	146	400
250	273	273	176	450

公称直径 DN （mm）	按照参考文献 [3.5.2-4]的管道外径 （mm）	按照德国工业标准 DIN 2470-1 的管道外径 （mm）	管道中点和悬臂底部 之间的间距 （mm）	管道中点和顶盖、 墙壁之间的间距 （mm）
300	325	323.9	204	500
350	377	355.6	232	550
400	426	406.4	265	550
500	530	508	322	650

2）管道支撑

管道支撑必须确保在安装和正常运营情况下,管道以及所有阀门都符合功能要求。小口径管道常采用带有管箍的单根或者双根螺杆悬吊安装,直径更小的管道可采用管箍将管道固定在上面的横杆上。

3）支座

在综合管廊中敷设燃气管道时,力的作用类型和支承形式首先取决于管道直径、管道连接件、运行压力以及由温度波动导致的膨胀。在任何情况下,管道都必须进行固定,同时要有抗浮保护装置,以免在综合管廊发生水淹时损坏管道。因此,不允许采用自由支承,例如将管道直接放置在垫板上。

支座间距取决于管道的容许挠度、应力等。图 3.5.2-1 给出了燃气管道跨度的参考值。

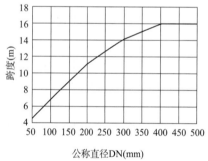

图 3.5.2-1　燃气管道(钢管)的跨度的参考值[3.5.2-12]

与集中供热管道一样,燃气管道的支座分为固定支座、滑动支座和导向支座。所有这些支座基本上和集中供热管道的支座结构一样,总体上支座的形式较集中供热管道的支座形式更加简单,因为燃气输送的温度变化不大,管道产生的温度应力更小,管道一般不进行保温处理。燃气的可压缩性也不会产生额外的冲力力。图 3.5.2-2 为苏黎世狮子街综合管廊中的一个用于燃气管道的鞍式支座。图 3.5.2-3 为布拉格鲁道夫宫综合管廊中燃气管道的固定支座。

图 3.5.2-2　苏黎世狮子街综合管廊中燃气管道的鞍式支座[3.5.2-33]　　图 3.5.2-3　布拉格鲁道夫宫综合管廊中的燃气管道的固定支座[3.5.2-33]

3.5.2.3　管道连接和管道部件

燃气管网由于安全运营的要求,除了燃气管道本身以外,更换有隔断阀、压力调节器、分叉管等管道部件时,这些部件与管道之间的连接必须持久地保持密封。

综合管廊中敷设的燃气管道的钢管连接只能采用焊接。焊接分为对焊或搭接焊(图3.5.2-4),依据的是 DVGW 工作手册 G 462/I[3.5.2-13]。这些连接方式确保了燃气管道的密封性是最好的。按照综合管廊细则[3.5.2-4,3.5.2-14],钢管只允许采用对焊。

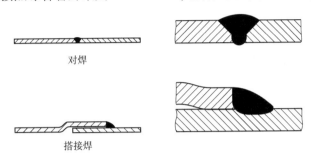

对焊

搭接焊

图 3.5.2-4　采用对焊和搭接焊的管道连接[3.5.2-7]

1)阀门

在直埋低压管网中,一般不要求使用阀门。在运行压力超过 100mbar 的燃气管道中,则经常安装阀门来隔断。在综合管廊中,必须设置阀门,因为综合管廊是一个封闭的空间,如果燃气管道发生泄漏会产生具有爆炸性的气体。

阀门的间距取决于供给和连接密度的需求。根据参考文献[3.5.2-15],计算一个可阻断区域的尺寸时要确保房屋连接管的最大数量在 40 ~ 50 之间。这个数字对于综合管廊也同样适用,每一个这样的管网区域都要配备散放管。

每一条供给管道在从综合管廊中分支之前,要在分支口附近设置阀门。综合管廊内的管道必须容许外部管道产生的微小变位,不能对其产生结构损坏,或者破坏其密封性。

在通过防火墙或者舱壁进行分隔的综合管廊区段内,每一个分区的燃气管道必须能够被切断而不受其他区域燃气使用的影响[3.5.2-8]。管道的主截断阀应当可以远程操控,从而在发生故障或者事故时,可以从综合管廊外部阻断燃气供应。

德国工业标准 DIN 3230 第 5 部分[3.5.2-16],DIN 3394[3.5.2-17] 以及 DIN 3537[3.5.2-18] 介绍了关于在综合管廊中使用阀门的其他一些要求。管道闭塞装置的装配以及与气压调节设备的连接在相应的 DVGW 工作手册,例如 G490[3.5.2-19]、G491[3.5.2-20] 以及 G459 第 1 部分[3.5.2-21] 中做出了规定。

其他管网部件的安装,如水罐、凝液收集器、除尘器、计量仪或者控制部件,取决于运营的技术要求,例如燃气的质量[3.5.2-22]。安装这些部件可能所需的额外空间由各个燃气管线运营商自行确定。

除了采用手动、电动及气动的阀门外,在燃气供应网络中的分区也可以采用热驱动的、在发生火灾时可自动关闭的阀门(图3.5.2-5)。这种阀门在达到一定的环境温度,例如当温度为 70℃ ±5℃ 时,会自动关闭,而且其工作不受电力供给的影响。对于远程控制的阀门来说,电力供应是非常必要的。

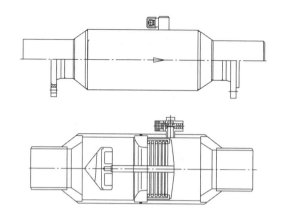

材质:
壳体:德国标准非合金钢 St 52
密封座:德国标准非合金钢 St 52,镀镍
柱体:德国标准非合金钢 St 52,镀镍
导向件:德国标准非合金钢 St 52
热驱动控制器:
壳体上部:德国标准非合金钢 St 52,焊接
工作部件:锻造黄铜（Cu Zn40 Pb2 铜 锌40 铅2）
锁紧螺栓:德国标准非合金钢 St 52,镀镍
支撑螺栓:德国标准非合金钢 St 52,镀镍

图 3.5.2-5　用于燃气管道的热驱动阀门[3.5.2-34]

2）温度补偿器

根据参考文献[3.5.2-7,3.5.2-23]，如果存在以下情况,在综合管廊中敷设燃气管道时通常不需要安装温度补偿器:

（1）管道的有效温差(最低温度和最高温度之间的差距)小于15℃。

（2）管道采用了自然补偿。

否则,在直管段中必须安装温度补偿器,比如在两个固定支座之间安装温度补偿器。图3.5.2-6为布拉格的一条综合管廊中燃气管道的温度补偿器。

3.5.2.4　调压器

调压器包括气压调控设备以及进行控制、测量和其他调控操作的设备。此外,如有必要还包括预处理设备,如过滤器、预热器、增味器,可能还有加湿器。这种区域调压站在公共燃气供应网络中得到了广泛应用,它可以在高压管网与中压管网以及中压管网与低压管网之间形成连接。通常这种调压站仅由一个未校准的气体流量计、一个过滤器、安全设备和调压器组成。例如杜塞尔多夫市的区域燃气供应网络中就有123个区域调压站在运行。

小型调压器(图3.5.2-7)可以根据所需的功能放置在由钢板、混凝土或者塑料制成的标准柜体中,可露天放置。在公共供给领域,90%的调压装置都放置在柜体和建筑物中。输配燃气管网中大约85%是通过调压器进行分配的。在安装时要对 DVGW 工作手册 G 490[3.5.2-19]"进气压力不超过4bar的调压器"予以高度重视。

图3.5.2-6　布拉格的一条综合管廊中燃气管道的
温度补偿器[3.5.2-33]

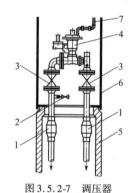

图3.5.2-7　调压器
1-绝缘件;2-取样阀;3-球阀;4-带有阻断设施
的调压器;5-混凝土基座;6-柜体;7-通气管

在燃气调压测量装置、燃气运营监控台之间建立在线监测和远程控制系统,可以实现对燃气安全运营的不间断监控[3.5.2-24]。

调压器在建筑物中不能危及消防安全,也不能在外部发生火灾时导致爆炸事故发生。因此调压器必须具有很高的耐热性,在温度为650℃的情况下,必须保持30min的密闭性。

3.5.2.5 维护

DVGW 工作手册系列 G 465[3.5.2-25]对运行压力不超过 4bar 的管网的维护进行了规定。

在综合管廊中敷设管道与采取传统方式敷设一样,都不容许燃气有任何泄漏。要保证管网的安全运营,必须采用相应的泄漏气体检测仪和报警装置。这些监控设施要通过相应的保养措施才能保持状态完好和正常运行。此外,由于在综合管廊中可以毫无困难地接触到燃气管道的所有部件,因此能进行可视化操控。与传统敷设方式下的检查措施相比,实施这种可视化操控要有效得多,而且更加经济。此外,通过这种肉眼直接可视的检查,能够及早发现将要发生的损害并提前将其排除。与按传统方式敷设的管道中普遍采用的事故后抢修的策略不同,在综合管廊中通过预防性检查,把事故后抢修转变为计划性维护,这种策略经长期观察具有经济性,而且确保了运营的安全。

燃气管道的保养措施主要涉及现有的阀门。新的阀门不需要保养,不需要再润滑。因此阀门只需要进行可操作性和可运行性检测。综合管廊为此提供了理想的条件,因为设置的所有阀门都非常容易接触到,检测可以不受地面的影响(例如天气条件和交通情况)。

燃气管网的运营包括开展检修工作(例如消除泄露的情况)、新敷设管道投入使用以及关停不再需要的管道。对于运行压力不超过 4bar 的燃气管道,要注意 DVGW 工作手册 G465/Ⅱ 的相关要求。

对正在运营中的燃气管道进行施工时,要区分为控制燃气泄漏情况下的施工和没有燃气状态下的施工。

在室外,在控制燃气泄漏的情况下对管道进行施工通常是安全的,因为不需要对管道进行排气,也不需要考虑管道中残余物再气化的可能性[3.5.2-7]。这种方法在综合管廊中是不可行的,因为考虑到综合管廊是一个地下密闭空间,在短时间内就可能形成具有爆炸危险性的燃气和空气的混合物。在综合管廊内对燃气管道进行施工,要保证在不含燃气、惰化的状态下进行施工,以确保安全。

当可燃气体的浓度不超过气体爆炸下限的 50% 时,满足无气体状态的要求,如果是天然气,其浓度应再降低大约 2%[3.5.2-26]。

按照 VGB 50[3.5.2-26],无气体状态可以通过下述方式达到:

(1)采取气封闭塞的方式,如使用无孔法兰、插板或者中间带有排气装置的阀门(在使用两个闸阀时位于中间的管段不会降压也不会加压)。

(2)采取管道燃气置换方式,通过用惰性气体(氮气)、二氧化碳、水蒸气或者其他气体置换燃气管道中的燃气。

3.5.2.6 安全

在综合管廊中敷设燃气管道在技术方面总体来说没什么困难,但是在安全性方面,有很多方面要谨慎考虑。产生这种顾虑的主要原因是燃气管道敷设在一个封闭的地下空间内。与埋地敷设相反,这种敷设方式容易使泄漏的燃气与外界空气混合形成燃气和空气混合物,燃气空气混合物达到一定浓度会引起爆炸。

从系统规划人员和燃气运营商的角度来说,天然气供应系统中最重要的特征参数就是输气量。在燃气供应系统中,输气量受到气温的影响。在埋地敷设燃气管道时,气温只能直接通过土壤的温度影响其输气量。如图3.5.2-8所示,体现了非常鲜明的季节性差异。根据欧洲中部的环境,在燃气管道敷设的深度位置(大约为1.20m),采用3~18℃的温度作为土壤温度。按照图3.5.2-8,在这个温度范围内,输气量的波动幅度大约为4%。总体来说,在燃气需求最大的冬季,较夏季相比能实现较高的输气量[3.5.2-27]。

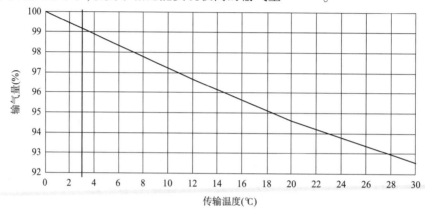

图3.5.2-8 传输温度对输气量的影响[3.5.2-27]

在综合管廊中敷设时,由于集中供热管道的存在会形成其他的温度情况和温度变化过程,甚至有可能出现反向性的环境。因为在冬季,集中供热管道处于满负荷状态,也就是以最高温度运行,这样就会增加热损耗,从而导致综合管廊升温。

敷设在综合管廊中的燃气管道所要承受的温度波动范围比埋地式敷设的管道更大。假设所有在图3.5.2-8中显示的温度范围(0~30℃)在综合管廊中都可能出现,那么可能对输气量造成的影响大约在8%以内。对已有综合管廊的测试表明,在极端条件下气温在+2~+24℃之间波动。所以燃气的温度影响要比埋地敷设时略微大一点[3.5.2-27]。据此在对敷设在综合管廊中的燃气网络进行规划时,有必要与集中供热管道进行协调。

与传统方式敷设的燃气管道相比,在综合管廊中敷设的燃气管道出现泄漏的可能性明显要小得多。尽管如此,在规划综合管廊时仍需考虑燃气管道可能发生泄漏导致的危险。

1)窒息危险

正常的空气由混合气体组成,包括大约21%(体积分数,下同)的氧气、78%的氮气和1%的惰性气体。人在呼吸过程中,吸入空气中的氧气进行氧化,并呼出二氧化碳。人的身体越劳累,呼吸就越强烈。假如空气中氧气的含量由于周围空气中存在其他无毒的气体和蒸汽而降低,那么当氧气浓度低于17%时,人就会产生窒息的危险。尤其是当无毒无味的天然气发生泄漏而使空气中氧气含量降到17%以下时,也会产生这种窒息的危险[3.5.2-28]。

2)中毒危险

中毒主要是由吸入不完全燃烧产生的一氧化碳导致的,一氧化碳会比氧气早250~300倍附着到血红蛋白上,导致血液中的氧气运输受阻。因此,尽管吸入的空气中氧气含量是足够的,但还是会出现身体内部缺氧的情况。这种情况下,很低的一氧化碳浓度就会导致严重的甚至致命的中毒现象。空气中一氧化碳的含量、作用持续时间和吸入空气量的不同可能会导致人产生中毒症状、昏厥或者死亡。

3)爆炸危险

综合管廊是一个地下密闭空间,可爆炸的气体会在这个空间里聚集。

气体的爆炸是一种非常快的气体氧化反应过程,它通过热膨胀形成了不超过8bar的冲击波,这个冲击波就是气体爆炸引起的。有时气体爆炸会转变为爆燃,在爆燃时氧化反应不是从局部位置开始,而是几乎在整个空间内同时发生。由于爆燃情况下压力增加的过程比爆炸快得多,因此在爆燃时会形成大于10bar的冲击波。

形成爆炸需要满足以下约束条件[3.5.2-2]:

(1)燃气和空气混合物达到爆炸区间的浓度。

(2)有火源或适应的点火温度。

(3)密闭空间。

燃气和空气混合物只有在点火极限(天然气的点火极限是600~700℃)内才能点燃。在综合管廊内以下几项可成为火源:

(1)明火。

(2)高温(其温度要比燃气的点火温度高)。

(3)电流发出的火花(例如在电力设备上)。

(4)由于静电放电形成的火花,摩擦和碰撞形成的火花(例如通过工具)。

通过适当的措施可以限制火源的存在,但是无法确保将其排除掉[3.5.2-9]。因此必须防止气体形成燃气和空气混合物。图3.5.2-9为天然气的主要组成部分甲烷的点火上限和下限。燃气和空气混合物的最大爆炸力约在两个极限值中间。蕴含在其中的巨大能量在爆燃情况下会产生巨大的破坏,能完全摧毁整个结构。此外,如果综合管廊紧挨着交通设施和建筑物,可能这样的事故还会导致综合管廊周边发生财产损失和人员伤亡[3.5.2-29]。

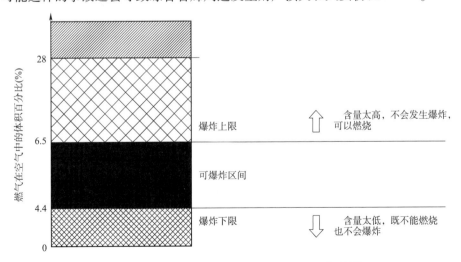

图3.5.2-9　燃气(甲烷)和空气混合物的爆炸极限[3.5.2-22]

对苏黎世狮子街综合管廊推算可知,爆炸压力取决于燃气浓度(图3.5.2-10)。在这种情况下,爆炸压力可能的最大值约为8bar,一般的结构无法承受这样的爆炸压力。

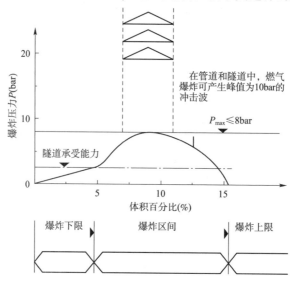

图 3.5.2-10　根据苏黎世狮子街综合管廊(隧道)测算的燃气爆炸产生的冲击波[3.5.2-29]

在综合管廊中敷设燃气管道时,必须始终遵循已有关于燃气管道安装和安全运营的规章准则。此外综合管廊通常被看作是一个系统,由于多种管线集中敷设在同一个紧凑的密闭空间内,人员对其他管线进行维护作业时可能会碰到燃气管道,因此要求采取相应的安全措施,这些措施远多于传统敷设管道时所采取的措施。

按照 DVGW 工作手册 G260/I[3.5.2-30],安装在建筑中或地面上用于输送燃气(液化气除外)且以低压或者中压状态运行的燃气设备,其设计、安装、变动和维护由燃气安装技术规程 DVGW-TRGI G 600[3.5.2-8]进行规定。这些技术规定同样适用于综合管廊。此外,这部规程中还包括以下准则:

(1)对建筑中的燃气设备进行建造、变动和维修施工不能通过燃气运营商来实施,只能由专业的安装公司来实施,这些安装公司必须是列入燃气供应商签约目录中的安装公司。

(2)在建造燃气设备时要确保建筑物使用这些设备不会导致危险。

(3)燃气设备及其部件必须确保在常规的使用中是安全的。其部件上需有 DIN-DVGW 检验标志、DVGW 检验标志或 GS 标志,又或者在 TRGI 1996 中明确地被界定为是合适的。

(4)在综合管廊中敷设管道时,要进行区间通风或整体通风。

除了针对燃气管廊的建造、变动和维修的技术规章外,在对燃气管道进行施工时还要注意相关的安全技术规范,尤其是燃气管道施工安全技术规范(VBG 50)[3.5.2-26]。它适用于在燃气管道外部或内部的施工,以及管道开始运营、停止运营等情况。另外,这部安全技术规范还包括以下准则,同样适用于综合管廊:

(1)在燃气管道外部或者内部施工,要考虑到健康、火灾或爆炸隐患,必须在可靠的、受过专业培训的人员的监督下进行。

(2)在施工现场要准备充足的呼吸面具供随时使用。

(3)如果对燃气管道的施工是在不含气的状态下进行的,就要确保在施工过程中保持这种状态。

（4）管道中放散的燃气要用安全的方式排放到安全区域内。

（5）金属材质的燃气管道以及管道的管件、阀门、气量计等，应安装接地装置（图3.5.2-11）。

（6）管道泄漏时，要立即采取以下措施来排除危险：确定泄漏点并立即封锁危险区域，防止闲人进入；及时阻断或调低向泄漏点供应燃气；消除危险区域内的可能火源。

（7）只有专业人士才被允许进入危险区域。

（8）燃气管道安装结束后，要确保管道的密封性能是完全可靠的。

图3.5.2-11　金属材质管道中的接地装置[3.5.2-35]

（9）对正在运营的管道进行施工时，一旦发生泄漏或者可能发生泄漏，必须确保可以快速、安全地离开工作场所。综合管廊中逃生路线应确保不被加工材料堵住，这样才能以最快的速度到达最近的安全出口。

（10）如果对正在运营的管道进行施工时，出现了气体泄漏的危险，要准备好消防措施。

在综合管廊中安全敷设燃气管道的规定在《避免爆炸环境所致危险的准则——防爆准则》[3.5.2-31]中有相关陈述。因此，管道的安装和运营中要避免形成可爆炸的混合气。

根据相关技术规则，在确保安全的情况下，不需要在阀门范围内确定防爆区域。根据实践经验，电动设备安装在阀门周围0.5m以外区域。建议[3.5.2-5]只要有可能，就应当采用焊接连接代替法兰连接，并在阀门上安装密封的转轴绝缘套管。

3.5.2.7　附加措施

附加措施可以使可能发生的爆炸后果降到最低。这里包括建筑结构的密封，以及在综合管廊内部实现泄压。

通过增加多道密封设施可以避免管道发生泄漏时把燃气泄漏到综合管廊中，由此可减小相应的损失[3.5.2-29]。但增加的措施会提高建设成本。

此外，一种所谓的"挡气板"是一种价格更便宜、效果较好的选择。通过采用这种装置，可把综合管廊上部空间分隔为一段一段的区域[图3.5.2-12a)]。在瑞士狮子街综合管廊，这种挡气板以50m的间距进行安装[图3.5.2-12b)]。

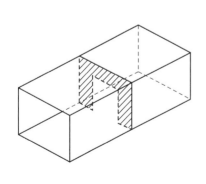

a)原理图　　　　　b)苏黎世狮子街综合管廊中安装好的挡气板

图3.5.2-12　防控爆炸风险的挡气板[3.5.2-33]

通过这种装置,可以把比空气轻的燃气阻留在用两块挡气板围合的区段内,泄漏的燃气聚集在区段上部,可以及时通过燃气泄漏传感器和气体警报装置探测到。如果发生爆炸,在综合管廊纵向存在减压的可能,因为燃气和空气混合物只能逐段形成,而且冲击波在相邻区段中会减弱。采用这种装置,发生爆炸时建筑结构破裂的可能性就会变小[3.5.2-29]。由于综合管廊不完全密封,这种挡气板的另一个优点就是通风段可更长,这也提高了强制通风的经济性。

1)附加设备

燃气泄漏气体报警装置是依据 DVGW 准则 G110[3.5.2-32] 进行配置的,图 3.5.2-13 为苏黎世火车站前广场综合管廊中的报警装置。报警装置应当放置在综合管廊的每一段中,比如可以放置在挡气板隔开的每个区域内。报警装置设置的位置和间距取决于选择的仪器类型,应当和每个制造商进行确认。

燃气泄漏报警装置发出警报要经过以下过程:

(1)向监控中心发出信号。

(2)关闭综合管廊内外可远程控制的隔断阀。

(3)开启机械风机。

(4)在综合管廊内部发出光学和声学信号,向可能还处在综合管廊中的人员发出危险警报(图 3.5.2-14)。

图 3.5.2-13 苏黎世火车站前广场综合管廊的报警装置[3.5.2-33]

图 3.5.2-14 苏黎世狮子街综合管廊中的可视化报警显示器[3.5.2-33]

2)双壁管道

采用双壁管道有可能使气体探测、气体扩散的容积都被限制在一个很小的空间内,在双壁管道中,钢管外面再套一层套管。这种套管具有一定的密封性,可承受小于 0.3bar 的压力。相对较窄的环形空间可以通过气体检测器进行监控,或者通过不能燃烧的气体,例如氮气进行惰化。这样做有以下优点:

(1)管道泄漏的气体只会泄漏到管道中间的夹层环形空间中。

（2）在对环形空间进行惰化时，排除了具有爆炸危险性的混合气体。

（3）由于环形空间的容积很小，所以能很快地对泄漏出的气体进行探测。

（4）由于双壁层具有很高的安全性能，因此需要的机械通风设施可相应减小。

（5）省去了挡气板、压力隔板等。

3.5.3　给水管道

在非常普遍的集中给水工程中，需要对取得的原水进行净化处理，然后通过管道分配到终端用户[3.5.3-1]。给水管网的任务是保持自来水厂到终端用户过程中的管道分配，并保持水质[3.5.3-2]。

水在所有食物中是最重要的，必须满足特殊的卫生要求。饮用水的标准在德国工业标准 DIN 4046[3.5.3-3]、DIN 2000[3.5.3-4] 以及 DIN 2001[3.5.3-5] 中有明确的规定。DIN 2000 对给水管道网络做出如下要求：

（1）水温保持在 5～15℃ 之间。

（2）保护水质，避免病原体和有害健康的物质侵入。

给水管网同样包括管道、阀门、分支异形件等。

目前，德国燃气与水工业协会（DVGW）正在为综合管廊中敷设给水管道制定一份准则。在其发行之前，可以使用《在房间内敷设管道的给水安装技术规程》（TRWI）[3.5.3-6] 以及相应的其他标准[3.5.3-7]。

用于给水管道安装和运营的技术规程[欧洲标准、德国工业标准以及德国燃气与水工业协会（DVGW）的标准]的发展远远超过了用于埋地敷设的技术规程。因此标准中的某些要求，在埋地敷设时必须遵守，但在综合管廊中就无须遵守，因为综合管廊敷设本身就符合某些要求。这些要求有：针对在埋地敷设时可能会出现的腐蚀性土壤采取防腐措施，或者针对水管泄漏采用的检测方法。

3.5.3.1　管道材质和尺寸

给水管道可以采用不同的材质，尤其是带有水泥砂浆或者塑料外壳的球墨铸铁和钢材。一般情况下不再使用纤维水泥管。如果采用预应力混凝土管，其公称直径一般在 500～4000mm 之间。

根据德国工业标准 DIN 2000，管道的公称直径应大于或等于 100mm，并配有消火栓。由于市区中绝大部分供水管道的公称直径小于或等于 500mm，因此下文中的论述是限制在这个公称直径范围内的。

根据德国工业标准 DIN 19630[3.5.3-8]，给水管道和网络阀门的公称压力至少要达到 10bar（测试压力为 15bar）。

大约从 1956 年起球墨铸铁就取代了灰口铸铁，因为其具有更好的机械性质、更薄的管壁以及相对更小的质量。球墨铸铁是不耐腐蚀的，因此依照 DVGW 工作手册 W346[3.5.3-9] 和德国工业标准 DIN 2614[3.5.3-10]，这种管道要用一层水泥砂浆作为内部防腐层，外部防腐层则依据德国工业标准 DIN 30674[3.5.3-11] 采用塑料或水泥砂浆层、涂锌层或石油沥青层。

表 3.5.3-1 中总结了管道的壁厚（S_1 为泥砂浆层厚度，S_2 为管壁厚度）、质量以及尺寸。这里的管道在工厂交货时是以 10bar 的压力进行测试的（K10 为工厂测试压力的等级）。

管道的外径 *d*、壁厚 *s* 及质量 *G*[3.5.3-13] 表 3.5.3-1

等级为 K10 的球墨铸铁						
公称直径		壁厚		质量		长度 （m）
DN/ID（内径） （mm）	DN/OD（外径） （mm）	s_2 （mm）	s_1 （mm）	G_1 （kg/m）	G_2 （kg/m）	
80	98	3	6	12.8	14.5	6
100	118	3	6	16.6	17.7	6
125	144	3	6.2	19.9	22.5	6
150	170	3	6.5	24.5	28	6
200	222	3	7	35	39.5	6
250	274	3	7.5	46.5	52	6
300	326	3	8	59.5	66	6
（350）	378	5	8.5	73.5	86	6
400	429	5	9	89	103	6
500	532	5	10	123	141	6

用于给水管道的钢管必须符合德国工业标准 DIN 2460[3.5.3-12] 的要求。根据 DIN 2460，采用水泥砂浆层进行内部防腐。管道的长度在 6～18m 之间[3.5.3-13]。

表 3.5.3-2 给出了焊接钢管的尺寸和质量。用于给水管道的钢管应能够承受 64bar 以内的公称压力。

依据德国工业标准 DIN 2460 的焊接钢管尺寸及质量[3.5.3-12] 表 3.2.3-2

公 称 直 径		壁厚 *s* （mm）	质量 *G* （kg/m）
DN/ID（内径）（mm）	DN/OD（外径）（mm）		
80	88.9	3.2	6.76
100	114.3	3.2	8.77
125	139.7	3.6	12.1
150	168.3	3.6	14.6
200	219.1	3.6	19.1
250	273	4.0	26.5
300	323.9	4.5	35.4
350	355.6	4.5	39.0
400	406.4	5.0	49.5
500	508	5.6	69.4

塑料管道是按照 DIN19533[3.5.3-14] 的聚氯乙烯以及按照 DIN 19532[3.5.3-15] 的聚乙烯相关要求制成的。这种管道具有防腐性，水力光滑，公称直径在 10～300mm 之间，公称压力在 10～16bar 之间。在要输送更大水量的情况下，可以把更多的塑料管道捆绑起来。管道长度为 5m、6m 和 12m。公称直径小于 125mm 的管道可以以卷状或者装在卷筒上进行运输。聚氯乙烯管在长度更长的情况下是可以弯曲的，但是其具有冷脆性，因此在温度小于 0℃ 时不能敷设。表 3.5.3-3 根据 DIN 19532 列出了压力等级为 PN16 的聚氯乙烯管的一些特性值。

公称压力为 **PN16** 的聚氯乙烯管的外径、内径、壁厚和质量[3.5.3-15]　　表 3.5.3-3

公 称 直 径		壁厚 s（mm）	质量 G（kg/m）
公称直径 DN/ID(内径)(mm)	公称直径 DN/OD(外径)(mm)		
76.6	90	6.7	2.61
93.6	110	8.2	3.90
119.2	140	10.4	6.27
136.2	160	11.9	8.17
191.6	225	16.7	16.1
238.4	280	20.8	24.9
268.2	315	23.4	31.5

上述所有管道材质都适合在综合管廊中使用,如果考虑到火灾环境中的运行安全性,塑料管道就不太合适。如果要采用间距较大的管道支撑结构,那么钢管或者铸铁管是合适的选择。表 3.5.3-4 给出了一些判断标准。

给水管道材质选择判断依据　　表 3.5.3-4

管道材质	是否需要内部防腐保护层	质量	是否适用于公称直径≥500mm 的情况	单条管道是否可以互换	是否适用于内压等级在 PN10~PN16 之间的情况	在发生火灾事故时的性能	在发生水灾事故时的性能	在发生机械事故时的性能	能否实现轴向锁紧接合	能否实现非轴向锁紧接合
球墨铸铁	是	高	是	是	是	好	好	非常好	是	是
钢	是	中	是	是	是	非常	好	非常	是	是
高密度聚乙烯（PE-HD）	否	低	否	是	是	差	差	好	是	是
硬聚氯乙烯（PVC-U）	否	低	否	是	是	差	差	差	否	是

在综合管廊中,应尽量选择更长的管道,从而使管道的连接最少,因为这些管道连接处是潜在的薄弱环节。

3.5.3.2　敷设和支承

给水管道是根据公称压力等级大于 PN100 的要求制成的,一般采取高压力等级运行[3.5.3-13],而且水与燃气相反,体积是不压缩的,因此在其敷设和支承过程中要注意以下荷载:水锤、管道分叉处和转向处的推力。

对于给水管道来说,产生的水锤是非常典型的,水锤是指短时间内由于水流速度的波动而产生的流量变化。水锤可以由水泵的电力故障、开关闸过程以及阀门的操控而产生,而且可能对管道部件、支承以及管道支撑物产生巨大的压力。

（1）在综合管廊断面中的设置

给水管道应当按照[3.5.3-16]敷设在综合管廊断面的下部,以减小泄漏的水导致电力装置或其他设备损坏的危险。在与集中供热管道同时敷设时,给水管道应当设置在与供热管道相反的一侧,以避免水变热。如果无法做到这一点,那就必须按照参考文献[3.5.3-7]将给水管道敷设在集中供热管道下方,最小间距应达到300mm。给水管道与综合管廊壁板的间距取决于公称直径、支承和管道支撑物的形状、阀门的设置以及将管道连接起来(装配、拆卸)所需的空间。

(2)支承

对于给水管道来说,由于其轴向力和侧力可能更大,因此要谨慎确定滑动支座、导向支座和固定支座的尺寸(表3.5.3-5)。

对于给水管道来说最重要的静态荷载情况[3.5.3-1]　　　　表3.5.3-5

荷 载 情 况	影 响 因 素	荷 载 情 况	影 响 因 素
内压	轴向应力(固定支座)	温度变化	膨胀补偿
自重	跨距	弯曲	跨距

在管道中,轴向力会在弯曲处和分支处产生推力(合力 R),这个力使得管道产生侧向移动(弯曲)或者朝上(最高点)、朝下(最低点)的移动(图3.5.3-1)。

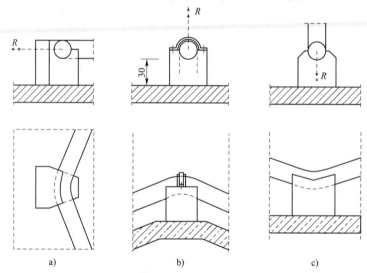

a)　　　　　　　　　　b)　　　　　　　　　　c)

图3.5.3-1　由于拐弯或者分岔处的轴向力而产生的额外推力(合力 R)的作用方向(尺寸单位:mm)

由于在管道转弯或者分支的部位会产生推力,推力通过支座、支墩、连接管道的抗拉连接件传递到综合管廊结构主体。根据参考文献[3.5.3-17],可通过以下方式将推力传递到综合管廊结构主体:与底板上的支座摩擦产生摩擦力[图3.5.3-2a)],支座直接与壁板连接[图3.5.3-2b)],通过锚筋、销钉或者螺栓将支座与综合管廊底板连接[图3.5.3-2c)]。

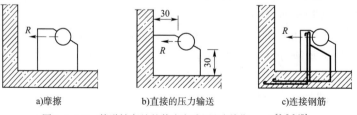

a)摩擦　　　　　　b)直接的压力输送　　　　　　c)连接钢筋

图3.5.3-2　管道转弯处的传力方式(尺寸单位:mm)[3.5.3-17]

按照原德国建筑学院的 178 号准则[3.5.3-7]以及管道准则[3.5.3-16]，采用压力和拉力锁紧方式(轴向锁紧)或者仅采用压力锁紧方式(非轴向锁紧)连接的管道的支承结构和管道支撑物应当首先放置在建筑变形缝之上[图 3.5.3-3a)和图 3.5.3-3b)，以及图 3.5.3-4a)]，用带有凹槽的支墩(导向支座)固定在综合管廊板上[图 3.5.3-3c)]。由焊接好的塑钢型材制成的通过螺栓与综合管廊底板连接的支座，对于大口径给水管道来说同样可以使用[图 3.5.3-4b)]。

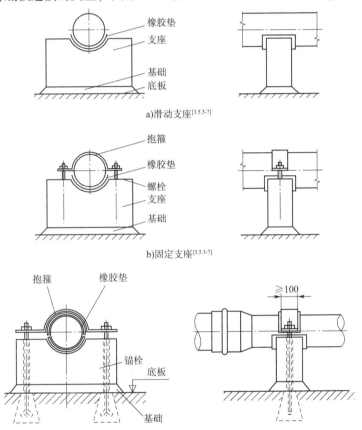

a)滑动支座[3.5.3-7]

b)固定支座[3.5.3-7]

c)在基座中带有锚固的固定支座[3.5.3-16]

图 3.5.3-3　固定支座和滑动支座的具体形式(尺寸单位:mm)

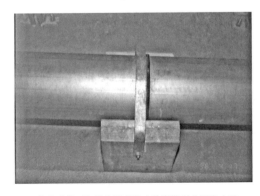

a)苏黎世狮子街综合管廊带有防脱装置的固定支座

b)布拉格综合管廊带有两个管箍的固定支座

图 3.5.3-4　支承结构[3.5.3-31]

在承插连接情况下,基本上每根管道需要两个支承(图3.5.3-5),此外,在管道的分支口、阀门、过渡段(图3.5.3-6)也使用固定支座[3.5.3-7]。

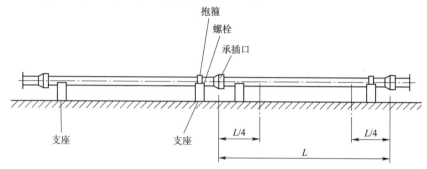

图3.5.3-5 在只有压力锁紧(非轴向力锁紧)接合的情况下,固定支座和滑动支座的设置[3.5.3-7]

L-管道长度

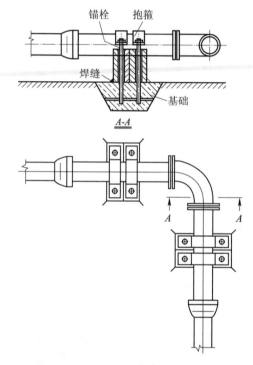

图3.5.3-6 在管道变化90°转弯处的固定支座[3.5.3-7]

给水管网系统技术规程(TRWI)[3.5.3-6]对钢、塑料材质管径至DN150的管道固定间距参考值做出了说明(表3.5.3-6)。从中可以得出,塑料管道需要的支承结构的数量比钢管要多。

管道固定间距的参考值[3.5.3-6]　　　　　　　　表3.5.3-6

公称直径 DN/ID（内径）(mm)	固定间距(m)		
	钢管	PVC-U 管,在20℃的情况下	PE-HD 管,在20℃的情况下
50	4.75	1.50	1.30
65	5.50	1.65	1.40

续上表

公称直径 DN/ID（内径）(mm)	固定间距(m)		
	钢管	PVC-U 管,在20℃的情况下	PE-HD 管,在20℃的情况下
80	6.00	1.80	1.55
100	6.00	2.00	1.70
125	6.00	2.25	1.95
150	6.00	2.40	2.05

（3）温度补偿器

给水管道设置温度补偿器如图 3.5.3-7 所示。

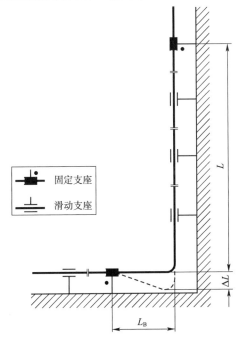

图 3.5.3-7　给水管道采取转变方向的方式实现自然的膨胀补偿[3.5.3-32]

L-管道长度;ΔL-管道伸缩量;L_B-弯管长度

3.5.3.3　管道连接和管道部件

给水管道网络由大量的管道部件连接而成,这些管道部件互相牢固地连接在一起。由于会发生方向变化、管道直径变化以及分岔,因此装配异形管配件是非常必要的。对于管网的运营和保养来说,需要装配诸如阀门和其他管道部件这样的配件。

1）管道连接

要建造给水管道网络,必须要把单根的管道互相连接起来。连接的方式取决于管道的材质。球墨铸铁管还可以考虑以下灵活而可靠的连接(图 3.5.3-8):

（1）承插连接:承插连接是一种灵活的管道连接方式,通过将管道承插口及弹性密封圈接起来,从而实现密封效果。

（2）带咬合的承插连接:带咬合的承插连接是一种灵活的管道连接方式,通过将管道带有齿口的承插口及弹性密封圈连接来实现密封效果。

（3）套筒连接：套筒连接是一种灵活的管道连接方式，管道通过套筒、弹性密封圈、螺栓接在一起，从而实现密封效果。

（4）带限位装置的承插连接：带限位装置的承插连接同样是一种灵活的管道连接方式，其特点在于承插口带有管道限位环限制管道拔出。

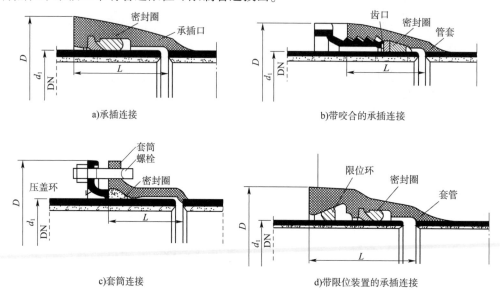

a)承插连接　　　　　　　　　　　　b)带咬合的承插连接

c)套筒连接　　　　　　　　　　d)带限位装置的承插连接

图 3.5.3-8　球墨铸铁管管道连接案例[3.5.3-33]

D-承口外径；d_1-插口外径；DN-管道工程直径；L-插口深度

钢管通常可以通过图 3.5.3-9 所示的方式连接。

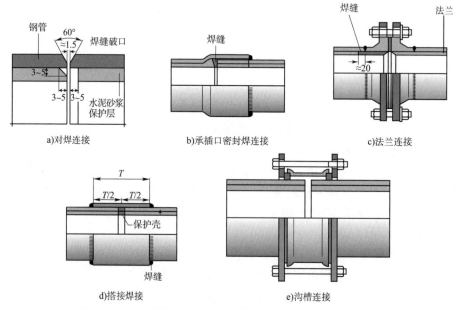

a)对焊连接　　　　　b)承插口密封焊连接　　　　c)法兰连接

d)搭接焊接　　　　　　　　e)沟槽连接

图 3.5.3-9　有水泥砂浆内衬钢管连接案例（尺寸单位：mm）[3.5.3-34]

T-搭接长度

PVC-U 管和 PE-HD 管可以通过以下方式连接起来：对于 PVC-U 管，采用承插黏合连接

[图3.5.3-10a)];对于 PE-HD 管,采用热熔连接[图3.5.3-10b)]。

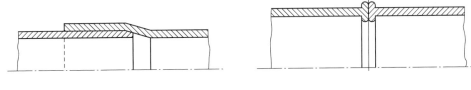

a)PVC-U管的黏合连接　　　　　　　　　　　b)PE-HD管的热熔连接

图 3.5.3-10　塑料管道连接的案例[3.5.3-35]

2)异形管配件

从管道到特殊部件的过渡、公称直径的变化、转弯、分岔以及不同连接类型的替换都是通过异形管配件来实现的,异形件的制作取决于管道材质。

对于铸铁管,欧洲标准德国版 DIN EN 545[3.5.3-22]中有一套完整的异形件图表。异形件和管道一样,内部采用水泥砂浆涂层。管道的转向是通过 1/4 圆(90°)、1/8 圆(45°)、1/16 圆(22.5°)以及 1/32 圆(11.25°)的弯曲弧线[图3.5.3-11a)]来实现的。管道的分岔是通过 T 形件[图3.5.3-11b)]来完成的。改变公称直径采用的是过渡连接件[图3.5.3-11c)]。在套管上替换法兰管,则采用法兰套管件。

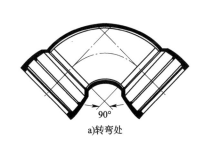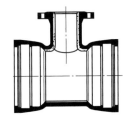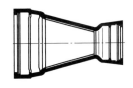

a)转弯处　　　　　　　　b)带有法兰接头支管的三通　　　　　c)双头套筒的过渡连接件

图 3.5.3-11　异形件的案例[3.5.3-36]

3)阀门

通过阀门将给水网络划分为若干区间,这样单个管段可以局部切断,并且在管道清洁、破裂或者维修的情况下能通过阻截管道来尽量减少对用户的影响。要达到这样的效果,在分岔口位置需要安装两个阀门,在交叉口位置需要安装三个阀门(图3.5.3-12)。如果有特别重要的用户,以及在连接密度特别高的情况下,有必要对可阻截的管段进行进一步再分段。大多数情况下,在管道的最低点位置会安装一个放空阀。另外,给水管道在进入综合管廊之前就应当是可阻截的。阀门的功能应当可以远程控制,并且可以自动在线监控。

在给水领域中,如果公称直径较大,最广泛采用的阀门是闸板阀(图3.5.3-13),如果管道公称直径较小,最广泛采用的阀门是截断阀[图3.5.3-14a)]。

图3.5.3-14b)为苏黎世狮子街综合管廊中的两个闸板阀,这种闸板阀使得一个采用 T 形异形件连接的分岔口能够对两侧进行阻截。此处的阀门和图3.5.3-14a)所示截断阀一样,采用法兰连接。

4)其他的管道部件

其他必要的管道部件有:止回阀、调压器、排气阀、冲洗出口及排空装置、消火栓。

(1)止回阀:阻止回流的阀门,比如隔膜式止回阀[图3.5.3-15a)]和旋启式止回阀

[图3.5.3-15b)],在水流逆回的情况下会关闭。采用止回阀,是为了减少压力波动,并且在单向流动的管道中,管道破裂时能够避免排出的水回流。由于止回阀的外径只比管道的外径稍大一点,因此可在综合管廊中放置。

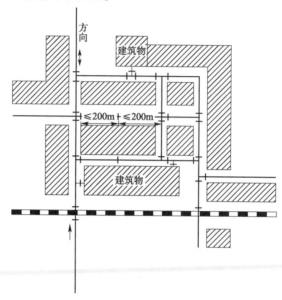

图3.5.3-12　给水网络中阀门的设置[3.5.3-1]

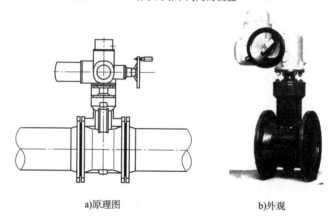

a)原理图　　　　　　　　　　　b)外观

图3.5.3-13　带有主轴螺纹和手轮的闸板阀[3.5.3-37]

a)布拉格综合管廊中的截断阀　　　b)苏黎世狮子街综合管廊中的闸板阀

图3.5.3-14　安装好的阀门的案例[3.5.3-31]

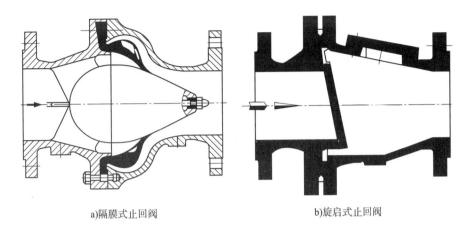

a)隔膜式止回阀　　　　　　　　　　　　　b)旋启式止回阀

图3.5.3-15　止回阀[3.5.3-36]

（2）调压器：调压器（图3.5.3-16）将管道网络分为若干个受压区，在这些受压区内，调压器可以避免单个管道范围内（例如敷设位置较深的管段内）的压力超过上限[3.5.3-1]。在管径较大的情况下，调压器的结构高度也相对较高（例如在管径为 DN200mm 的情况下，调压器的结构高度大约为 1.0m），这些在规划时就要考虑到。

（3）排气阀：为了将在管道运行过程中累积起来的空气排出去，人们采用自动排气设施（图3.5.3-17）。如果空气量较大，就有必要采用预先控制的排气阀门。将排气设施在综合管廊中进行结构性整合可以参照参考文献[3.5.3-25]中的操作案例，例如图3.5.3-18，这样就不必建造单独的排气结构。

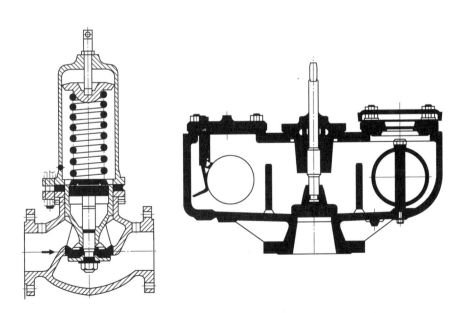

图3.5.3-16　调压器[3.5.3-31]　　　　　　　　图3.5.3-17　排气阀[3.5.3-36]

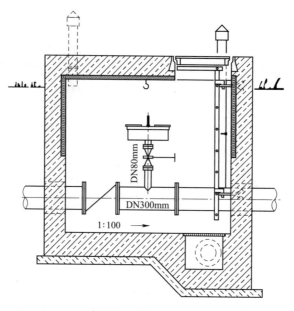

图3.5.3-18 采用传统方式敷设时的排气阀门井室[3.5.3-25]

(4)冲洗出口及放空装置:冲洗出口(图3.5.3-19)及放空装置(图3.5.2-20)用于对管道进行冲洗和放空。其应当安装在管道的最低点[3.5.3-4],这样可以实现完全放空,并且其自身聚积在最低点的污水也能够被清除掉。冲洗出口应当安装在综合管廊排水管附近,从而将积累的冲洗用水以最短的路径排出去。

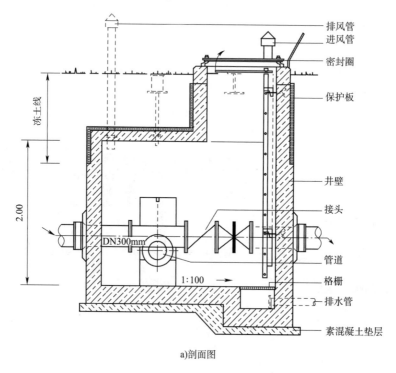

a)剖面图

图 3.5.3-19

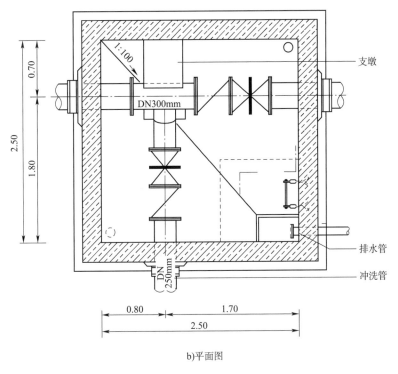

b)平面图

图 3.5.3-19　传统敷设方式的冲洗井室(尺寸单位:m) [3.5.3-25]

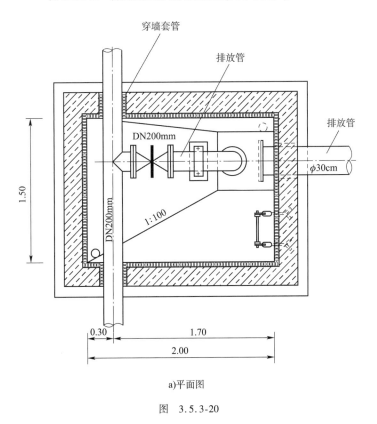

a)平面图

图　3.5.3-20

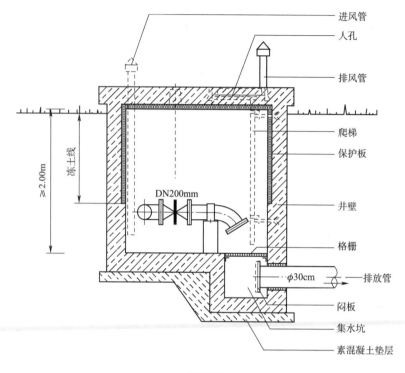

b)剖面图

图 3.5.3-20　传统敷设的放空井室[3.5.3-25]

（5）消火栓：消火栓是按照德国工业标准 DIN 3221[3.5.3-26]（地下消火栓）和德国工业标准 DIN 3222[3.5.3-27]（地上消火栓）进行制造的。消火栓的位置由消防队决定,选择的依据是发生火灾时能迅速使用。按照 DVGW 工作手册 W 331[3.5.3-28],在敞开的建筑中,消火栓的间距不能超过 140m,在封闭的居民区内,间距不能超过 120m,在商业街和工业区内,间距则不能超过 100m。在多雪的区域和工业用地内要设置地上消火栓。在公共交通区域,几乎仅设置地下消火栓。地下消火栓不会阻碍道路交通,并且可以直接通到地面上。

如果消火栓是由综合管廊内的给水管道供水,那么消火栓和综合管廊内的给水管道之间的连接管就不可避免地要穿过综合管廊壁板,这时穿墙管要有密封设施。

在选择消火栓时要注意它会自动排空,因此要确保这些排到土壤中或被收集起来的水没有危害,而且不会不受控制地灌入综合管廊中。图 3.5.3-21 介绍了将消火栓与综合管廊一体化整合的结构案例和实施案例。

图 3.5.3-22a)为 19 世纪伦敦的一条综合管廊中从给水管道分岔出来的消防水管,这里的分岔通过带有法兰接口的管件进行连接。图 3.5.3-22b)所示布拉格综合管廊中的连接采用的是焊接。

3.5.3.4　维护

给水管网的维护是在管网安全运营操作规程的要求下完成的,如冲洗、清洁、对设备的检修,及时消除较小的缺陷。表 3.5.3-7 对埋地敷设给水管道所需的保养措施与综合管廊敷设给水管道所需的保养措施进行了对比。

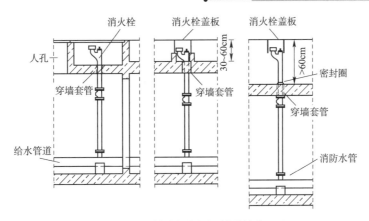

a)在窨井中从左到右为深度由小到大的情形[3.5.3-17]

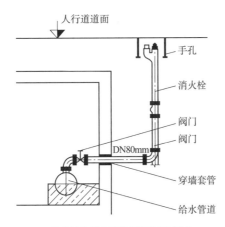

b)消火栓与供水管道侧面连接[3.5.3-16]

图 3.5.3-21　将消火栓与给水管道连接起来的案例

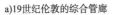

a)19世纪伦敦的综合管廊

b)布拉格的综合管廊

图 3.5.3-22　综合管廊内的消火栓连接[3.5.3-31]

对供水管网进行保养的措施　　　　　　　　　　　　　　　　表 3.5.3-7

目　　的	埋地敷设时采取的措施	综合管廊中采取的措施
维持设备部件的功能	对阀件(例如消火栓、减压器、止回阀、通风装置)进行检修、校准	正常维护

137

目 的	埋地敷设时采取的措施	综合管廊中采取的措施
维持设备部件的功能	对密封箱和接头进行调整	无
	对度量仪、控制仪以及调节器进行检修、校准	正常维护
	更换水表,包括测试(校验、校准)	正常维护
维持管网设备的运行安全	消除管道上的障碍	无
	对暴露的管道部件进行防腐修补	无
	冬季防冻	无
	对阴极的保护设施进行检修	无
	在外部人员进行施工时确保管道安全	正常维护
在运输过程中维护水质	冲洗管网	正常维护
	关闭不再需要的管道,对不再需要的管道进行拆除	无
	对运行的设备、井道、坑道、阀门进行清洁	正常维护

对设备部件进行检查的频率取决于操作规程所确定的时间间隔,也取决于不定期开展检查的情况下功能是否会产生危险。设备部件在免维修方面设计制造的越好,而且设备进行远程监视的距离越远,需要进行现场检查的频率就越小。表 3.5.3-8 对传统敷设方式以及在综合管廊中敷设所需的检查措施进行了对比。

对给水管网进行检查的措施[3.5.3-29] 　　　　　表 3.5.3-8

对 象	埋 地 敷 设	综 合 管 廊
管道	用眼睛检查可接触性和可追踪性	取消
	注意在给水管道范围内其他的施工点	取消
管道以及替代用的供给管道	检查密封性(用眼睛看、检漏、微时测量、夜间损耗测量、持续性检查)	用眼睛检查就足够了,开支降到最低
	测量水损耗	在实践中可以排除水损耗的情况
阀门	检查功能作用和运行状态(消火栓、闭塞装置、减压器、止回阀、通风装置等),包括运行设备(开关活塞杆、传动装置)	肉眼检查
运行设备	测试测量装置(计量设备、压力计)、控制和调节设备、阴极保护设备以及井道、坑道、窨井盖等的功能作用和运行状态	在综合管廊中按照相应标准测试
介质	确定水质在运输途中得到保持(确定浑浊度、采样)	取消

为了保证综合管廊安全运营,必须迅速识别破损的管道部件,并在短时间内进行维修或者拆卸。表3.5.3-9给出了其他可能的维修措施。少量的渗漏水以及在维修和替换操作时的放空水可以通过综合管廊的排水系统排入排水管道中。为了在维修时尽可能不中断供给,在综合管廊中建造供给替代管道十分必要,替代管道和普通给水管道一样,必须确保其运行安全,并满足卫生上的要求[3.5.3-29]。

给水管网的维修措施[3.5.3-29]　　　　　　　　　　　　表3.5.3-9

原　　因	措　　施
现有的:故障混乱以及不规律;由第三人报告,通过监测或者在建筑工程中进行确认	(1)对管道和异形件进行维修; (2)对阀门和配件进行维修或替换; (3)对道路窨井盖和开关活塞杆进行调节; (4)设置说明标牌; (5)对计量设备、控制设备和调节设备进行维修; (6)对阴极防腐设施进行维修; (7)消除对水质的负面影响
预防性的:故障、管道现状、第三方在管道区域内施工、防腐(更新计划)	(1)更新管道; (2)翻新管道(例如用水泥砂浆涂层); (3)对扩充过的材料进行后处理

3.5.3.5　安全性考虑

除确保水质以外,还要确保对综合管廊、其他管线及人员的预防性保护,避免因故障、事故或者水淹导致的危险。

通常在埋地敷设时,水温不会受到外界环境的影响,因为在给水管道敷设深度内,温度大约保持在10℃。综合管廊中的温度通常不稳定,只要有水在管道中流动,综合管廊的温度就会影响到水温,在夜晚用水较少,管道流速缓慢,此时就要考虑温度的影响。这里要研究的是两种情况,一种是在5℃以下冷却直至冷冻,另一种是在15℃以上加热。冷却和加热不能同时进行判断。冷却的过程要比加热慢得多。两种过程都在很大程度上受给水管道公称直径的影响。管道的公称直径越大,加热或冷却的过程就越慢。夜间,管道中水的静止时间大约为7h,人们据此计算出,管道的外径大于160mm时,不存在结冰的危险,因为这种情况下至少需要7h水才能从+6℃冷却到0℃,在0℃时水仍然会流动而不至于结冰。当水释放出大量凝固热时,才会结冰。因此,结冰的过程是很缓慢的。要经过很长的时间,管道中才会出现可察觉的冰。由于除了水的运动比较微弱以外,热量可以补充进来,所以人们认为敷设在综合管廊中的、公称直径在100mm以上的给水管道是不会结冰的,就算综合管廊中的温度降到0℃以下也不会结冰。与之相反,通常管径小于100mm的所有连接管都可能存在结冻的危险[3.5.3-17]。一种抵抗温度影响的措施是对管道进行保温。TRWI[3.5.3-6]规定不含集中供热管道的综合管廊中的给水管道,应覆盖导热率小于0.040W/(m·K)的闭孔材料保温层,保温层的最小厚度为4mm。

与给水管道敷设在一起的还有集中供热管道,如果给水管道没有经过保温处理,即使管径较大也要考虑到温度的剧烈影响。当综合管廊中温度为30℃时,在很短的时间内水温就会从12℃升高到15℃,并由此达到上限温度。采用在给水管道上加设保温层也能减少对水的影响。TRWI 对这种情况下的保温层作出了规定,应覆盖导热率小于 $0.040W/(m \cdot K)$ 的闭孔材料保温层,保温层的最小厚度为 13mm。

水流停滞不仅提高了上述由于温度影响导致的风险,而且会导致被污染的危险进一步提高,这样就需要增加对被污染管段冲洗的次数。导致水流停滞的原因是消费结构(例如停业)或者消费习惯的变化。在这种情况下有必要采用小口径管道以适应新需求,在综合管廊中这点更容易实现。

当在综合管廊中敷设有给水管道时,如果给水管道局部或全断面破裂时,会对综合管廊、其他管线以及人员造成严重危险。安全危险的程度取决于泄漏的水量和综合管廊自身的排水能力。泄漏的水量取决于管道的公称直径和运行压力。表 3.5.3-10 介绍了在不同尺寸的自由孔口和 5bar 的运行压力下可能的渗漏水量,从中可以得出,当管道有微小的裂缝或孔口时,它们就已经能够对综合管廊造成危险了。

当运行压力为 5bar 时从孔中泄漏的水量[3.5.3-30]

表 3.5.3-10

孔径 (mm)	流 出 量			孔径 (mm)	流 出 量		
	(L/s)	(L/min)	(m³/d)		(L/s)	(L/min)	(m³/d)
1	—	1.0	1.4	5	0.37	22.2	32.0
2	—	3.2	4.6	10	1.50	90.0	129
3	—	8.2	11.8	20	6.00	360.0	520
4	—	18.8	21.4	30	13.50	810.0	1170

如果一根管道的直径为 200 ~ 400mm,运行压力为 4 ~ 6bar,那么在其完全断裂的情况下,从破裂口的出水量为 900 ~ 4300L/s。因此,当大口径给水管道在综合管廊内发生爆管时,综合管廊中的水位会上升很快。如果水位超过综合管廊高度的一半,对于在综合管廊中的工作人员来说,只有很短的时间逃离。因为高水位会大大阻碍逃离综合管廊或者营救人员的逃离速度。此外,综合管廊部分或者完全被水淹没,则对所有安装在其中的电力装置、照明设备、气体警报设备、传感器、计量器、通风设施、电力阀门等都存在着危险[3.5.3-17]。

尽管综合管廊的安全性能得到了提高,但是不能排除由于人为故障或者其他供给管道的损坏对给水管道造成的损坏。特别是为了把对电力装置和安全设备的影响降到最低,要尽可能地避免综合管廊被部分或完全地淹没。

由于这个原因,在综合管廊内给水管道上要按照一定的间隔设置截断阀,以便在管道破损时及时切断水流。远程启闭的截断阀在工作时必须自动向监控中心报告工作状态,以实现监管人员的介入。只有当综合管廊中的水位在安全可控的情况下,抢修人员才能进入综合管廊内进行抢修作业。

3.5.4 排水管道

排水管道是排水系统中主要的组成部分。按照欧洲标准德国版 DIN EN 752-1[3.5.4-1],排水管道是指"从建筑或者屋顶落水沟中收集废水排入污水净化厂或者排水渠"的管道。

排水系统可以作为压力排水系统、真空排水系统或者是重力流排水系统。

压力排水系统是在提升泵的帮助下,通过单根压力管或者分叉的压力管网来输送家庭污水或雨水。欧洲标准德国版 DIN EN 1671 [3.5.4-2] 中对压力排水系统作出了规定。

真空排水管道同样用于输送家庭污水。在房屋管井道中有一个集流室,当排入这个集流室的家庭污水达到确定的量和确定的液面高度时,通常情况下关闭的排水阀就会打开。周边大气压和真空道之间存在的压力差将污水提升出集流室,进入真空管道中。在集流室排空之后,排水阀会再次关闭。欧洲标准德国版 DIN EN 1091 [3.5.4-3] 中对真空排水系统作出了规定。

压力或者真空排水系统目前仅在局部应用,对于综合管廊中内敷设来说,它们是特别适用的,因为在这种系统中所需的管道公称直径较小,而且在综合管廊中安装必要运行设备(阀门、泵等)毫无困难。

绝大多数的排水系统是重力流排水系统。它们由私人所有的排水管道和公共排水网络组成。这两种情况下,管道的任务都是收集和输送废水。按照欧洲标准德国版 DIN EN 752-1 [3.5.4-1],排水管道有一定的纵坡要求。表3.5.4-1 为污水管、雨水管和混合水管运行时没有沉积物的情况下的最小纵坡。

污水管、雨水管和合流管运行时没有沉积物的情况下的最小纵坡(ATV-A 110)[3.5.4-20]

表 3.5.4-1

公称直径 DN(mm)	临界流速 V_L(m/s)	临界倾斜度 J_L(‰)	公称直径 DN(mm)	临界流速 V_L(m/s)	临界倾斜度 J_L(‰)
150	0.48	2.72	1100	1.18	1.25
200	0.50	2.04	1200	1.24	1.24
250	0.52	1.63	1300	1.28	1.22
300	0.56	1.51	1400	1.34	1.20
350	0.62	1.48	1500	1.39	1.19
400	0.67	1.45	1600	1.44	1.18
450	0.72	1.42	1800	1.54	1.16
500	0.76	1.40	2000	1.62	1.14
600	0.84	1.37	2200	1.72	1.12
700	0.91	1.33	2400	1.79	1.10
800	0.98	1.31	2600	1.87	1.10
900	1.05	1.29	2800	1.96	1.09
1000	1.12	1.26	3000	2.03	1.08

排水系统中污水和雨水管道分为合流制系统[图 3.5.4-1a)]和分流制系统[图 3.5.4-1b)]。在实际中,常常存在不同系统的组合,它们各自适用于确定的排水区域,具体采用何种组合取决于当地的环境。德国大约70%的现存管道是混流制。

除了管道以外,排水系统还包括其他的建筑结构,例如:窨井、街道排水边沟、跌水井、溢流和排出口、雨水调蓄池以及排水泵站。

欧洲标准德国版 DIN EN 752-3 [3.5.4-1] 中规定,如果可能的话,在任何改变方向、接合、改变尺寸的位置都要确保下水道的可接触性,另外要确保检查和维护的有效距离。一般情况下,这些位置应设在人员可进入的窨井,以确保可接触性。只要能方便进行检查和维护,也允许使用不可通行的窨井。一般情况下两个窨井的间距在 50 ~ 100m 之间。在窨井之间的排水管道通常是笔直的,断面不会变化。需要对断面进行改变时,在窨井范围内完成。

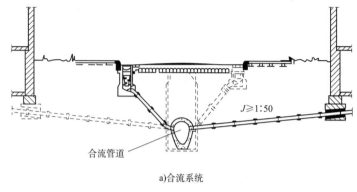

a)合流系统

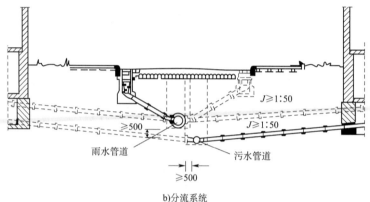

b)分流系统

图 3.5.4-1　排水方法(尺寸单位:mm)[3.5.4-24]

J-管道纵坡

　　目前,在综合管廊中敷设排水管道还没有收录到规则手册中。因此要注意以下几个方面:管道材质、断面形状和尺寸、在综合管廊断面中的设置、支承方式、在装配和拆除时管道所需的空间。

3.5.4.1　管道材质

　　在排水系统中使用的材料(图3.5.4-2)可以分为非金属无机建筑材料、有机建筑材料、金属建筑材料和多组分建筑材料[3.5.4-4]。多组分建筑材料还可以再分为混合结构材料、加固建筑材料和强化建筑材料[3.5.4-5]。图3.5.4-2中不包含带有被动防腐涂层的混凝土管或者钢筋混凝土管。考虑到废水的腐蚀性非常强(根据德国工业标准 DIN 4030[3.5.4-6])或者具有生物硫酸腐蚀[3.5.4-7],使用混凝土管或者钢筋混凝土管时,要进行防腐处理。

　　原则上用于埋地排水管道的材质也适用于在综合管廊中敷设。在选择合适的排水管道材质时,除了费用还要考虑到以下决策标准:

　　(1)需要的断面形状和尺寸。

　　(2)针对放置安全性和压力传递而对支承做出的要求。

　　(3)壁厚与有效截面的关系。

　　(4)质量。

　　(5)管道连接所需的空间。

　　(6)需要的管长。

（7）单条管道的互换性。

（8）对内压的承受力。

（9）在火灾、水淹等事故情况下的性能。

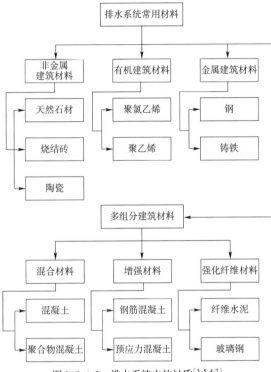

图 3.5.4-2　排水系统中的材质[3.5.4-7]

3.5.4.2　断面形状和断面尺寸

排水管道可以呈现出不同的断面形状。其中最重要的是圆形断面、卵形断面和马蹄形断面（图 3.5.3-3）[3.5.4-9]。

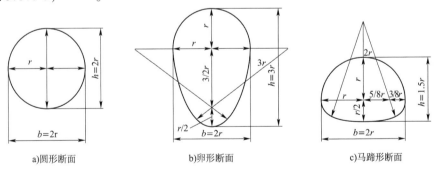

a)圆形断面　　　　　　　b)卵形断面　　　　　　　c)马蹄形断面

图 3.5.3-3　欧洲标准德国版 DIN EN 4263[3.5.4-9]带有几何数据的标准化管道断面

r-半径；b-宽度；h-高度

圆形断面由于其结构和输水能力方面的优势，其在公称直径 500mm 以内时，都是被优先采用的。自钢筋混凝土技术和预应力得到发展以及引入先进的管道制造和敷设方法以来，公称直径为 4000mm 的圆形断面预制管道也用作主管[3.5.4-10]。德国大约 80% 的排水管道都在公称直径 800mm 以下。

圆形管道用于综合管廊,其所有的荷载都可明确计算(表3.5.4-2)。对于卵形断面管道来说也是一样[3.5.4-11~3.5.4-13]。

对埋地和综合管廊中敷设的排水管道对比   表3.5.4-2

影响	类型	埋地管道中的荷载	综合管廊中的荷载
外部影响	物理	建设状况、土压、交通压力、外部水压力、支承反力、地面沉降、挖掘损伤	支承、升压(事故情况)、外部水压力(事故情况)、由于保养人员错误操作造成的影响
	化学	由土壤和地下水造成的腐蚀影响	由于以下原因造成的腐蚀影响:综合管廊环境、其他管道泄漏
	由热造成的	通常不会发生,因为土壤温度基本上是稳定的	在发生事故的情况下,例如燃烧气体,具体取决于管道材质
内部影响	液压	排水的水流	
	机械	磨损、清洁、由密封性测试/超负荷造成的内压、注水、自重	
	化学及生物化学	废水的性质、气体空间内的气候	
	由热造成的	废水温度(通常只有在废水比较特殊的情况下才显得重要)	

对于排水管道断面尺寸的选择来说,最重要的是所需的过流量及由于操作上的原因而要遵循的最小公称直径[3.5.4-14]。以下管道分别适用的最小管径是:

(1)房屋连接,150mm(房子为独立式住宅时为125mm)。

(2)街道排水沟的溢流管道,150mm。

(3)污水管,200mm。

(4)雨水管,250mm。

(5)合流管,250mm。

由于操作上的原因,建议[3.5.4-15]不受计算出的过流量影响,通常情况下不要小于以下最小公称直径:

(1)污水管,250mm。

(2)雨水和合流管,300mm。

3.5.4.3 敷设和支座

重力流排水系统中的排水管可以以管道的形式敷设在综合管廊中,也可以利用综合管廊本体进行排水。

利用综合管廊本体进行排水由于运行及维护的原因,其优势并不明显,特别是在没有附加辅助措施的情况下,这种方法无法通过外部检查的方式来对密封性进行肉眼检查,无法对发生故障的管道进行替换,也无法通过综合管廊形成附加的保护。

1)在综合管廊中的设置

通常情况下,排水管道是综合管廊中最大的单条管道,因此很大程度上影响了断面的尺寸。管道所需的空间主要取决于管道的公称直径、壁厚以及管道的连接形式。管道外径和操作通道的宽度之间存在关联,对排水管道的事后安装或替换来说,这两个尺寸之间可互相进行协调。

当管道的公称直径超过800mm时,建议安装公称直径更小的两根(双排管)或者多根管道,而保持相同的过流量。

　　在狭窄的使用空间内,采用较厚的管壁和自重较重的管道,例如参考文献[3.5.4-16]中的混凝土管和钢筋混凝土管,是不太适宜的,因为这种管道需要过大的空间,而且在综合管廊内部只能采用很重的升降机和管道运输工具。在综合管廊中敷设管道时,质量较轻以及在狭小的环境内可控的管道长度使管道装配和事后替换相对简单。

　　在综合管廊中,排水管道可以设置在操作通道的一侧[图3.5.4-4a)]或者下面[图3.5.4-4b)和图3.5.4-5]。如果是双排管,敷设在操作通道的两侧[图3.5.4-4c)]。

a)位于操作通道的一侧　　b)位于操作通道的下面　　c)作为双排管/双排道位于操作通道的两侧

图3.5.4-4　在综合管廊中敷设排水管道的案例[3.5.4-25]

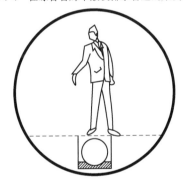

图3.5.4-5　位于走道下面的排下管道[3.5.4-25]

　　重力流管道对综合管廊埋深具有决定性作用,因为要满足排水管道的工艺流程要求。考虑到连接管道所需的1.0%～2.0%的最小坡度,以及带有放空弯管的安装要求,根据参考文献[3.5.4-17],表3.5.4-3给出了排水管道的标准埋深和最小埋深。

排水管道的标准埋深和最小埋深[3.5.4-18]　　　　　　　　表3.5.4-3

排水管道位置	标准埋深(m)	最小埋深(m)
大城市/商业街	3.0	2.5
居住区街道/乡村	2.5	2.0
郊区小村落	2.0	1.75

　　1976—1983年,在杜塞尔敷设的排水管道的埋深最小值、中间值和最大值如图3.5.4-6所示。

　　在高度差异非常大的区域,也要限制埋深幅度,不能太大。比如在苏黎世,在与其他管道协调后,其标准埋深为2.7m。一般情况下,地形条件容许保持这个值不变,因此只会发生较小的偏差[3.5.4-19]。

　　在综合管廊中排水管的深度可以通过在连接起来的私人地块上设置提升设施来减小。

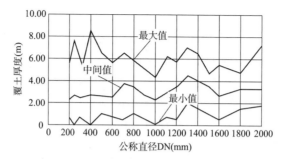

图 3.5.4-6　于 1976—1983 年在杜塞尔敷设的排水管道的埋深最小值、中间值和最大值[3.5.4-19]

为了使重力流管道的运行不产生沉积物,根据 ATV-A 110 在综合管廊要有一个最小纵坡,综合管廊的最小纵坡要尽可能符合排水管的工艺要求,从而避免设置中间提升泵站。

如果由于地形表面的要求或者利用地表建造建筑物、地基等的要求,或是需要形成排水断面来应对故障,则需要对综合管廊的高度线(图 3.5.4-7)的斜率进行改变,这样一来,所需的空间将可能大大增加,而且会产生无法使用的区域,尤其是在排水管道下面。

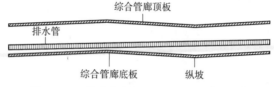

图 3.5.4-7　综合管廊高度线的斜率变化[3.5.4-25]

2)支座

对于重力流管道来说,支座具有以下作用:

(1)承担重力。

(2)传导由闭水试验、超负荷运营和溢水情况下管道产生的推力。

(3)限制管道的变形以及固定管道。

支座要对应各种荷载进行计算和制作(图 3.5.4-8),这时必须确保实现力的合理传递。支座一般分为连续支座(类似于直埋敷设)和非连续支座(例如管箍、支墩)。

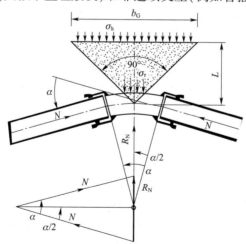

图 3.5.4-8　闭水试验和超负荷情况导致的荷载[3.5.4-26]

b_G-荷载宽度;σ_h-等效均布荷载;σ_τ-管道土抗力;L-荷载计算长度;N-轴力;R_N-推力;α-管道转角

当管道又大又重时,常采用连续支承。这种管道需要针对整体管长形成一种连续均匀的支承,还要给管道连接区域留出空间来。如果管道的支承面受到限制,比如混凝土管道和钢筋混凝土管道有缝隙或者管道的断面为矩形,那么管道也可以直接敷设在综合管廊底板上或底板上的砂垫层上。在所有的圆形管道中,为了避免线形支承,也可把管道敷设在砂层中(图3.5.4-9),但是这种敷设方式无法进行外部检查。另一种方法是采用特殊预制构件(图3.5.4-10)进行支承。

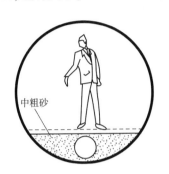

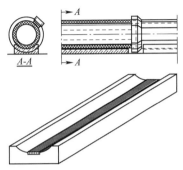

图3.5.4-9　圆形管道敷设在通道下面的砂层中[3.5.4-25]　　　图3.5.4-10　圆形管道敷设在预制板上[3.5.4-27]

对较重的管道,可以采用由混凝土或者钢筋混凝土制成的特殊支座(图3.5.4-11)。在任何情况下,管底下面的净尺寸都要满足按规定对综合管廊底部进行维护的要求,最小尺寸为150mm。

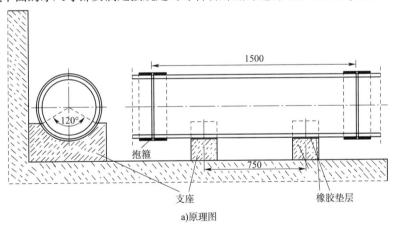

a)原理图

b)波鸿鲁尔大学的综合管廊

图3.5.4-11　用于支承排水管道的混凝土支座(尺寸单位:mm)

排水管道连接常用承插连接(图3.5.4-12)或企口连接形式,要求在安装时将插口按照要求插入承口段,并将两个管道连接起来。

沟槽连接、法兰连接(图3.5.4-13)可以简单地进行管道拆卸或替换。

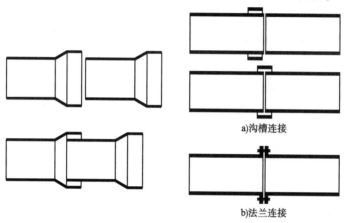

图3.5.4-12 管道承插连接   图3.5.4-13 采用沟槽、法兰连接

3.5.4.4 维护

对敷设在综合管廊中的排水管道进行维护与对埋地敷设的管道进行维护的措施是一样的,即保养、检查和翻新。

1)保养

对敷设在综合管廊中的排水管道进行保养所采取的措施要确保能满足欧洲标准德国版 DIN EN 752 – 7[3.5.4-21]的要求,如:

(1)运行时没有沉积物。

(2)溢流的次数限制在规定值内。

(3)保护公众的身体健康和生命安全。

(4)将超负荷的次数限制在规定值内。

(5)保护操作人员的身体健康和生命安全。

(6)在确定的限制范围内保护受纳水体。

(7)排除对现有的相邻建筑物和供给设施造成的危险。

(8)达到要求的使用期限,并对结构状况进行维护。

(9)符合密封性。

(10)避免产生恶臭和毒性。

(11)确保为了维修具备适当的可接触性。

(12)确保整个系统一直能处于准备运行状态并具备运行能力。

(13)确保系统能够安全、环保、经济地运行。

(14)确保当系统的一个部分停止运转时,其他部分的运转能力尽量不受影响。

为了满足上述目标,必须经常性地根据运行经验和检查结果对设备进行保养,这些设备是指建筑设施、电子设备和机械设备。这里,综合管廊就提供了理想的条件,因为排水管道和所有其他管道一样,任何时候都可以查看并接触到。

在排水管道方面,清洁是保养中的重要组成部分。

进行清洁的目的是:通过常规的保养清除沉积物,以保持整个径流断面的通畅,并避免由于腐烂过程和生物产生的硫酸侵蚀而形成气味和气体。预防性排除堵塞。

对于开展管道清洁工作来说,目前并没有技术规程向运营商建议什么时候必须进行清洁、哪种价格比/性能比更合理以及针对各个不同的目的需要采用的技术方案。

"管道及窨井清洁的频率取决于多种因素,比如排水方法、管道纵坡和径流系数、沉积物的类型等。此外,还要考虑对污水处理设备运行或者水体保洁造成的影响。根据经验,清洁间隔可以在2次/年~1次/10年之间。当径流系数较低且没有沉积物时,可不用进行清洁。如果公称直径在800mm以内,适宜根据局部堵塞情况确定清洁的时间间隔。如果断面较大,则建议首先对管道的沉降进行测量,再制定清洁计划。在进行系统性清洁时,为了确定运营费用,可以把频率定为1次/3年。"[3.5.4-22]

由于敷设在综合管廊中的排水管道是可接触的,因此,可以在清洗孔的密封处或者在选择的管道(例如综合管廊中的第一根和最后一根管道)处安装观察透镜,通过目测来了解沉积物的状况,并以此为基础使清洁时间间隔最为理想。

清洁本身是以清理车或者高压清洗设备能达到清洗孔的位置,以及堵塞物能够被抽吸出去为前提的。在综合管廊内部设置清洁孔时,在这个区域内对空间的需求会增加。清洁孔和检查孔必须耐压及密封,当排水系统发生过载时避免综合管廊中出现溢水危险。敷设排水管道的综合管廊要有通风设施,可以通过特殊的、通往街道上方的通风井进行安全排放。

另一种解决办法是在综合管廊的外部设置窨井,或者与综合管廊合为一体,但是不与内部空间形成连接。例如苏黎世的狮子街就选择了这种方式,来避免在清洁排水管道的过程中综合管廊被污水淹没或者弄脏,同时确保管道的通风不存在障碍(图3.5.4-14)。

2)检查

检查包括通过目测进行外部、内部状态监测,密封性测试以及对运营的现状进行评估[3.5.4-23]。在综合管廊中敷设排水管道时也需要通过目测方式进行外部检测,来确定内部腐蚀损害以及由于沉积物导致的径流堵塞。

泄漏以及其他由于泄漏直接导致的损害可以及时地被发现,因为渗漏的废水会直接流进综合管廊中。气密性测试可能是必要的,通过分段设置阀门就可以容易、快速地进行这一测试。

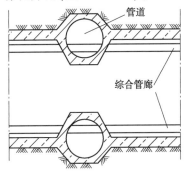

图3.5.4-14 在"狮子街"综合管廊(苏黎世)中设置井道[3.5.4-25]

3)翻新

根据损害的类型以及规模,当排水管道敷设在综合管廊中时,由于空间条件和运行条件非常好,可以从外部进行维修或者替换管道部件。

如果在排水管道中按照常规的间距设置清洁孔,那么在采取维修措施时即使没有提升泵,也可以通过气密的连接软管或者塑料应急管道进行临时管道排水。当采用双排管敷设排水管道时,施工更为方便。

3.5.4.5 安全性

当在综合管廊中敷设排水管道时,安全性问题并不是非常重要,因为废水本身不会对其他管道或者综合管廊造成强烈的破坏,因此人们不用考虑水淹的风险,而且废水也不会由于其他管道受到严重的负面影响。

当综合管廊中的温度很高,而且废水在敷设的管道中存留的时间较长时,废水会被加热,并由此发生腐烂。在选择和设置管道时应当考虑到这一点。

如果泄漏突然变大或者管道发生破裂时,就会使得综合管廊被水淹没。为了尽可能减小水淹的影响,在综合管廊中要能够按照一定的间距进行截断,至少在排水管道的入口和出口应能够进行截断。

在发生火灾的情况下,敷设在综合管廊中由高密度聚乙烯(PE-HD)、聚氯乙烯(PVC)或者可燃涂层材料[例如在钢管或者铸铁管上的由沥青或聚乙烯(PE)膜制成的防腐层]制成的管道可能被引燃。

如果由于特殊情况,可燃或爆炸性的液体或气体进入排水管道中,并且形成了爆炸,在这种情况下,综合管廊中的排水管道的安全性将受到严重破坏。此外,爆炸还会造成综合管廊的损坏。

3.5.5 电力电缆

电网是由配电箱、电站(变压器)组成的配电网,这种配电网能确保向用户供给电能(图3.5.5-1)。

电网中采用的电缆[3.5.5-37]原则上按照电压分为以下几类:

(1)低压电缆:电压不超过1kV(通常为230V/400V)。

(2)中压电缆:电压在1~60kV之间(通常为10kV或20kV)。

(3)高压电缆:电压在60~150kV之间(通常为110kV)。

(4)超高压电缆:电压超过150kV(在欧洲最高值为380kV)。

在德国,电缆及设备最常用的电压等级不超过60kV。

3.5.5.1 电缆构造和尺寸

一条电缆由导体、绝缘体、保护套等部件组成(图3.5.5-2)。

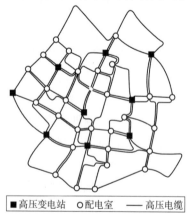

图3.5.5-1 低压配电网[3.5.5-37]

■高压变电站 ○配电室 ——高压电缆

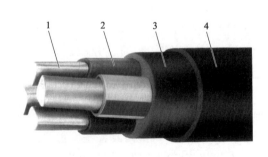

图3.5.5-2 电力电缆的构造示例[3.5.5-4]

1-单线扇形铝导体;2-PVC绝缘体;3-线芯包覆;4-PVC外壳

导体作为电流的载体应当尽可能地在减少损耗的情况下运输电能,而且在不超过允许温度的情况下,能够安全承载相应的负荷以及受到干扰时承载最大故障电流。

采用铜或者铝作为导体材料。德国工业标准 DIN VDE 0295[3.5.5-1]中对导体进行了规定。

在相同的电流负载能力时,铝导体的质量要比铜导体轻一半,但铜导体的最小弯曲半径更小。当在综合管廊中进行敷设时,这两种特性都是十分重要的。表 3.5.5-1 为两种电缆在电流负载能力和结构形式方面的对比数据。

铜导体(N2XS2Y1×120)和铝导体(NA2XS2Y1×185)在电流负载能力(12kV/20kV)
和构造类型方面的对比数据[3.5.5-5]　　　　　　　　表 3.5.5-1

分类	铜导体	铝导体
导体的额定横断面面积(mm²)	120	185
电缆外径(mm)	34	38
电缆质量(kg/km)	1900	1550
最小弯曲半径(mm)	510	570
电流负载能力(A)	492	496

电缆的断面根据几何形状来命名。导体的形状是圆形(R)或者扇形(S)的。扇形导体用于不超过 10kV 的额定电压,以保持较小的三角空间,并降低材料成本。导体是单线(E)或者多线(M)的。多线导体在断面更大的情况下弯曲性更好。图 3.5.5-3 为导体的断面形状。

绝缘体应当在电缆的使用期内确保电压稳定性。纸绝缘体、聚氯乙烯(PVC)绝缘体、聚乙烯(PE)和交联聚乙烯(VPE)绝缘体材料被用作绝缘材料。

不超过 30kV 的纸绝缘电缆及其构造在德国工业标准 DIN VDE 0255[3.5.5-2]中予以规格化[3.5.5-3]。这种绝缘体由浸润了绝缘油的纸带构成,这种纸带缠绕在导体上不会出现皱褶。

纸绝缘体的缺点是对水比较敏感;此外,安装比较耗费时间。

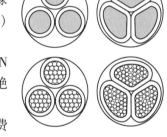

图 3.5.5-3　导体的断面形状[3.5.5-38]

尽管采用纸绝缘电缆时,绝缘体的损耗要比采用塑料绝缘电缆更低,但是在低压电缆领域,由于经济和技术方面的原因,德国已经不再制造纸绝缘电缆了[3.5.5-4]。在其他电压范围内,也有使用塑料绝缘导体的趋势,因为它们在电缆配件方面更具优势。比如,用于纸绝缘的 30kV 电缆接头质量为 150kg,而用于相应的塑料绝缘电缆接头质量仅约为 10kg[3.5.5-5]。

PVC 绝缘体根据原始混配料的配制情况在特性上有所不同。德国工业标准 DIN VDE 0271[3.5.5-6]对 PVC 绝缘电缆进行了规定。德国工业标准 DIN VDE 0207-4[3.5.5-7]中确定了对于电缆绝缘来说必要的特性,按照混配料的情况,对不到 1kV 和超过 1kV 的电缆进行了区分。PVC 具有很强的耐老化性,而且是可再生的。PVC 燃烧产生的废气中含有有害物质氯化氢或者氯气。

关于 PVC 电缆的争议导致越来越多的城市在公共设施中不再敷设这种电缆,比如柏林从 1997 年 1 月 1 日起就不再敷设 PVC 电缆了。在火灾事故中,PVC 燃烧产生的具有腐蚀性的气体(燃烧1kg的PVC,会释放250g的氯化氢)会对其他的管道造成损害[3.5.5-8]。尽管PVC具有防火性,但是燃烧炉中的试验证明,当电缆堆积在一起时,这种安全性就不复存在了[3.5.5-5]。鉴于1996年4月在杜塞尔多夫机场发生的火灾,关于PVC可能产生二噁英的讨论也远远没有结束。

在目前有效的DIN-VDE规定中,不再把PE作为电力电缆的绝缘材料。这种材料被VPE取代,VPE具有热弹性,能够承受更高的温度。VPE绝缘电缆在DIN VDE 0276-620[3.5.5-9]、DIN VDE 0263[3.5.5-10]以及DIN VDE 0276-603[3.5.5-11]中进行了规定。VPE不能在熔化后被反复使用。PE和VPE都是可燃的。在发生火灾时,如果有足够的氧气,会释放出二氧化碳(CO_2)和水,或者烟灰悬浮物和碳氢化合物的裂化产物。在发生火灾时主要会产生有毒的一氧化碳(CO)气体。

对于在综合管廊中敷设的电缆来说,无卤素的VPE绝缘电缆是非常适用的,这种电缆在发生火灾时不会释放腐蚀性气体和二噁英。被用作线芯包覆和外壳材料的无卤素塑料混合物可以有效地防止火灾蔓延,然而它会增加6%~8%的额外开支。但是可以节省防火措施和保险可能会产生的费用。因此,财产保险公司联合会在其关于电缆设施火灾防控新规定中建议采用无卤素电缆,甚至于明确规定在人群聚集区域内必须使用无卤素电缆[3.5.5-8]。基于与绝缘体同样的原因,外壳材料中也不采用PVC材质,取而代之的是由防火材料制成的外壳材料,例如交联高分子聚合物。

按照DIN VDE 0289-1[3.5.5-12],人们把电缆芯线称为"带有绝缘层的导体,包括现有的导电层"。

根据电缆芯线的数量,可以进行如下分类[3.5.5-12]:

(1)单芯电缆:电缆带有1根芯线(也叫作单导体电缆)。

(2)多芯电缆:带有2~5根芯线的电缆,包括用作零线或者地线的芯线(其中三芯电缆又称为三导体电缆)。

(3)超多芯电缆:同一个导体界面带有至少6根芯线的电缆。

保护套,例如护罩、同轴导体、金属护套、内外护套、加强套等,用于保护导体免受外界对电缆的影响,或者防止电缆本身造成的破坏性影响。根据电缆类型和使用目的,需要使用保护套将他们互相组合起来[3.5.5-3]。各条电缆的名称在DIN VDE系列标准[3.5.5-13]中给予确定。

在综合管廊中进行敷设时,综合管廊为电缆起到了很好的保护作用,完全不需要对电缆进行额外加固。

综合管廊中的电力电缆多为低压和中压。

在每个电压层级中,要考虑到以下最大电缆外径[3.5.5-5]:

(1)1kV:59mm。

(2)10kV:66mm。

(3)20kV:87mm。

(4)30kV:96mm。

(5)110kV:116mm。

通常情况下,电缆是以卷筒形式发货的,根据电缆的直径,其长度在400~700m之间。

3.5.5.2 敷设和支承

在综合管廊中,电缆应当尽可能采用长度较长的电缆进行敷设。成品电缆以卷筒形式发货,通过吊装口借助电动滚轮或者采取手工方式进行敷设。

采取手工方式或者通过助力进行敷设仅适用于电缆长度较短或者质量较轻的情况。间距为3~4m的电缆滚轮[图3.5.5-4a)]能使敷设更简单。在转弯前,要放置好角落滚轮[图3.5.5-4b)]。如果完全不使用滚轮进行敷设,那么每4~6m就需要一位工作人员手工操控电缆。

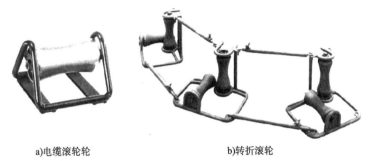

a)电缆滚轮轮　　　　　　　　b)转折滚轮

图3.5.5-4　用于敷设电缆的滚轮[3.5.5-5]

如果用电动滚轮进行敷设,则需要每20~30m设置一个这种电动滚轮。用这种敷设技术可以大幅度降低人工劳动强度,3~4个工作人员来操控电缆就足够了,通过小型的绞盘也可以实现这种操作。采用电动滚轮进行敷设时,要注意控制牵引力不能超过牵引力限值,以免对电缆造成损害。在转弯和弯曲之前,必须要把绞盘和电动滚轮或者电缆履带连接起来,因为在这些位置,产生的拉力会显著增大[3.5.5-3]。

在敷设电缆时,要注意保持最小弯曲半径。如果超过了这个最小弯曲半径,就无法保证电缆筒安全运转。表3.5.5-2给出了取决于电缆外径 D 的最小弯曲半径 r 的标准值。

电缆的最小弯曲半径[3.5.5-4]　　　　　　　　　　　　表3.5.5-2

电缆类型	纸绝缘电缆的最小弯曲半径		塑料电缆的最小弯曲半径
	带有铅防护套或者波形进入外壳	带有光滑铝防护套,直径不超过50mm	
多芯的	15D	25D	15D
单芯的	25D	30D	15D

若仅有一次弯曲,如果能确保专业化施工(加热到30℃,使用弯曲模板),弯曲半径可以减小到一半。

1)在综合管廊中的敷设

在综合管廊中可以把电力电缆敷设在壁板、底板或者顶板上。后两种敷设方式相对较少,因为这些位置应优先敷设其他管道。

敷设电力电缆应当尽可能避免对各种管道造成热或者电磁方面的影响,与其他管线之间要保持至少300mm的安全间距,这是避免造成上述影响的参考值。

2)支承

电缆支承部件如电缆夹或者电缆架,通常也被叫作电缆桥架或者电缆支架,用于对电缆进行支承。

电缆夹可以直接固定在综合管廊的墙壁上(图3.5.5-5),以避免电力电缆损坏和功能受到妨碍。当电缆采用塑料外壳时,要注意电缆夹是由反向槽、保护槽或者保护壳层形成的

(图3.5.5-6),目的是避免过高的压力对电缆夹边缘造成损坏。

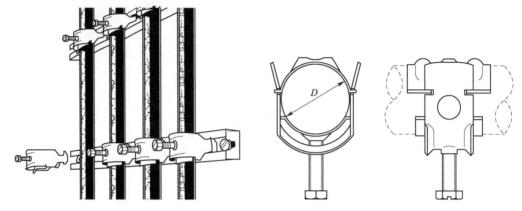

图3.5.5-5　用电缆夹将电力电缆固定在综合管廊的墙壁上[3.5.5-39]

图3.5.5-6　带有反向槽、保护槽或者保护壳层的电缆夹[3.5.5-39]

在水平敷设电缆时,电缆夹的间距如下(D为电缆外径)[3.5.5-4]:

(1)未加固的电缆:$20D$。

(2)加固的电缆:$30D \sim 35D$。

(3)最大间距:800mm。

在垂直敷设电缆时,电缆夹的间距可以根据所选的电缆夹类型和电缆类型逐渐增大,最大至1.5m。

不能使用封闭的钢夹对三相电流系统的单芯电缆进行支承,而要使用特殊的由非磁性材料(塑料、黄铜、铝)制成的电缆夹。此外,确定电缆夹的间距时,要确保短路电流峰值力的效应不会对电缆造成损害[3.5.5-4]。对此,塑料材质的电缆扎匝或者绝缘胶布是一种物美价廉的选择,因为它们的安装便宜又简单,但机械冲击强度较小[3.5.5-5]。

如果电缆敷设数量较多,一般采用电缆桥架(图3.5.5-7)或者电缆支架的方式敷设(图3.5.5-8)。

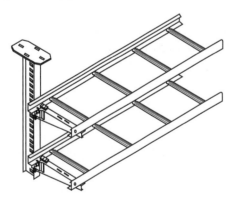

a)原理图[3.5.5-39]

b)布拉格鲁道夫音乐厅综合管廊中的电缆桥架[3.5.5-40]

图3.5.5-7　电缆桥架

对于电力电缆来说,没有连续支承面或者完整地面敷设的电缆支架或桥架更适用于无障碍散热,否则电缆的电流负载能力就会降低[3.5.5-5]。由于同样的原因,当电缆采用纸绝缘时,相邻敷设的电缆层间应保持至少300mm的垂直间距,如果电缆采用塑料绝缘,那么至少要保持200mm的间距[3.5.5-14]。电缆支架或桥架上相邻电缆的间距至少要与电缆的外径相同。也可以使用一种空间桥架支撑系统,便于电缆的弯曲、分岔、交叉(图3.5.5-9)。

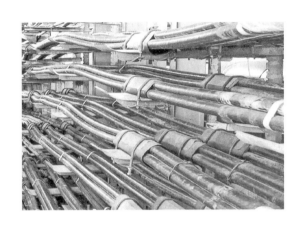

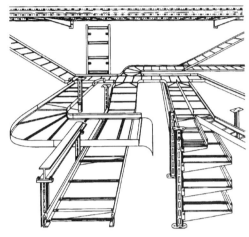

图3.5.5-8 柏林综合管廊中的电力支架[3.5.5-41]   图3.5.5-9 空间桥架支撑系统[3.5.5-39]

如果在三相电流系统中敷设单芯电力电缆,就必须将这些电缆进行固定,因为发生短路时,由于短路电流力的影响,要避免电缆从电缆支架上脱落。为了避免这一点,除了通过电缆夹或绝缘胶布进行固定外,也可以采用将每三根单芯电缆捻转起来的方式进行敷设(图3.5.5-10)。

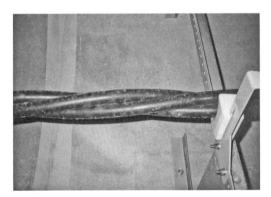

a)概貌   b)支承细节

图3.5.5-10 捻转成三角形状的单芯电缆[3.5.5-40]

多芯和超多芯电力电缆仅需单侧位置固定器。

电缆到壁板的最小净距离取决于电缆接头的尺寸,但不小于50mm。相邻敷设的电缆间距至少不小于电缆外径,以避免电缆之间互相加热[3.5.5-14]。

3)电力电缆的电流负载能力

在规划电力电缆设施时,电流负载能力是一个重要标准。它取决于电缆的结构类型、运转类型以及敷设条件和周围的环境条件。如果有许多不利因素重叠到一起(例如环境温度高、埋地敷设时土壤条件不好),那么就需要使用截面更大的电缆或者增加电缆数量。对电缆的电流负载能力造成最大影响的是环境温度。电缆负载能力会随温度的升高而降低。因此，由电缆散发出的热能可以排出到什么程度是非常重要的。按照敷设类型，热能必须散发到土壤中（在埋地敷设的情况下）、周围的空气中（在架空线的情况下）、综合管廊内的空气中（当电缆敷设在综合管廊中时）。

在综合管廊中，环境温度比较明确，这意味着在埋地敷设中常见的电缆超标尺寸可以直接减小。对电缆的增容不需要再挖掘道路，新敷设的电缆可以很容易地进行敷设而不会对相邻的电缆造成损害。电缆产生的热能会散发到综合管廊的空气中，根据电压的等级，通过自然的通风设施或机械通风设施排出。

根据德国工业标准 DIN VDE 276-1000[3.5.5-14]，由制造商确定的电流负载能力是通过表 3.5.5-3（系数 f_1）和图 3.5.5-11（系数 f_2）所示的换算系数来确定的。根据额定电流 I_r 可计算出电流负载能力 I_z：

$$I_z = I_r \cdot f_1 \cdot f_2$$

换算系数是根据空气温度的变化、敷设条件以及电缆堆积的情况来确定的。

在综合管廊中支架敷设的电缆在电缆堆积情况以及敷设类型影响下的换算系数 f_1

（按照 DIN VDE 276-1000[3.5.5-14] 进行缩减）　　　　　　　　表 3.5.5-3

分类	单芯电缆（3 条电缆组成一个系统）						三芯电缆				
电缆架的数量	在同一层内敷设单芯电缆的间距为电缆直径 d			敷设成捆电缆的间距为 $2d$			间距为 d，离墙距离 ≥20mm				
示意图											
数量	系统的数量			系统的数量			电缆的数量				
	1	2	3	1	2	3	1	2	3	6	9
1	1.00	0.97	0.96	1.00	0.98	0.96	1.00	0.98	0.96	0.93	0.92
2	0.97	0.94	0.93	1.00	0.95	0.93	1.00	0.95	0.93	0.90	0.89
3	0.96	0.93	0.92	1.00	0.94	0.92	1.00	0.94	0.92	0.89	0.88
6	0.94	0.91	0.90	1.00	0.93	0.90	1.00	0.93	0.90	0.87	0.86
靠墙											
	0.94	0.91	0.89	0.89	0.86	0.84	1.00	0.93	0.90	0.87	0.86

续上表

分类	单芯电缆(3 条电缆组成一个系统)		三芯电缆
	不需要缩减的敷设		
示意图①		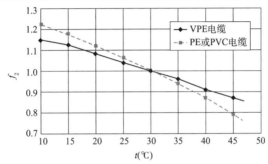	

注:①当间距增大时,在外壳和护板方面增加的损耗可以通过电缆之间减少加热来抵消掉。

图 3.5.5-11　悬空敷设电缆在环境温度 t 影响下的换算系数 f_2[3.5.5-40]

4)适用于综合管廊中敷设的电缆结构类型

对于在综合管廊中进行敷设电缆来说,下述选项具有决定性意义:

(1)在单芯电缆和三芯电缆之间进行选择。

(2)在铜导体和铝导体之间进行选择。

(3)选择绝缘体和外壳材料。

三芯电缆是指整一根电缆中有 3 条电缆芯(绝缘导体),而单芯电缆只有 1 根电缆芯。三相电流运转需要 3 条单芯电缆,它们以三角排列的形式接通并运转。三芯电缆能节约空间,在敷设后需要单独进行固定,而单芯电缆必须进行保护以避免发生短路时产生冲击力。三芯电缆的敷设要比 3 条单芯电缆更加经济。另一方面,与单条单芯电缆相比,三芯电缆的弯曲半径要大得多,也更重。单芯电缆可以以一定的间距进行敷设,或者捆绑成三角形状进行敷设。在两种变化方式中,三芯电缆与多芯电缆相比具有更高的负载能力。表 3.5.5-4 为在综合管廊敷设中可比较的、具有相同额定电压的电缆结构类型的重要的数据。

三芯电缆 NA2XS2Y 3 ×185 和单芯电缆 1 ×185 6/10kV 的数据[3.5.5-5]　表 3.5.5-4

分类	三芯电缆	3 条单芯电缆捆在一起	3 条互相之间有一定间距的单芯电缆
电缆外径(mm)	56	约 62	每条电缆 33
最小弯曲半径(mm)	840	495	495
每千米电缆的质量(kg/km)	3200	每条电缆 1350	每条电缆 1350
能承受的拉力(N)	16650	每条电缆 5550	每条电缆 5550
电流负载能力(A)	372	419	497

根据参考文献[3.5.5-15],在综合管廊中,如果是低压电缆则不使用同心导线。

3.5.5.3 电缆附件和电源件

根据 DIN VDE 0289-6[3.5.5-12],"电缆运营必要的部件和工具"被称为电缆附件。用这些附件实现了电缆的切断、连接和分岔。要进行区分的是导线连接和附件的绝缘,导线连接包括导线与工具的连接以及与电缆附件(中间接头和终端电缆接头)自身的连接,它们将电缆作为一个整体连接或封闭起来。

根据欧洲标准德国版 DIN EN 60439-5[3.5.5-16] 和 DIN VDE 0660-505[3.5.5-17] 中的概念定义,家庭电缆连接箱和电缆分配柜不是电缆附件,而是低压成套开关设备。因为这种操作工具和变压器一样,在实际应用中是电缆设备的组成部分,这里就一并提及了。

电缆附件一定程度上是为室内和露天的环境条件而设计的。在 DIN VDE 0101[3.5.5-18]中提到:"室内设备是指在建筑或者空间内的电力设备,在建筑或者空间里面操作可以免受大气影响。"DIN VDE 0670-1000[3.5.5-19]对运转条件,例如环境温度、空气湿度以及周围空气进行了说明。据此,可以在综合管廊中设定室内条件。用于室内条件下的电缆附件,与处于露天条件下或者埋地敷设所要求的断面形状相比要更小一些。

1)导线连接

通过焊接、压制或者夹住可以形成连接。焊接这种热连接法现如今是一种次要选择。在电缆连接方法中,压制连接法,尤其是六角形压制法,已得到进一步的应用,这种方法具有以下优点:

(1)电缆不会受到热影响。

(2)需要单独使用手动压线钳进行装配。

(3)所有的导线类型都能互相连接起来。

最为特殊的结构类型中的螺栓端子通常用于可拆解的连接方式中。它主要分为接线夹、分线端子和接线柱,需要单独使用扭矩扳手进行装配[3.5.5-5]。

2)电缆接头

电缆接头的作用是将电缆互相连接起来并确保通电安全、提供机械保护并保护内部构件免遭潮气和腐蚀。电缆接头的装配和结构取决于电压、要连接的电缆类型以及预期的短路力。内部建筑构件用于导线连接和原先电缆绝缘体的恢复。在工厂预装的接头常将绝缘体、现场控制器和保护外壳联合成一个功能部件。

电缆接头可以粗分为三通接头和连接接头(图 3.5.5-12),它们可以进一步分为铸铁接头、塑料接头、热缩和冷缩接头、模铸树脂接头、滑动接头、盘绕接头以及特殊形状的接头、终端接头、维修接头和过渡接头。

终端接头用于电缆末端。维修接头在电缆出现点状损坏的情况下使用。如果只有电缆的塑料外壳损坏了,则仅维修套环就可以了。过渡接头能将不同类型的电缆互相连接起来,因此过渡接头要设计成适用于纸绝缘或者塑料绝缘的一侧。

三通接头大多数情况下用于将连续的导线分岔为更小断面的导线。这种类型的附件称为私人住宅连接接头(图 3.5.5-13)。根据其形状,三通接头可以分为 T 形接头和 Y 形接头。T 形接头的分支成直角,Y 形接头则是平行的。在电缆定线中,Y 形接头所需的空间较小,而采用 T 形接头的情况下,电缆不得弯曲。

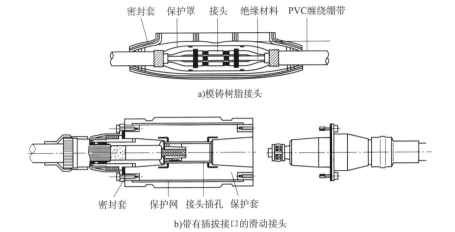

密封套　保护罩　接头　绝缘材料　PVC缠绕绷带

a)模铸树脂接头

密封套　保护网　接头插孔　保护套

b)带有插拔接口的滑动接头

图3.5.5-12　连接接头[3.5.5-3]

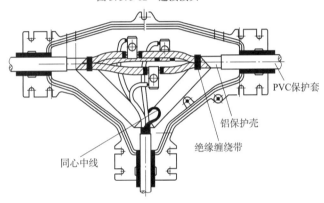

PVC保护套

铝保护壳

绝缘缠绕带

同心中线

a)T形分岔接头[3.5.5-3]

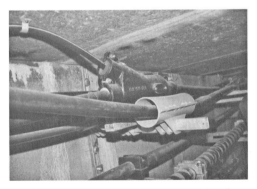

b)苏黎世狮子街综合管廊中的Y形分岔接头[3.5.5-40]

图3.5.5-13　私人住宅连接接头

德国工业标准 DIN 47630[3.5.5-20] 中规定房屋连接接头电缆不超过 1kV。通常情况下，当电缆的额定电压较高时不能分岔，或者只能临时进行分岔。人们主要采用模铸树脂接头作为房屋连接接头，有时也使用应用了收缩技术的接头[3.5.5-3,3.5.5-5,3.5.5-21]。

接头的尺寸和质量关键取决于所采用的技术和要连接的电缆类型。表 3.5.5-5 ~ 表 3.5.5-7 为电缆断面面积为 240mm² 时的典型数据。这个断面相对较大，而且在断面更大时不会有

159

什么变化,或者接头尺寸仅有很小的变化,因此给出的数值可以认为是最大尺寸。

用于塑料绝缘中压电缆接头的典型数据(一)[3.5.5-3]　　　表 3.5.5-5

1kV 电缆	热收缩工艺	模铸树脂工艺
长度(mm)	1000	680
直径(mm)	电缆直径(大约57mm)会微微增大	130
容积(L)	—	6.5
质量(kg)	0.86	11.0

用于塑料绝缘中压电缆接头的典型数据(二)[3.5.5-3]　　　表 3.5.5-6

10~30kV 电缆	滑配式、热收缩工艺		盘绕、热收缩工艺			盘绕、模铸树脂工艺		
额定电压(kV)	10	20	10	20	30	10	20	30
长度(mm)	750	1000	940	1000	1000	615	840	840
直径(mm)	60	80	45	45	55	75	90	90
容积(L)	—	—	—	—	—	1.8	3.2	3.2
质量(kg)	1.9	2.6	5.3	2.8	3.0	5.3	8.6	8.6

用于纸绝缘中压电缆接头的典型数据[3.5.5-3]　　　表 3.5.5-7

10~30kV 电缆	盘绕和模铸树脂工艺		
额定电压(kV)	10	20	30
长度(mm)	1264	1500	1500
直径(mm)	265	330	330
容积(L)	23	50	50
质量(kg)	69.0	145	150

3)终端接头

终端接头的作用是将电缆末端截断,从而与其他的建筑结构连接起来。它可以细分为室内终端接头和露天终端接头。

不超过 1kV 的塑料电缆在室内空间不需要终端接头。如果考虑到偶发的水淹情况,电缆末端应当采用收缩挡帽或者模铸树脂体进行密封。对于纸绝缘的 1kV 电缆来说,采用收缩终端接头则比较适宜。在中压范围内,整个电缆的终端连接都可以采用收缩技术。此外还存在一些其他技术,这里不再说明。

插拔附件的应用也越来越广泛。采用电缆插拔技术,空间需求、装配开支和保养开支都将降到最低。插拔附件由电缆插入部分和仪表接线部分组成,对于单芯塑料电缆来说尤为适用。

4)附件中的绝缘体

附件中绝缘体的功能是抵御内部冲击来确保电学稳定性,在终端接头处也要抵御外部冲击。同时,现有元件也可以满足其他的功能,例如防止环境的影响或者抵御机械应力。以下这些被用作绝缘材料:

(1)沥青、浇筑树脂、聚异丁烯和硅橡胶材质的填充料。

(2)用被浸透的纸带或者塑料带制成的线圈。

(3)隔离膜。

（4）硅橡胶（SiK）或者三元乙丙橡胶（EPDM）制成的滑动体。

（5）收缩体。

（6）由瓷、玻璃、塑料或者塑料软管制成的绝缘体。

由于使用塑料电缆的这一转变已成为现实，因此收缩技术和滑配技术也越来越多地得到应用。盘绕技术在纸绝缘电缆的使用中仍扮演着重要的角色，而浇铸技术却毫无疑问地呈现出衰弱的趋势[3.5.5-4]。

5）家庭电缆连接箱和电缆分配柜

家庭电缆连接箱（图3.5.5-14）是从公用配电网到用户设备之间的中转点。其尺寸和要求在德国工业标准 DIN 43627[3.5.5-22] 中进行了规定。运转设备的特定放置则从1990年6月起在 VDE 0660-505[3.5.5-16] 中进行规定。这项标准对概念、运转条件和环境条件、建造要求、技术参数和测试进行了明确规定。一般来说，家庭电缆连接箱安装在居住范围内。这么做的缺点是，无法确保在需要时能够接触到，而设置在露天环境下也有缺点（空间需求、未经允许触碰、市容）。从这些角度来看，安装在综合管廊中是一个很好的选择。

a)结构[3.5.5-42]　　　　b)莱比锡"华沙工业用地"综合管廊中的电缆分配柜[3.5.5-40]

图3.5.5-14　电缆分配柜

电缆分配柜位于配电网的枢纽点。它适用德国工业标准 DIN 43629[3.5.5-23] 中的尺寸标准。这项标准的作用是实现了不同制造商制造的保护外壳和基座的互相替换。分配柜的概念、要求和测试则在 DIN VDE 0660-503[3.5.5-16] 中进行了规定。

不管是电缆分配柜还是家庭电缆连接箱使用的都是针对可爆炸区域的建造方式。DIN VDE 0165[3.5.5-24] 对此进行了规定，并且确保在燃气泄漏的情况下，即使形成了可燃的燃气和空气混合物，也能使设备安全运转。

6）变压器

电能是通过不同级别的电压从发电厂传输到普通用户处的，其中变电站起到了连接配电网与各种运转电压的作用。

电网站是中等电压和低等电压变电站，当封闭在局域性低压电网中（例如居住区）时，也叫作局部电网变压器[3.5.5-25,3.5.5-26]。德国工业标准 DIN 42500[3.5.5-27] 和 DIN 42523[3.5.5-28] 对此进行了规定。

为了使电能分配更经济，即尽可能降低损耗，就需要将把中压变为低压的变压器尽量放到靠近用户的地方。低压电缆越长，损耗越大[3.5.5-29]。基于变压器尺寸较大以及通风和安全技术方面的原因,不建议把变压器直接安装在综合管廊中。但是人们可以把它们归并到综合管廊旁分隔开的下空间内,这样就可以使整个建筑结构一体化了。在以传统的埋地方式敷设电力电缆时,在市内区域,变压器由于功率密度较高、缺乏合适的放置空间,也要安装在地下建筑外壳内(图3.5.5-15)[3.5.5-30]。

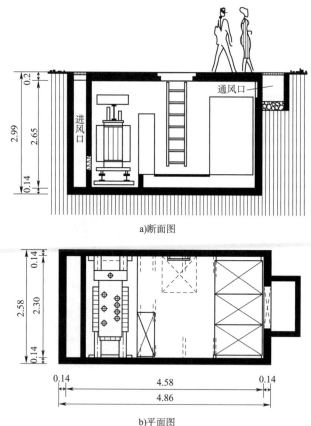

a)断面图

b)平面图

图3.5.5-15　埋地变压器(尺寸单位:m)[3.5.5-30]

3.5.5.4　维护

一般情况下,电力电缆的使用期大约为40年。原则上,在这段时间内是不需要保养的。电缆是通过漏电仪进行监测的。如果出现泄漏,人们就会对它进行定位和排除。

埋地敷设电力电缆可能会产生多种损害。主要的损害来源是外部机械影响,即第三方造成的损害,例如,由于不了解电缆定线的走向导致的损害。在综合管廊中敷设时,可以避免产生机械损伤。此外,诸如化学腐蚀、由于尖棱石或者其他在电缆槽内的物体造成的敷设错误等电缆缺陷可立即排除。在综合管廊中敷设的最大优点是可以直接接触到电缆。由此,可以降低在排线时发生缺陷定位的概率,也不需要采用昂贵的测量方法。进行维修时,不需要对任何街道进行封锁和挖掘,也无须预先规划和获得审批程序。电缆敷设可以不受天气条件影响,应在干净的环境下进行施工。出现的缺陷可以快速、简单、低成本地予以排除。电缆上局限在某个区域的破损点可以通过采用了盘绕技术或者收缩技术的维修接头来予以消除,可以将整段电缆替换掉。如果是电缆外壳出现损坏,将维修套环粘贴在破损位置就可以了。损坏的中间接头和终端接头可以部分或者全部更换。

3.5.5.5　安全性考虑

对于电力电缆设备来说,安全危害来源于可能产生的短路、断路,与之相关的电弧引起的火灾以及由于过高的接触电压导致的对人来说非常危险的人体电流等。对人体有危害的电流会在电缆损坏以及对电缆设备进行施工时产生。因此,对电缆进行施工时,要按顺序遵守以下安全措施:

(1)绝缘处理。

(2)确保不会意外重新接通。

(3)确保电源关闭。

(4)电缆接地并使其短路。

(5)将相邻的通电电缆盖住。

为了避免直接接触,必须要把带有金属保护壳的中间接头、终端接头和接线盒与地线连接起来。超过1kV额定电压的电缆必须接地。在综合管廊中,要在电缆的不通电区域(电缆外皮)、所有的金属管道和地线之间形成电位补偿[3.5.5-15]。

此外,还有以下防火措施:

(1)采用根据 DIN VDE 0266[3.5.5-31]、DIN VDE 0276-604[3.5.5-32] 以及 DIN VDE 0276-622[3.5.5-33]进行过火灾性能优化的电缆(参见第 3.5.5.1 节)。

(2)采用用于电缆支承的阻燃建筑部件(例如镀锌电缆架)。

(3)在电缆外壳上涂上一层阻燃保护涂层(图 3.5.5-16)。

(4)设置用于具有爆炸危险区域的开关设备。

根据 DIN VDE 0165[3.5.5-24],开关设备,例如电缆分配柜,必须具有与在爆炸危险区域内设置的电力设备相对应的结构部件(例如安全的连接端子、地线连接端子、注油器)。

根据 DIN VDE 0472-804[3.5.5-34],一般情况下,如果使用的是无卤化的、火灾性能得到过优化的电缆,那么当一个系统内的电缆发生着火时不会影响到其他系统,而且系统针对出现的温度升高已经进行了加固,因此无须采取消防措施。

电力电缆和通信电缆通常敷设在分开的平板架上,其中电力电缆一般应位于上层平板架上。在两个单独的电缆架之间,比如通过对角倾斜的纤维水泥板,可以安装一个所谓的防电弧装置[电弧即在电离气体(空气)或者由于向周围空气散热形成的水汽中两个电极之间的导电连接形式[3.5.5-35]],这样不会对通风造成显著的影响(图 3.5.5-17)。

图 3.5.5-16　涂在电缆和电缆架上的
阻燃保护涂层[3.5.5-43]

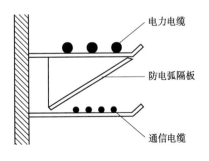

图 3.5.5-17　通信电缆和电力电缆之间的
防电弧装置[3.5.5-4]

在选择相应的电缆架时,还有其他防电弧的方法,例如采用封闭的土壤以及更厚的钢板。

此外,如果需要,还可以进一步安装防火板,这种防火板能够保护各种电路以及其他的供给管道免受火灾和电弧的损害影响。作为火灾警报设备的补充,建议使用一种故障电流探测装置,从而能提早识别出可能存在的短路或断路[3.5.5-36]。

3.5.6　通信电缆

传输信息和数据的电缆一般称为通信电缆,或联络电缆、长途线缆、数据电缆以及信息电缆。

人们把用于通信网络中的电缆分为铜导体电缆和光导纤维体电缆(光缆)。

目前,通信网络中占比最大的部分仍然是由铜导体电缆组成的;然而在 10 年后,这一网络将被光缆所取代、建造并且互相连接起来,从而满足对于传输能力和传输效率的更高要求。

除了传输技术的使用范围以外,应用技术的使用范围也要进行区分,特别是它决定了通信电缆的导线数量和纤维数量、绝缘体、外皮的强度和材质、可能需要的加固料和保护壳[3.5.6-1、3.5.6-5]。

3.5.6.1　电缆结构和尺寸

根据应用领域和使用范围,目前采用铜导体通信电缆的结构可以变化为很多种。我们无法对如此多不同种类的建造方式进行详细论述,因此下文仅对这种电缆的基本类型进行介绍。

铜导体电缆采用具有较强传导能力和较高抗拉强度($200\sim370\mathrm{N/mm^2}$)的铜作为导体材料。导体的作用是传输信息,它是被一层绝缘护套包围的。在电缆为对称的结构形式时,采用聚乙烯(PE)作为绝缘材料,在同轴的结构形式中[3.5.6-6],则采用 PE 和空气的绝缘材料组合物或者仅由 PE 制成的绝缘材料组合物[3.5.6-7]。

根据 DIN VDE 0815[3.5.6-8],电缆芯线是"带有绝缘壳的导线"。

通信电缆由多根电缆芯线组成,其中,其结构和与此相应的标志在 DIN VDE 0815[3.5.6-8]中进行了规定。所有电缆中导线的直径必须相同(图 3.5.6-1)。

a)双线结构　　　　b)星铰四线结构　　　　c)8根纤维形成的捆束

d)4根双线管形成的捆束　　　e)5个星铰四线结构形成的捆束

图 3.5.6-1　采用铜质导线的通信电缆结构和标识[3.5.6-8]

护罩是用来提高导线对电磁辐射的抗干扰性的,它由双面都涂覆了塑料层的金属带组成,这种金属带通常是铝制的,或者由裸铜丝或镀锌铜丝编织成的网制成,编织网的厚度大约为0.2mm。

电缆芯是指"存在于电缆中的股线的总和,包含位于股线上的护罩或内护板线圈"[3.5.6-8]。

在相当多的电缆类型中,电缆芯内填充了胶状物从而达到防水效果。

外皮必须要把电缆芯包起来固定住,并且要能够有效防止机械影响、热影响、化学影响以及外部潮湿的影响。户外电缆的PE材质外皮的最小厚度在DIN VDE 0816[3.5.6-9]中进行了规定。

保护外壳的作用是为防止机械损害提供额外的保护,这与安装可能需要的加固件作用是一样的,这些加固件由圆金属丝或扁金属丝或钢带制成。

表3.5.6-1根据DIN VDE 0816[3.5.6-9]列出了典型的A-2Y(L)2Y型户外电缆的技术特性和机械特性,这种户外电缆具有全PE材质的绝缘层、外皮层以及不同数量的双股电缆芯,双股电缆芯采用直径为0.8mm的铜导体形成星铰结构或者管束结构(图3.5.6-2)。

A-2Y(L)2Y型户外通信电缆的技术数据和机械特性[3.5.6-20]　　　表3.5.6-1

双绞线数量	6	10	20	30	40	50	70	100	150	200
外皮厚度(mm)	1.8					2.0		2.2		2.6
电缆外径 D(mm)	13	15	18	21	23	26	29	34	40	47
每千米电缆的质量(kg/km)	180	240	390	540	680	840	1110	1520	2210	2920
最小弯曲半径	20D									
敷设时的温度范围(℃)	$-20 \sim +50$									

根据电缆结构,给出的数据中,部分数据可能会发生很大的变化,因此必须注意各个电缆制造商的说明。

根据DIN VDE 0888-1[3.5.6-10],光导纤维体是"一种非传导性的波导管,其芯子是由阻尼较小的透光材料(通常是高纯度石英玻璃)组成的,其外皮是由折射率比芯子更低的透光材料组成的。它的作用是在可见光的频率范围内通过电磁波来传输信号。"

在同样由石英玻璃组成的外壳上面,通常还有附加涂层(外涂层),这个涂层一般是塑料材质的,用于提高其机械强度并避免散射损耗。它应当能保持原有表面的性能,并且可以由多个子层组成。

芯子、外壳和外涂层按照一套工作流程制作成光导纤维体,它本来叫作玻璃纤维,也可以简称为纤维(图3.5.6-3)。单条玻璃纤维的外部直径约为250μm。

图3.5.6-4为具有60根纤维的户外光缆的一种可能的结构,其外径大约为20mm。

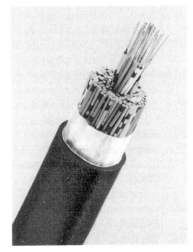

图3.5.6-2　A-2Y(L)2Y形通信
电缆[3.5.6-20]

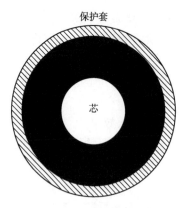

保护套

芯

图 3.5.6-3　光缆的基本结构

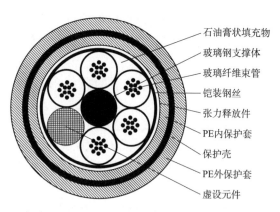

石油膏状填充物
玻璃钢支撑体
玻璃纤维束管
铠装钢丝
张力释放件
PE内保护套
保护壳
PE外保护套
虚设元件

图 3.5.6-4　一根 60 支纤维的光纤户外电缆的结构示例

市面上由一个公司提供的一种光电缆的结构就有许多种,因此,特别是考虑到还有大量的特殊结构,不可能仅对其中的一种进行研究。

因此,表 3.5.6-2 根据 DIN VDE 0888[3.5.6-10]复述了典型的用于埋地敷设或者在电缆保护管中敷设的户外光纤电缆的具有代表性的技术数据。在特殊的应用情况下,要注意与此相关的各个电缆制造商的说明。

光纤电缆的技术数据和机械特性[以使用的单模光纤或者梯度折射率光纤、
带有 A-DSF(ZN)(L)2Y 形涂层外壳、按照 DIN VDE 0888[3.5.6-10]用作户外电缆敷设在
土壤或者保护管中的松套电缆为例][3.5.6-20]　　表 3.5.6-2

光纤数量	2×2~6×2	4×4~5×4	6×4~8×4	4×10	5×10	6×10	8×10	10×10
芯线直径(mm)	2.0	2.0	2.0	2.8	2.8	2.8	2.8	2.8
PE 护套厚度(mm)	2.0	2.0	2.0	2.0	2.0	2.0	2.0	2.0
电缆外径(大约)(mm)	15.0	14.2	16.2	15.8	17.0	17.6	19.4	20.4
电缆每千米的质量 (大约)(kg/km)	197	196	270	235	280	295	340	400
所允许的最大拉力(N) (在用拉钳的情况下)①	3000	3000	40000	3500	4200	4400	5100	6000
最小弯曲半径(mm) (在允许的最大拉力下)	375	355	405	395	425	440	485	510
最小弯曲半径(mm) (在零应力状态下)	225	215	245	240	255	265	290	305
整卷交货长度(m)	不超过 2000m							
运输和存放温度(℃)②	−25 ~ +70							
敷设温度(℃)	−5 ~ +50							
运转温度(℃)	−20 ~ +60							

注:①根据 DIN VDE 0888-3,如果制造商和用户之间没有其他约定,那么拉力相当于电缆每千米的质量,单位为 N(例如 200kg/km 相当于 2000N)。

②根据 DIN VDE 0888-3,上述数据适用于所有带有 PE 护套的光纤电缆、用 PE 或者 PVC 保护外壳进行加固的电缆。

3.5.6.2　敷设和支承

通信电缆是通过装配井道运入综合管廊中的。在这个过程中,首先要通过监测拉力的绞盘或者采取手工方式将电缆从卷筒上展开,并运入综合管廊的操作通道内,这是比较有效的做法。为了简化这一工序,可以在地面上安装导向轮。在电缆全部运入之后,采取手工方式将其抬起并放置到支承上。

1)综合管廊中的敷设

在综合管廊中敷设通信电缆及其附件可以参考电力电缆敷设。通信电缆最好敷设在综合管廊侧壁,这样可以使装配、敷设、接合工作以及空间利用率更为理想[3.5.6-11]。

2)支承

在敷设较大直径的光缆时,或者当电缆数量较少时,采用电缆夹将通信电缆固定在墙上的做法是比较合理的。但是一般情况下,通信电缆放置在电缆桥架上(图3.5.6-5),横挡间距取决于制造商给出的通信电缆的抗拉强度。在光缆相对较轻的情况下,也许可以扩大横挡间距。在这种情况下,支承面不能太狭窄,从而避免光缆损坏。在接头不能交错安装的情况下,根据经验最小间距为0.4m(图3.5.6-6)。

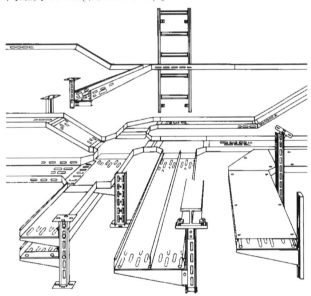

图3.5.6-5　用于支承通信电缆的系统桥架[3.5.6-21]

图3.5.6-6　苏黎世狮子街综合管廊中通信电缆接头[3.5.6-22]

原则上,通信电缆不必按照一定的间距敷设,因为它们互相之间不会产生影响。尽管如此,将电缆微微分开更好一些,比如将电缆取出来时更方便抓取。通常不需要将电缆固定在架子或者电缆槽内,但是采用塑料材质的缚带不用花费太多成本也能实现这一点。在敷设电缆和构造分支时,要注意不能超过电缆所容许的弯曲半径(表3.5.6-1和表3.5.6-2)。

3.5.6.3 套件和附属配件

在所有的电缆线路中,装在线路上的电缆供货件必须互相连接起来,因为通常整条线路由于建造、运输技术或者规划方面的原因无法设置成单独的一件。诸如配电箱、增强器这样的附属配件要安装在综合管廊中。在广域电缆中,以前需要用来减小阻尼的加感线圈现在已经不用安装了,因为如今常见的数字传输(ISDN)就可以避免这种阻尼[3.5.6-11、3.5.6-12]。

1)铜制电缆的连接

在连接铜制电缆时,电缆的芯线要互相连接起来,并用套筒进行保护,连接套筒根据其作用"贯通连接"或者"将股线分岔开来"制成连接套筒或者三通套筒[3.5.6-13]。表3.5.6-3介绍了通常情况下这种套筒的标准尺寸,其中给出的热塑套筒(VATKM)拥有最大尺寸,因为它只用于局部连接电缆和干线电缆(图3.5.6-7)。连接套筒和三通套筒(VASM)(图3.5.6-8)可以用于所有目前存在的线缆类型[3.5.6-14]。

用于铜质导线通信电缆接头的尺寸[3.5.6-13]　　　　　　　　　表3.5.6-3

接头尺寸(VATKM)	电缆入口区域(mm)	套筒最大直径(mm)	接头外径(mm)	接头长度(mm)
TK 95-64	95	64	152	435
TK 120-80	120	80	184	590
TK 155-100	155	100	215	680
TK 250-92	250	92	215	680

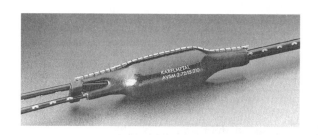

图3.5.6-7　局部连接电缆和干线电缆接头[3.5.6-20]

图3.5.6-8　连接套筒和三通套筒[3.5.6-20]

可以采用的经验是,套筒的直径差不多是电缆外径的2倍。特别为宽带通信开发出来的三通模制套筒(AFSM)的尺寸规格和这个差不多。因此,一般情况下,将电缆敷设在电缆桥架或者电缆槽的过程中不会有太大的困难,特别是由于在综合管廊中,套筒不需要都安装在一个位置(和常规敷设在井道中一样),而是可以一个接一个分散地排开。只有当综合管廊中非常密集地敷设了电缆,由此导致较短的电缆件无法进行微微弯折的情况时,才会出现空间问题。

2)光缆的连接

光缆和铜质电缆在连接技术上有着本质的区别。对于铜质电缆来说,原则上只要导线的金属部位互相连接上就够了,但是,在光缆中要连接的纤维必须满足以下要求:

(1)将要连接的末端从包裹的外皮中释放出来。

(2)以垂直于纤维轴线的方向平整地截断。

(3)尽可能准确地将芯子与芯子对准。

(4)将它们互相连接起来[3.5.6-1,3.5.6-4,3.5.6-15]。

纤维是通过电弧焊连接起来的,随后必须重新恢复包裹外皮的保护作用。由于在这种装配技术中,每个建立起来的连接都会损耗一小部分的纤维,因此,为了维修工作的顺利开展,必须在接合处预留纤维。接合点仅采用常见的套筒或者带有可拆除塑料外壳的套筒(图3.5.6-9)进行保护[3.5.6-16]。在三通套筒中也采用同样的方法。

 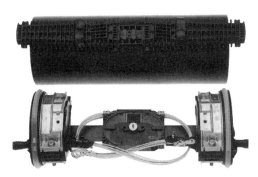

a)接头　　　　　　　　　　　　　　　b)带有可拆除塑料外壳的接头

图3.5.6-9　用于光缆的接头[3.5.6-20]

3)分配箱

分配箱(图3.5.6-10)的作用是将干线电缆与支线电缆连接起来。

当电缆埋地敷设时,分配箱放置在150mm或400mm高的基座上,其中电缆可以从底部穿过去。在综合管廊中,分配箱根据通信电缆的位置也可以挂在壁板上,但应便于人员使用。

3.5.6.4　维护

通信电缆是用胶状物填充在电缆芯内从而达到防水效果,因此以往使用的非常昂贵的压缩气体检测装置就没有必要使用了[3.5.6-17,3.5.6-18]。

上述检测装置在综合管廊中没有必要使用,因为综合管廊中本来就不大可能出现电缆损坏,就算出现了此情况,通过目测就能发现这一情况。与传统的敷设在电缆管道设备中相

图 3.5.6-10　分配箱外壳[3.5.6-20]

比,敷设在综合管廊中的电缆都可以接触到。损坏时不需要更换两个电缆井之间的整条通信电缆,只需对损坏的位置进行维修或者更换。

3.5.6.5　安全性

在综合管廊中敷设通信电缆从安全技术的角度来看没有问题。更确切地说,它的安全水平可能更高。

当通信电缆和电力电缆(电压 >1kV)互相交叉或者离得很近时,电流直接转移的危险性要比通信电流由于电弧、短路或者能量电缆过载而过热并受到损坏的可能性小得多[3.5.6-14]。

所有交叉点和临近点都被看作首要危险位置,临近点是指两个电缆设备的间距小于0.30m[3.5.6-19]。在这些位置,通信电缆必须进行防护,以免受到机械损坏以及电缆过载时产生的热影响。发生火灾时,要考虑到带有 PE 外壳的电缆可能会进一步燃烧。

需要说明的是,通过综合管廊操作人员的控制,数据安全性要比传统敷设方法高得多。为了确保数据的安全,必须谨慎地控制通往综合管廊的出入口,并且阻止未经批准者进入其中[3.5.6-18]。

通信电缆对于综合管廊来说不具有潜在的危险,因为它只能在低压条件(<100mV)下运营(仅适用于铜质导线的通信电缆)。这样的电压对于敷设在综合管廊中的其他管线来说不会造成任何干扰。

3.5.7　在综合管廊中敷设管线的案例

根据对各种管线的论述,下文将总结在综合管廊中敷设管线的几个重要方面,并介绍几个具有现实意义的例子。

在综合管廊中敷设管线主要取决于其类型和数量、安全技术要求以及建造和运营方面的关系。表 3.5.7-1 以简明扼要的形式介绍了与此相关的常规要求。

综合管廊中单个管线类型的最小间距和敷设情况　　　　　表 3.5.7-1

管道类型	离顶板或者墙壁的最小距离	与其他类型管道的间距	在综合管廊断面中的敷设
集中供热管道(FW)	最小 300mm	间距的大小要确保不会因热对供气管道、供水管道和电力电缆造成影响	尽可能在上部,最好在与供气管道、供水管道和电力电缆相对的另一侧
燃气管道(G)	参见表 3.5.2-1	根据压力等级、材质,以及按照操作人员的约定进行敷设	在上部
给水管道(W)	—	在集中供热管道相对立的一侧,如果无法实现,则要保持 300mm 的最小间距	在下部

管道类型	离顶板或者墙壁的最小距离	与其他类型管道的间距	在综合管廊断面中的敷设
排水管道(A)	—	—	在操作通道的一侧或者两侧的下部,或者在操作通道下面
电力电缆(E)	50mm	离电力电缆的最小间距为1mm,离其他管道的最小间距为300mm	通常在侧面
通信电缆(TK)	—	—	通常在侧面

根据 SIA 205[3.5.7-1],图 3.5.7-1 ~ 图 3.5.7-6 为圆形或者矩形断面综合管廊的案例。

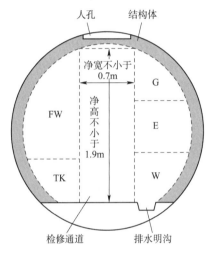

图 3.5.7-1　圆形断面[3.5.7-1]
FW-热力管道;G-燃气管道;W-给水管道;
E-电力电缆;TK-通信电缆

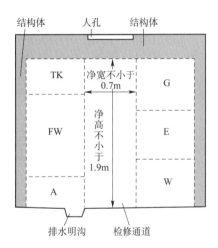

图 3.5.7-2　矩形断面[3.5.7-1]
FW-热力管道;G-燃气管道;W-给水管道;E-电力电缆;TK-通信电缆;A-排水

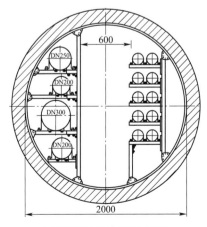

a)分配情况(标识参见图3.5.7-2)

b)格栅板作为走道的内部视图

图 3.5.7-3　柏林 1993 年建造的格林瓦尔德综合管廊(顶管公称直径为 2000mm)[3.5.7-2]

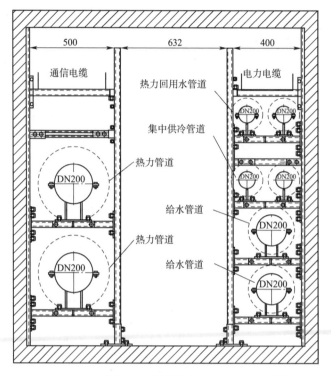

图 3.5.7-4　柏林 1993 年建造的 BW 医院的综合管廊(明挖施工,顶盖在运入管道后
再用混凝土进行浇筑)(尺寸单位:mm)[3.5.7-2]

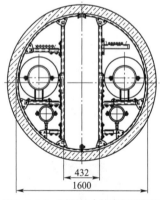

图 3.5.7-5　圆形综合管廊标准断面
(尺寸单位:mm)[3.5.7-23]

图 3.5.7-6　1983—1985 年在科隆-道依茨建造的
综合管廊[3.5.7-3]

3.6　私人住宅连接管

从综合管廊中的管线经过综合管廊壁板(穿墙套管)通向用户的管线称为私人住宅连
接管。

3.6.1　在综合管廊外设置连接管

连接管敷设可以与综合管廊的建造同时进行,或者在事后通过明挖或非开挖方式建造。

考虑到相应的水文地质的约束条件,根据 ATV-A 125[3.6-1],可以采取无人操作的方式对公称直径小于1200mm 的管道进行非开挖施工[3.6-2~3.6-5]。

在管道的非开挖施工中,根据现场情况,保护管或者生产管从建筑往综合管廊方向,或者以相反的方向,采取动能(推入)或者静能(压入)的方式,穿过建筑地基进行掘进。土壤被挤出来(挤土法),或在掘进工作面上进行掘进,随后通过螺旋运输机以液压或者气压的方式进行运输(取土法)。

根据要求的掘进靶向精度和位置精度,分别选择采用不可调节或者可以调节的顶管方法[3.6.1](表3.6-1 ~ 表3.6-3)。

不可调节的顶管法——土压法(应用领域依据文献[3.6-1,3.6-2,3.6-15]) 表3.6-1

结 构 图 示	应用范围的经验数据		
	管道外径 D_a(mm)	掘进长度 (m)	最小覆土深度(mm)
	≤200	≤25	$10D_a$
	≤150	≤20	$12D_a$
	≤100	≤15	$10D_a$

不可调节的顶管法——取土法(应用领域依据文献[3.6-1,3.6-2,3.6-15]) 表3.6-2

结 构 图 示	应用范围的经验数据		
	管道外径 D_a(mm)	掘进长度 (m)	最小覆土深度(mm)
	≤2000	≤100	$2D_a$

结 构 图 示	应用范围的经验数据		
	管道外径 D_a（mm）	掘进长度（m）	最小覆土深度（mm）
螺旋钻机 轴承 泵机 地面	≤1540	≤80	$2D_a$

可调节的顶管法（应用领域依据文献［3.6-1,3.6-2,3.6-16～3.6-18］）　　表 3.6-3

结 构 图 示	应用范围的经验数据	
	管道外径 D_a（mm）	掘进长度（m）
	≤560	≤100
	≤975	≤150
	≤1850	≤250

侧向支廊的敷设方式如图 3.6-1 所示。

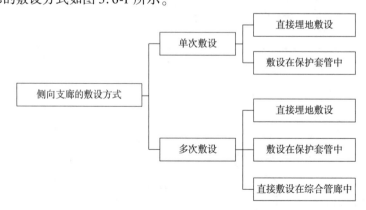

图 3.6-1　侧向支廊的敷设方式

　　埋地敷设以及单条或者多条敷设在保护管中与综合管廊的概念是相矛盾的,因为在这种情况下进行保养、检查和维修时无法接触到这些管道。理想的解决办法是将连接管敷设在可通行的或者可爬行通过的侧向支廊中,这种侧向支廊连接综合管廊和房屋的墙壁(图3.6-2)。当以非开挖方式进行建造时,所有的掘进方法(表3.3-2),尤其是矿山法以及带有可通行断面的管道掘进法都可以使用。相关的实施案例如图3.6-3所示。

a)综合管廊内景　　　　　　　　　　　　　b)综合管廊外景

图3.6-2　在莱比锡-华沙施工阶段的可匍匐通过的支廊[3.6-19]

a)矩形断面综合管廊　　　　　　　　　　b)拱顶断面综合管廊

图3.6-3　布拉格鲁道夫音乐厅综合管廊的可通行支廊[3.6-19]

管线通过套管(图3.6-4)穿过综合管廊和建筑物壁板,并应进行防水、防火封堵。

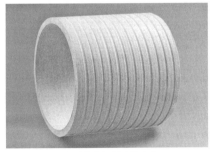

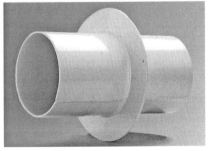

a)由纤维水泥制成的套管　　　　　　　　b)带有中间止水环的钢制套管

图3.6-4　套管[3.6-11]

3.6.2 穿墙电缆槽

穿过综合管和建筑地下室墙壁的时候,应当保护管道和电缆免受损坏,并且要避免异物和水的侵入。此外,还要求进行气体密封(例如天然气泄漏)或者封堵作为防火措施。其中要注意的是:

(1)尽可能不要将力和力矩传输到建筑物上。

(2)不能超过已经削弱断面的承载能力。

(3)在孔口切断的钢筋要重新补强并做好防腐工作。

根据德国工业标准 DIN 1986-1[3.6-6]和欧洲标准德国版 DIN EN 1610[3.6-7],允许房屋连接管穿过地下室墙外墙或者综合管廊外壁。在这些位置要采用保护管,例如铸铁材质或者钢材质的保护管,并且在承压建筑部件的两侧要安装可弯曲的管道连接件。

穿通建筑所需要的开孔可以通过结构上留出来的洞以及混凝土浇筑出来的管节(套管),或者采用钻孔方法。

穿通墙壁所需的开孔必须至少比要穿通的管道或电缆的外径大 10~20mm[3.6-8]。

穿通结构的构造和密封很大程度上受到地下水条件、密封结构及其他要求(例如防火)的影响。

根据德国工业标准 DIN 18195[3.6-9],建筑地基中的地下水分为毛细地下水、无渗透压力地下水及承压地下水。

土壤的毛细地下水是指在土壤中存在的可以通过毛细吸力朝着与重力相反的方向传输的水(渗吸水、滞留水、毛细管水),这种水不会自由流动[3.6-9]。

无渗透压力地下水与降水和工业用水有关,这两种水在重力的作用下自由流动。通常情况下,无渗透压力地下水不会对建筑施加压力,可能暂时施加微小的静液压力。如果在土壤中有无渗透压力地下水,它只会部分填充到土壤的空隙中,并且与土壤的毛细地下水相反,它是以滴液的形式存在的[3.6-10]。

德国工业标准 DIN 18195-6[3.6-9]将外水压定义为"从外部对建筑结构施加静态压力的水"。

在任何情况下,当进行穿通时,要对不同的建筑部件(墙壁、套管、管道或者电缆)进行有效隔离。

在砌砖或者在工厂预留孔口的时候,应采用标准化的部件,即所谓的套管,也叫作穿墙套管以及密封嵌件。在穿过混凝土或者钢筋混凝土进行取芯钻探时,不需要使用套管,直接安装密封嵌件即可。为了在取芯钻探时保持表面的防水性,必须涂抹内层防水涂料,随后再涂抹一层特殊涂层。

套管可以预先用混凝土浇固并嵌入墙内,也可以事后采用埋入墙洞中。由纤维水泥制成的套管在公称直径不超过 DN/ID 1600 时可以发货,由钢制成的套管则在公称直径不超过 DIN/ID 1402 时可以发货[3.6-11]。

可以通过以下方式实现套管与管道或电缆之间的密封:

(1)采用环链密封元件或密封嵌件。

(2)采用聚氨酯硬塑料海绵发泡材料。

（3）采用防水密封膏。

采用发泡材料无法实现有弹性、持久、有效的密封。密封元件由有弹性的、位于橡胶底座上的硬橡胶元件组成，橡胶元件在拧紧螺栓后，通过对支撑板和压板的机械压力作得以密封（图 3.6-5）。通常情况下，密封元件除了其防漏水特性外，还具有防漏气的特性。

a)用于单条管道穿通的环链[3.6-11]　　b)用于单条管道穿通的采用压实施工法的密封嵌件[3.6-12]

c)采用压实施工法的密封嵌件，带有焊接的固定法兰，用于吸收突然的压力负载[3.6-12]　　d)用于多条管道穿通的采用压实施工法的密封嵌件[3.6-12]　　e)用于电缆穿通的分离式密封嵌件[3.6-11]

f)用于多条管道穿通的分离式加层密封嵌件[3.6-12]　　g)用于单条管道穿通的采用压实施工法的加层密封嵌件[3.6-12]

图 3.6-5　不同密封部件构造

环链在不超过公称直径为 DN/OD 1200[3.6-11] 的管道外径时是可以供货的。密封嵌件的公称直径采用压实施工法不能超过 DN/OD 865，采用分步施工法不能超过 DN/OD 490，反复穿通不能超过套管的公称直径，钻孔不能超过 DN/ID 250[3.6-12]。

在使电缆或者可燃性管道进行穿通时，根据德国工业标准 DIN 4102 第 9 部分和第 11 部分[3.6-13]，在密封元件之间可以附加设置防火密封轴环，并盘绕在管线上（图 3.6-6），从而能够避免火和烟雾的扩散。

对于墙壁用密封膜进行过防水密封处理的建筑，根据德国工业标准 DIN 1895-9[3.6-9] 采用特殊的带有固定法兰和松套法兰的密封嵌件（图 3.6-7）。固定法兰用榫钉与墙壁连接，放在密封膜上并用松套法兰拧紧。

不管是综合管廊还是房屋墙面中，连接管的穿通和密封工作均成本高、费用大。因此，新型解决方案中设计了一种所谓的"复合穿墙法"，通过这种方法，可以便于通过预埋套管或者现场钻孔方式敷设管线（图 3.6-8）[3.6-14]。

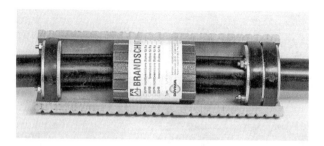

图 3.6-6 带有安装在密封嵌件之间的防火密封轴环的电力电缆[3.6-12]

a)预埋套管   b)现场钻孔

图 3.6-7 预埋套管和现场钻孔用的法兰密封嵌件[3.6-12]   图 3.6-8 复合穿墙法[3.6-12]

3.6.3 管道分支

根据欧标德国版 DIN EN 1610[3.6-7]，在管道分支时要确保：

（1）保证管道分支口的管道能够满足各自的运行压力要求。

（2）不能在管道内壁有凸出部件。

（3）连接处具有良好的密封性能。

对于集中供热管道、燃气管道和给水管道，连接管根据公称直径和材质的不同，可采用焊接或沟槽式连接（图 3.6-9）。

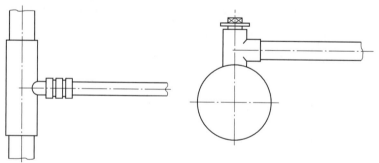

a)沟槽式连接（公称直径DN＞80mm）   b)焊接（公称直径DN≤80mm）

图 3.6-9 管道分支[3.6-20]

欧标德国版 DIN EN 1610[3.6-7]规定了作为与排水管道进行连接的方案，具体如下。

（1）分岔接头（图 3.6-10）。

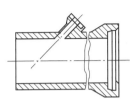
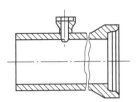

a)混凝土管[3.6-21]　　　　　　　　　　　b)带有45°接头的铸铁管[3.6-22]

c)带有45°接头和套头的
上釉陶瓷管[3.6-23]

d)带有45°接头的
陶瓷管[3.6-23]

e)带有90°接头的
PVC管[3.6-24]

f)带有45°接头的
PVC管[3.6-24]

图3.6-10　作为预制建筑部件的分岔接头

（2）连接件（图3.6-11）。

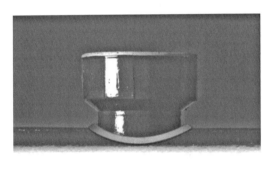

a)90°接口陶瓷管道　　　　　　　　　　　b)45°接口陶瓷管道

图3.6-11　连接件[3.6-25]

（3）鞍形接头（图3.6-12）。

a)球墨铸铁连接件[3.6-22]　　　　　　　　b)塑料连接件[3.6-24]

图3.6-12　连接件示例

（4）焊接接头（图 3.6-13）。

在埋地管道中建立连接的方法也可以在综合管廊中使用。由于综合管廊内管道的可接触性，这些方法的应用将更简单，与此同时，连接管道可以从综合管廊一侧进行检查（图 3.6-14）。

图 3.6-13　PE-HD 材质排水管道连接件

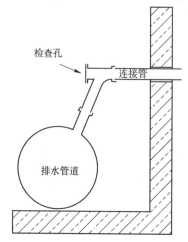

图 3.6-14　综合管廊与房屋的连接管[3.6-19]

3.7　综合管廊的附属设施

3.7.1　一般安全要求

对综合管廊附属设施的配置取决于综合管廊所确定的安全水平。根据文献［3.7-1］，综合管廊的安全运营目标包括：

（1）保护在综合管廊内外的人员和物品免遭火灾、爆炸、有毒气体、缺氧、水淹以及机械损害。

（2）避免管线受到损坏或者相互干扰。

（3）维持预防性的健康保护、施工保护、防火和环境保护措施。

综合管廊附属设施的作用就是实现这些目标，以及满足在适当的工作环境内开展必要的建造和维护工作的要求。这里的操作设备包括：

（1）照明设施，包括紧急照明灯。

（2）工作电流供应。

（3）通信设备。

（4）紧急援救设备。

（5）装配辅助工具和运输辅助工具。

（6）通风装置。

（7）防火装置。

（8）排水设施。

（9）信号装置。

（10）监控中心。

在综合管廊主体结构竣工后，应安装调试附属配套设备。在这些设备的辅助下，能够保证综合管廊的安全运营(图3.7-1)。

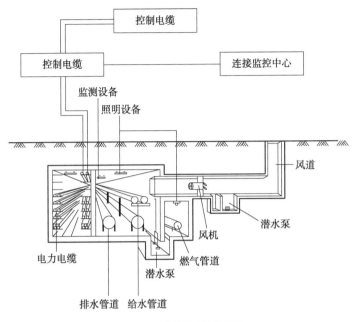

图 3.7-1 连接模制件[3.6-25]

3.7.2 照明设施

照明设施由常规照明设施和应急照明设施组成。

应急照明设施必须在常规照明设施停止工作的情况下立即自动生效。

对于常规照明设施来说,50lx 的照度就足够了。这与德国工业标准 DIN 5035-2[3.7-2]中对室内照明设施的要求是相符合的。通过安装功率为 100W 的标准白炽灯或者通过安装间距约为 10m 的 18W 荧光灯,就可以达到这种照度[3.7-3]。照明灯上要有防护罩(图3.7-2)。

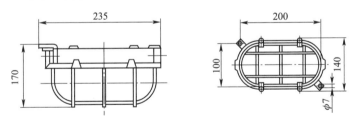

图 3.7-2 用于常规照明设施的防护罩[3.7-6](尺寸单位:mm)

当综合管廊的断面较大以及在有许多操作部件和监控部件的区域内,照度要相应提高。对此,可以缩小照明灯的间距,或者提高其功率。如果进行维修作业,可以预先准备可移动、与现有电源相连接的照明设备,或者随身携带用电池供电的手电筒。这些可以方便地放置在综合管廊中(图3.7-3)。

安全照明设施必须确保人能够安全地从综合管廊中撤离,应急照明时间要持续要达到1h,启动照明的延迟时间不能超过 15s。同时在地板以上 0.2m 的位置的照度至少要达到1lx。在已经开始工作但由于安全方面的原因必须结束工作的场所,这个延迟启动时间不能超过 0.5s，并且照度必须相应提高。如果这种场所没有提前确定，那么在开展相应工作时必须随身携带电池供电的照明灯。

在综合管廊内必须清楚标识逃生方向，例如通过辅助照明的"逃离路线"标示(图 3.7-4)。用于安全照明设施的电路不能与其他电路并联在一起。一种产品是固定安装的单体电池照明设施，它与用于常规照明设施的电路固定连接，在发生故障的情况下就可以由安装在里面的电池进行供电[3.7-4]。

图 3.7-3　苏黎世狮子街综合管廊中由电池供电的手电筒[3.7-20]　　　　图 3.7-4　逃生标示[3.7-21]

用于常规照明设施和安全照明设施的安装电缆，用电缆夹安装在墙上或直接安装在天花板下面，其中安全照明设施的电缆位于常规照明设施电缆的上方。这样一来，当常规照明设施的电缆着火时，就不会对安全照明设施造成影响。但如果安装了前面推荐的单体电池照明设施的话，这一措施就起不到作用了。

常规照明设施的开关要规划在进口和出口井道，以及预先确定的照明段内。这些开关必须要很容易接触到，并且能够自己发光。根据德国工业标准 DIN 18015-3[3.7-5]，开关要安装在距地面 1.1m 高的地方，但是这一点不是一定要遵守，因为这一标准是针对居住区的。通风设施应与照明开关联动起来，这样就能确保进入综合管廊时的通风供给。由于安全方面的原因，要避免在燃气管道的上方安装开关[3.7-6]。

3.7.3　供电设施

综合管廊应当配备一个交流电网和一个三相电网(图 3.7-5)。交流电网的作用是为可移动的照明设施、电动设备供电[3.7-6]，各插座的间距不能超过 50m。经常使用的电气设备应当优先装配插座。这些插座要很容易接触到，并且符合德国工业标准 18015-3[3.7-5]，要安装在地面上方 1.1m 的位置。和开关一样，要避免将插座安装在燃气管道上方[3.7-6]。

电缆是用线夹或者类似的固定配件固定在天花板或者墙上的。

3.7.4　通信设备

通信设备的作用是在综合管廊中的人员和监控中心之间，或者和其他设备之间建立联系，从而在意外事件发生时能立即采取符合现场情况的措施，或者在紧急情况下能找到最短、畅通的逃生路线。

图 3.7-5 苏黎世狮子街综合管廊交流电和三相电插座、手电筒和电话设备[3.7-20]

对讲机、电话装置或者无线电设备和移动电话可以作为通信设备。这些设备可以单独使用,也可以互相连接起来使用。对讲机是通过一个中心站进行调节的,其中必须建立以下通信通路:

(1)从监控中心到综合管廊的一个段落的通信通路。

(2)从监控中心到综合管廊的所有段落的通信通路。

(3)从综合管廊的一个段落到监控中心的通信通路[3.7-6]。

电话装置也要一并连接到监控中心。电话装置使得非该企业的人员可以与该企业保持通话状态。为了实现这个目的,在电话设备上除了一般的紧急号码以外,还要注明各供给企业中对口联系人的电话号码。

3.7.5 紧急援救设施

在紧急情况下,必须确保人员可以安全撤离综合管廊。逃生通道要保持通畅,要避免被工具、设备车辆或者类似的物品阻挡。

除了紧急呼叫设备以外,还要安装一种能指明暂时停留地点,并且可以加快营救工作的指示牌。

急救设备(包扎用品箱)必须具备足够的数量。一般情况下,要准备的包扎用品箱的数量取决于工作人员的数量。急救材料在任何时候都应当很容易取用,能防止破坏性的影响,尤其是污染、潮湿和高温,并且能够及时补充和更新。急救设备的保存处要清楚认出来,并且持久地以绿色正方形或者矩形、底上有白色十字、以白色边缘为框的图案作为标志[3.7-7]。

3.7.6 装配辅助工具和运输辅助设施

由于综合管廊中的空间受到限制,如果没有合适的运输工具,那么管道维修所涉及的管道部件、大尺寸沉重的工具内部运输就成为问题。

在操作通道上采用移动的运输车辆是一种简单、便宜的运输方式。对此,必须确保操作通道是可通行的。但是由于管道要交叉,比如在房屋连接管区域或者两条综合管廊的交叉区域,因此在交叉口要考虑障碍因素。

如果运输由于上述原因无法在地面上进行,也可以通过一种固定在天花板上的滑轨来实现,即挂轨运输(图3.7-6)。要运输的构件可以挂在这个移动系统上,通过机械驱动或者电力驱动的举升装置,这个构件可以朝上或者朝下移动。

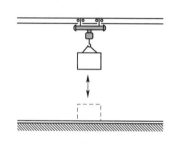

a)原理图[3.7-22]

b)苏黎世"狮子街"综合管廊中的滑动车[3.7-20]

图 3.7-6 顶部运输装置

在顶部运输装置的帮助下,在综合管廊中装配各种管道明显简单。在敷设电力电缆的情况下,就可以不需要使用电缆盘、电缆导管。

3.7.7 通风设施

综合管廊中通风装置的作用主要是消除或者稀释燃气和空气的混合物,使其保持在爆炸极限[3.7-8]、避免或者消除环境危险、降低综合管廊的温度和湿度[3.7-19]。

由于综合管廊通过通风井道与外界直接连接起来,因此要避免设置在车行道下面,因为车辆的尾气会进入综合管廊中。综合管廊内允许的 CO 最高浓度值为 $30cm^3/m^3$ [3.7-8,3.7-9]。

通风装置可以分为自然通风装置和机械通风装置。自然通风装置只能通过温差或者高差来实现空气交换,而机械通风装置是通过排风扇来强制空气进行交换(强制通风)。通过加湿器和除湿器,以及供热和冷却装置,可以对空气进行额外的处理。此外,还有用来清洁空气的过滤器和用来降低排风扇噪声的消声装置。

由于自然通风装置取决于诸如风力强度这样的外界影响因素,而且在较好的条件下才能实现通风,其通风效果比机械通风装置要差。莱比锡市政部门的一条综合管廊的运营经验说明,与机械通风装置相比,自然通风装置具有较大的缺陷[3.7-10]:1987 年 11 月,在采用自然通风方式的综合管廊中,一个电力电缆的接头导致了火灾。由于综合管廊内的烟雾严重而导致抢修人员无法进入综合管廊中。90min 后火灾才减轻到消防员可以戴着呼吸面具进行灭火。如果采用机械通风装置,烟雾就可以迅速排出,火灾也可以及时被扑灭,对其他电力电缆、通信电缆及支承结构造成的损坏也可以降到更小。

机械通风设施分为进风装置和排风装置。进风装置将空气从外部输送到要通风的空间内,同时多余的空气通过专门设计的通风孔排出。在进行通风的空间内会形成超压。排风装置将空气从一个空间内吸出,并将其排到外部。根据文献[3.7-11],新鲜空气会通过通风孔再涌进来。

燃气泄漏时,综合管廊中会形成危险可燃的燃气和空气的混合物。由于在使用排风装置的情况下,这种混合气体会直接经过排气扇,因此排气扇必须是防爆的。进风装置的使用则无须进行防爆处理,因为它的工作只涉及新鲜的空气。在燃气管道完全破裂的情况下,通风装置必须在任何时候都能确保燃气和空气的混合气体浓度保持在爆炸极限之下。在燃气管道完全破裂的情况下,将燃气和空气的混合气体浓度保持在这个极限之下的要求,由于受到管道公称直径和压力等级的影响,在技术上并不能一直实现,在经济上也是无法支持的。但是如果在发现泄漏之后要尽早地停止燃气供应,那么在适当的通风后,爆炸的危险就可以排除[3.7-8]。

根据文献[3.7-8,3.7-12],比起散热到周围土壤中的巨大影响来说,通风设施对综合管廊温度造成的影响是相对较小的。特别是在炎热的夏季,不要指望通过通风来降温。由于热空气从外面被吸入综合管廊中,综合管廊内温度会升高。如果对环境条件有要求,则集中供热管道和给水管道上应当覆盖保温层。

在夏季湿热的空气进入温度较低的综合管廊中会导致冷凝水产生。在这种情况下,只要综合管廊内的环境良好,通风装置应当保持关闭状态[3.7-12]。

机械通风装置可以通过自动的调节装置来运行,例如根据预先设定的时间间隔对综合管廊进行换气。在已有的综合管廊中换气频率相差很大,如汉诺威的一条德国电信的综合管廊一天要通风 3 次,每次 20min;而在中国台湾的一条综合管廊每小时就要通风 2 次[3.7-8,3.7-19]。

如果人们为了维修或者保养要进入综合管廊的话,机械通风装置必须可以通过人工控制来运行。建议将这种人工控制开关与照明设施的开关联动起来。在这种情况下,每 1h 大约需要进行 5 次换气,其中有效的换气量至少要达到 80%,从而能够建立一个适宜的工作环境[3.7-3,3.7-19]。

轴向结构和径向结构都适宜作为排风扇(图 3.7-7)。轴流式风扇的优势是需要的空间较小、效率较高,且实际购置成本较低。与径流式风扇相比,其缺点是噪声更大、更换发动机更困难,且可能需要变频功率。为了在紧急情况下能够提高通风量,排风扇应当装配变频电机,这样就能在需要时进行功率变化[3.7-11]。图 3.7-8 显示了科特布斯的一条综合管廊中的轴流式风扇。

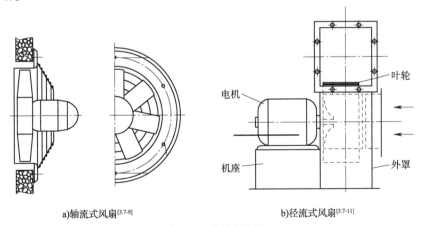

a)轴流式风扇[3.7-9]   b)径流式风扇[3.7-11]

图 3.7-7 排风扇类型

所需的通风量是将综合管廊的断面与通风长度相乘而大致计算出来的。以大约 9m² 的综合管廊断面(图 3.7-9)作为例子,其相应的容量为 4500m³。根据 1h 换气 5 次的要求,所需通风量大约为 22500m³/h。这就意味着单个排风扇的通风量大约为 11250m³/h。可选用一个 900r/min、直径为 630mm 的轴流式风扇。真正的通风技术的计算要比这里介绍的复杂得多,图 3.7-9 也会根据通风段的长度以及通风井道的数量和设置而变化。

图 3.7-8 科特布斯的一条综合管廊中的
轴流式风扇[3.7-20]

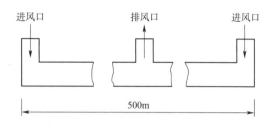

图 3.7-9 带有两个进风口和一个排风口的
综合管廊断面[3.7-20]

通风井要确保排出的燃气不会对环境造成危害,也不会对居民造成噪声干扰。对此,通风点发出的噪声在 3m 半径外必须小于 55dB(A)。考虑到噪声,最好选择低转速的通风设备[3.7-6,3.7-19]。一般情况下,要确定综合管廊的通风设施采用通用的排风扇就能实现,而且与普遍的建筑通风设施相比,通过通风管道能够更容易设置排风扇。构造通风结构和设置排风扇的方法见表 3.7-1、表 3.7-2,布拉格一个建造好的通风口如图 3.7-10 所示。

使用径流式风扇通风设施的结构[3.7-6]   表 3.7-1

通风设施设置原理示意图	注　　释
	最简单的通风设置,综合管廊不能位于机动车道下,防护能力较弱,空气流量较小
	综合管廊可以设置在机动车道下,防护能力较弱
	噪声较小
	在设置盖板时需要另外的建筑结构,防护能力较强,金属丝网罩位于通风顶盖下面可抵御严重污染

通风设施设置原理示意图	注　释
	带有通风罩或者排气罩
	如果空气排出口必须位于机动车道下,金属丝网罩位于通风顶盖下面可抵御严重污染

使用轴流式风扇通风设施的结构[3.7-6]　　　　　　　　　　　表 3.7-2

通风设施设置原理示意图	注　释
	综合管廊不能位于机动车道下,不能完全防止损坏,金属丝网罩位于通风顶盖下面
	通风设施能得到更好保护
	综合管廊可以位于机动车道下
	综合管廊可以位于机动车道下,通风设施能受到保护,噪声较小,带有广告柱(图3.7-10)
	综合管廊可以位于机动车道下,通风设施能受到保护,噪声较小

图 3.7-10　布拉格建造成街头广告柱的
通风口[3.7-20]

3.7.8　消防设施

在综合管廊中发生火灾的风险被归为较小的一类，选择合适的阻燃材料作为建筑物表面、管道及其他配件，能降低火灾发生的可能性。

一方面，火灾通过有毒或者有爆炸危险的燃气给综合管廊中的人员造成危险；另一方面，综合管廊本身和敷设在其中的管道会使火灾扩散而受到更大程度的损害。但通过用合适的阻燃材料，可以避免这种损害，因此不必考虑后者[3.7-13]。

在综合管廊中，火灾危险是由于敷设在其中的电力电缆短路、工作人员的错误操作(例如在焊接作业时)或者故意破坏而产生的。

此外，防火措施涉及组织性措施、防火建筑结构、火灾信号装置以及消防设备。

以下内容属于组织性措施：

(1)对在综合管廊中的工作人员进行集中培训。

(2)制定火灾应急预案。

(3)清晰可辨的逃生通道及逃生指示标识。

(4)对管道，尤其是材料老化的电力电缆进行定期检查。

(5)将综合管廊工作人员、管线单位和消防人员的消防预案统一起来。

防火建筑结构一方面包括对综合管廊所有部件和建筑外壳本身的材料进行选择，另一方面包括建立能够限制火灾蔓延的防火分区。为了达到这个目的，综合管廊要用防火墙进行分隔(图 3.7-11)。其中，防火分区可以和通风分区相适应。为了确保通行性，带有防火门的防火墙要根据德国工业标准 DIN 18082-1[3.7-14]来进行设计。

a)原理图[3.7-23]

b)布拉格"鲁道夫音乐厅"综合管廊中的防火墙[3.7-20]

图 3.7-11　带有防火墙的综合管廊

同样地，电缆和管道穿防火墙时也要确保防火以避免火和烟扩散。在单条管道穿过的情况下，可以使用防火密封嵌件。当要穿通敷设了多条电缆的电缆架或电缆槽时，则要使用防火包或防火混凝土来封堵孔口(图 3.7-12)。

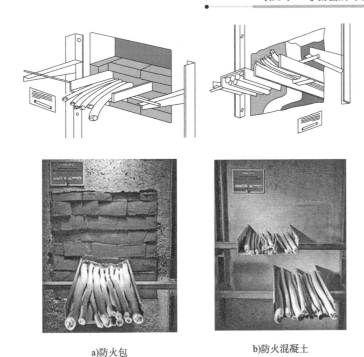

a)防火包   b)防火混凝土

图 3.7-12 用于电缆架或者电缆槽的防火穿墙结构[3.7-24]

为了及时采取消防措施,要准备合适且充足的手提式灭火器。根据《关于使用灭火器的工作场所的规定》(TBG)[3.7-15],合适的灭火器类型为 PG6 和 PG12(带有 ABC 干粉灭火剂的干粉灭火器),这种灭火器适用于所有的火灾类型,包括可燃金属。需储备的灭火器数量 n 的参考值可以根据下式大致确定[3.7-16]:

$$n = \begin{cases} 2, \text{对于 } A \leqslant 100\text{m}^2 \\ 2 + (A - 100)/100, \text{对于 } A > 100\text{m}^2 \end{cases}$$

式中:n——灭火器的数量(个);

A——综合管廊的平面面积(m^2)。

灭火器的位置要用清楚、明显的标志指示出来。

3.7.9 排水设施

综合管廊要配备排水设施,从而将下述来源的水排出[3.7-12]:

(1)由于泄漏导致渗入的地下水和渗透水。

(2)用于清洁综合管廊的清洗水。

(3)给水管道和集中供热管道的放空水。

(4)给水管道、排水管道和集中供热管道的渗漏水。

(5)冷凝水。

为了确保将水排出,在综合管廊底部要设置排水沟或者排水管道,从而将水引导入集水坑中。其中,明沟具有不会被堵塞的优点。

综合管廊的建筑结构考虑到排水,要求底部有 1.0% ~2.0% 横坡,以及大约 0.5% 朝向集水坑的纵坡^[3.7-8]。

在综合管廊最低点的集水坑(图3.7-13)中,置于水下的潜水泵在需要的情况下通过浮球翻转开关启动。上下相叠安装的开关同时也可以用作为警报器,或者逐级提高泵的功率。

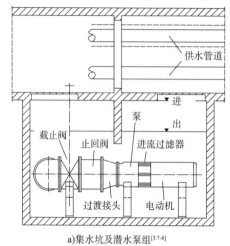

a)集水坑及潜水泵组^[3.7-8]　　　　　　b)苏黎世狮子街综合管廊的集水坑^[3.7-20]

图 3.7-13　集水坑

为了避免水通过门洞进入综合管廊或者相邻建筑中,可采用防止倒灌的翻转隔板(图3.7-14)。这种装置不需要任何动力,而是随着水位升高通过机械的方式关闭。它在停电时也能够有效工作。

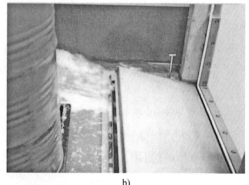

a)　　　　　　　　　　　　　　　　　　b)

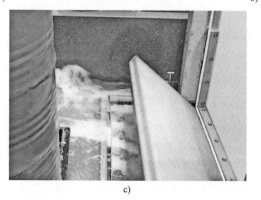

c)

图3.7-14　自动关闭的翻转隔板^[3.7-25]

苏黎世的狮子街综合管廊配备了一个在常规情况下保持关闭的翻转门,这个翻转门和上面提到的翻转盖板的作用是相同的(图3.7-15)。

积累的水会从集水坑中直接输送到公共排水管道中。但是要确定不会有燃气从综合管廊进入排水管道,从综合管廊到排水管道不会使嗅味散发并避免回流。为了满足这些要求,在综合管廊和排水管道的连接管中安装了诸如气隔、止回瓣、止回阀这样的管道部件。

图3.7-15　苏黎世狮子街综合管廊中的翻转门[3.7-20]

3.7.10　报警设施

综合管廊中报警装置的作用是尽可能提早发现建筑结构、敷设在其中的管线、在综合管廊中的工作人员及危险的环境,从而避免事故。此外也可以查明运转异常的测量值,例如管道温度、运转压力等。

报警装置也被称为被动安全设施。这个概念是相对于主动安全措施的。主动安全措施是通过建筑结构、合理布置管线或者选择适宜的材料来规避危险的;被动安全措施只能作为主动措施的补充,而绝不能替代主动安全措施,因为报警装置经常可能停止运转。因此,要根据具体情况对报警装置的可靠性进行测试。

需要考虑以下报警设施或者监控设备:

(1)火警报警信号装置、水淹报警装置及气体探测装置。

(2)防止人员擅自进入的装置。

(3)测量综合管廊中温度和空气湿度的装置。

(4)阀门、通风设施、灯光等的操作显示屏。

(5)各条管线的参数测量装置。

对于所有的报警装置,尤其对于火灾和气体报警装置以及防止擅自进入的报警装置来说,除了常规电源以外还要配备紧急备用电源,从而在停电的情况下也能够正常使用。比如蓄电池就适用于此种情况,其中电池容量要满足连续72h供电。

综合管廊中采集的数据要传递到监控中心,最好还要把这些数据传输给管线运营商,以便于管线运营商能快速对可能发生的故障做出反应。此外,火警报警装置要同当地的消防部门联动。

(1)火警信号装置

火警报警装置的作用是尽可能早地发现、通知、定位,并且在相应的防火设备的共同作用下扑灭火源。德国工业标准DIN 14675[3.7-17]、DIN VDE 0833-1及0833-2[3.7-18]有明确规定。用作火警信号装置的有电离烟雾探测器、光学烟雾探测器、火焰探测器和探热器,其中火焰探测器只能监测已经闷燃的火灾,因此不适用于综合管廊。火警信号装置的选择、数量和布置是由当地的消防安全部门予以明确的。此外,要满足德国财产安全会(VdS)的相关准则[3.7-3]。

(2)气体警报装置

气体警报装置的作用是在产生危险的燃气和空气混合物时发出警报。在带有机械通风装置的综合管廊中,这种装置可以用于降低混合气体的浓度。气体警报装置的设置应当使警报最晚在燃气浓度达到爆炸下限的50%时发出[3.7-12]。

(3)防止擅自进入的装置

为了防止有人擅自进入,除了机械安全措施(可关闭的入口)以外,还要根据 DIN VDE 0833-1 和 DIN VDE 0833-3[3.7-18]设置防盗警报装置。这里也要注意德国财产安全会(VdS)的准则要求。外部监测和内室防盗监测是有区别的。对于外部监测(综合管廊人员出入口、紧急逃生口、通风口)采用的是诸如门闩接触器、电磁接触器、震动接触器和警报器这类装置。对于内室防盗监测则可以采用踩踏地毯警报器、各种运动检测器或者光栅,也可以考虑视频监控设备。

(4)对综合管廊中温度和空气湿度进行测量的装置

过高的空气湿度和温度对管线产生负面影响。这里,只要通风技术允许,可以采用相应的人工干预。

(5)阀门、通风设施、灯光等的操作显示屏

从综合管廊外部也应当能够对通风设备,以及燃气、给水和集中供热管道的阀门进行操作。对此,必须掌握现有的安全运行状态,并且将其调试到合适的状态。

(6)各条管线的参数测量装置

对各条管线的参数,例如压力、温度等进行测量属于管线运营商的常规工作。综合管廊非常便于设置相应测值的传感器。

3.7.11 监控中心

当综合管廊网络具有相当大的服务区域时,应设置独立的综合管廊监控中心。对于长度小于100m的综合管廊来说,监控中心最好与当地的公共机关合并在一起的。这些公共机关,有当地的消防队、地下建筑管理处、管线运营商、已经商业园区的门房等。

监控中心的主要任务有:

(1)获取并处理信息,从而对综合管廊中的附属设施进行控制和操作。

(2)监控综合管廊中的保养维修作业。

(3)发生意外时进行协调和通知。

在监控中心内,可以对信息进行汇总、提取来准备相应措施并实施。其中包括启动通风设施、在出现燃气泄漏的情况下截断燃气管道,或者在有人擅自进入时通知警察或者安保人员。此外监控中心协调管线运营商在综合管廊中作业。

在综合管廊中发生爆炸或者火灾时,通过电话或者广播将所了解到的信息及时通知综合管廊内的工作人员,以及协调抢修工作。

3.7.12 工作规程

综合管廊的工作人员负责对人员进出综合管廊以及在综合管廊中施工进行部署安排。对综合管廊的运转进行部署安排是通过发布指令、进行选择以及实施监控,即通过工作规程来保证安全运营。

工作规程中包含了综合管廊操作人员所有的职责、权利和义务,并为组织开展工作提供

依据。通过可理解的标记,将综合管廊的所有行动都指示出来。在工作规程中,要对以下实际情况进行明确:

(1)目的和适用范围。

(2)涉及的法人和法律依据。

(3)操作人员和使用人员的工作职责。

(4)安全措施。

(5)在综合管廊中停留和作业的安排。

(6)管线开始运营和停止运营、翻新、替换。

(7)责任及保险。

工作规程是由完工资料、使用合同、安全计划和其他合同或者说明来确定的。附录 A 中所述的德国非开挖和管道维护协会(GSTT)的工厂准则(包含于文献[3.7-1]中)可以作为一个例子。

第4章 环境保护和生态评估

4.1 工程建设环境保护概述

4.1.1 一般概念的理解及概念间的联系

"环境保护"一词在日常生活中已广泛运用,尤其是近几年,该词的使用频率日益增加。由于生态化在市场营销领域的发展,市场上的产品及其性能被贴上了环保、无污染之类的标签,而这些所谓的环保通常只是表面文章。这样一种看起来环保的做法实际上对于工艺环节或大自然的循环来说并无裨益,或者说根本就与环保背道而驰。

不同于以产品为导向的描述,对整体计划的描述需要在规划、设计、施工及之后的运营过程中经受环境评估的考验。早在1971年,原西德环境部已将环境影响评价测试(UVP)纳入工作中。基于已在北美执行的"环境影响评价",德国在20世纪70年代到80年代从联邦、州和地方三个层面创立了官方的环境影响评价测试,并在1985年之前立法,对特定的公共及私人项目,用环境影响评价测试替代原先使用的欧共体准则。

随着《环境影响评价法》(UVPG)在1990年生效,环境影响评价测试作为官方审批程序的一部分被合法确认。除此之外,所谓自愿的地方性环境影响评价测试,尤其是在建筑指导规划框架内的,找到了包括城市规划主管权在内的应用方向。《环境影响评价法》的第1条阐述了该法在其工作特性中的目的,即对规划所产生的环境影响进行前期试验、说明及评价,最终结果是对环境影响进行有效预防。

德国《环境法》中多次提及预防原则,根据权利和义务的不同,条文也会有所不同,更确切地说,该法没有明确定义环境预防措施。从环保的专业角度来看,环境预防措施常常与环境质量目标结合在一起,而这一质量目标往往十分接近法律允许的极限范围。

基于这样的相互关系,可持续发展的理念被提出,这一理念从长期来看可以实现改善自然生态环境和社会生活条件的社会目标,而这些目标可以通过技术和工艺的测试仪器来检测。实践证明,环境保护评估和决策的多样性以及没有明确法律概念的环境预防措施的确存在。联邦政府在1985年5月7日公布的土壤保护理念中阐述了预防措施的概念,即自始至终将其视作对保护对象进行详细调查的出发点。

预防措施包含了对食品、饲料和原料等生产制造过程中的长期质量保障,特别是:

(1)保护或修复水平衡,尤其是地下水的体积和重量。

(2)维持气候稳定的各项因素。

(3)维系物质循环。

(4)保护土壤材料分解及生态系统再生的能力。

（5）维持动植物的种类数量和基因多样性。

（6）在维持过程中尽可能保护修复功能。

（7）修复自然风景。

作为分析框架和试验标准的本质基础，符合环境影响及社会经济相关的法律标准受到越来越多的关注。就此而言，即便是独立区域的环境影响原则上也需要调查。对环境保护的调查概括来说有如下几点：

（1）环境保护意味着环境影响的预防，这说明建设规划对自然环境不会产生负面影响。

（2）环境保护的评估可能着眼于经济价值，但是从综合考量使用期限等其他因素来看，环境保护的评估因为相互间的关系会产生间接影响，甚至对上游产生影响。

（3）对环境影响的调查分析因保护对象不同而具有差异，当保护对象意义重大时（这里指人类、土壤、地下水、空气、气候、植物、动物、文物、实物），对环境影响和环境质量目标的考量会有所不同。

这些目标在城市生态学的概念体系下相互制约，就如同北莱茵-威斯特法伦州提出的"未来生态城市"理念及在模拟城市中建立的项目模型。

4.1.2　建筑指导规划中的环境影响评价测试

从城市管理部门的角度来看，地方性的环境影响评价测试已经在 20 世纪 70 到 80 年代开始实行，并且已经在 250 座城市发展成为建设规划中的一个环节。法定的环境影响评价测试涉及城市内所有建设规划和工程项目的自愿性环境影响评价测试。可以预料，这些规划和项目从开始规划到落实之前，对环境都将有所破坏。建筑指导规划的重点在于，所有对生态环境有重大意义的建设规划都需要经过环境影响的评估。

许多城市出台了各自多年来被证明成功的公式化流程，其主要由以下模块构成：

（1）环境关联性评价。

（2）调查框架的规定。

（3）预先考试的结果展示。

（4）环境影响试验。

（5）主要测试的结果和建议。

根据地方性环境影响评价测试的公式化流程，综合管廊在一座城市的模型试验被视作预先测试。根据涵盖了环境质量目标等概念的"生态城市改造"架构，环境变化的起点可使用预负荷（噪声、污染物、不良的土壤和地下水情况）作为试验的基础。像"生态排水理念"或是旨在提高管道能源传输、项目规划之类的媒介相关理念也同样如此，综合管廊的开放方案也或多或少会对上、下游领域产生环境变化的影响。

因为综合管廊的使用时长及在施工过程中不同的使用频率等原因，鉴定的时间跨度对环境影响评价结果有很大影响，而交通运输领域内的变化也同样值得注意。对能源与材料平衡以及常规安全技术与工艺的资源兼容性这一复杂问题，需要在基于应用情况的影响下独立地进行研究。因此，地方性的环境影响评价测试体现了此类调研的基本结构。

4.1.3　综合管廊建设中的环境评价

综合管廊的运用在经济、法律、生态方面都与传统的直埋管线存在差异，这一差异在权衡该地区专属的开发和创新战略的过程中尤为明显。

综合管廊的环境影响评价既有积极的一面,也有消极的一面。一般来说,环境影响评价测试旨在用相关标准证实施工项目或规划对环境的破坏。对于综合管廊来说,环境影响评价测试首先表明了其与直埋管线相比对环境的积极影响。就此而言,可以得到以下具有针对性的结论:

(1)如果综合管廊的实施所产生的环境影响在一定程度上减轻,则表明综合管廊是一个环保的城市开发解决方案,其与直埋管线之间的差距也将被证实(积极影响)。

(2)如果综合管廊的实施不能直接或间接地证实对环境功能有所提升,或只有轻微影响,那么综合管廊实施效益不大(消极影响)。

4.2 综合管廊和直埋管线所产生环境影响的比较

4.2.1 土壤

土壤作为生态系统的根本,受到管线敷设、长期运行的影响。土壤中的各土层具有如下功能:

(1)缓冲功能,尤其是缓冲地下水和层间水。

(2)过滤功能,分解有害物质。

(3)存储功能,通过腐殖土和矿物进行营养存储。

(4)生物功能,动植物的生命基础及微生物的生活空间。

一般来说,城市的土壤在结构空间上存在先天缺陷,其严重程度也大相径庭,与主干道或地下空间开发使用的密集区域和工业园区相比,绿化用地和空旷地带的土壤受到的影响更小。《联邦土壤保护法草案》表明,保护土壤各种自然功能不受到损害也被纳入预防责任中,确定了以使用、保护和影响为导向的检验价值和测量价值。除此之外,土壤的污染途径尤其需要考虑:

(1)人与土壤的直接接触。

(2)食物与饲料中的有害物质吸收。

(3)有害物质从土壤向地下水的转移。

(4)土壤中有害物质对土壤中生物的损害。

对于综合管廊系统而言,上述第3点和第4点的优势尤为明确。在前期,需要对土壤的物理性及化学性进行研究。物理性负荷有通过管线(包括基础和回填材料)进行的土壤封闭、夯实和预应力,由无机和有机有害物质造成的负荷需要借助目标值、标准值或者极限值来证实。在此期间能够找到不同的历史资料。在研究过程中,如发生了除《联邦土壤保护法草案》的规定及草案之外无其他说明的情况,按如下方法处理:

(1)目标值可参考艾克曼和克罗克在1991年出版的著作[4-6]。

(2)目标值可参考《环境影响评估测试管理规则》[4-7]的附录。

(3)临界值可参考北莱茵-威斯特法伦州1988年颁布的相关规定[4-6]。

(4)建议由鲁尔区卫生研究所确认土壤检测价值。

土壤负荷的原因可能是空气中存在的有害物质、污染材料、外来物质、弃用或断裂的管道、废料和残渣。其中,存在泄漏的管道对土壤的影响已经得到证实。与直埋管线不同的是,在综合管廊中敷设管线,管道利用综合管廊的外壁将管线和土壤分隔开来。其中,外壁主要起到密封和承载的作用。

对于直埋管线而言,管道外壁和电缆外皮与土壤直接接触,只有少数管道系统利用泄漏检测及预警系统来监控泄漏情况,并根据危害程度进行必要的开挖处理。

原则上来说,与同样规模的直埋管线相比,多个管道和电缆共用一条综合管廊可以减少土地资源的占用。根据综合管廊的埋深和建造方式,将在不同程度上减少综合管廊施工挖掘时占用的土地资源。通过将土层和基础、回填材料进行交换,土壤结构和地下水含量也会随之变化(比如土壤水分含量过高或过低及土壤冲蚀)。此外,根据《循环经济与废物管理法》[4-9]中的废料分类,迄今为止去除废弃管道的法定义务尚未明确。另一方面,在法律层面上,管道属于可拆卸还是不可拆卸的连接装置仍处在讨论之中,垃圾概念的争论仍未结束[4-10]。

对于处在矿区的城市来说,需要满足额外的条件来避免穿过矿区过程中的危险,在综合管廊内敷设管线,比直埋管线展现出更高的安全保障。

鉴于综合管廊对土壤污染预防的潜在可能,在规划过程中需要对表 4-1 中列出的所有标准做进一步鉴定。

综合管廊对土壤污染预防的潜在可能　　　　　　　　　　　　表 4-1

序　　号	标　　准	直 埋 管 线	综 合 管 廊
1	占用土层的体积		
2	交换土层的规模	应根据实际情况列举直埋管线与综合管廊的差异	
3	对土层造成的污染		
4	对土壤功能的干扰		

4.2.2 地下水

由管道泄漏逸出的物质在进入土壤后流入地下水,和在土壤中一样,这些物质在水中产生的影响同样值得关注。为了管控并保护地表水资源,由联邦和各州颁布的详细阐述关于水资源的法令格外需要关注,它规定了在建筑施工过程中将管道修建在岸边或十字路口的做法。

作为《水环境法》(WHG)[4-11]中的原则性条款,任何可能对水体造成污染的行为都不允许,任何对地下水存在污染或其他形式的损害都要避免,其同样适用于液体和气体的管道运输。联邦水问题工作小组更深入地起草了地下水的保护要求[4-12]:

(1)在地区性范围内保护地下水。

(2)原则上保留地下水的自然特性。

(3)保持现状,在没有进一步影响的情况下,可不开展水质修复。

此外,水资源保护区内管道的限制规定按照普遍公认的技术标准执行[4-13]。对于地区范围内预防性的地下水保护,概括来说,管网的密闭性要求不受污染总量和污染方式的影响。

直埋敷设管线和在综合管廊中敷设管线的区别,在地下水环境中结构为相同情况的前提下,可以通过水力学和水化学的角度来阐述。从水化学的角度来看,污染主要来自传输过程中的潜在污染物及有害物质泄漏、管道外壁和包裹物产生的污染。

鉴于综合管廊和直埋管线的地下水防护能力不同,综合管廊的开发方案原则上在保护功能方面优于直埋。表4-2中列举了地下水状况评估的普遍标准。

地下水状况评估的普遍标准 表4-2

序　　　号	标　　准	直 埋 管 线	综 合 管 廊
1	对地下水力学的影响		
2	对地下水化学的影响		
3	对层间水的影响	应根据实际情况列举直埋管线与综合管廊的差异	
4	对水质的影响		

4.2.3　植物和动物

假如动植物的活动区域与施工、使用的区域重合,这些设施将会对动植物产生持续性的危害,因而对其保护势在必行。对于动植物的活动区域侵占具有决定性的因素,一方面是规划带来的影响,另一方面是自然界的价值和灵敏度,例如基因多样性和珍稀动植物。

城市中的地下基础设施建设存在一定的特殊性。城市的动植物部落常常存在密切关注的要求,或者可能在各种作用的影响下得以重新接近自然的特性,这与土壤状况存在密切的联系,尤其在有机物、矿物、水分、空气和土壤微生物增多之后。

鉴于直埋管线和综合管廊对环境造成的影响不同,其施工阶段和运营阶段重新得到了关注。原则上讲综合管廊中敷设管线更少占用土地资源,施工影响的时间也更短。

许多城市通过引入《树木保护法》和对景观树、单一植被和丛林的保护,来实现对树木的保护。考虑到不同植物树根的空间不同,除了经济利益,它还关系到树木的自然年龄等问题。

树根受损和地下水与层间水比例的改变算是对树木最主要的伤害,而通过相应的防护措施可以预防施工过程中建筑机械对树干及树冠造成伤害。局部的树根在切除、腐烂、干枯和压伤之后会产生长期负面的影响,这一影响可能在多个植物生长周期内呈现出来。另外,燃气管道可能会导致树木枯萎和死亡。

树根侵入不密封的管道接缝和管道裂缝的情况也同样十分重要,除了会损坏管道,从环境角度来看也存在泄漏的潜在可能(包括管道内物质泄漏进入土壤,以及地下水渗入管道)。与对管道破损的保护相比,对树林的保护常常没有得到足够的重视。

由于综合管廊处于道路的中心位置,通过管道在综合管廊中的紧密排布,树根的生长空间受到的侵占普遍较小,这种紧密的管线排布方式已经被许多城市的市政部门当作城市系统翻新进程的基本要求。

根据动物群的生存空间,地表及地下的小型生物同样值得关注,并且已有许多针对城市动物群的研究,特别是特定物种根据不同环境在适应能力和灵敏度上的不同。但是,对于地下结构对生存空间造成的负面影响尚未得到广泛关注。通过对地下结构的覆盖或重新进行封闭,以减少地下结构向土壤的热辐射,可以改善物种的生存空间。

从实际情况来看,直埋管线和综合管廊之间的本质区别在于,综合管廊展现了适合于昆虫、爬行动物和小型哺乳动物的生存空间。尽管综合管廊在运输中并没有取消强制性的保护措施(例如防护栅栏),但在综合管廊的进口、出口及通风口仍与动物的生存空间隔离。不同于桥梁或其他基础设施建筑,在这些建筑上一些特定的物种(例如鸟类和蝙蝠)可以筑巢孵卵,而这在综合管廊中是不可能的,自然保护权威机构对此观点也尚不明了。对于直埋管线来说,动物群至少可以在排水管附近生存。

概括来说,通过以下3个评估角度,可以显示出直埋管线和综合管廊对动植物的不同影响:

(1)有保护价值的城市生态环境。在新建或翻新管道时,通过减少地面开挖来降低对城市生态环境造成的影响。

(2)树根损伤。随着空间占用的日益频繁和密集,树根损伤的情况开始出现。一方面,综合管廊的空间结构提供了容纳所有管线的可能,树根也可以在综合管廊建造空间的边缘位置得到保护;另一方面也避免了树根对污水管的侵入。

(3)小型生物、昆虫、鸟类或小型哺乳动物的生存空间。在综合管廊建设和运行过程中,这些生物的生存空间将被影响甚至是被部分破坏。

根据上述评价角度,表4-3给出了在设计规划过程中,设施对动植物带来影响的评价标准。

对动植物带来影响的评价标准   表4-3

序　号	标　准	直埋管线	综合管廊
1	施工过程中对动植物生存空间的占用		
2	动植物生存空间因建筑结构而产生的变化	应根据实际情况列举直埋管线与综合管廊的差异	
3	树木损伤		
4	对生态环境的长期影响		

4.2.4　空气和微气候

在大型城市,城市气候已经被交通运输、工商业及生活污染所影响。一般来说,减少污染的潜在方式正在被广泛研究,并已经得到充分利用,但是仍有污染未得到净化。对于直埋管线和综合管廊来说,在建造方式、正常运行和运行故障方面都存在不同。在直埋管线的新建、重建或翻新过程中,所有施工带来的污染(噪声、灰尘、燃烧废气、振动和气味)都可以归咎于这一施工方式。根据地下空间的占用情况,在像城市主干道一样的重要线路上几乎一直会有建筑工地。从长远来看,减少路面开挖的建筑方式可以限制污染。在综合管廊中进行管道的更换、重建或者附加敷设可以减少由此产生的污染,因而城市的建设需求(交通运输、居住、医疗、购物、商业需求)可以在更大程度上不受限制,因此,对管线的控制、保养和维修不需要在道路上进行额外的配置,延长了翻新间隔,减小了施工影响,而且综合管廊在与直埋管线使用时间相同的情况下,更少地进行地面开挖,造成的污染也相应更小。

谈到微气候的变化,当一些特殊的管道(例如高温水或蒸汽形式的集中供热、压缩空气、高压电缆等)发生局部损坏时,常常会导致土壤升温,可能会影响小型生物的生存和特定植物物种的成长。

根据当地影响和微气候变化,可以得出表4-4中描述的普遍标准。

由当地影响和微气候变化得到的普遍标准 表4-4

序　号	标　准	直　埋　管　线	综　合　管　廊
1	建筑施工过程中的污染		
2	管道正常运营时的污染	应根据实际情况列举直埋管线与综合管廊的差异	
3	工艺环节中的气体排放平衡		

4.2.5　对人的影响

管道的敷设、运营及损坏(泄漏、故障、事故)产生的对人的影响,可以根据不同的影响方向进行系统化的梳理。

(1)土壤:与泄漏及错误施工过程相关的浅层地层污染(燃气泄漏、渗透的化学物质),已被证实可以对人体健康产生影响,与之相关的是对污染土壤及建筑工地残渣的处理,这需要根据《循环经济与废物管理法》制定的垃圾分类方法进行管理。原先的处理方式虽然减轻了施工地点的环境污染,但在运输和排放过程中重新造成了污染。因而,这些废料需要根据特定的准则进行规避。

(2)水:地下水污染在分解强度更低的原水处理环节中可以被证实,但尚未对饮用水造成直接影响,在其融入了洗浴用水之后只有轻微风险。地下水中不计其数的小型污染物间接导致了水处理环节的高额支出。

(3)空气:在管道建设期间的废气排放,导致了每个建筑项目都有着不同的环境影响,只是与综合管廊相比,直埋敷设管线在使用周期内的建筑工程总数更多。

(4)安全水平:直埋管线有较高的安全水平,但在特殊情况(路面冻结、过载、材料疲劳、高于平均水平的震动、易燃液体流入污水管)下,可能会对地上安全产生影响(燃气爆炸、冲蚀、物质渗出、火灾)。

(5)社会承载力:这一概念囊括了综合管廊在施工过程和日常运营中所有相关影响。对于日常需求(生活区的施工音量、能见度、灵活性、购买习惯)及商业活动(启动条件、顾客可达性等)的限制,常常在对地下网络建造方式带来影响的讨论中作为第一顺位,但往往被低估。

关于施工过程对人体的影响,需要考虑表4-5中列出的评估标准。

施工过程对人体影响的评估标准 表4-5

序　号	标　准	直　埋　管　线	综　合　管　廊
1	对土壤和地下水的间接影响		
2	对当地污染情况的影响	应根据实际情况列举直埋管线与综合管廊的差异	
3	对人体健康的危害(安全水平)		
4	对社会需求的限制		

4.2.6　文物及实物财产

存在于土壤中的文物财产最先想到的就是考古遗址、地面遗迹和特殊地貌。如果一项建筑工程占用这类地区,鉴于建筑结构体积或施工工地要求,综合管廊和直埋管线之间的区别十分有限。直埋管线的翻新将再一次对文物和实物财产造成影响,这与在综合管廊内进行这项工作的施工方式不同。

像地下停车场、地下建筑或隧道这样的实物财产,通常情况下不会受综合管廊影响,与此相关的普遍标准见表4-6。

不同敷设方式对文物和实物财产影响的普遍标准　　　　　　表4-6

序　　号	标　　准	直　埋　管　线	综　合　管　廊
1	对文物和实物财产的影响	应根据实际情况列举直埋管线与综合管廊的差异	

表4-7总结了直埋管线和综合管廊对环境的综合影响。

直埋管线和综合管廊对环境的综合影响　　　　　　表4-7

保护对象	直　埋　管　线	综　合　管　廊
土壤	根据时间顺序和建筑方式对土壤空间的占用,管道泄漏直接影响土壤	对土壤的一次性占用,通常情况下管道的泄漏只影响综合管廊内部
水	预防性地下水防护的密闭要求与管道材料和管道接缝的密闭性有关	综合管廊能够满足防水要求,其结构对地下水流造成障碍
植物	管线排布灵活,将根据时间顺序占用地面和植物根部的空间	对地面空间只占用一次,综合管廊边缘区域对树根空间进行保护,敷设线路相对笔直
动物	占用动物的生存空间	占用动物的生存空间
空气和微气候	每一次敷设都会排放废气	使用周期得到延长,废气排放在综合管廊中得到限制
人	根据建设项目周期、安全等级、建筑方式而定	综合管廊的敷设、附加的安全措施减少了对人的影响
文物和实物财产	多次影响	一次性影响

4.3　综合管廊设计和运营对环境的影响

4.3.1　设计方案

前文解释了直埋管线和综合管廊对环境产生的不同影响,并与具体的解决方案一一对应。根据环境的不同,可以对如下内容进行选择:

(1)综合管廊系统布置。

(2)综合管廊结构材料。

（3）综合管廊内敷设的管线数量及分配方案。

（4）综合管廊敷设的位置。

在选择不同的设计方案后,在下列情况下会产生环境影响:

（1）建筑的施工或前期准备阶段。

（2）运营阶段。

（3）设备发生故障。

一般情况下,首先需要考虑的是综合管廊的埋置深度和与其他地下建筑(地基、交通运输设施)的距离。在明挖施工方式下,埋深越大对环境的影响也越大。

4.3.2　敷设技术

考虑到敷设方式的不同,可以选择下述标准对环境污染进行评估:

（1）建筑工地环境。

（2）施工工期。

（3）机械设备的占地需求。

（4）土壤开挖和处置。

（5）物料、建筑材料和辅助设备的仓储面积。

（6）机械使用时长。

（7）弃土运输。

（8）地下排水(排水时长、体积和方式)。

（9）液压油和润滑油的处理和品质。

（10）非开挖施工临时通风。

（11）地下防水措施。

（12）基坑回填。

（13）重设交汇管道的影响。

（14）交汇水流的解决方案。

与明挖施工相比,采用非开挖施工对附近环境影响较小,尤其在翻新过程中更加明显。综合管廊的设计旨在封闭的系统内完成管道的修缮和养护,而尽可能不开挖地面[4-15,4-16]。

4.3.3　资源消耗

在城市住宅结构的可持续发展中,资源消耗或者资源强度是一条基本标准。资源消耗指的是从原料获取到制作、安装和运输,再到废料排放全过程的材料和能源消耗,主要区别如下:

（1）水、电的消耗。

（2）管线的生产及安装材料消耗。

（3）综合管廊建设的材料消耗。

管线敷设在综合管廊中的资源消耗原则上更高,因为需要额外修建综合管廊主体结构及附属设施,但这一方案已被证实有利于保护资源。如果综合管廊的使用寿命为100年或150年,其对资源的消耗少于直埋敷设,虽然综合管廊也需要必要的养护。

202

在管线敷设时运用不同建筑材料和产品,存在不同的调研结果。在生产作为地下建筑主要建材——混凝土的过程中,水泥制作需要的特殊能源是所有需求量中最大的部分(硅酸盐水泥需要1440kW·h/t,砂石需要5kW·h/t,水需要0.74kW·h/t)[4-19]。与此同时,水泥制作中的天然能源需求量也不同,硅酸盐水泥需要7.93GJ/t,而高炉水泥只需要2.1GJ/t[4-20]。此外,在预应力钢筋混凝土中,如果对钢筋进行强化,能源消耗也会增加,具体如下[4-21]:

(1)轻度强化的钢筋混凝土(300kg硅酸盐水泥、1900kg砂石、25kg钢)需要1957MJ/m³。

(2)中度强化的钢筋混凝土(同样比例的水泥和砂石、70kg钢)需要3346MJ/m³。

(3)重度强化的钢筋混凝土(同样比例的水泥和砂石、150kg钢)需要5751MJ/m³。

尽管如此,与其他建筑材料相比,钢筋混凝土对天然能源的需求仍然相对较小[4-22]:

(1)钢筋:8350kW·h/t。

(2)铝片:72450kW·h/t。

(3)低密度聚乙烯(LDPE):19570kW·h/t。

(4)聚氯乙烯:15120kW·h/t。

(5)聚氨酯:26300kW·h/t。

(6)实心砖:1900kW·h/t[4-19]。

正如表4-8所给出的,不同的管道公称直径也可以作为计算天然资源消耗规模等级的参考依据(kW·h/m)。

不同材料和公称直径的管道在综合管廊运营过程中消耗的天然能源量　　　表4-8

材　　料	以公称直径(DN)作为标称直径计算消耗天然能源含量(kW·h/延米)	
	公称直径300mm[4-22]	公称直径600mm[4-1]
混凝土管	36	400
钢筋混凝土管	130	550
陶瓷管	146	700
聚氯乙烯管	191	1200
聚乙烯管	365	—
铸铁管	—	1600

考虑到物流和运输过程中的互补作用,根据具体的运送距离,其可能会产生较大波动,如使用货运汽车的公路运输需要2.8~3.1GJ/(t·km),铁路运输需要0.8~1.0MJ/(t·km)[4-21]。将开挖的土壤运走需要32kW·h/m³[4-19]。参考文献[4-23]列举了主要建筑材料的CO_2排放指标,在此说明水泥作为主要建筑材料在碳排放方面的优点:

(1)水泥:每1t水泥排放855kg CO_2。

(2)塑料:每1t塑料排放1964kg CO_2。

(3)钢材:每1t钢材排放2047kg CO_2。

(4)铜:每1t铜排放4901kg CO_2。

(5)铝:每1t铝排放12968kg CO_2。

以上数值均为平均值,在不同文献中可能存在较大波动。另外,生产过程中的排放本质上均受到电力生产排放的影响(例如火力发电厂,每度电排放 1200g CO_2;热电厂,每度电排放 450g CO_2;核电站,每度电排放 28g CO_2)[4-23]。

4.3.4 运行要求

综合管廊工程的种类和规模对环境产生的循环性影响可能导致综合管廊使用寿命的缩减。根据其建筑材料的选择、使用率、运营方法、控制、预警及保养措施的不同,综合管廊和电缆的平均使用寿命如下[4-24,4-25]:

(1)排水管道:50～100 年。

(2)给水管道:40～60 年。

(3)集中供热管道:20～35 年。

(4)燃气管道:40～100 年。

(5)高压电缆:33～50 年。

(6)通信电缆:20～60 年。

就经济及技术原因而言,部分管道的使用寿命(折旧期限)存在明显差异,所以目前尚不能对其使用寿命做出准确的描述。建筑施工质量、材料性能、水文地质状况和运输压力都可能影响管道或电缆的实际使用寿命。对于综合管廊中管道和电缆的使用寿命,目前还没有普遍有效的说明,但通过观察发现,敷设在综合管廊内的管道使用寿命大致是综合管廊外管道使用寿命的 2 倍,电缆的使用寿命基本相同。

其他需要特殊管道进行传输的例如蒸汽、压缩空气、街道废气、原料、半成品等,也能够敷设在综合管廊内。包括路线在内的需求和功能变化是管道及电缆新建、改建、拆除的原因,以 50 年为例,在密集设有管线的情况下,路段在使用期限内一共需要开挖 10～25 次,即每 2～5 年开挖一次。其中,使用寿命为 80 年的管道在其正常工作期间平均需要开挖 5 次。

显而易见,综合管廊在结构性能和耐久性等方面的环境要求与综合管廊的防水性和承载力有关。其结构在使用期限内必须能保持在高压水、消防用水、泄漏水及蒸汽这样来自内部和外部影响下的安全可靠,抵御沉降、爆炸或火灾。除此之外,综合管廊外壁的腐蚀在实际运营中同样值得关注。

对于综合管廊的拆除和废旧利用方面,还需要根据《循环经济法》进行讨论。从与现行环境相关的司法角度来看,可以预见的是,一条空置的综合管廊不能埋设在土壤中(对废物概念的解释)。

4.3.5 安全性研究

安全性研究是一个独立的研究领域,并且其可以根据环境可持续发展在环境影响上起到一定作用。安全性分析包括了对危险原因的系统性调查,该调查关注的是管线和综合管廊之间的相互影响及其他影响。其中,危险原因包括了所有常规运行中出现的偏差和故障。这些危险涉及的对象包括:

(1)综合管廊外的人和物。

(2)出于监管、保养或排障的目的,在综合管廊内停留的人。

（3）相互影响的管线。

就这方面来说,管道内的介质向外渗透造成的环境污染值得关注。危险来源包括可能的后果和风险,需要平衡安全性目标、污染控制措施和预防措施,具体示例详见文献[4-27～4-29]。

对于以保护对象为方向的安全性研究,可以通过表4-9中列举的基本危险来源来区分。

不同于直埋管线,在受损、可控性和潜在环境污染防治等方面所存在的决定性风险上,综合管廊均须对此有所关注。

综合管廊外部造成损伤的基本危险来源　　　　表4-9

危险来源	对保护对象产生的影响	在建筑、设备、结构上的解决措施
溢水口(包括渗水、消防用水及雨水)	土壤及地下水	设置耐用的连接结构、泵、节流板、浮标及排水设备
火灾及烟雾	土壤及生活空间(表层出口)	设置建筑内的通风设备、监测设备、灭火器、紧急出口
爆炸	人员及动物	设置燃气警报装置、通风设备
高燃气浓度、氧气不足	—	设置气体挡板
气味(例如温热废水中的腐烂气味)	人员及动物	按一定间距建立控制台

在管道破裂、电缆破损中产生的环境影响和风险见表4-10。

管道破裂的环境影响及风险(不完全)　　　　表4-10

传输媒介	直埋管线	综合管廊	风险
给水管道	冲刷土壤;洁净饮用水流失;工程施工影响环境	水通过排水沟或排水设备进行接收,并可作为工业用水进行使用及导入雨水排放网络;无须开挖;无环境影响	综合管廊的风险更小
污水管道	冲刷土壤;无法觉察的自由液面管道内损伤;工程施工影响环境	污水通过排水沟或排水设备进行接收,并通过泵抽入排水网络;无须开挖;无环境影响	综合管廊的风险更小
燃气管道	对居民及植物的危害;工程施工影响环境	对居民及交通区域的危害;必须提高安全等级	综合管廊的风险更小
集中供热管道(热水或蒸汽)	对附近建筑空间造成影响;工程施工影响环境	对其他传输管道的危害;必须提高安全等级	综合管廊的风险更小
高压电缆	可能影响土壤、地下水;短路产生的气体和热量;工程施工影响环境	对居民及交通区域的影响;提高安全等级	不同条件的风险基本相同
通信电缆	工程施工影响环境	无环境影响	不同原因的风险基本相同

4.4　以黑尔讷主要街道为例的环境影响及评估

　　黑尔讷市的埃克尔区域,是德国乃至欧洲境内移民最多的区域,因此对新型基础设施的更新有着特殊的意义。在取得较大发展的人口密集地区,因庞大的居民及零售规模增加,不断重复进行管线直埋敷设对生活质量持续产生影响,也造成了零售业的销售额下降,这一现象可能会导致零售商店的倒闭。在埃克尔区的主要街道上,已经计划对全长 3km 左右的污水总管进行更换。由此产生的道路损坏、对私用汽车及有轨电车交通情况的影响和布置在道路中剩余的管线都需要考虑。在计划中电缆敷设项目的准备阶段,商界及居民已经表明了自己的愿望,希望在地下工程的建设过程中尽可能减少其产生的影响和障碍。出于这些原因,在"未来生态城市"项目框架下,城市的主要街道尤其适合建设综合管廊。文献[4-33]比较了在城市主要街道下综合管廊的建设方式和传统敷设方式在不同的施工区间对环境产生的影响,并根据生态标准进行了评估。下面,本节将阐述黑尔讷市主要街道施工区间 3.2 (图 4-1)的评估结果。

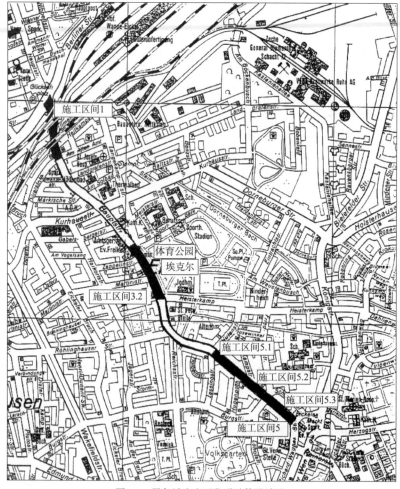

图 4-1　黑尔讷市主要街道总体设计图

4.4.1 地区概况

黑尔讷的主要街道连接着万讷和埃克尔,它始于城市北部的万讷幸福广场,止于城市南部埃克尔市场,全长 2.11km。道路的两端被命名为东端和西端。

黑尔讷的这条主要道路是连接万讷和埃克尔的传统路线。幸福广场是新建的交通集散地,通过高速公路网和中央火车站连接,东西方向延伸至盖尔森基兴。道路北端是位于黑尔讷的商业中心万讷,靠近市政厅和公共机构。

这条道路向南延伸,首先会穿过两条铁路线。整条路线沿途有高层建筑、公园、教堂及公共机构,如海关、地方法院、税务局、劳动局、管理机构、社会机构和学校。一些中小型企业也同样设立在道路附近。在道路的南端,埃克尔市场和埃克尔商业中心附近有市档案馆、图书馆、管理机构、医院和公墓。

这条道路连接着超过 6 个交叉路口和 12 个靠近居民区和地块的连接点。这些交叉路口和连接点因其自身历史上的形成原因,变得各不相同。在这条主要道路上行驶着有轨电车 306 路,由于希望加速这条线路运行的原因,综合管廊项目才会拟定出来。

道路及人行道的宽度分别在 5.6 ~ 13m 之间及 2.8 ~ 9m 之间。在对电车轨道进行位移时,道路的路面情况和人行道宽度在很大程度上会发生改变。

对于这条主要道路的不同路段,有一些关于交通状况的数据,见文献[4-30]。从这份数据中可以得到,在 24h 内,交通流量平均在 3000 ~ 8400 辆机动车之间(后用"辆机动车/24h"表示)。对于在幸福广场的施工路段,其交通流量峰值数据大约是 7800 辆机动车/24h 和 320 辆货运汽车/24h。道路中段的机动车流量在 2750 ~ 4750 辆/24h 之间,货运汽车流量在 200 ~ 320 辆/24h 之间。从 Hirten 大街到理查德·瓦格纳大街的机动车流量在 2650 ~ 3750 辆/24h 之间波动,货运汽车流量基本在 160 辆/24h 左右。从中可以得出,货运汽车在该道路交通流量中的占比在 7% ~ 10% 之间。

4.4.2 综合管廊现状分析与使用研究

4.4.2.1 综合管廊现状分析

从幸福广场到理查德·瓦格纳大街或埃克尔市场的基础设施情况是不同的。由于历史原因,不断扩大的居住区结构规模、顾客对规模及密度的需求和与交通及排污之间的关系,地下公共建筑区域的分配占用各不相同。

第三段施工区间全长 762m,包含了摩洛哥步行街到海斯特坎普街的路段,特色在于道路西侧的密集发展以及东侧最大程度上保留的绿地。仅仅在该施工区间的第一部分(全长 472m),通过对温泉浴场、教堂以及朗格坎普街口的位移,建筑就已处于道路的东侧。到海斯特坎普街前的第二部分全长 290m,道路接近体育公园。体育公园距人行道 10 ~ 12m,其中经过一条已多次翻修的电缆线路。

在这一部分中,排水管道多次改变了方向,因而成功减少了向东进入多内堡溪后产生的影响。其公称直径在 300 ~ 800mm 和 600 ~ 900mm 之间波动。电缆的建造时间在 1911—1978 年之间。两条长约 100m 的排水总管在街道和公园下方平行敷设。在马蒂尼街和加贝尔斯伯格街之间,集中供热管和一条公称直径为 150mm 的球墨铸铁给水管敷设在西侧人行道的下方。电缆和燃气管道设置在人行道的另一侧,在那一侧通信电缆呈角度地横穿街道。这一管道敷设的建筑项目将原先平均宽度为 12m 的道路,拓展为包括公园小径在内宽度在 22 ~ 40m 之间的道路。

图 4-2 分别描述了道路下部管线的横向敷设方式。

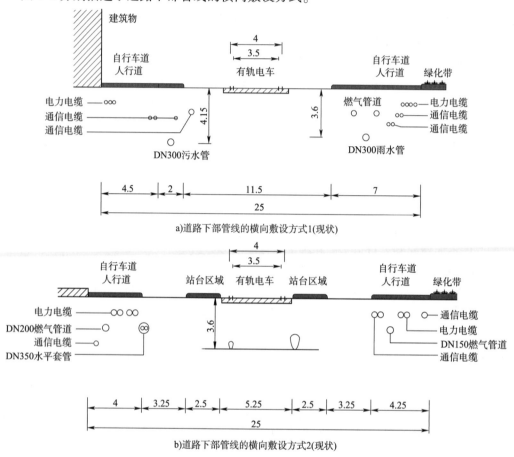

a)道路下部管线的横向敷设方式1(现状)

b)道路下部管线的横向敷设方式2(现状)

图 4-2　道路下部管线的横向敷设方式(尺寸单位:m)

4.4.2.2　对于综合管廊使用的研究

对于综合管廊的使用,以主要道路上的施工区间 3.2 为例进行研究。

首先,第 3 段施工区间拥有充分的建造自由度,从而能将在综合管廊中敷设管道时产生的影响控制在预期之内。为了使针对性的研究成为可能,特别将从体育公园街到海斯特坎普街之间的路段提取出来作为研究路段,并且命名为施工区间 3.2。这一施工区间的特点是,道路-地块开发缓慢,对应零乱、不规则的建筑,全长 290m。图 4-3 描述了道路下部管线敷设情况。

4.4.3　综合管廊修复策略

4.4.3.1　直埋管线的修复变化

与通过施加外部影响或功能限制,并减少剩余使用寿命的中短期建筑工程不同,每条直埋管线通常都有着较长时间的修复需求。最先提到的独立建筑项目将从公共事业方面进行规划,并且能在短期内弥补损失。

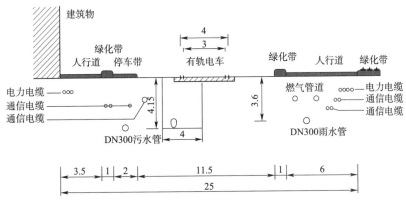

图 4-3   主要街道中管道敷设情况(现状)(尺寸单位:m)

除此之外,根据使用寿命的周期,为了保持甚至提升功能优越性和实用性,大型的修复、翻新和整修工程是必不可少的。

(1)在修复高压电缆和通信电缆时,规定了其使用期限。

(2)电缆管道、电缆保护管和井道的使用期限有限。

(3)绝缘材料和导体发生磨损。

(4)考虑到信息传输的新要求。

(5)电缆翻新的试点方案目前还没有用已有技术完成。

(6)有轨电车改造项目需要敷设新的高压及控制电缆,街道照明也需要同步配套。

对于合流污水系统的修复,根据可行性研究[4-33]已经开始对整体战略进行研究。根据上述战略,原有管道的54%需要在调整后的线路上新建,28%维持不变,18%需要进行翻新(大修或重新敷设)。为了实现这一工程技术,需要采用非开挖工艺。根据水力学计算,绝大部分的管道公称直径需要变动。房屋管线的修复工程也同样是这一研究的目的之一,需要考虑。

对于燃气管道而言,根据12年的平均使用年限以及公共事业的指示[4-31],需要考虑燃气管道的修复工程,以及房屋管线的修复。

4.4.3.2 管道在综合管廊中敷设

在综合管廊中敷设管道的方式原则上认为是可独立修复、更新的。针对设计原则方案的不同,需要考虑以下因素:

(1)在排水管道的集成过程中需要包含重力系统,从而产生对排水管道及综合管廊深度的要求。

(2)综合管廊的分配情况视现存施工区间内的管道和电缆情况而定。

(3)仓储面积只能在限定的范围内使用。

(4)材料和建筑工艺需要根据预期使用寿命及结构空间规划做出选择。

(5)综合管廊的线路需要根据使用中的车道及轨道情况进行敷设,在施工过程中需要保证有轨电车能够通过单轨运行。

(6)结合街道的排水设施。

(7)在十字路口和连接点需要有带通风及检测口的整体安装分配设施。

(8)对于管道和电缆的相互要求,需要符合相应的标准及特定的工作指南[4-32]。

为此比选如下两个方案。

方案一:

(1)箱形钢筋混凝土结构,标准断面尺寸2.2m×2.2m(3.1m),如图4-4a)所示。

(2)全长290m,仅限道路西侧的房屋管线。

(3)7条不同的房屋连接管线直接或通过4个结构进行连接。

方案二:

(1)钢筋混凝土圆形断面,标准断面采用内部直径为3m的预制管道,如图4-4b)所示。

(2)全长290m。

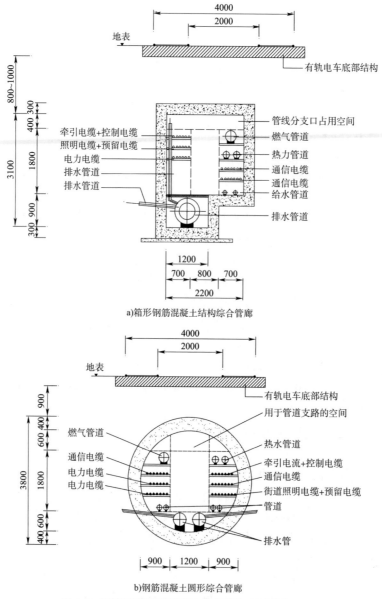

a)箱形钢筋混凝土结构综合管廊

b)钢筋混凝土圆形综合管廊

图4-4 箱形和圆形钢筋混凝土综合管廊(尺寸单位:mm)

4.4.3.3 施工的时间不同

基于粗略规划的空间结构、管道和电缆的修复方式，以及潜在综合管廊变化的横断面和分配方式，可以对施工时间进行预估（表4-11）。

直埋管线及综合管廊的修建时间限制　　　　　　表4-11

敷设类型	施工区间3.2（长290m）	敷设时间
直埋管线	非开挖施工，在新的路线上敷设污水管道	5~7个月
	明挖施工，在原位路线上更新电力电缆及通信电缆	双向0.5~1个月
	非开挖施工，在新的路线上敷设燃气管道	0.5~1个月（每条线路）
	明挖施工，在原位路线上更新雨水管道	0.5~1.5个月
	明挖施工，在原位路线上更新集中供热管道	1~2.5个月（每155m）
	明挖施工，在原位路线上更新燃气管道及给水管道	1~2个月
	明挖施工，在原位路线上更新电缆	0.5~1个月
综合管廊	明挖施工	4~6个月

4.4.4 综合管廊建设对环境的影响简述

4.4.4.1 幸福广场和埃克尔市场之间的初始生态状况

根据新建有轨电车轨道路基下的综合管廊设计，机动车道的路面需要完全封闭。现有的管道及电缆在最大程度上与道路平行，但对结构空间存在影响并与之交错。就这方面来说，因为城市中各系统包括道床材料及高密闭程度在内的要求，对上层土壤存在不利的影响。

根据地质调查[4-34]，路面下需要进行填平。在5~10m深处开始出现含有该地区传统埃姆舍尔泥灰岩的基层杂岩。松散的岩土层主要由第四纪的砂土和细砂以及黏土质的冰川沉淀而成。关于水文状况的描述尚未有资料来源。

在人行道上的一些地方有幼树、隔离的成年树木及地被植物，成年树木的根可以生长到道路的中央。从目前来看，受限制的城市环境、分散生长的植物对建筑项目有一定的影响，建筑工地的现场设备、仓储空间及运输变动可能会造成间接影响。

就对城市生态环境的贡献而言[4-35]，在海斯特坎普街和Hirten街之间的体育公园和绿化从环境及物种保护的角度来看，已经证实存在较大的价值（二级价值）。这些绿化位于主要街道的道路中央。同时，体育公园和绿化恢复了重点区域的网格化功能。

交通运输主干道对气候的影响相比之下更难评估，有害物质排放和噪声污染首当其冲。因为与道路宽度成比例的紧密发展，在Ulmen街至Rathaus街以及Hugenpoth至理查德·瓦格纳大街之间产生的有害物质污染高于平均水平。通过主要道路的边际发展结构，可以实现这一区域内松散型发展向高度密集型发展的过渡，将这一区域归为"城郊气候"的气候环境体系。这些绿化设施有助于实现气候平衡，这一平衡至少会影响主要道路周边的发展[4-36]。

4.4.4.2 保护对象不同的环境影响差异

综合管廊及其敷设的设计都具有功能性目的，比如减轻带来的交通干扰。其施工及运行的过程虽然对城市生态系统没有产生严重的污染,但也存在着长期的影响。这种影响因保护对象不同,与直埋敷设存在差异。因为综合管廊关系到地下建筑,在本质上会产生对土壤和地下水的污染。在施工工地影响范围及其运输途中,都会产生接近地表的环境影响。

在黑尔讷的主要街道,综合管廊位于道路中间深 3.5~4.7m 之间,并且没有设置底部垫层。根据先前提到的地质调查,综合管廊地板坐落在基层杂岩的上方。

当综合管廊敷设在生态活跃的绿化或受保护的区域(比如自然遗迹等)时,综合管廊的建设会受到更多条件的制约。

同样,施工也会受到地下水的影响。根据规划,每段综合管廊都需要根据含水层情况进行规划设计。施工区域不能位于饮用水保护区。参考地下水的情况,对饮用水的影响也同样控制在较小的范围内,通过底部垫层来减小对地下水的影响。在地下水饱和区域或充满地下水的过渡区进行综合管廊建设时,其不同的生态敏感情况对综合管廊的防水性能提出了更高的要求,有以下方式可以参考:

(1)仓储及运行区域只在完全密闭的区域上(如道路、停车场)进行规划。

(2)表层土在开挖后分开存放、养护,并且在之后重新填入。

(3)将施工期间排出的地下水和层间水疏导到主要街道的排水沟,重新进入自然循环。

(4)对周边的施工活动所产生的污染(噪声、有害物质、振动、气味)通过技术手段进行一定程度的限制。

施工带来的污染会对地区性的环境及微气候产生影响,特别是主要街道的中间路段,绿化和树木的微气候作用将被减小。在主要街道的通行区域,施工造成的噪声和有害物质污染会超标。解决方法是调整施工时间。对于一个工期在 5~12 个月之间的工程而言,根据在主要街道上施工区间的不同,可能会对周边居民造成不同程度的影响。

4.4.5　综合管廊建设对环境可持续影响的讨论

4.4.5.1　环境影响的分类

理论上,管线系统敷设和运营的排查、描述与评估并非独立的监测领域,而是与已有的工业及基建项目的环境兼容性测试联系在一起。对建筑规划的环境兼容性测试允许部分的细节观察,如项目开发计划。根据《环境兼容性审查法》第 2 条第 4 款第 3 项,对于在地下建筑空间敷设的电力电缆,并不存在普遍适用的、独立的替代性研究。因此,下文旨在完善针对管线建造方式的多层面评估体系。

1)与目标挂钩的环境影响:根据环境的重要性和敏感性进行描述并评估

在该层面上需要额外对不同的受保护财产进行调查。直接涉及的受保护资产的土地、地下水、地下文物和实物财产以及植物根系(植物生长)。在对受保护资产的意义和灵敏度研究的基础上,再对所敷设管线影响(如土地挤占和物质排放)程度由轻到重进行评估。由此,管线及其线位将被视为一个整体的基础设施,并对其常规运营进行综合性评估。

2)与时间挂钩的环境影响[项目生命周期(建造、运行、故障、停运)的依赖性描述]

在该层面上需要一个长期的调查,分别对建造、常规运营、设备损伤、故障以及停运等不同阶段进行调查。此处需要调查挖掘点的数量并预测不同的环境影响,如电力损失、三废排放、交通限制等。至于对停运阶段的评估(比如材料回收或是材料再利用),无论是根据《循环经济法》还是未来将发布的《联邦土壤保护法》，目前都还没有明确下来。

3）从具体的结构和建筑科技角度来看环境影响（如容积、深度、原料和分配等）

管线系统不仅服务于电力传输和通信。管线系统对黑尔讷的建筑损伤相比原始评估来说可能会小很多，但使用寿命等积极效益也会同时减少。管线可能敷设在地下20m深，或者仅需要0.7m的覆土，这都会导致不同的环境影响。此外，建材的选择也直接影响了资源平衡。管线系统的敷设密度也在长期影响道路挖掘的间隔时间。

4.4.5.2　环境影响的评估

在环境兼容性审查体系内有许多不同的评估方式，其中有些需要复杂的数学计算[4-37,4-38]。鉴于前期策划阶段的深度，包括影响预测的不确定性（所敷设管线的使用寿命、损害数据等），项目评估体系应该有一种更简单的表达方式。我们总结出以下对各受保护资产的影响推断：

如果我们评估的交通区域下面的管线已经敷设了几十年，理论上在运营管线时对地层的占用和地层物质间的交换幅度更小。在敷设时管线和地层物质的直接接触使得污染的可能性更早出现，而不用等到管线开启使用之后，因此我们能更早发现其带来的损害。

推断：与直埋的管道系统相比，综合管廊更需要土壤保护。试点项目场地土壤的低灵敏度和原有损害，导致没有决定性的特征可以用来被评估。

与管道和土地的关系类似，敷设管道系统对于地下水的作用将受到额外的建筑覆盖物的影响。在专业敷设管道作业后，管道使用期限内的泄漏问题几乎可以忽略不计，但还是会存在沉降及管道渗漏问题。

推断：与直埋的管道系统相比，综合管廊更需要注意对地下水进行保护。在黑尔讷，挖掘的深度还未达到储存地下水的地层深度。此外，当地的地下水储存又比较容易控制，因此并没有预测出什么明显的差别。

管线输送的介质不同对地下动植物的影响程度也不尽相同。当管线敷设于道路中央绿化带下方时，需要采取相应的措施减小对植物生长的影响。

推断：从生态保护的角度出发，综合管廊系统更积极关注其对生物生态群落和物种多样性的保护。特别是在试点城市主要街道的中间地段，行道树的生长条件受到该地区地下管线的影响。主要街道及其周边区域下方管线系统设计限定的一小块一小块的植物生长保护区并不会受到管线系统的影响。

具体的"三废"排放要视施工组织和整体建设流程而定。比较而言，事先预测会带来较大的不确定性。如果是从时间的角度来看，施工过程中会因为需要修理、清洁和更新而不断重复挖掘，这都会导致施工产生的废弃物排放，因此在后续的敷设作业中需要尽可能避免废弃物的排放。此外，施工尤其是挖掘作业会导致额外的能源使用。历时积累起来的能源和物质的使用将与直埋敷设的能耗越来越接近。因为综合管廊施工（如深度、施工方式、排水设施等）、建筑疑难解决预案以及土地占用的复杂性，很难给出一个适用的原则性评估结果。

推断：为了减少施工过程中的能源和资源消耗以及随之带来的排放问题，在规划时要密切关注施工技术的行业规范，这将主导能源的投入和分配。在黑尔讷的试验项目中，根据这个原则，采用了截面尽可能小的钢筋混凝土以及尽可能浅的埋深。

综合管廊对居民的影响主要来自施工。竣工后日常运营的影响几乎可以忽略不计。管线排放功能及其相关运营过程中的危险因子对环境影响的灵敏度提升在社会上还没有得到普遍认可。黑尔讷试点项目中最主要的积极效应(三废排放情况没有恶化、居民出行没有受限、减少营业额损失)需要通过避免频繁挖掘、延长管线系统使用寿命、减少施工过程中的破坏风险、管线系统日常的安全运营得到积极评价。当需要高密度敷设管线或是在很狭窄的街道施工时,施工会给居民出行带来很大的限制,这些负面影响需要通过临时道路建设、改造有轨电车的方式来缓解。

推断:综合管廊施工中给周边居民带来的负面影响可以通过综合管廊给其带来的正面效益来补偿。不过该系统需要具备合理的规划,并需要保证综合管廊至少100~150年的正常使用寿命以及安全维护。在试点城市黑尔讷的主要街道项目中,居民的居住利益和服务利益都直接得到了兼顾。

此外,在规划设计时,要考虑到项目是否涉及地面历史遗迹或者考古遗迹。有关部门应从历史意义角度考虑是否允许在该路段进行挖掘作业。在位置上,综合管廊应优先让位于地面建筑的地基区域、其他社会公共设施,如地下车库和轨道交通等。

推断:可能对地下文物和实物财产的损害在规划阶段就已经被排除。试点项目在这一方面不再受到相关限制。

4.4.5.3 综合管廊规划的基本原则

根据上述推论,对于综合管廊规划,从生态学角度给出以下基本原则:

(1)当土壤和地下水较为敏感时,综合管廊系统要对其提供保护,避免污染和渗透。

(2)当施工作业涉及城市生态中较为宝贵的植物生长区域时,综合管廊系统要相应确保植物生长环境不被破坏,并确保植物生态系统的稳定。

(3)在交通较为拥堵的路段,要确保综合管廊系统不会加剧废气排放以及社会冲突。

(4)如果施工作业区域与其他功能性空间有重叠,比如与铁路、排水管道、载重运输路段或道路交叉口有重叠,并且改变了整个区域对于电力的需求,那么综合管廊系统要确保一个较长的使用寿命、环保性及安全性。

(5)综合管廊系统践行以生态为导向的规划设计,合理进行管线分类,减少分层冗余,并额外关注垃圾分类、废水处理等。

第5章　综合管廊经济评价

5.1　概述

综合管廊究竟能在多大程度上适合市内老旧城区的基础设施要求？在联合研究项目"关于市内城区基础设施系统的生态改造以及使用综合管廊开发工业污染区域"中得出结论后,作者探究了在市中心主要街道的施工过程[5-1]。这个经济层面分析的目的在于阐明与传统直埋管线相比综合管廊的经济性能,并论述关于综合管廊在经济方面的问题。

有文献已经对这两种管道系统在经济层面做过了比较,结果显示:综合管廊在公共基础设施管线敷设方面成本更高[5-2]。此外,该成本对比参考的是首次建设成本,正常运营期内持续投入的成本并没有计入,或者说持续投入成本只计算一次。而管线生产和运营期间的其他影响也没有计入。其他影响指的是不受市场影响,就是无法得到经济回报的积极或消极影响[5-3]。因为与单时间段的计算相比,企业经济学上的投资是以动态的、多时间段的投资计算为背景,经济效益最大化为基础,包括初始投入在内,虽然有缺陷却能预估未来的支出成本,而这恰恰是动态成本计算所孜孜以求的。这是为了考察在相同的观察期限内计划投产的管线系统使用成本。同时检测其他效益时所遇见的困难,也没有作为影响因素纳入考虑。关注位于市中心主要街道上的现存管线系统在观察期内彻底翻新所带来的影响,应尽量在经济成本上进行评价和对比。根据经济学角度的成本效益分析,施工困境始终围绕着管线系统,而这需要对具体问题进行具体分析。通过运用这些方法观察经济学分析的实际运用,更准确及更大的数据库优化和测量,会产生更高昂的数据费用。

还有一个需要注意的方面在于经济层面,与综合管廊的具体实施相关,到目前为止并没有系统考虑过。除了组织方面的问题,如何对管线系统使用方的租金(包括供给和排污)进行重新融资,对于施工方来说至关重要。

5.2　经济学研究方法论

5.2.1　个体经济投资决策

投资分析的结果应该服务于个体投资对象优势的评估。它可以解释推进一个项目是否绝对有益,或者在两个或更多互斥的项目中采用哪个才是最有益的选择(相对有益性)。从个体经济的角度来看,原则上静态投资和动态的投资分析行为都致力于寻求投资的不同。原则上来说两种分析方式都存在潜在的预期,也就是说对于每一笔与投资相关的支出或收入,都能在投资分析中计算出它的预估值。为了区分这两种分析方式,动态的分析方式对一个固定参考时间点上支出的偏差进行价值上的考量,在参考时间点之前(或之后)支付投资项目款项从而获得更多(或更少)的收益。通常而言,t_0被选为计算的时间点,也就是说将计算、决策(参考)时间点相提并论,并且需要在第一笔款项前确定。选择t_0作为参考时间点的原因在于从投资到最终决定的未来现金流是根据可行性论证所决定的[5-4]。从金融数学的角度来说,时间对款项的加权比重需要纳入计算之列,比如从一项投资项目中撤资的时间越早,再投资所产生的利润就越高,或者拖延还款的时间越长,可能需要结清的利息越低。因为动态分析与静态分析相比,对先前收入及支出情况的评估更高,尽管在理论上两者的结论十分接近,但动态分析理论上更准确,所以优先级在静态分析之前。

5.2.2 宏观经济投资决策

5.2.2.1 前提

政府工程在规划设计时,同样需要面临工程推进过程中存在的收益和不利之处。为了做出最有益的选择,需要计算出工程的收益和不利之处(效益和成本),并且借助评估手段对其进行比较。通常来说,所有有利于实现既定目标的称为效益,所有对同样的目标体系而言存在不利影响的称为成本。因为资源紧缺这一根本问题在政府财政预算中也会出现,所以在政府做出投资决策时也需要考虑生态评估。不同于个体经济的投资决策,当广泛的社会政治性目标体系在公共项目中需要考虑不同的目标规模和制度时,当项目处于相互竞争的关系中时,政府的投资决策根据决策形势将更难制定。对个体经济投资方案不同的针对性贡献可以不通过市场价值评估来确定,而是使用能够体现非货币形式贡献的“市场同质化评估方法”[5-5]。三大基本评估方法为成本效益分析、有效价值分析和成本效果分析。这些市场同质化评估方法的不同之处在于,它们使用不同方法来解决在平衡货币和非货币形式价值评估过程中产生的问题。这里提到的经济价值评估方法可通过一定方法加以区别,比如以货币的形式体现与投资相关的收益和成本贡献,以及放弃货币形式的收益。在特定情况下,使用哪一种评估方法以及如何将它们整合使用,需要根据具体的决策形势而定,比如决策层、对项目进行投资的决策者、作用多样性、作用半径、作用时间以及被评估方案的数量和异质性[5-6],这中间使用了成本效益分析[5-2]。

5.2.2.2 成本效益分析

1)成本效益分析的社会经济理论基础

成本效益分析作为公共领域最著名的经济分析方法,不仅需要个体经济投资分析知识,还需要社会经济学概念。

社会经济理论研究的出发点在于,商品的供给并非经济交易的最终目的,而仅仅是满足个体需求的方式。这一满足个体需求商品捆绑模式做出的贡献,从效益角度来看,使个体需求从这种捆绑消费中得到满足。个体效益的集合形成了社会经济,实现了社会中所有个体的需求满足,并且考虑到了公共项目的决策标准。因此,宏观经济评估是以个体经济中的人和消费自主原则为根据的。资源的匮乏也导致了每一项公共投资项目成本随消费增长而增长,并对国民经济的其他领域造成限制。由此产生的消费下降符合投资项目的国民经济成本,也就是说,对于成本效益分析而言,是将由其他方法产生的国民经济效益和实际效益的成本要素(机会成本)进行比较。在净收益方面,由累积的效益和机会成本总量产生的积极变化对于实现公共工程项目而言意义重大。

作为评判净收益的社会经济学评价标准,帕累托最优或其衍生形式——卡尔多-希克斯标准应用最多[5-7]。帕累托最优表明,如果一项公共投资项目值得实施,一定要在其他人情况没有变坏的条件下,使至少一人的情况变好。然而在各种情况下,现实是部分人获得收益,但部分人会有损失,以至于从实际出发使用帕累托最优或者更确切地说是使用其改进后的形式——潜在帕累托最优(卡尔多-希克斯标准)。在应用卡尔多-希克斯标准作为决策准则时,工程项目能显现出积极的效用,通过该方式获益的个体借助赔偿金的形式对受损者进行补偿,并且变得越来越好[5-8,5-9]。对于那些在资源分配后实际获益或受损的人来说,积极效用的理论性调查既非必需,也不值得了解。其中的限制在于,通过已存在的最优收入和财富分配方式,成本效益分析只针对资源配置效率,所以在采用完全竞争这一同时期市场理论时,政府行为根本没有资源配置的必要,成本效益分析也失去了它的根本。通过采用完全竞争的方式,个体经济的交换行为自始至终都会对资源进行配置,商品的生产和分配因此也达到了帕累托最优,政府行为所缺乏的动机可以从中建立。因此,当理论上的完全市场无法实现时,政府行为和成本效益分析才会发挥作用。如果现有分配情况的最优被打破,偏离了传统的成本效益分析,那么在扩展后的成本效益分析中,依赖于要素市场存在以及确定当时收入和财富分配方式的不平衡,需要对公共设施的社会经济作用进行评估。从影响分配的角度来看,这意味着需要权衡个体通过对当时收益的社会边际效用进行的(即个体间的)效用转化。对扩展后成本效益分析进行实际转变的难点,除了需要按两种形式的成本效益分析对获益者或受损者进行严谨调查及其在时间和空间上的限制之外,还在于设置社会经济作用参数。在社会经济作用中,个体间的效用对比得以表现,其通过一定的分配方式,使帕累托最优的资源分配模式转变为社会最优成为可能。除此之外,在应用成本效益分析时需要注意有无对比,也就是说,并非实施一个方案前后的所有不同都需要对比区别,是否需要对比是由工程项目所产生的差异决定的。根据决策形势的复杂性,由因果关系所揭示的巨大差异,成本效益分析最为重要。

2)成本效益因素的标准化

通过以货币形式对成本和效益进行比较,成本效益分析能够完全评估公共投资中的经济效益。除了包含企业管理投资分析在内,对个体经济而言关系重大的成本和收益(效益)之外,在成本收益分析中还需要考虑成本或收益对第三方造成的影响,并以货币形式对其进行评估。因为在传统的、忽视分配目的的成本效益分析中,能够看出涉及经济效益的影响,工程项目中不同的可见影响也能被清晰区分。因为内容不同的观点和工程项目影响的重合,在工程项目影响分类和区别过程中,会产生一定的困难。通常工程项目影响具有统一的标准[5-3,5-10,5-11]:

(1)物质和金钱上的影响。

(2)直接(首要)和间接(次要)的影响。

(3)内部和外部的影响。

(4)有形和无形的影响。

(5)中期和末期的影响。

从物质(工艺)的成本和效益中可以体现这样的影响,从宏观上来看,其直接或通过生产条件的恶化及改良,改变了商品和服务的供给方式。当消费者的效益增长借助资源使用的不同可能超出了实际成本时,其实际的影响体现了积极的社会经济转变。对其限制在经济上造成的影响仅仅引起了货币交换过程中的分配变革。对单个经济主体而言,直接或间接相关的商品或要素市场上相对价格的变动,导致了实际收入的改变,同时改变了额外及非必需的个体商品消费的可能性。最终,社会从经济影响中并没有产生收入影响,因为少数人获得的利益是通过其他人的利益损失换来的。直接(首要)影响表示,影响的起因与工程项目目标和投资决策紧密相关,并力求实现。间接(次要)影响形成了项目实现的副作用。因此,直接和间接影响的差异仅能确定工程项目的目标。

关于内部和外部影响,定义外延存在差异较大的可能,其既可能基于现有的规划策略,也可能基于需要达成的目标。然而,对于这一分析而言,从评估基础来看,根据市场交换的存在与否,确定依靠外部影响理论产生的内部和外部影响的外延是有效的。因此,内部影响体现了由生产者(行为主体)造成的成本和分摊给行为主体的效益。内部影响从市场机制中产生,并对行为主体的生产和实用作用产生影响。在外部影响中,由第三方导致的副作用也会对这些私营企业的效益和成本产生影响,这些副作用伴随着生产和实用功能中积极或消极的征兆产生,而不是以一种金钱补偿的形式进行赔偿[5-12]。基于内部和外部的影响是否会产生效益或成本,无须在成本效益分析中考虑,因为两种影响会对宏观社会经济造成影响,并已纳入成本效益分析之中。有形或无形的影响根据不同的测量标准而不同,在这一情况下,影响之间的转化毫无阻碍。有形影响可以借助于资金的规模进行评估,而无形影响只能通过质量报告体现。即使当真正无形的要素只能进行质量评估,所有的影响也需要纳入成本效益分析进行考虑。另外,末期与中期的工程项目影响通常也需要纳入成本效益分析的框架。末期影响对个体的效用水平存在积极或消极的紧密影响,因为其涵盖了最终商品的供给,反之,中期影响首先对其他(中间)商品的生产过程产生影响,并由此导致了成本的转变,从中可以对两者进行区分。

个体的工程项目影响能够根据标准化描述来体现特征。在应用传统的成本效益分析时,物质和经济上的差异最为重要,因为经济上的影响从根本上对社会经济毫无作用。传统成本效益分析在初期就可以发现工程项目选择中所有的内部影响,这就是说,包括经济上的内部影响,以及现实世界的所有外部影响。所以,在经济性对比中只有经济上的外部影响未考虑在内。根据这两种标准化组合,能够形成不同敷设选择带来的不同工程项目影响。

5.2.3　在当前调查分析中成本效益分析的应用

首先介绍和对比的是敷设选择中更容易理解的内部影响。敷设选择需作如下评估,其如何在减少支出的情况下保障长达150年的基础设施安全。对于特定项目而言,所有投资成本、再投资成本和持续成本的预测现金流,从经济数学角度来看,在一个特定的研究时间节点需要贴现。内部的测算项目成本(PKBW)能作为企业管理决策标准来看待。鉴于不同施工方式在宏观经济角度的利益差异以及与内部成本相关的额外外部影响,更高的社会经济目标标准需要准确表达。它包含了对实现社会经济目标的次要目标定义,涉及在公共道路网中的市政管线系统,本质上涵盖了自然环境、居民及道路使用者[5-13]:

(1)通过减少噪声和空气污染对环境减压。

(2)通过避免污染水资源、土壤及动植物来保护自然环境。

(3)通过降低车辆的使用频率实现运输过程中的降价。

(4)通过加快行程和缩短路线减少运输时间。

(5)通过避免在运输过程中发生意外事故、人身及财产损失来提升运输安全性。

(6)完善道路保护措施。

对于既定目标,在总的分析时间段内,尝试预测和量化工程项目方案中所有与决策相关的外部优势及劣势。其基础在于通过前文已经提到的有无对比,对施工方式产生的影响进行调查分析。需要进行分析研究工程项目所产生的量化影响,可以通过将数量和价值相乘,以货币价值来体现并进行相互对比。

每个施工方案单独来看都没有积极意义,相反,对于既定的次要目标而言只有负面的影响。因此,相较于工程项目方案,排他的敷设方式所产生的效益小于外部成本。由于限制项目的消极影响(内部成本和外部成本),项目成本适合应用于宏观经济的决策标准。类似于在企业管理投资分析领域众所周知的净现值法,对于特定工程项目而言,内部成本和外部成本的预测现金流在调查时间点 t_0,借助贴现的方式进行换算和累计,以达到相互比较的目的。

$$\text{PKBW}_{K_G} = \sum_{t=0}^{n} \frac{K_I (l+p_r)^t}{(l+d)^t} + \sum_{t=0}^{n} \frac{K_E (l+p_r)^t}{(l+d)^t} \qquad (5\text{-}1)$$

式中:PKBW——项目成本现金价值(成本现值);

K_G——宏观经济成本;

K_I——内部成本;

K_E——外部成本;

t——时间段($t=0,1,\cdots,n$)及付款时间点;

n——分析时间段(规划周期);

d——实际贴现率;

p_r——实际价格增长率;

$\dfrac{(l+p_r)^t}{(l+d)^t}$——一次性支付的贴现系数。

成本(效益)对比中增加了灵敏度测试(灵敏度分析),在其中可以借助变化对独立参数(利率、调查时间等)进行复核,分析结果也可以对风险和不安全因素进行担保。货币形式的成本和效益存在有量化或非量化的非货币优缺点,且评估费用对于结果而言没有经济学上的必然关系,这体现了"真正的"无形影响,因而被决策者所了解,并且运用到投资决策中。在作为基础目标体系的基础上,最后只有对施工方式中相对有益的部分进行评估,并决定各方案的优先级。因此,成本效益分析作为理性的决策基础在投资者的投资估算中占据一席之地。

5.3 综合管廊和直埋管线成本对比

5.3.1 动态成本分析

5.3.1.1 直埋管线的成本分析

1）直埋管线的投资及再投资成本

关于黑尔讷主要街道的具体使用情况,技术性的施工方案在研究报告中有相应描述和详细解释[5-1,5-14]。所有的规划都专注于主要街道的三个路段,其不同的发展情况可以对不同的调查结果进行预测并且从中选择。在这一研究报告中,特别提到了施工区间 3.2。

假定经济变化研究时间为 150 年,所以除了需要估算在 t_0 时投资和翻新的支出（净价）,还需要估算未来再投资的支出。在这一调查分析中,直埋管线的再投资理解为使用期限到期后的重建（新建）。在使用期限再一次到期后的翻新之前,对相关管网在到期后首先进行整修的方法,仅仅在有污水管的情况下采用。所有再投资估算为 t_0 时的建造成本。在 t_0 时估算出的建造及购置成本与清理废旧管道和电缆的关联程度,取决于传输管道的类型（污水管、给水管、燃气管、集中供热管、电力电缆、通信电缆、街道照明电缆和轨道控制电缆）。在施工区间 3.2 中,直埋管线的新建和污水管道的翻新所产生的必需支出（成本）在表 5-1 中进行阐释。

施工区间 3.2 的投资及再投资成本　　　　　　　　　　　　　　　　表 5-1

施工区间 3.2（长 290m） 内直埋管线	管道长度 （m）	新敷设投资成本 （马克）	翻新投资成本 （马克）
污水管道（a 段）	305	1195600	268400
污水管道（b 段）	200	415780	106830
给水管道	340	246265	—
燃气管道	600	270000	—
集中供热管道	155	166735	—
供电电缆	2548	142970	—
通信电缆	870	136705	—
道路照明电缆	310	50170	—
铁路供电电缆及控制电缆	300	50330	—
总计（施工区间 3.2）	5628	2674555	375230

表 5-1 中显示了从土地登记局规划中提取的已有管道长度,以及管道长度和线路长度（系统长度）之间的区别。通常来说,电缆网络会说明线路长度,其对于可能平行或捆绑敷设的单个电缆管道数量没有定论。因为缺少电信局的精确报告,对于电话网络电缆而言,现在的长度是其建筑区间长度的 3 倍。与此相反,低压电和中压电缆的长度更加精确。在这一方面的所有报告能够从黑尔讷的公共服务机构得到。在低压电及中压电的单个网络上投资

成本的相应额度对于更广泛的方案而言并不必需,因为两种电网都是市政工程股份公司的资产,有同样的理论使用寿命,因而重建也一直同时进行。线路长度和系统长度之间的偏差,可以通过在一条电缆槽中捆绑敷设更多电缆的方式来解释。

2)直埋管线的持续成本

(1)维修保养成本

维修保养成本包含每年管线在保养、检查和维修上的支出。这里使用的数据材料部分程度上源于不同管线运营商的报告,或基于参考文献进行估算。假如单一管线的成本报告完全可用,可以计算出其平均值。所有给出的成本根据管道的公称直径大小而改变。

污水管道的常规维修方式是检查和清扫管道及窨井,以及对排水工程进行密封性测试。为了调查管道的建筑状况,管道的检查参考"ATV-Arbeitsblatt A 147"标准[5-15],如果没有特殊情况,对不可移动的管道根据其使用年限、材料和状况,每5~10年通过巡视及远程监控的方式进行检查,如同饮用水保护区内每2年进行检查一样。除管道之外,窨井、闭锁装置和挡板也需要检查,并根据要求进行保养。如果检查结果无法判断管道是否密闭,则需要额外进行密闭性检测。本质上,不仅是清扫周期,还有清扫规划都需要根据地区的实际情况进行设计。管道和窨井的清扫周期可以设置在0.5~10年之间,但在个别情况下,这一周期可以取消。另外,定期的灭鼠行动也属于管道清洁的一部分,每年会对10%~30%的井道进行灭鼠行动。根据要求,附加的检修工作也需要应用在管道和窨井上。根据调查分析的排污管道经验,排水管网的每年维修保养成本总计为15马克/m。

遵循严谨的法律规定(如《食品法》或《饮用水条例》),水管网络中的监察方式是维护保养工作和成本的主要构成。进行大规模监察方式的目的在于:

①保障操作安全及饮用水质。

②限制并减少水资源损失。

③尽早发现水资源损失。

④预防水资源损失。

本质上,给水管网的监管周期及其监控可接近性、可追踪性、可操作性和运行状况(每4年一次)及实现密闭的设备部件,相较于排水管道的检查周期而言更短,因为它不止需要保障面向消费者的给水保障,而且还需要提供饮用水。此外,成本的产生由要求的保养工作(如对部件及其他必需品的检查工作)决定。根据公共事业机构的估算,给水管网的运行和维护成本每年为14马克/m。

因为传输过程中存在较高的潜在危险,在燃气管道中也采用了较短的监控时间。计划中的监控方式包含了对网络泄漏点的定期检查以及对自由敷设管道的管控。对地下敷设的燃气管道进行测试,从部分角度来说十分奢侈(打孔方式),根据管道的运行条件和技术状况,可1~4年检查1次,并根据泄漏频率出现的情况,将检查时间优化到0.5~2年检查1次,而在采矿塌陷区检查周期需要进一步缩短。同样,管道部件和配件的检查周期也同步缩短。对于阴极防腐蚀设备的监控每年至少进行1次,在合适的时间点通过控制管道和土壤电位来完成。燃气管道系统保养和检修工作的范围和时间表,因为潜在危险的存在,需要根据到建筑物的距离来制定。根据其故障的频率,会产生相应的维修保养成本。根据从公共事业机构和私人供给企业得到的数据,燃气管道系统的维修保养成本每年为13马克/m。

被认为是集中供热管无须经常养护,其运行维护成本由管网的易受干扰程度决定。管道的密闭性测试可以根据供热站中进回流量的测量差值进行。如果需要对管道进行热水损失检查,根据管道材料的不同,采用成本更少的检查方法,比如线路的红外照明或合成材料复合管网络中的阻力测量。在 2 年的周期内,需要对井道和管道部件的正常运作进行检查。由公共事业机构提供的集中供热网络持续成本每年为 31 马克/m,其主要原因是管道故障维修产生的高额支出。

电缆网络的运行维护成本主要来源于故障的维修成本。不仅是电缆和通信电缆,还有控制电缆网络,运营商的检修和保养工作成本相对较少。高压电缆的维修保养成本每年为 25 马克/m,中低压电缆的维修保养成本每年为 13.6 马克/m,这与电缆的系统和线路长度有关。稍加观察就会发现,其他传输管道的持续成本之所以相比之下更高,是因为电缆常常进行捆绑敷设。因此,本质上来说,电缆管道每米的成本率更低。可以进一步假设,街道照明的维修保养成本可以包含在电网的持续成本内。因为缺少轨道控制电缆维修保养成本的报告,所以按中压电缆网络成本的三分之一(即每年 4.5 马克/m)来计算。同样地,因为缺少官方报告,通信电缆网络的成本按每年 25 马克/m 估算。

(2)传输损失和盈利成本

在污水排放的情况下,由于管道的不密闭,可能会导致管道内的污水泄漏进入土壤和地下水,以及管道外的客水渗透进入管道网络。泄漏的污水水量在经过污水处理设备处理后减少的同时,产生的排放成本也相应减少,这与渗透进入管道的地下水、泄漏水和溪水的情况完全相反。渗入的客水增加了需要排放的污水水量以及由此产生的处理和运输成本。在 1991 年,136.2 万 m^3 的客水水量大约占全年污水水量(851.2 万 m^3)的 16%(这一调查基于 1991 年的客水总量,因为该数据为联邦统计局给出的最准确数据,显示客水及降水总量为 335.4 万 m^3)。[5-16]。根据联邦统计局(柏林分局)的报告,客水和降水的规模各有增加,所以降水量(199.2 万 m^3)的比重可以计算出来。如果将客水量与德国管道网络总计 960km 左右的长度相结合,能够计算出每米管道在每年都会有 1.42m^3 左右的客水渗入。以平均 3.6 马克/m^3 的污水处理费用来计算,对于排污企业而言,每年可以避免的成本下限为每米管道 5.1 马克(这一计算的基础为,通过客水对污水的稀释作用使得管道清洁的边际成本保持稳定,也就是说每立方米污水的排放成本与污染程度和污水总量无关。这一估计忽略了设备及排水管道的容量,其在客水比例下降后对于年度污水总量而言可能不再够用。)。在德国燃气与水工业协会技术性报告《供水设备中的水资源损失》(W391)中的表格,可以估算特定管道网络的水资源损失。因为从本质上可以得到证明的是,水资源损失程度会受到供给区域内所在土壤类型及线路密度的影响,每千米管道每小时的水资源损失可以达到 0.2m^3。黑尔讷的土壤类型包含砂质黏土、黏性砾石土及非黏性土。由于施工区间 3.2 内线路密度较高(每千米超过 30 条房屋管线),故选择标准上限值(这里平均值为 0.2m^3)[5-17]。因为收入损失,管道水向外泄漏后的平均净售价为 2.8 马克/m^3,所以每米管道每年的附加成本为 4.9 马克。

对于燃气管道而言,运输过程中燃气的损失也是不可避免的,但是因为燃气的特殊性质,对燃气泄漏的测量方法存在很大限制,因而也使其在经济上的评估变得困难。例如,理论上来说,燃气的损失是通过电力消耗后温度上的测量误差来计算,或者直接过度补偿。尽管如此,泄漏的燃气量仍然会产生收入损失,因为对于管道网络的燃气损失还没有确定的估价,在此只是指出这一问题,并未对燃气损失评估确切价值。另外,热水的损失也被忽视,之前提及的供热站中对回流水量的测量方法以及管道监控方法,对供应商挽回因泄漏而产生的经济损失帮助很小,因为水泄漏能及时发现并加以阻止。表5-2再一次总结了运行维护成本以及传输物质损失或收益的成本,表5-3描述了施工区间3.2内地下敷设传输管道的年成本。

直埋管线每年的维护成本(单位:马克/m)　　　　表5-2

直 埋 管 线	维修保养费用	传输损失及收益	总　　计
污水管道	15.00	5.10	20.10
给水管道	14.00	4.90	18.90
燃气管道	13.00	—	13.00
集中供热管道(热水)	31.00	—	31.00
供电电缆(低压)	25.00	—	25.00
供电电缆(中压)	13.60	—	13.60
通信电缆	25.00	—	25.00
道路照明电缆	参考供电电缆	—	0.00
铁路供电电缆及控制电缆	4.50	—	4.50

主要街道下(施工区间3.2内)**基础设施的持续成本**　　　　表5-3

直埋管线(施工区间3.2)	管道网络全长(m)	持续成本(马克)
污水管道	505	10151
给水管道	340	6426
燃气管道	600	7800
集中供热管道	155	4805
低压电缆(系统长度)	320	8000
中压电缆(系统长度)	320	4352
通信电缆(系统长度)	345	8625
道路照明电缆(系统长度)	310	0
铁路供电电缆及控制电缆	300	1350
持续成本总计		51509

5.3.1.2　综合管廊的成本分析

1)综合管廊的投资及再投资成本

不同综合管廊的成本同样以研究项目中得出的价格为基础。此外还需要假设的是,对综合管廊外壁、建筑和房屋管线进行完整翻新的成本估价为新建成本的20%。所有管道支持以及与管道相关的基础设施系统、作业系统及安全系统的再投资都意味着是翻新措施。与直埋管线不同的是,管线翻新的敷设及制造成本与综合管廊中的管线翻新不同,每次需要多支付 30% 的成本。造成较高成本的原因在于,拆卸需要更换的系统及由此产生相关工程所需的额外费用,所以由此造成的价格变化在这里不予考虑。表 5-4 包含了所有在此之后投资评估中使用到的对施工区间 3.2 内不同综合管廊进行新建、翻新、重建的成本。

施工区间 3.2 内采用方案一及方案二的投资及再投资成本(单位:马克)　　　　表 5-4

综合管廊 (施工区间 3.2)	方案一			方案二		
	t_0 时刻新建 投资成本	翻新投资成本	重建投资成本	t_0 时刻新建 投资成本	翻新投资成本	重建投资成本
综合管廊	1741260	348252	—	3270840	654168	—
支架	58000	—	75400	58000	—	75400
运行及安全系统	8700	—	11310	8700	—	11310
污水管道	156600	—	203580	156600	—	203580
给水管道	49300	—	64090	49300	—	64090
燃气管道	49300	—	64090	49300	—	64090
集中供热管道	58000	—	75400	58000	—	75400
供电电缆	43500	—	56550	43500	—	56550
通信电缆	40600	—	52780	40600	—	52780
道路照明电缆	8700	—	11310	8700	—	11310
铁路供电电缆及 控制电缆	8700	—	11310	8700	—	11310
成本总计	2222660			3752240		

2)综合管廊的持续成本

(1)维修保养成本

假设以运营维护成本的评估为基础,包括运营商对综合管廊、市政管线及电缆、运营及安全系统和现有部件的常规检查,以及对流动性的最终检查。管线网络的潜在危险将告知网络运营商,并由其予以解决。综合管廊的运营维护成本以原东德综合管廊运营商(如柏林市马灿区的 SAKA 公司)的历史经验,以及波鸿和多特蒙德大学提供的综合管廊供应商资料为导向。对于月度性的建筑巡查和管控、安全系统交替的功能检查、季度性的清扫和灭鼠工作以及维护措施(比如对结构设施、运营安全系统及支架的小范围修理)而言,每年成本为 30 马克/m。假设一家地区性的管线运营商承接了综合管廊的日常运营,为了综合管廊的日常运营和养护,预计每年需要额外花费 30 马克/m。运营安全系统的用电成本预计每年为 10 马克/m。另外还需要考虑其他成本,比如预计每年为 6.3 马克/m 的保险费用,这一费用是根据莱比锡市内瓦豪的综合管廊保险费用估算的[5-18]。

由基础设施运营商承担的电缆与管道网络维修保养成本,只能根据不充足的数据基础来进行估算。成本预估的出发点是,检查和监督措施已经通过供应商落实,并且原则上只有网络供应商根据官方提出的保养及维修要求所采取的措施才是必需的。进一步假设,由综合管廊外部腐蚀、其他外部影响以及外力导致的故障可以被尽可能地排除。因为根据公共事业机构的报告,电缆管道的损坏几乎只由外力(比如挖掘机)造成,这一损坏在综合管廊中可以尽可能地规避。另外,相比于地下敷设的电缆管道,综合管廊中电缆束的维修成本在很大程度上得到了降低。对于所有电缆管道而言,现行单独敷设成本能够下降70%。供电网络的每米系统长度(数量规模),即施工区间和综合管廊的长度,每年需要花费的维修成本为11.6马克(包括街道照明、低压电网和中压电网),而通信网络的花费成本为7.5马克。减轻易受影响的程度对于管道而言,同样可以大幅减少其总体维修保养成本。对于缺少养护的集中供热管道,敷设在综合管廊中同样可以减少70%的运行维护成本,即每年9.3马克/m。燃气管道敷设在综合管廊中,其维修保养成本可以同比例减少(每年约3.9马克/m),因为除了监控中心之外,气体报警器也是一项可靠的保护机制,其对供给管道维护及排障的支出具有限制作用。

除此之外,给水管道敷设在综合管廊内会有良好的防腐蚀作用,当与集中供热管道距离较近时,可以提高管道外温度。由此可以明显减少冬季因温度导致管道破裂的情况。尽管如此,地下敷设给排水管道网络,维修保养成本依然预计为原有成本的50%,因为综合管廊中敷设的给水管道及排水管道无法免除对饮用水质的检测和对排水管道的检查与清扫。管道网络供应商的给水管网维护成本预计每年为7马克/m,污水管网维护成本预计每年为7.5马克/m。

(2)传输损失及收益成本

因为综合管廊外壁及安全系统的密封性能,可以避免客水渗入综合管廊及敷设其中的管道。但是,因为如气体传感器、温度传感器和水位传感器之类的安全系统,传输损失并非无法察觉,所以对应措施需要立即着手准备。可以独立假设的是,由综合管廊内缺乏外部影响及预防措施相关常规项目检查所导致的泄漏概率大幅降低。因此,对于综合管廊中传输损失所产生的成本无法进行估算。

表5-5再一次给出了更全面的成本明细,包括电缆、管道及综合管廊的每年所有维护成本。

综合管廊及管线每年维护成本(单位:马克/m)　　　　　　　　　　　表5-5

项　　目	维修保养费用	传输损失及收益	总　　计
综合管廊			
外壁及管道支撑结构	30.00	—	30.00
运行及安全系统	10.00	—	10.00
运行及管理	30.00	—	30.00
保险	6.30		6.30
管线			
污水管道	7.50	—	7.50
给水管道	7.00	—	7.00
燃气管道	3.90	—	3.90
集中供热管道(热水)	9.30	—	9.30
供电电缆	11.60	—	11.60
通信电缆	7.50	—	7.50
道路照明电缆	参考供电电缆	—	0.00
铁路供电电缆及控制电缆	1.40	—	1.40

表 5-6 中提及了对于不同施工区间和综合管廊类型的综合管廊持续成本。总成本由上述估价与相应传输管道的线路长度及管道长度相乘所得。如果个别传输管道的管道长度在不同规划中存在差异,同一施工区间内不同综合管廊类型的成本也会产生差异。

独立施工区间内综合管廊的维护成本　　　　　　　　　　表 5-6

综合管廊 (施工区间 3.2)	方　案　一		方　案　二	
	长度(m)	持续成本(马克)	长度(m)	持续成本(马克)
外壁及管道支撑结构	290	8700	290	8700
运行及安全系统	290	2900	290	2900
运行及管理	290	8700	290	8700
保险	290	1827	290	1827
污水管道	290	2175	580	4350
给水管道	290	2030	290	2030
燃气管道	290	1131	290	1131
集中供热管道	290	2697	290	2697
供电及道路照明电缆	290	3364	290	3364
通信电缆	290	2175	290	2175
铁路供电电缆 及控制电缆	290	406	290	406
每年成本总计(马克)	36105		38280	

对应施工区间综合管廊在持续成本上的不同,体现了有利于综合管廊施工方案的成本差异。综合管廊的成本优势越小,在道路横断面中施工的综合管廊系统越少,因为从部分角度来说,除单个网络的维修保养成本之外,综合管廊外壁及其周边配套设施的运行维护成本与管道分配情况无关。与单个管道网络长度有关的综合管廊外壁运营成本在很大程度上可以归类为具有非生产性成本特征的固定成本。在施工区间 3.2 中,综合管廊与直埋管线敷设比较,持续成本能够分别减少 30%(方案一)和 26%(方案二)。

5.3.1.3　管道相关基础设施系统的翻新与重建

从区分长达 150 年的地下及综合管廊敷设管道的目标出发,有必要确认代替投资的时间点。对于翻新及重建周期的规定而言,在个别情况下存在的不安全性需要得到概括,其决定了管道相关基础设施系统的理论使用寿命。就此可以确认管道和电缆的平均理论使用寿命,正如其依附于项目的市政管线一样。因为新型的敷设方式、材料以及变化的环境影响能够对管道的使用寿命产生巨大的影响,可以想象的延长或缩短作用会最终影响包括检查时间在内的使用寿命,其逐渐成为采用方案的基础,但总体上并未改变。使用寿命可以称为"具有经济价值的"使用寿命。从中可以看出,从上述时间段出发,通过对存在的管道系统进行持续维修,管道使用寿命的延长及翻新时间的推迟在技术上是可行的。出于经济方面的考虑,纯粹从技术层面决定综合管廊的使用期限将不予采纳。表 5-7 描述了综合管廊的使用期限,从部分角度来说,也能从对应传输管道的专业文献中重新找到,然而在这里它是独立于管道和电缆材料介绍的,也就是根据所使用的给排管道材料平均值。就经济性对比而言,燃气及供水网络的使用期限为45年,而集中供热网络和污水管道的使用期限分别为35年和80年。此外,翻新后地下敷设污水管道的预计使用期限为30年。街道照明、电化铁路和控制装置电缆的使用期限与中低电压的供电电缆相同,约为40年。因为技术的变革,通信电缆25年的重建周期明显较短。

新建及翻新管线的使用寿命　　　　　　　　　　表5-7

项　　目	直埋管线(年)	综合管廊(年)
污水管道(新建)	80	100
污水管道(翻新)	30	—
给水管道	45	90
燃气管道	45	90
集中供热管道	35	60
供电电缆	40	40
通信电缆	25	25
道路照明电缆	40	40
铁路供电电缆及控制电缆	40	40
综合管廊外壁(新建)	—	100
综合管廊外壁(翻新)	—	50
管道支承结构	—	80
运行及安全系统	—	20

对综合管廊传输管道使用期限的调查需要根据地下敷设管道重建周期的可行性分析进行。正如已经在第5.3.1.2节中阐述的,此处省略了敷设在综合管廊中管道的诸多外部影响。如果综合管廊外壁及管道支撑的规定生产过程能够得到保障,在综合管廊中敷设管道网络可以消除地下敷设管道网络对其使用期限的诸多副作用。此外,以混凝土结构为条件进行防护,并且减少其他化学和物理上的影响(例如外部腐蚀、底部振动或地面沉降)可以延长综合管廊中敷设管道的使用期限。另外,巡查管廊有机会发现管廊外部可视损伤,并能及时维修消除潜在危险,也不排除由材料缺陷引起的管道破损概率将下降。对于所有综合管廊中敷设的电缆网络,其使用期限与单独敷设的电缆网络相同,因为其在电缆管道及电缆保护管中(除外部影响外)与在综合管廊中受到了相同的保护。通信电缆上工艺的过时对综合管廊的敷设没有影响。污水管道和集中供热管道存在特殊情况,其综合管廊中管道的理论使用期限是一般情况的两倍。因为污水管中物质不易受到潜在腐蚀性的影响,温度波动下集中供热管中的巨大负荷也得以消除,其管网理论使用期限的延长系数污水管为1.25倍,集中供热管为1.7倍。所有规划方案中综合管廊外壁的钢筋混凝土结构预计理论使用期限为100年[5-18~5-20],通过彻底的翻新,该使用期限可以延长50年。管道的支承和支架每80年需要替换一次,运行及安全系统每20年需要替换一次。

尽管在不断扩大的市区中有着重要的实际意义,但因容量调整导致的再投资不在考虑之列。综合管廊的相应容量可以通过短期停止与土方作业相关的施工活动来增大。但为了缺少的数据基础,无法对容量调整做出可靠预估,所以其在这一情况下常常被忽略。

5.3.2 新敷设综合管廊不同方案的成本对比

5.3.2.1 时间成本的对比

基于现有市内基础设施情况不现实的方案,以在 t_0 时新敷设综合管廊的支出对比(案例一)为基础,该方案中所有地下敷设电缆及管道系统的理论使用期限将同时到期。所有地下敷设传输管道和相应综合管廊方案在 t_0 时的新敷设工程以及在表5-7中决定的翻新和重建周期趋向末期时,调查时间段中的总体翻新及重建时间在表5-8中得到体现。

分析时间内翻新及重建周期(案例一)　　　　　　　　　　　表 5-8

案例一:在 t_0 时刻新建(例如1997年)	
分析时期($n=150$ 年)	翻新及重建周期
直埋管线	
污水管道	在 t_{80} 进行翻新, t_{110} 进行重建
饮用水管道	在 t_{45}、t_{90}、t_{135} 进行重建
燃气管道	在 t_{45}、t_{90}、t_{135} 进行重建
集中供热管道	在 t_{35}、t_{70}、t_{105}、t_{140} 进行重建
供电电缆	在 t_{40}、t_{80}、t_{120} 进行重建
通信电缆	在 t_{25}、t_{50}、t_{75}、t_{100}、t_{125}、t_{150} 进行重建
道路照明电缆	在 t_{40}、t_{80}、t_{120} 进行重建
铁路供电电缆及控制电缆	在 t_{40}、t_{80}、t_{120} 进行重建
综合管廊	
外壁	在 t_{100} 进行翻新
建筑	在 t_{100} 进行翻新
房屋管线	在 t_{100} 进行翻新
管道支撑结构	在 t_{80} 进行重建
运行系统	
供电、道路照明及其他系统	在 t_{20}、t_{40}、t_{60}、t_{80}、t_{100}、t_{120}、t_{140} 进行重建
安全系统	
通风系统	在 t_{20}、t_{40}、t_{60}、t_{80}、t_{100}、t_{120}、t_{140} 进行重建
燃气警报系统	在 t_{20}、t_{40}、t_{60}、t_{80}、t_{100}、t_{120}、t_{140} 进行重建
抽水系统	在 t_{20}、t_{40}、t_{60}、t_{80}、t_{100}、t_{120}、t_{140} 进行重建
传输管道	
污水管道	在 t_{100} 进行重建
饮用水管道	在 t_{90} 进行重建
燃气管道	在 t_{90} 进行重建
集中供热管道	在 t_{60}、t_{120} 进行重建
供电电缆	在 t_{40}、t_{80}、t_{120} 进行重建
通信电缆	在 t_{25}、t_{50}、t_{75}、t_{100}、t_{125}、t_{150} 进行重建
道路照明电缆	在 t_{40}、t_{80}、t_{120} 进行重建
铁路供电电缆及控制电缆	在 t_{40}、t_{80}、t_{120} 进行重建

表5-9中对比了案例一地下敷设及综合管廊敷设方案一和方案二的支出排序。上述开支及其支付时间点在之前段落的表格中有所体现,并安排在长达150年的整体考虑周期中。假设管道的地下敷设在t_0时完全实现,并且所有的翻新及重建在安排的付款周期(支付时间点)内完成。付款每次都会在付款周期的末期进行。从各表中可以明确看出,鉴于投资及再投资的支出,敷设方案从部分角度来看有着十分不同的成本结构。

施工区间3.2内案例一投资及再投资成本(单位:马克)　　　　表5-9

支付时间点 t (年)	直埋管线		综合管廊		
	成本现值	成本原因	方案一 成本现值	成本原因	方案二 成本现值
0	2674555	全新敷设	222660	首次敷设	3752240
20	—		11310	运行及安全系统	11310
25	136705	通信电缆	52780	通信电缆	52780
35	166735	集中供热管道	—	—	—
40	142970	供电电缆	56550	供电电缆	56550
40	50170	道路照明电缆	11310	道路照明电缆	11310
40	50330	铁路供电电缆及控制电缆	11310	铁路供电电缆及控制电缆	11310
40	—		11310	运行及安全系统	11310
45	270000	燃气管道	—	—	—
45	246265	给水管道	—	—	—
50	136705	通信电缆	52780	通信电缆	52780
60	—		75400	集中供热管道	75400
60	—		11310	运行及安全系统	11310
70	166735	集中供热管道			
75	136705	通信电缆	52780	通信电缆	52780
80	142970	供电电缆	56550	供电电缆	56550
80	50170	道路照明电缆	11310	道路照明电缆	11310
80	50330	铁路供电电缆及控制电缆	11310	铁路供电电缆及控制电缆	11310
80	375230	污水管道(翻新)	75400	管道支撑结构	75400
80	—		11310	运行及安全系统	11310
90	246265	给水管道	64090	给水管道	64090
90	270000	燃气管道	64090	燃气管道	64090
100	136705	通信电缆	52780	通信电缆	52780
100	—		203580	污水管道	203580

支付时间点 t（年）	案例一：t_0 时刻新建				
	直埋管线		综合管廊		
	成本现值	成本原因	方案一成本现值	成本原因	方案二成本现值
100	—	—	11310	运行及安全系统	11310
100	—	—	348252	综合管廊翻新	654168
105	166735	集中供热管道	—	—	—
110	1611380	污水管道（重建）	—	—	—
120	142970	供电电缆	56550	供电电缆	56550
120	50170	道路照明电缆	11310	道路照明电缆	11310
120	50330	铁路供电电缆及控制电缆	11310	铁路供电电缆及控制电缆	11310
120	—	—	11310	运行及安全系统	11310
120	—	—	75400	集中供热管道	75400
125	136705	通信电缆	52780	通信电缆	52780
135	270000	燃气管道	—	—	—
135	246265	给水管道	—	—	—
140	166735	集中供热管道	11310	运行及安全系统	11310
150	136705	通信电缆	52780	通信电缆	52780
总计	8427540	总计	3762232	总计	5597728

在施工区间 3.2 中，方案一为成本最低的敷设方案。就生产成本 t_0 而言，地下敷设方案是方案一的 1.2 倍，方案二是方案一的 1.7 倍。支出的积累时间价值说明，地下敷设管道明显需要更高的持续投资。因为除了综合管廊的翻新成本，两种综合管廊方案重建成本的评估也相同，相对于地下敷设而言，综合管廊总体上的再投资可以更少。在地下敷设管道网络的直接对比中，综合管廊中管道及电缆系统的重建投资因更长的理论使用期限很少是不可或缺的，并且首先通过取消土方作业的方式，将其数额变得较小。管道网络的成本差异如此之大，以至于综合管廊额外的支架、运行及安全系统重建成本和综合管廊外壁翻新成本无法追上并扭转上述不断减少持续投资的趋势。如果所有罗列的道路区间及综合管廊内所敷设传输管道，除了高昂的再投资，地下敷设传输管道明显需要更高的持续成本。从这些与成本结构有关的论述中可以推断，独立于不同方案的初始投资规模，综合管廊的生产成本（在 t_0 时）在地下敷设施工总投资成本和持续成本中占有较大的比重。相反，地下敷设管道之后的重建、运营及维修保养成本相较于综合管廊敷设管道，总体上所占比重更大。本章的意义旨在介绍次要需求成本结构的确切差异，再一次向读者说明现金流及时间点。该差异是经济数学参数选择对投资方案利益产生决定性影响的前提条件。

5.3.2.2 项目成本在经济数学方面的调整和对比

1)计算基础

在之后的投资计算中仅考虑与实现不同项目方案相关的支出(成本)。对于所有敷设方案而言,投资支出规模大致相同,也就是说,可以假设敷设方式对于正向的支出规模而言没有显著影响。从效益平衡中可以得出这样的结论,敷设方式的相对利益允许通过支出差异来进行评估。反向支付规模的定位在很大程度上限制了投资计算的方法类型,主要因为无法使用静态的计算方法。除了净现值法外,还有净年值法也适用于上述敷设方式的利益对比。因为两种方式会得到同样的结果(在同样规模的支出中年值只是现值的一种变形),人们可以根据一定方法对现值计算进行限制。根据两种敷设方式及其方案相对经济利益所体现的目标,从全局考虑,必须将独立的支付个体分离开来。从单个管线运营商的角度来看,这种方式对于企业的投资决策而言,仍然无法提供确实的决策基础。当包括自身综合管廊解决方案中投资及持续成本在内的租金,能够覆盖地下敷设管道的现金流需求时,单个管线运营商的利益决策首先得到实现。对于二选一的成本评估原则可以参考文献[5-2]。

不同项目方案的净值统一以 t_0 为参考时间点进行估算,所以可以近似地称为项目成本(PKBW)。项目特定成本结构的时间权重,须保证在参考时间点进行比较,以消费者对未来相较现在支出评估额度的评判作为基础,以利率的高低来表现。除了利率之外,还有其他参数会对时间价值和现金价值之间的差异产生巨大影响,因此也会对单个敷设方案的相对优点产生影响。除了调查时间的长度或实际付款时间点和参考时间点之间的时间长度(为此需对付款数额进行贴现)之外,未来实际发生的物价上涨(下跌)对(某一)贴现行为有着抑制(增强)的效果。

为使投资分析简单化,预期名义上的价格波动率相当于总体通货膨胀率,也就是说,实际的价格波动率等于零。基准年的价格(支出)也可以被认为与未来支出(再投资)规模相同,因为实际购买力保持不变。因为每年0%的实际价格波动率,可以假设相关价格结构不会改变,这就是说,不同商品市场的价格会类似,总体通货膨胀率有规律地进行改变。这一方法省去了对未来总体通货膨胀率的预估,因为使用的是实际规模。通过贴现率还可以区分名义利率和实际利率,在这件事上需要以后者作为依据,因为实际价格也需要进行估算。对于长达150年的考察周期而言,未来(平均)实际利率有着大量参数不确定的特征。因为对总体正确贴现率的测定只能通过净现值法来简单进行,对其进行普遍定义是没有意义的,所以必须根据分析目标进行调整。以对比计算的个体经济投资决策为基础,根据投资者的资金情况,以资本市场为导向的贴现系数是有效的。需要质疑的是一个民营或国有企业,是否投资,投资多少资金,以及是否存在其他利润回报更高的投资方案。

这一分析中,在成本效益分析的意义上,对总体经济的考量决定了做法。就此而论,对社会经济贴现率的测定可以以社会经济机会成本率或时间偏好率为根据。

投资项目在生产要素已完全使用的情况下来争取利用这些要素,对此的考量是社会经济机会成本率的基础。在市场经济体系下,公共项目不仅为稀缺资源,还要和私人投资行为竞争,因为官方的投资行为会以一定的方法(比如税收)向个体进行收取。投资项目在规模上,民营企业与官方相比,对所需资源的占有量而言有所减少。假设项目在企业层面存在一个跨时间的转换功能,其体现了社会中将未来消费投资转换为当前消费的能力,所以这一转换曲线的上升借助于投资及投入资本的边际生产力,描述了现在和将来消费的交换关系。如果机会成本更多地在将来统一消费,那么现在的放弃消费相当于社会的机会成本。机会成本率尝试对投资方案的生产力和投资回报进行测算,例如将私人投资溢出效应(利润)的公共项目假定为贴现率。随着采用一项在民营企业中可以实现的生产力作为公共项目的最低利润,社会资源分配由政府投资实现而恶化的趋势需要被阻止。

在社会经济的时间偏好率上,相关经济主体的跨时间价值评估考虑到效益和成本的时间均化作用。在采用存在跨时间及在实践过程中延续的社会经济函数的情况下,经济函数适用于所有的个体偏好,社会经济的无差异曲线得以建立,其同等社会经济结合了现在及将来的消费水平。社会经济无差异曲线的上升再一次体现了现在及将来消费水平的替换率。借助于数学变形,社会经济的时间偏好率可以从中建立,其体现形式为将来消费水平相比于现在消费水平的增长百分比,因此社会经济保持不变。对积极个人时间偏好的假设,即现在的消费水平与将的消费水平持平,能够通过例如不确定性、非持久性、目光短浅以及在时间流逝中增长的消费边际效用进行解释[5-6]。对于跨时间的评估问题,尤其是与资源经济问题相关的评论,可以参考文献[5-21]。如果人们遵从消费自主原则,并假设市场为完全竞争的理想世界,那么资本市场利率适用于描摹现在到将来消费水平之间的消费决策。完全竞争的前提是因为市场的不完善性、不确定性、风险及收入税收无法保持,基于这一事实导致了不同的(总)利率(现实存在的利率是名义上的总利率,其一方面需要消除通货膨胀的影响,另一方面需要消除税收的"变形"),因而其与净收益和经济主体的时间偏好大致相符[5-10],其只能作为粗略的近似解进行使用。原则上可以确定的是,个体福利经济学的社会经济时间偏好率更加公正,而对于社会经济机会成本率的使用需要考虑总体经济资源配置效率。在理论性的文章中,关于两种社会经济贴现原则以及现实中可见市场利率的争议尚无定论,成本效益分析师也尚未获得有明确理论基础的分析方法。因而,从效用成本关系变为正面开始或在相关经济性对比中项目优先级发生改变的情况下,至少为了查明社会经济贴现率,通过不同贴现率在分析时期内进行成本和效益的对比,适用于成本效益分析的实际使用。

为了大致满足社会经济的理论要求,在这一分析中需要尽可能地尝试追溯已清偿的市场利率。因为在个别情况下,公共项目取代哪些具体的投资项目和预计期望收益无法被评估,所以确定基于平均资本收益率的社会经济机会成本率有很大意义。在实际转化中肯定会遇到问题,因为不同经济领域的资本收益大相径庭,而且经过估算会得到通货膨胀的曲解。对于联邦德国领土而言,1960—1994 年间的实际资本收益经计算,在年收益 13.67% 至年亏损 2.81% 之间不等(若需查明实际收益规模,可参考文献[5-2]附件表格 A)。因为可能的资本收益界限,不同的社会经济机会成本率能够计算,其在很大程度上通过价值计算的方式进行区分。因此,以平均资本收益(例如按"老划分界限"的 4.84% 年收益率)为背景,总体经济成本及效益的单一评价模式没有意义。在分析周期内得到的平均实际资本年收益率为 4.84%,这一数据可以视作将来社会经济机会成本率的粗略近似值。另外,基于社会经济时间偏好率的概念,考虑到经济学框架条件,将 1870—1992 年的德国股票及社会保险金投资的收益调整为预期平均社会经济贴现率幅度。基于历史经验的实际年净收益率在 2% ～ 6% 之间[5-22],包括在灵敏度测试中设置 1% ～12% 社会经济年贴现率在内,体现了其根据自身评估有较大可能实现的平均社会经济贴现率,其在分析期间能够满足社会经济机会成本率。但是,对于之后的计算而言,社会经济年贴现率假设为 3%(每年 $p_r = 0\%$),其通常在对基础设施的长期措施从总体经济角度进行考虑时使用[5-23]。另外,在国际水协会对水利基础设施的总体经济评价中,长期的实际年利率为 3%[5-24]。

最后,还需要讨论的是剩余价值问题。剩余价值由使用期限内的分期购置支出和资产的使用强度产生。其体现了资产在规定的日期(通常在期初或期末)扣除所有历史购置及制造折旧后的残余价值。这些以折旧固定资产在年底移除的剩余账面价值为导向观点,在概念上与期末剩余(总)收入的剩余价值存在冲突。剩余收入对于研究目标而言是可以忽略不计的,因为可以假设在分析时期结束后继续保证实用性,并且在对应使用期限到期前无须考虑既有网络的中断,以及管道和电缆的出售。在投资分析中,理论使用期限内的折旧通常被认为是线性的价值损耗。在忽略上述销售收益及残值的影响下,管道网络每年的原始价值会按一定的折旧率(即原始成本除以使用时间)下降。为了不违背收益公平原则,如果将项目方案不同使用期限的最小公倍数作为分析期限(避免剩余价值问题),或者当使用期限超出分析期限时将剩余价值计入相关项目名下,需要注意与之相关的对比计算。因为遵循综合管廊理论使用期限长达 150 年的分析期限,所以对于较短使用寿命的直埋管线和设备,必须注意投资链。这些投资次序必须借助于核算剩余(账面)价值以适应长达 150 年的时间期限,因为假设使用直埋管线还可以在除了分析期限之外获得同样收益。然而,基于两种敷设原则对比和 150 年之外的剩余使用期限,可以得出除综合管廊之外所有其他"投资"(例如市政管线)的剩余使用期限。当剩余使用期限因为直埋敷设和综合管廊敷设管道使用期限相同且一致时,参照更低的总体使用期限,或根据其等比例相同的不同使用期限,敷设方式的相对经济性对比不受剩余使用期限的影响。基于分析期限的时间长度,关于不同方案的相关优点,剩余使用期限及由此产生的剩余价值之间的差异可以忽略不计。因为剩余价值是根据动态投资分析原则进行计算的,所以由折旧率估算得到的周期(年度)"原始成本"同样需要对社会经济贴现率进行权衡。需要记住的是,在分析期间之外(即 $t > t_{150}$)的剩余价值要对分析时间点 t_0 进行贴现,因而,为什么剩余价值问题在这里是次要的原因显而易见。因为项目特定现金价值的绝对变化在忽略两种敷设方式的剩余价值后趋于平衡,除此之外的变化微不足道,所以敷设方式的相对优点未涉及剩余价值问题。因此,剩余价值无法计算,并且无法将其纳入项目成本现金价值的考量。

支出需要根据确定的计算参数,以 t_0 为分析时间点从经济数学的角度进行换算。投资支出将以一定的贴现系数对一次性支出进行贴现(DFAKE),持续的支出也将以一定的贴现系数对单调的成本序列进行贴现(DFAKR)。现金价值将通过折旧价值乘以对应的贴现系数计算出来。

$$DFAKE(d_s:t) = \frac{1}{(1+d_s)^t} \tag{5-2}$$

贴现系数的大小由社会经济贴现率(d_s)及支付期限(时间点 t)决定。折旧价值的权重越大,社会经济贴现率(d_s)就越小,支付时间点(t)也越早。简单来说,与现金价值计算相同的每年重复发生的支出数额可以通过持续成本与对应贴现系数相乘得到。

$$DFAKR(d_s:n) = \frac{(1+d_s)^n - 1}{d_s \cdot (1+d_s)^n} \tag{5-3}$$

因为假设在总体分析周期($n=150$年)中的持续支出从不间断,所以同一支付期间的持续成本现值越高,社会经济贴现率就越低。因而,对应的项目成本即为,在t_0时完成贴现后的一次性成本和持续成本的总和。

2)项目成本现值比较

按每年3%的社会经济贴现率进行相应的现值贴现会改变当前现金流量的权重。把当前的成本分配到各个阶段,收集分析期间的现值数据,精确展示项目成本现值的变化和项目顺序的改变。这里以10年为周期提取数据,通过表5-10展示现值的变化过程,分析期间的现值会通过数值曲线反映。图5-1中项目成本现值随时间的变化说明了直埋敷设是否有优势,以及什么情况下才具有优势。图中菱形标记代表直埋敷设项目成本现值,方形代表方案一,三角形代表方案二,该图描绘了150年间的变化。施工区间3.2中涉及参数选择,这里会阐明总体研究时间内项目的优先级。与直埋敷设方案相比,方案一(整体钢筋混凝土结构)的起始投资和持续投资都较低,方案一在使用期限内的成本优势愈加明显。直埋敷设和在预制综合管廊中敷设(方案二)的成本差距不断缩小,因此在整体使用期限内,虽然方案二的项目成本现值在起始投资部分比方案一高40%,但是总额只高出4%(约为20万马克)。考虑到尽可能缩小内部成本的决策标准,施工区间3.2在规定条件下优先考虑方案一和方案二。

施工区间3.2内案例一的项目成本现值(单位:马克) 表5-10

时间点 t（年）	项目成本现值(社会经济贴现率 $d_s=3\%$/年,实际价格增长率 $p_r=0\%$/年)		
	直埋管道	综合管廊	
		方案一	方案二
0	2674555	2222660	3752240
10	3113937	2530643	4078776
20	3440879	2766073	4328012
30	3749445	2961804	4534015
40	4064357	3116426	4696281
50	4366757	3222880	4808422
60	4466983	3307851	4897625
70	4562619	3360126	4953049
80	4691148	3420362	5015629
90	4768542	3458269	5055279
100	4806380	3511853	5126079
110	4899114	3527879	5143069
120	4923140	3544582	5160491
130	4939196	3554766	5171210
140	4960821	3561549	5178390
150	4969452	3567088	5184225
项目成本现值	4969452	3567088	5184225

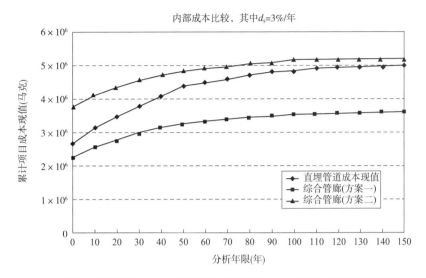

图5-1 实际价格增长率为2%/年的情况下,施工区间3.2内根据社会经济贴现率变化而产生的项目成本现值趋势图(案例一)

表5-10注明了成本现值差异,图5-1以图像形式反映了现值变化。项目成本现值曲线体现了方案一的优点以及其与方案二相比微弱的成本优势。

3)总体评估和结果分析

评估首先考虑到经济利益,对综合管廊在支出(内部成本)上进行比较。施工单位的经济利益以第5.3节中的分析结果为基础,这限制了"成本比较"的总体有效性。这体现在敷设翻新成本的数额和价格评估上,主要是翻新燃气管道、排水管道和对应敷设方式产生的持续费用。这会进一步影响翻新维护周期的标准、理论使用期限和经济数学参数($d_s = 3\%/$年,$p_r = 0\%/$年)的选择。为确保可比性,经济数学变形对经济数学参数的选择也有一定要求,例如社会经济贴现率和实际价格波动率,这两者决定了当前支付的权重,在成本结构确定的情况下,核算敷设方式的优势,分析因此产生的成本及效益,以及敷设方式的顺序。参数的选择可能影响分析结果,也会限制总体有效性,同时影响其在投资评估中作为决策考量的资格。在第5.3.2.3节中将借助灵敏度测试对这些风险进行评估。灵敏度测试能帮助我们认识问题的结构,展示各个变量的影响,以此确定信息获取和信息评估的准确度。

5.3.2.3 灵敏度测试及临界价值计算

计算"临界价值"在这里指的是项目成本现值的比较。计算的基础是每年1%~12%的社会经济贴现率。目标是弄清楚在何种贴现率的情况下,项目的优势排列即优先级会有所改变。临界社会经济贴现率指的是,在其限定的最大值和最小值范围内,项目及其替代项目仍是有利可图的。在决策指标需要的预期值基础上(也即每年2%~6%的社会经济贴现率以及每年0%~2%的实际价格增长率),项目的稳定度就能够通过社会经济贴现率的变动以及实际价格变化率来体现。而其他决定目标金额(投资日期)的因素将与既定计划一致并保持不变,因为它们至少能对应管道系统投资初始点 t_0 时的预期(为了策划安全)。

实际价格变化率这一概念的引入同社会经济贴现率一样也给项目成本的现值带来了显著影响。与我们所研究的可行社会经济贴现率范围相对,这里所选取的实际价格变化率的范围,因为实证的原因要小得多。迄今为止从整个分析期间设置的平均价格变化率为0%来看的话,事实上仅仅要观察价格的实际增长率。经验让我们做出合理预测,相较于运行维护成本,在投资期间预估的实际价格增长率其实是低的。为了避免计算过程中出现不必要的问题,价格的参变量将保持其一致性。不过,由于再投资的支配地位,我们预估会存在一个平均在0%~2%之间的合适价格增长率。

在第5.3.2.2节中阐述过的经济数学换算系数在目标系实际价格增长率大于0%的情况下要做相应的扩充。分析期间,恒定贴现率和实际价格增长率情况下,替代性投资的现值计算需要将市值按照以下公式进行次方计算:

$$\mathrm{DFAKEP}(d_s:p_r:t) = \left(\frac{1+p_r}{1+d_s}\right)^t \tag{5-4}$$

因为价格增长率在数学上就像是一个利率值,考虑到价格实际增长的换算公式,将贴现率的次方算法和价格增长率的次方算法(AFAKE)整合在一起,进行单次支付金额的计算。

$$\begin{aligned}\mathrm{DFARKEP}(d_s:p_r:t) &= \mathrm{DFAKE}(d_s:t) \cdot \mathrm{AFAKE}(p_r:t) \\ &= \frac{1}{(1+d_s)^t} \cdot (1+p_r)^t\end{aligned} \tag{5-5}$$

以上换算公式表明,在现值一定的情况下,价格增长率和贴现率之间存在反向增长关系。在支付时间点确定的条件下,若社会经济贴现率恒定,那么实际价格增长率越高则支付现值越高;若实际价格增长率恒定,那么社会经济贴现率的值越小,则支付现值越高。

当前成本现值通过恒定的年价格增长率来确定增长顺序累进的过程,并通过第一个阶段(t_1)计算所得的折旧成本和贴现率对应函数相乘来获得顺序税率比例的增加,公式如下:

$$\mathrm{DFAKRP}(d_s:p_r:n) = (1+p_r) \cdot \frac{(1+d_s)^n - (1+p_r)^n}{(1+d_s)^n \cdot (d_s-p_r)} \tag{5-6}$$

项目成本现值要借助更改过的财务数学换算公式来重新计算得到,以获得当时的实际价格增长率和利率。比起评估的其他建筑阶段,在施工区间3.2中,经济数学参数对项目优先级的影响没有那么显著(显而易见,实际价格增长有利于替代性投资,替代性投资的成本结构往往是更高的初始投资额和更低的后期投资成本[5-2])。其原因是方案一的整体钢筋混凝土结构的建造需要更少的起始投资,它能将管道的生产成本降低45万马克。在保持较低的再投资水平以及施工区间3.2中产生的管道系统运营维护成本降低的条件下,方案一和地下敷设之间不再有对立的成本结构,而仅仅是不同层次间有差别。因为管道系统运行的初始投资和更新投资及现时成本都不会超过单线管道的比较成本。在施工区间3.2中,无论选取何种参数,方案一都是占绝对优势的首选策略。需要注意的是,项目成本现值间的绝对差会随着社会经济贴现率的上升而降低,因为敷设方式间明显的成本差别是由将来支付现值(t_0之后)决定的。而这些因素不断地通过上升的社会经济贴现率来对项目成本的数额施加影响。地下敷设和方案二之间的结构性成本差异因为预制构件建造更高的初始投资额而始终存在。在这种情况下,施工区间3.2中单根管道敷设将因为大概每年2.6%(假定实际价格增长率为0)的社会经济贴现率成为最不盈利的敷设方式。图5-2呈现了这一结论。

236

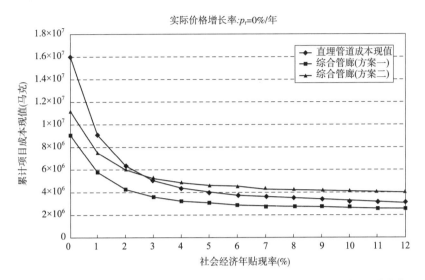

图 5-2 实际价格增长率为 0%/年的情况下,施工区间 3.2 内根据社会经济贴现率变化
而产生的项目成本现值趋势图(案例一)

在这一缩减内部成本的背景下,为了完整性引入图 5-3 和图 5-4,因为正如提到的价格变化率不会对方案一在其与其他方案的成本比较中影响它的绝对优势一样,根据以该图为基础的项目成本现值情况可以看到,方案之间的绝对现值差异随着增长的价格增长率而有所变化。方案一相较于地下敷设的绝对优势越来越大,而相较于方案二,单线管道敷设的优势在于同样社会经济贴现率的情况下,随着价格变化率越来越高而逐渐减小。

如果预估年平均实际价格变化率为 1% 的话,临界社会经济贴现率就会上升,从这时起,第二好的方案优先级就会因为有利于地下敷设而上升 3.6%。如果没有很明显的外部影响来增加施工区间 3.2 的成本,整个分析时期的测评方式会给出这样的操作建议:在 t_0 时完全重建(案例一)的条件下,能够实现特殊型材制成的整体钢筋混凝土结构建造。

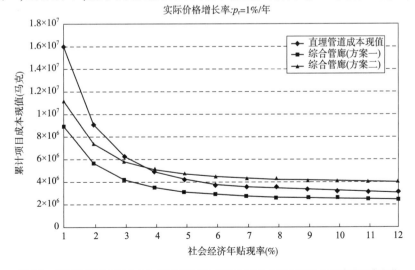

图 5-3 实际价格增长率为 1%/年的情况下,施工区间 3.2 内根据社会经济贴现率变化
而产生的项目成本现值趋势图(案例一)

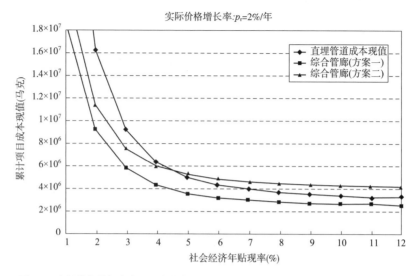

图 5-4 实际价格增长率为 2%／年的情况下，施工区间 3.2 内根据社会经济贴现率变化
而产生的项目成本现值趋势图（案例一）

5.3.3 基于剩余使用期限的项目成本对比

5.3.3.1 主要街道地下敷设管道的理论剩余使用期限

选择对于经济优势的评估方式与实地情景挂钩，但该种做法与实际情况并不相符，因为开始评估前，市中心的市政管线就已经敷设在地下了，而这种评估方式其实是针对完全新建的项目而言。如果要在已有综合管廊的基础上涉及新建的管道系统，那么在成本平等的经济比较中，分析这些既有管道的剩余使用期限也就顺理成章了。新老管道系统交替基本上有两种情况：一种是在原先的管道还在运行时，新敷设的管道就全部开始投入使用。另一种是当原先的管道使用期限到期，再敷设新的管道系统。如果是第一种情况，那么在老管道还有剩余使用期限的情况下，它们提前结束运行产生的支出就要被算在新的替代管道系统上。无论哪种新老交替方式，都会在实施的过程中遇到很多的困难和问题，在此无法详细描述并提供解决方法。不过，像开发商、社区或者私人都倾向于保留老的市政管线直到其技术使用到期之后，再投资建设新的管道系统。因此，在评估前需要首先搞清楚，在最近一次敷设之后，考虑到预估的平均理论使用期限，现有的老管道系统还有多少预期运行期限。

主要街道综合管廊的平均使用时间在大多数情况下都能精确算出。唯独对于通信电缆和街道照明线缆没有准确的资料，而且根据不同的推测估计，它们的使用时间在 15～30 年不等。按照城市公共事业机构报告，电缆是 30 年前敷设的，根据鲁尔联合电力采矿公司的说法，现有的集中供热管道是大约 25 年前敷设的。燃气管道基本上都在 1967—1993 年之间敷设完成的。根据黑尔讷市政基础设施建设单位的详细说明，所有的管道敷设和建造施工阶段，平均都要持续 12 年的时间。盖尔森基兴给水股份公司表示，他们的给水管道是 1953 年敷设的，如此，其所属的给排管道就可以在一个确定的时间 t_2 安排换新。旨在加速市内有轨电车的控制电缆也可以在初始时间 t_0 安排首次敷设。另外，迄今为止已经使用了 90 年的污水管道，在有轨电车轨道扩建的过程中也可以同时进行更新作业，以期将带给居民和供应商企业的影响降到最低。但在污水管道的换新过程中，有一个 200m 长的管道段因其是 1970 年才敷设的,所以不需要更新。主要街道的这一段 200m 管道被记作施工区间 3.2 的 b 段。所有新的管道系统都是根据所属的诸如污水处理要求、控制电缆的新敷设要求等即时生产的,并配备了完善的运行和安全系统。剩余的管道和电缆将根据不同的更新时间节点事后被放置进管道系统。按照记录下的更新时间点,新投入使用的管道系统在使用期限期满时仍要按时进行换新工作。根据黑尔讷基础设施建设企业有关主要街道综合管廊网络以及管道系统平均使用期限的说明,在整个分析期间有以下几个支付节点,在表 5-11 中给出。

分析时间内翻新及重建周期(案例二)　　　　　　　　　　　表 5-11

案例二:理论使用寿命期满后的新建及翻新		
分析时间($n = 150$ 年)	新建时间点 t	翻新及重建周期
单线管道		
污水管道(施工区间 1、3.2a)	在 t_0 进行重建(封闭式)	在 t_{80} 进行翻新,在 t_{110} 进行重建
污水管道(施工区间 3.2b)	在 t_{54} 进行重建(封闭式)	在 t_{134} 进行翻新
给水管道	在 t_2 进行重建	在 t_{47}、t_{92}、t_{137} 进行重建
燃气管道	在 t_{33} 进行重建	在 t_{78}、t_{123} 进行重建
集中供热管道	在 t_{10} 进行重建	在 t_{45}、t_{80}、t_{115}、t_{150} 进行重建
供电电缆	在 t_{10} 进行重建	在 t_{50}、t_{90}、t_{130} 进行重建
通信电缆	在 t_{10} 进行重建	在 t_{35}、t_{60}、t_{85}、t_{110}、t_{135} 进行重建
道路照明电缆	在 t_{10} 进行重建	在 t_{50}、t_{90}、t_{130} 进行重建
铁路供电电缆及控制电缆	在 t_0 时刻新建	在 t_{40}、t_{80}、t_{120} 进行重建
综合管廊		
外壁、建筑及房屋管线	在 t_0 时刻新建	在 t_{100} 进行翻新
管道支撑结构	在 t_0 时刻新建	在 t_{80} 进行重建
运行系统		
供电、照明等其他系统	在 t_0 时刻新建	在 t_{20}、t_{40}、t_{60}、t_{80}、t_{100}、t_{120}、t_{140} 进行重建
安全系统		
通风系统	在 t_0 时刻新建	在 t_{20}、t_{40}、t_{60}、t_{80}、t_{100}、t_{120}、t_{140} 进行重建
燃气警报系统	在 t_0 时刻新建	在 t_{20}、t_{40}、t_{60}、t_{80}、t_{100}、t_{120}、t_{140} 进行重建
抽水系统	在 t_0 时刻新建	在 t_{20}、t_{40}、t_{60}、t_{80}、t_{100}、t_{120}、t_{140} 进行重建
传输管道		
污水管道	在 t_0 时刻新建	在 t_{100} 进行重建
饮用水管道	在 t_0 时刻新建	在 t_{92} 进行重建
燃气管道	在 t_0 时刻新建	在 t_{123} 进行重建
集中供热管道	在 t_0 时刻新建	在 t_{70}、t_{130} 进行重建
供电电缆	在 t_0 时刻新建	在 t_{50}、t_{90}、t_{130} 进行重建
通信电缆	在 t_0 时刻新建	在 t_{35}、t_{60}、t_{85}、t_{110}、t_{135} 进行重建
道路照明电缆	在 t_0 时刻新建	在 t_{50}、t_{90}、t_{130} 进行重建
铁路供电电缆及控制电缆	在 t_0 时刻新建	在 t_{40}、t_{80}、t_{120} 进行重建

5.3.3.2 成本变化

现存的管网和它们剩余的使用期限与变化的投资和支付时间点无关,但它们也会以一定的形式影响最终的结果,因为它们保留了至今为止起始投资和持续成本的预估。由于现金流的时间价值限制,在第二个调查研究所涉及的猜想与第一种情况下的投资总额比起来,仅仅成了总投资和再投资中一个微不足道的偏差。成本的变化仅仅出现在管道敷设的持续成本中。虽然每米管道和运输物的估价保持不变,但管道和电缆是在对应变化的自 t_{34} 开始的翻新周期内进行敷设的。为评估给排水系统管道的解决方案,当管道的敷设成功实施之后,管道特定的评估价值开始形成。如果载体网络到理论使用期限期满的时候依然是以单线管道的形式来运行的话,那么这种传输管道的持续成本也会通过特殊值进行估计。只要第一部分管道敷设成功地实施了,那么这种管道敷设解决方案所带来的高持续成本负荷就能够被克服。同时,管道的运行和维护成本与用户数量以及被安置的运输管道多少无关,因为管道的管理、维护、保障和运营成本与其占有率无关,当它们的占有率很低的时候,管道的成本也和占有率是一致的。选择系统导致了这类管道在使用寿命的最初33年内有着明显较高的持续成本,就像在时间 t_0 内(第一种情况下)完全翻新情况下估算的那样。随着对管道连接的所有基础设施系统的翻新敷设,研究时间段中余下的时间周期内(从 t_{34} 开始)又会产生同样高昂的持续成本,就像已经在第一个分析中看到的那样。表5-12和表5-13总结了分析期间内可用管道种类的持续成本变化。表中,我们总是可以在某一时期内得到结论,供排水情况不会因为管道网络的移位而产生变化。在最初安置的周期中,电线管道的传输管道总是按照地下敷设管道的持续成本来估算,因为在投资计算中,习惯于把投资项目及其相关联的支出计入它所属时间段结束的时间点上。由于再投资而绘出的时间段将水平分割线分为综合管廊敷设和地下敷设的管道网络两部分。上部用斜线表示出传输管道使用的是综合管廊敷设,而下部陈列的传输管道在这一阶段内仍然处于地下敷设的状态。通过这样计算出的成本总额就是在这个时间段的所有周期内的估算值,它是一个常量。

方案一在施工区间3.2内的持续成本(案例二)(单位:马克) 表5-12

综合管廊(方案一)	持 续 成 本			
	$t_1 \sim t_2$	$t_3 \sim t_{10}$	$t_{11} \sim t_{33}$	$t_{34} \sim t_{150}$
外壁及管道支撑结构	8700	8700	8700	8700
运行及安全系统	2900	2900	2900	2900
运行及管理	8700	8700	8700	8700
保险	1827	1827	1827	1827
污水管道	2175	2175	2175	2175
铁路供电电缆及控制电缆	406	406	406	406
给水管道	6426	2030	2030	2030
集中供热管道	4805	4805	2697	2697
供电及道路照明电缆	12352	12352	3364	3364
通信电缆	8625	8625	2175	2175
燃气管道	7800	7800	7800	1131
持续成本总计	64716	60320	42774	36105

方案二在施工区间 **3.2** 内的持续成本(案例二)(单位:马克)　　表 5-13

综合管廊(方案二)	持续成本			
	$t_1 \sim t_2$	$t_3 \sim t_{10}$	$t_{11} \sim t_{33}$	$t_{34} \sim t_{150}$
外壁及管道支撑结构	8700	8700	8700	8700
运行及安全系统	2900	2900	2900	2900
运行及管理	8700	8700	8700	8700
保险	1827	1827	1827	1827
污水管道	4350	4350	4350	4350
铁路供电电缆及控制电缆	406	406	406	406
给水管道	6426	2030	2030	2030
集中供热管道	4805	4805	2697	2697
供电及道路照明电缆	12352	12352	3364	3364
通信电缆	8625	8625	2175	2175
燃气管道	7800	7800	7800	1131
持续成本总计	66891	62495	44949	38280

5.3.3.3　项目成本的经济数学处理和对比

基于在前 33 个使用阶段内变化的支付时间点和更高的综合管廊运行维护成本,需要对独立方案的项目成本进行再一次计算和对比。另外,这里首先对每年 3% 的社会经济贴现率以及 0% 的价格波动率进行计算。当体现分析案例的累计现金价值表格相互比较时,项目成本的绝对变化(案例一及案例二)最为明显。对于在此分析的管道网络理论使用期限满后新建及翻新案例而言,它们同样在正文中有所体现。

因为在 t_0 时为有轨电车只敷设了污水管道和控制电缆,所以独立敷设项目的起始支出明显低于第一个分析案例。与之相反的是,综合管廊敷设方案起始支出的减少相较于案例一而言可以忽略不计。其本质是包含分发及装配建筑结构在内的综合管廊外壁、支架及房屋管线的制造成本。另外,以完整的运行准备为目的,所有的运行及安全系统已经在 t_0 时安装完成,所以综合管廊容量对于容纳所有传输管道的能力已经提前实现。该方案远远高出地下敷设的起始成本且在前 10 年内更高的持续成本加剧了不同成本结构中已经指出的影响。在施工区间 3.2 中,由特种型材制成的整体钢筋混凝土结构也处于变化的框架条件(成本合适的敷设方式)之下。鉴于计算过程中年平均社会经济贴现率为 3%,年平均实际价格增长率为 0%,方案一建成后 50 年的成本相较于所有地下敷设的管道更低。除此之外,表 5-14)及与之相关的图 5-5 还说明了在这一施工区间内综合管廊(方案二)中钢筋混凝土圆管的不经济性。基于内部成本和相关设想,尽管有着更高的起始投资,但在施工区间3.2中依然将方案一作为推荐方案。

施工区间 **3.2** 内投资现值的动态变化(案例二)(单位:马克)　　表 5-14

时间点 t (年)	项目成本现值 (假设社会经济贴现率 $d_s = 3\%/$年;实际价格增长率 $p_r = 0\%/$年)		
	地下敷设	综合管廊(方案一)	综合管廊(方案二)
0	1245930	1973260	3502840
10	2286943	2654893	4203026
20	2613884	2932653	4494592
30	2857160	3134673	4706884
40	3203988	3313609	4893463
50	3488215	3423502	5009045
60	3695911	3504634	5094408
70	3770489	3566431	5159355
80	3898523	3614540	5209807
90	3964403	3652508	5249518
100	4011360	3707571	5321796
110	4085806	3725639	5340830
120	4109836	3738215	5354124
130	4133753	3751849	5368292
140	4152027	3759607	5376449
150	4161015	3764520	5381657
项目成本现值	4161015	3764520	5381657

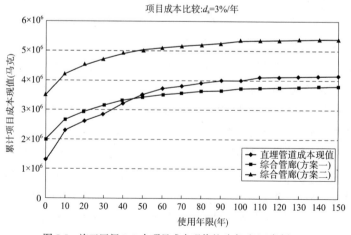

图 5-5　施工区间 3.2 内项目成本现值的动态对比(案例二)

5.3.3.4　关键价值的灵敏度分析及调查

在分析案例二中,灵敏度分析应该通过不同的经济数学参数对项目优先级的稳定度加以说明。图5-6~图5-8中所提及的幅度(社会经济贴现率和实际价格发展变化趋势)再一次体现了每年2%~6%之间的贴现通道及每年0%~2%之间的价格变化率。将整体钢筋混凝土结构(方案一)作为成本更低方案的决策可以有相对稳定的说明,因为更确切地说,有利于独立敷设的社会经济贴现率存在于期待价格尺度的上层区域。鉴于年实际价格增长率为0%(1%),方案一的年社会经济贴现率在相较于继续敷设单线管道,大致降低4.5%(5.5%)的成本。预制构件结构(方案二)对于这一施工区间而言是次要的,因为其独立于经济参数的变化,相较于整体钢筋混凝土结构更昂贵。在社会经济贴现水平的数值范围中,该敷设方案需要与地下敷设方案进行权衡。尽管有着远远高出的起始投资,但在敷设方式外部影响的条件下,从经济学的角度来看,上述主要街道下管道相关基础设施状况(单线综合管廊)没有理由可以阻碍在施工区间3.2中实现之前推荐的整体钢筋混凝土结构。

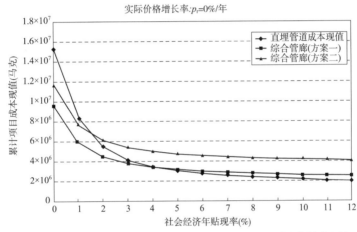

图5-6　实际价格增长率为0%/年的情况下,施工区间3.2内根据社会经济
　　　贴现率变化而产生的项目内部成本现值趋势图(案例二)

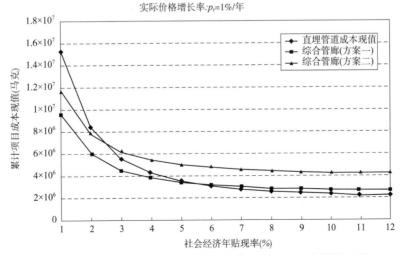

图5-7　实际价格增长率为1%/年的情况下,施工区间3.2内根据社会经济
　　　贴现率变化而产生的项目内部成本现值趋势图(案例二)

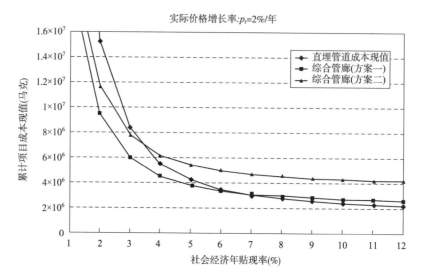

实际价格增长率:p_r=2%/年

图 5-8　实际价格增长率为 2%/年的情况下,施工区间 3.2 内根据社会经济贴现率变化
而产生的项目内部成本现值趋势图(案例二)

5.4　综合管廊外部成本的经济评估

5.4.1　不同敷设方式外部影响比较的前提

综合管廊及直埋管线,其内部成本差异需要从宏观经济的角度作对比,由此来界定它们作为城市基础设施通过建设和运营所带来的外部成本和外部经济效益,并对之进行评估,分别归类到不同的投资项目中。此外,还要评价它们作为社会行为对社会经济产生的影响。在与效果分析挂钩的对于敷设管道的社会影响评估中,需要着重关注其负面影响,因为对于不同的结构和敷设方式来说,其效用都是在与之所避免的损害和破坏的对比中体现出来。外部的也即社会成本需要在整个评测期间被调查清楚,要同内部也即企业生产成本一同计算,还要根据现时的社会成本贴现率进行贴现计算。如同项目的内部投资成本对于个体经济的投资计算一样,也可以将所计算的项目特定现值(净现值)作为与宏观经济比较的尺度标杆。因此,分别理清这两种建造方式的潜在外部影响,并借助于实用评价体系、一般化评价标准、真实的规划数据来使得项目对经济发展的影响透明化和可预测化(有关外部影响量化的经济理论基础和所使用的评价程序可参考文献[5-2])。

对于黑尔讷市基础设施建设投资规划所要测评的综合管廊系的外部成本计算来说,比起个体经济成本的计算要难得多。理性决策的基础是对于某项目特有的优势和劣势、项目带来的整个经济上重要的后果,以及对其具体的量化都要了如指掌。因为观察的不仅仅是当下的,更是未来的即整个长达 150 年的运营期间内的优劣之处,对于该系统带来的潜在影响的预测就显得尤为重要。从一个虚拟的初始状态(即什么都没有的状态)出发,两种敷设方式的项目影响都要进行分析和比较。因此,要想评估项目的外部影响,首先必须对以下知识进行了解:

(1)测评初始时刻的环境。该环境特有的情况和条件影响项目的运行情况以及其发展和变化趋势。

（2）正面的以及负面的外部影响作用方式、作用过程和作用强度等[5-25]。

因此,希望成本效益分析师能够将项目效用引入到影响分析中,项目影响来自直埋敷设和综合管廊建设的实施过程,而非无缘无故出现。而为了能够将外部影响量化进行分析,要模拟一个初始的"零"状态以便测量和计算。因为基础设施是公共事业设施,又有着强制接通和强制使用的法律特性,作为基础设施,其又有直接或间接的预付特点,因此,最主要的问题并非是否敷设地下管道系统,而是如何敷设该地下管道系统。因此,这一必需基础设施工程项目的负面外部影响必须降到最小。综合管廊的敷设和运行带来的外部影响,是将一个已经敷设好的、无紊乱的基础设施系统所处环境作为要进行分析的初始"零"状态。对于测评时间范围来说,不谈设计原则,要区分施工和运营两个不同阶段以及明挖和非开挖两种施工方式。当直埋敷设和综合管廊采用同一种施工方式(明挖、非开挖)时,两者间成本和效用差异将最为明显。

要想进一步说服尽可能多的或是全部的城市和家庭主要市政管线都采用综合管廊系统,其基础就是告知综合管廊系统是可以被参观的,系统的维护和更新不需要再进行挖掘作业。当房屋管线与这种综合管廊敷设方式相搭配时,两种设计原理的成本差异尤为明显。如果房屋管线无法做到同样可通行的话,在地产范围内的连接管道敷设至少也应当保证质量。

5.4.2 不同交通方式的外部成本

5.4.2.1 管线相关的基础设施对于交通流量的影响

在公共区域内敷设管线首先要注意街道区域。尽管原则上管线的敷设都会尽力与道路建设协调,但管线敷设往往要求在整个街区。无论是在人行道、非机动车道还是机动车道,街道和交通工具网络以及管线设施互相都会产生影响。管线的施工常常根据管线的系统路径情况扰乱路面交通,原因在于街道封锁挖掘、建在路面的施工地点及其设备和材料、与工程有关的额外交通流量等。如果人们将完全新敷设的综合管廊(案例一)简化成同等时间及空间要求下两种不同设计原则的建筑工程,其对于交通参与者的效用区别主要在测评时间段内工程施工的不同频率。但是这种简化成同样时空要求的观察方式不会考虑到,比起在十字路口大范围施工,新敷设整体管线系统过程中分开地下施工和地上施工阶段带来时间上的节省,以及集中敷设方式带来空间上的节省。但如果将首次新敷设整体管线系统和单个电缆,如人行道下方的管道更新进行比较的话,假定的两种敷设方式施工作业时,时空要求相等的模型就不再适用(案例二)。无论何种施工方式,在上述的这些情况下都可以确定的,由于之后的清洁和维护工作都无须挖掘作业即可完成,在长达150年的分析期间内,对于地上和地下施工的观察只停留在施工阶段。相反,传统的直埋敷设方式则需要多次对街道和管线网络进行挖掘施工作业,重复挖掘出现在地上和地下施工阶段,包括单根管道的首次敷设(t_0)、清洁、更新及可能的效率调整(敷设阶段),在运营阶段的维护和检测过程中或许也需要进行挖掘。因为传输和不同管道特定的适配要求、清洁和更新周期以及传输特性等的不同,首次敷设后的比较不再能以时间来统一衡量,而应该以一个个独立的建筑工作行为来计算。从空间的框架条件角度来看,建筑工程在某一段时间内会对交通流量产生负面影响,如果是传统敷设方式的话,只要相关的交通情况、管道敷设情况以及测评时所观察的路段保持不变,那么交通参与者的负面外部影响会重复出现。当施工期间需要对一条或多条机动车道、人行道进行部分封锁或全路段封锁的时候,相较于之前提到的"无影响"状态交通流量的偏差是很容易预测的。难以避免的行车速度降低、制动和起动的频率增加、绕行道路的设置等都会减少交通流量。对于行人和骑自行车的人来说,可能需要走街道的另一边,或是因为路障设置使得可以行走的路面变窄等。

事实上,不同设计理念带来的外部影响差别不能一概而论,应具体情况具体分析,因为这些差别受一系列因素的影响。例如施工方式、施工程序,交通流量、交通的组成方式,机动车道和人行道的宽窄,机动车道数量,管道路线,附近居民和途经车辆及行人的绕行方式,街道封锁的情况以及管道的样式、数量和尺寸等,都会影响到交通。在某些情况下,比如开辟新的工业用地或者在市区以外的地方,行人或驾驶员很少或几乎不会受到影响。对于生产建设阶段所产生的负面外部影响来说,最主要的原因是不同的建造方式。为了减少对路面交通即行车区域和步行区域的影响,无论是灵活的整体综合管廊系统还是地下单根管道的建设,都采取闭合的方式。这种闭合的建造方式所带来的好处在于能够对起始点、中间点、最终点逐一对应地下和地面作业,路面交通在施工期间不受地下作业的影响,施工设施所占据的空间更小,因为挖掘的土量减小而降低了施工自身对交通的需求。但总体来说,闭合施工方式带来的这些益处还是很有限的,因为定点挖掘带来的对交通的妨碍和绕行要求增加,还是很明显的。

对于一个个具体的建造设计案例来说,需要做成本效益分析,这要建立在施工地点交通信息的基础上,即不牵扯到该项目的街道和交通网络相关信息,也注意到施工项目对潜在的时间和空间的需求以及相适配的可能应对措施。施工所引发的道路封锁和绕行可以在比较中脱离比较而预测得到。而与建筑工程相关的对路面交通的影响范围或多或少会在施工区域基础上有所延伸。对于单个需要衡量的替代建筑设计来说,事先的预测值将描绘出价值标度的外部影响数量结构。

5.4.2.2 确定主干道路给排水系统更新对街道和路网带来的时空负荷

1)单线管道

通过对主要街道电缆位置的分析,可以大致预估给排水系统翻新和重建产生的影响。如果忽略短期维护和保养措施的话,措施主要集中在土方工程上,也就是与施工现场相关的措施上。施工所需的空间,包括施工现场隔离区以外的挖掘作业区、建造机械、建筑材料的支撑以及工程作业车所占用的空间,不能在前期计划阶段对 t_0 进行准确的评估。建造措施又会根据它们是否会影响行人、机动车以及有轨电车交通的正常运行而粗略地进行细分。施工现场的预测分析是以下面这些假设为基础的:

(1)当在一段时间内有很多个市政管线需要翻新时,比如在 t_0 时间内需要进行新管道敷设,这些工程不是同时进行的,它们会分在几个时间段内,不会相互妨碍,各个街道网、路网和轨道网的效率也不会过度地受到影响。

(2)不能假设整个施工区间同时进行施工,通常根据实际情况以 50~70m 的区间长度进行施工。

(3)在新线路下敷设新水管和燃气管,始终要保证原有管道的迁移能够顺利进行,并且各个敷设区域内均没有固定管道或电缆网络发生阻塞的情况。

（4）一些个别的管道和电缆交叉点，它们处于主要街道而没有被放置在保护管中，这在之后的场景中不会被明确地考虑到，因为在实际施工过程中，路面交叉口会设置挖掘保护，使道路车流和铁路交通不会受到妨碍。

（5）起点井道、终点井道和维护井道的位置仅靠有轨电车的空间进行排布，这种方式并非常见，通常情况下，新管道的敷设极有可能影响有轨电车的运行，因为事实上，新敷设的污水管道轴线可能位于现有轨电车轨道较远的位置。因此，新管道的敷设普遍会采用绕道，一方面现有管道在空间上的交叉数量有限，另一方面为了保证有轨电车的交通，新管道敷设在工程技术上的工艺步骤将会变得非常复杂，从而造成呈指数型增长的内部成本。由于额外成本只能通过细节化的建造计划进行预测，它在这一尺度下无法计入预估的投资总额。此外，对施工的要求之一往往是对市民、居民以及道路使用者的影响最小，而这一要求不一定与现实相符，诸如在现实中，为了保障有轨电车的正常运行，可能对其他交通参与者造成一定的负面影响。因为位于人行道和私人区域的建造井以及空间上的绕路不仅仅涉及行人、居民和住户，而且还与位于主要街道上的公共短途公交线路有关。为了最大限度避免对居民和公交线路的负面影响，施工场地的组织计划应当把所有的交通参与者都考虑在内，这样，在空间比例允许的情况下，保证所有居民正常交通出行及各种交通方式都能够得以维持。

在前面列出的管道载体和电缆网络敷设及改组时间估算的基础上，可以得到施工在时间和空间上的"妨碍预估"。

施工区间3.2（通过单线管道敷设方式敷设主要街道的污水系统）在体育公园街入口处和海斯特坎普街之间的一段长290m的道路上进行。由于正东方向有与马蒂尼街一样高的障碍物，能够向正南方向和正北方向排除污水。仅从部分角度来看，主要街道上设置有两个并排的污水收集井。来自东侧方向的朗格坎普街排水槽与主要街道的收集井在街道北侧部分（a段）相遇，因此，这两个收集井可行性分析必不可少。这两个井道相互紧靠，在南北方向数米的范围内。这两个施工工地封锁了西侧的轨道路线以及第二根轨道南侧车道的一部分。在西侧的车道和人行道之间有一条已经被填平的停车带，它顺着道路延伸到公共施工区域，这样，由于建造收集井绕路形成的瓶颈区域就可以通过封锁和共用停车空间来改善：至少可以设置一条南侧的车道。那些转移到东侧街道的道路和交通路线以及西侧的人行道除非需要挖掘，否则都予以保留。因为机动车道只有一条车道而车辆需要交互通行，为保证机动车的通行，同样从北侧街道划分出一条机动车道。

在齐柏林街和马蒂尼街之间，还有更多同样敷设在西侧轨道上的工作井。同样，这里采取的措施是，保持西侧车道的畅通，东侧轨道维持有轨电车的双向通行。由于存在与马蒂尼街一样高的障碍和平行流过的污水管道，以及将要建造的工作井，会对道路交通造成轻微的干扰。一个工作井位于西侧的轨道区域，另一个位于东侧的街道和人行道区域。在道路西侧划分出了一条齐平的轨道作为车道，因此只剩下了一根机动车道。道路的东侧，齐平的轨道路线必须保证有轨电车的双向通行。当机动车只有一条车道可以使用时，所采用的策略是利用东侧变窄车道，保证机动车仍然不需要绕行。如果遇到宽度极窄而可能遇到障碍的路段，东侧的工作井也需要临时占用绿化带，因为其需要将人行道和非机动车道一并计算在内。剩余的排水系统(a 段)在距离海斯特坎普入口处数米的地方就不再延伸了,同时要求在这个阶段,西侧的轨道上不能再有其他更多的建造井。b 段的排水系统从位于马蒂尼街近停车区域的交叉路口(间距约为 10m)开始,先到海斯特坎普区域,再到主要街道的人行道区域,后者仍由一条东侧车道延伸过来的狭长绿化带隔离开来。位于主要街道东侧人行道的工作井,一定会对行人及非机动车驾驶人造成影响。然而由于一条人行道有 4 ~ 7m 宽,加之东侧有限的停车区域和绿化带,使得排水系统的翻新对这些交通参与者造成的影响可以忽略不计。在马蒂尼街和海斯特坎普街之间没有会对机动车和公共短途客运造成影响的因素。在估算中,分配给 a(b)段重建的时间总共为 19 周。自行车道的左右两边以及停车带的下面,整个工期中都会敷设输气管。这些输气管的翻新需要开放式工程和新的路线。由于道路人行道和自行车道的宽度在 4 ~ 7m 之间变化,可以在 5 周的时间内同时对左右人行道以及停车带上的输气管进行翻新,而不用估算对公共交通和有轨电车造成的影响。当在车站和区域入口处,这段时间内行人及非机动车驾驶人在西侧街道的通行几乎不会被限制。由于停车带具有多种交汇的可能性,行人和骑自行车的人不会认为东侧燃气管道的改造会对他们造成太大的影响。

给水管道同样需要在开放式施工环境和新线路中翻新。在超过 5 周的时间内,西侧人行道和自行车道的可用宽度会逐渐减小到一半。集中供热管道已在施工区间 3.2 中在道路的南部方向敷设,且仅仅敷设至马蒂尼街。在开放式施工场地中对管道进行重新敷设时,现有的管道线路也会在翻新后使用。对于处于保护管道中约 160m 的管道,给予 7 周的预估时间,在这段时间内,西侧的绿化带和停车带靠近车道的部分都会被逐渐地被占用。尽管行人的通行不会受到限制,人行道部分仍然可以继续使用,但由于距离西侧的停车带实在太近,必须在额定宽度满足的条件下出于对行人的考虑,删减掉停车区域合适的工作井。公共服务所需的低压电缆和中压电缆位于主要街道两侧的人行道下。对这些电缆的翻新总共需要 3 周的时间,此处假设由于道路两边均能大规模地提供可用空间,在这段时间内,道路两侧可以同时被翻新。同样,在这 3 周的时间内,位于人行道部分东侧的照明电缆也能够同时被翻新。这段时间内,道路两侧的人行道和自行车道都是可以使用的。通信电缆的翻新对于交通流有着相同的影响,因为道路挖掘仅仅涉及行人、非机动车的通行空间以及西侧的停车带。道路两侧的人行道在这超过 3 周的时间内几乎不会因德国电信公司的挖掘而受到限制。同样地,在对人行道上控制电缆翻新的这 3 周时间内,道路两侧的人行道通行也不会受到限制。

2)综合管廊方案

综合管廊的施工开挖远超过了相同公称直径的管线,在明挖施工的情况下所需要的开挖工程量,不仅由综合管廊断面面积决定,还要由综合管廊埋深、基坑方式决定。因为在计划的过程中,已经选择了合适的管线种类,管线的尺寸和综合管廊断面都已经确定了,基坑的宽度就取决于综合管廊外壁与基坑内侧壁之间必需的工作空间和挖掘方式。假设综合管廊外壁和基坑内侧要预留约为 1m 的施工工作空间。对于一根内径为 2.2m 的管道,它的横截面宽度确定为 2.8m,基坑的宽度最高不超过 3.5m。综合考虑障碍物宽度的占地面积,工作井宽度的最大值确定为 4.0m。进一步的场地要求来自建筑工地围栏所圈出的面积,这涉及建造设备的工作半径以及用来运走弃土、提供建筑材料的工程运输车。街道的纵向挖掘已经完成,工程运输车却不在附近,而是在工作井的端部卸载回填材料,此时,在工作井的上表面需要预留宽为5m的占地。这一预留占地与管道种类和它们的特殊属性无关,因此采取的措施是在街道或人行道上建造工地,隔离出共计5m的可用宽度。街道的长度根据直埋管线和综合管廊的要求可以延长,采用分段长约60m的方式。由于波鸿~盖尔森基兴有轨电车公司没有对轨道有完整翻新的计划,因此在对管道进行布局时,需要避开轨道线路下方的位置,也就是说,最好限制在一根轨道的范围内。

在施工区间3.2中,为施工工地的各种设施和建造施工大规模提供的空间区域,如果包括与街道齐平的路基的话,目前在任一方向上都有两根车道。除此之外,在西侧街道还设立了一条2.5m宽的车道,在施工区间3.2所包含的大多数情况下,这条车道在纵向上是必须的。在街道的西侧部分,停车带以及西侧车道下方敷设管道,其目的是为了在整体建造方式或预制件结构的建造方式下,实现维持平缓的有轨电车运行。但部分情况下,在运行过程中污水管道位置会发生改变,因此要求在建造过程中有暂时的应对办法。建造井在东侧街道和轨道路线上完整地移动是可以实现的,但由于西侧管线的连接方式特殊,这样做的意义微乎其微,并且有待检查投资总额的改变。选择西侧停车带和车道作为管道敷设的位置可以使有轨电车维持往常的双向运行模式。在南侧有一条机动车道是为公共交通的运行而设置的公交车道。然而西侧与街道平行的有轨电车轨道变成了一条车道。尽管道路上有施工工地且由此带来了个人交通与公共交通对车道使用的竞争问题,但是如果车流被限制了,我们同样采用一条车道来克服这一阶段的交通运行阻力。往北行驶的车辆完全不受施工影响。值得注意的是,在这样的关系下,西侧居民需要经由施工工地才能回到他们的住处。行人以及非机动车驾驶人在双向人行道上的通行都不受施工影响。真正的阻碍在于如果人行道的主要部分被用作建造材料支撑点,需要东侧的停车部分为建造材料支撑提供足够的空间。这部分人行道和自行车道是可以继续使用的。对于这两种管道种类,预计工期为22周。

5.4.2.3　短途客运的外部成本

黑尔讷的主要街道上行驶着波鸿-盖尔森基兴有轨电车股份公司的306路有轨电车和黑尔讷卡斯特罗普~劳克塞尔交通公司及波鸿-盖尔森基兴有轨电车股份公司的362路、368路、385路和387路公交车。因为在施工过程中公交服务仍然能够保证运营,并且考虑到机动车辆交通造成总体损害的情况,在本章中将特别关注306路有轨电车。306路有轨电车连接着波鸿(中央火车站)的布登伯格广场及黑尔讷中央火车站。主要街道上向北行驶(东侧轨道)的目的地为黑尔讷中央火车站。在这里的主要街道路段中,要考虑实现轨道交通的换乘问题。在运动公园的道路汇合口处(施工区间3.2的北侧边缘),有轨电车可以更改其行驶方向。如果施工工地在施工区间内允许有轨电车单轨运行,可以借助施工工地前后的转辙器使得有轨电车交通和以往一样正常运行。转辙器间距原则上不得超过100m,如果转辙器间距因受到阻碍而超过100m,在转辙器处的等待时间可能导致有轨电车无法正点到达。由此而产生的交通运行成本,由转辙器和信号装置的购置成本(50000马克和5000马克)、安装和拆卸成本(5000马克)、架空电缆(电力供应)调整成本(每侧约5000马克)组成。对单一施工区间而言,成本支出为14万马克。随着一个施工区间的竣工,在交通流量较小的夜间将进行下一施工区间前后转辙器及信号装置的更换和重建,从而可以减轻由此产生的影响。假设直到开挖方向上的下一个工作井(中间工作井或接收井)竣工前至少开放一个工作井(始发工作井),而且两个工作井之间的距离原则上要超过100m的转辙器最大间距,所以采用非开挖进行的重建和翻新工程需要4组转辙器及信号装置。

1)单线管道

为了能同时在至少两个施工区间进行污水管道的翻新及重建,必须设置4组转辙器和信号装置。在研究项目中分散在每三个施工区段的购置成本,每个区段和时间段各为7.3万马克。100m的单轨线路长度从头到尾得到了充分的利用。转辙器的重建按最大单轨线路长度划分的施工区间长度进行。通常来说,转辙器之间计划会有更多的井道。鉴于污水管道封闭的建造及翻新方式,在施工区间3.2中可能导致转辙器需要进行3次敷设。因为在朗格坎普街的支路上已经安装完成了1个转辙器,为了绕开那里的井道,必须临时设置1个额外的转辙器,以便架空电缆。另外敷设二次转辙器会带来总计14.8万马克的成本。[除了按比例分摊的购置成本(7.3万马克)外,还有转辙器5次安装和拆卸成本(1万马克)。加上相关架空电缆的调整成本(5000马克),总成本达到14.8万马克。]。

2)综合管廊方案

所有综合管廊方案均采用明挖施工。在施工区间3.2中,综合管廊和基坑的位置设计尽可能地满足与道路齐平的轨道路基单轨通行。因此,在这里依然可以通过在施工区间内设置有轨电车的转辙器方式,来保证这一目标的实现。转辙器设置的数量,包括施工区间的数量,都需要根据最大转辙器间距(100m)划分的施工区间长度来计算,并且乘以相关估价。施工区间3.2(长290m)中的两种敷设方式,在施工期间都需要安装和拆卸转辙器3次。因为已经在施工区间北端设置的转辙器,将降低转辙器安装、拆卸及调整架空电缆的纯安装成本。正如污水管道的重建工程,施工区间3.2内综合管廊敷设方案的成本也是14.8万马克。如果由此多出的措施归咎于波鸿-盖尔森基兴有轨电车股份公司的高额运行成本,则短途客运的附加成本不具备外部成本特性,并将被算作内部成本。

5.4.2.4 私车交通的外部成本

1)行为方式

为了阐明在机动车道和人行道上进行开挖对私车交通的影响,以及由此产生的交通噪声和有害物质排放引起的潜在环境影响变化,在此基础上确定单个影响对交通参与者造成的大致资金损失规模。假设交通参与者的成本由出行时间长度及出行成本数额决定,为了得出外部成本和项目方案间的差值,可以追溯到"道路建设方针——经济分析"中的程序及1992年的联邦交通道路规划[5-26~5-28]。两种评价方式构成了街道建设投资总体经济评估的基础。正如管道相关基础设施的敷设和运营维护,对于局部地区、临时性的道路网络影响评估,尚无合适的考虑到分析案例中评估规模的操作方式。但是出于实用主义的原因,并为了更好地对比其他成本效益分析,价值评估的使用显得十分重要。规模评估的出发点是黑尔讷道路网络的日平均交通流量,表5-15列出了主要街道上施工区间3.2的日平均交通流量。

表5-15中的交通流量反映了两个方向的交通情况,但却未像通常道路建设方针的区分方式以工作日(w)、休假日(u)及周日(s)进行区分。因而,平日(工作日及休假日)与周日间交通拥挤的不稳定性无法考量。此外,在统计学上无法区分总质量不足2.8t的货运汽车(L)、总质量超过2.8t的货运汽车(Z)和公共汽车(B)。由于海斯特坎普到Eickel市场之间的道路类型不适合重型车辆运输,并且禁止运输车辆及短途客运的多条公交线路通行,所以在表5-15中对

运输车辆的分配为总质量不超过 2.8t 的货运汽车(60%)和公共汽车(40%)。

施工区间 **3.2 主要街道的日平均交通流量**(DTV) 表 5-15

汽车类别	客运汽车	货运汽车	公共汽车(短途客运)
日平均交通流量(辆/d)	7003	268	179

之后章节中阐述的计算方式忽略了总体道路网络的影响,因为交通参与者的个体出行目的地无法得知,行车方向及由此变化的行车路线也几乎无法进行预测。因此,对行车方向上道路封锁影响的计算,仅简化为绕行路段的预计长度、机动车平均行驶速度及由此产生的额外行驶时间。对于部分路段封锁(即除该路段外的机动车道仍然能够通行),始终假设剩余路段能够容纳所有交通流量,并且没有交通参与者会自发地选择较远距离的行车路线,即使这条线路可能能够更快地到达目的地。即使依据施工区间的情况,在主要街道交汇的交通干扰同样无法评估。交通参与者必须接受由于绕道所产生的延时和更高的行驶成本。每个路段的交通总流量是流量规模的基础,尽管根据施工区间的长度只开挖了其中一个路段,根据行驶目的地,一部分机动车将驶入支路,并可能在没有绕路的情况下准时到达对应目的地。如果可以通过绕路及拥堵来预测独立施工区间内项目方案的敷设和翻新工程,将使用下述等式及最新价值规模来评估相关车辆种类与行驶里程相关的行驶成本[单位:马克/(100km・机动车)]:

$$BP = BGW_P + \left(\frac{100}{v^{0.7}} + 0.59 \cdot e^{0.017v} - 0.3 \right) \cdot \exp\left\{ \left[9.7 - \frac{(v-120)^2}{1950} \right] \cdot \left(0.015 + \frac{s'}{100} \right) \right\} \cdot BK_b$$
$$(5-7)$$

$$BL = BGW_L + \left(\frac{57}{v^{0.4}} + 1.30 \cdot e^{0.020v} - 2.8 \right) \cdot \exp\left\{ \left[21.0 - \frac{(v-80)^2}{471} \right] \cdot \left(0.008 + \frac{s'}{100} \right) \right\} \cdot BK_d$$
$$(5-8)$$

$$BB = BGW_B + \left(\frac{140}{v^{0.4}} + 0.30 \cdot e^{0.016v} - 0.8 \right) \cdot \exp\left\{ \left[28.6 - \frac{(v-75)^2}{280} \right] \cdot \left(0.008 + \frac{s'}{100} \right) \right\} \cdot BK_b$$
$$(5-9)$$

式中:BP、BL、BB——分别为不同车辆种类(客运汽车、货运汽车和公共汽车)的行驶成本;

BGW_P——客运汽车的行驶成本基值[18.02 马克/(100km・客运汽车)];

BGW_L——总质量 2.8t 以下货运汽车的行驶成本基值[29.08 马克/(100km・货运汽车)];

BGW_B——公共汽车的行驶成本基值[93.03 马克/(100km・公共汽车)];

BK_b——汽油和柴油的混合成本(0.86 马克/L);

BK_d——柴油成本(0.82 马克/L);

v——平均速度(m/s);

s'——机动车道行驶方向道路坡度(%)。

对于评估来说,出于道路建设方针经济分析的考虑,根据机动车驾驶员工资价格指数及整体价格增长率(3%/年),单一机动车类型的运营成本基础价格(BGW)及燃油价格(汽油和柴油)在 1995 年及 1996 年价格中的得到更新[5-2]。作为成本差异(消费方式)预估的原始参数(以 1996 年为价格基础)基础,汽油成本(BK_b)差异预估为 0.86 马克/L,柴油成本(BK_d)差异预估为 0.82 马克/L。

道路建设方针经济分析中的数据[马克/(机动车·h)]同样对不同行驶时间的情况进行评估:

(1)WTP($w+u$):9.62马克/(客运汽车·h)。

(2)WTP(s):5.72马克/(客运汽车·h)。

(3)WTL($w+u$):40.32马克/(货运汽车·h)。

(4)WTB($w+u+s$):120.96马克/(公共汽车·h)。

(5)WTP、WTL、WTB:分别为不同车辆种类(客运汽车、货运汽车和公共汽车)的时间成本率。

(6)$w+u$:工作日及休假日。

(7)s:周日及节假日。

忽略主要街道及整体模式转换道路网络上事故发生的潜在变化。虽然与长度相关的事故成本可以对所有施工区域内经济分析的道路类型进行评估,但是由于市区内施工方式的原因,对特定事故类型的事故发生率变化缺乏科学研究,以历史经验得出的高速公路建筑工地事故成本率系数在这里无法追溯,因为通过信号装置、静态交通、短途客运和交通枢纽已经限制了市内交通流量,车速减缓、车道狭窄处或绕行线路在市内原则上也不存在特例,其可能根据不同情况得出存在偏差的、与长度有关的事故成本。

因为迄今为止尚未得到在单个路段中日平均行人人数和骑车人人数的数据,所以基于确定的施工规模对交通参与者带来限制的评估需要停止。对于施工区间3.2而言,一开始就没有尝试进行数据评估,因为可利用的人行道宽度和相近的选择可能性对上述交通参与者而言没有造成明显干扰。不仅是个人对地点的观察,还有由建筑材料城市模型推断得来的每千米长度道路上的居民数量[5-26],虽然确定了因人行道转换而对单个行人造成时间损失,但通过减少行人数量的方式,可以计算出时间成本并没有明显增加。

2)直埋管线

通过相对较低的日平均交通流量(客运汽车7033辆、货运汽车和公共汽车447辆),并根据西侧轨道路基下方的污水总管情况,施工区间3.2得到标记。管道沿线的逐点开挖取决于306路有轨电车的单轨继续运营,因此有轨电车及公共汽车在道路东侧的运行,减少了私车交通的可用车道使用。所以,两个行驶方向实现了污水总管敷设和翻新的平衡。在马蒂尼街与海斯特坎普之间(b段)无须进行更多开挖,所以在施工区间3.2的a段中长达19(13)周的敷设(翻新)周期内,交通干扰会有所限制。

在施工区间3.2中车辆允许达到的最高速度(v_{zul})为50km/h。表5-16描述了汽车在趋于最高速度时的行驶成本变化,这一成本变化是基于污水总管翻新工程带来的干扰预估得出的。

施工区间3.2内由于污水管道重建导致的运行成本变化 表5-16

类 别	日平均交通流量(单向)(辆/d)	周数	天数	机动车总量(辆)	速度(km/h)	机动车行驶成本(马克/km)	拥堵路段长度(km)	运行成本影响(马克)
客运汽车(无影响)	7033	19	7	935389	50	0.25	0.15	35077
客运汽车(拥堵)	2110	19	7	280630	2.5	0.65	0.15	27361
客运汽车(有影响)	4923	19	7	654759	30	0.27	0.15	26518

续上表

类 别	日平均交通流量（单向）（辆/d）	周数	天数	机动车总量（辆）	速度（km/h）	机动车行驶成本（马克/km）	拥堵路段长度（km）	运行成本影响（马克）
总计								53879
差异								18802
货运汽车（无影响）	268	19	7	35644	50	0.41	0.15	2192
货运汽车（拥堵）	80	19	7	10640	2.5	0.62	0.15	990
货运汽车（有影响）	188	19	7	25004	30	0.42	0.15	1575
总计								2565
差异								373
差异总计								19175

总体交通流量是根据不同交通阶段进行划分的。假设经过施工工地机动车总量的30%来自工作日的交通高峰时间，余下的70%在高峰之外的其余时间内通行。鉴于预期的交通流量限制，一项针对周日及节日的处理方式无法实现，因为基于日平均交通流量，对工作日$(w+u)$的低估和对周日(s)的高估达到了一种平衡。行驶成本变化以平均150m的行驶距离来估算，这一距离是按压缩的施工区间长度及位于其中的线路来划分的。假设在施工工地附近对车速进行相应限制，允许的最高车速将从50km/h下降为30km/h。除此之外，在早晚交通流量高峰时还需要将拥堵情况考虑在内，在拥堵情况下平均车速将下降到20km/h。在"上下班高峰"期间，由于频繁的制动和起步，驾驶汽车的行车成本会骤然增加。因此，对于行车成本变化的计算不能以20km/h的平均速度作为标准，而是以道路建设方针经济分析决定的该道路类型行驶速度下限的一半作为标准。对于在整体敷设时间内预期的客运汽车流量而言，表5.4-2第1行描述了50km/h速度下相应行车成本的对比值（"无影响"）。三成客运汽车在拥堵情况下的行车成本（第2行）及七成客运汽车道路通畅情况下以30km/h的平均速度（"有影响"的时速限制）行驶的行车成本（第3行）被拿来对比。在19周的敷设周期内，客运汽车的交通规模导致了高于18802马克的行车成本。因为交通规模更小，货运汽车的行车成本要少得多。对这些车辆种类的行车成本预估，在对"有影响"情况下[即分别在拥堵情况下和30km/h的平均速度下的行车成本（第5行和第6行）]行车成本进行计算之前，首先需要计算"无影响"情况下的行车成本（第4行），并且进行对比。因为假设公共汽车为保持频率在西侧齐平的道床上行驶，所以公共汽车交通（日平均179辆次）被证明存在明显的行车成本差异。由于货运汽车多出373马克行车成本，车辆行驶成本增加到19157马克。

表5-17总结了污水管道重建期间的车辆时间成本变化。

施工区间3.2内由于污水管道重建导致的时间成本变化　　　　　　表5-17

机动车辆类型	总量比例	日平均交通流量（单向）（辆/d）	时间成本预估（马克/s）	通行时间变化（s）	施工时间（d）	对应机动车辆类型的时间成本（马克）
客运汽车（工作日及休假日）	30%	2110	0.0027	16.0	110	10027
	70%	4923	0.0027	7.0	110	10235

机动车辆类型	总量比例	日平均交通流量（单向）（辆/d）	时间成本预估（马克/s）	通行时间变化（s）	施工时间（d）	对应机动车辆类型的时间成本（马克）
客运汽车（周日及节假日）	30%	2110	0.0016	16.0	23	1242
	70%	4923	0.0016	7.0	23	1268
货运汽车	30%	80	0.0112	16.0	133	1907
	70%	188	0.0112	7.0	133	1960
时间成本总计						26639

车辆行驶成本差异的数据基础可以通过所有交通参与者的时间损失来计算。该计算以"无影响"情况下平均速度与"有影响"情况下行驶速度的行驶时间差异为基础,需要注意的是,在时间成本的估算中,拥堵时行驶速度用 20km/h 取代 2.5km/h(行驶成本计算)。因此,不同情况下的行驶速度为 30km/h(拥堵路段)和 20km/h(通畅但存在机动车限速路段)。以长 150m 路段上受影响的情况为例,在"无影响"情况下行驶时间为 11s,在"有影响(拥堵)"情况下行驶时间为 27s,在"有影响(限速 30km/h)"情况下行驶时间为 18s。所以相比之下,拥堵情况下的额外"时间消耗"为 16s,限速 30km/h 情况下的额外"时间消耗"为 7s。根据不同的评估方式,每一种出行目的都可进行独立计算。对于货运汽车而言,其在工作日(w)和休假日(u)中的交通流量需要限制。客运汽车在工作日(w)及休假日(u)的行车成本预计为 9.62 马克/h,而在周日和节日(s)的行车成本预计为 5.70 马克/h。对于货运汽车,或对于公共汽车而言,行车成本为 40.32 马克/h(货运汽车)(工作日及休假日)和 120.96 马克/h(公共汽车)(工作日、休假日及周日)。周日及节日在施工期间的比例总计约为 17%。借助上述参数和输入数据,不同车辆种类的时间成本在表 5-17 中计算出来。在施工区间 3.2 中污水管道的翻新过程中,对于汽车驾驶人而言存在时间上的浪费,根据道路建设方针经济分析的方法,可以将这一时间上的损失等价为总计 26639 马克。

按照与表 5-16 和表 5-17 相同的方式,需要对污水管道翻新期间的行驶成本差异和额外时间消耗进行量化与评估。假设第一个和最后一个井道重新设置在污水总管的路线上,为了翻新工程,东侧的有轨电车轨道仍然需要封闭并仅使用一条轨道来继续运行。对交通造成的影响程度可参照新建工程的影响进行估算。成本上的差异体现在后者更短的建造(翻新)时间上,其延长超过 13 周的时间。施工区间 3.2 内由于污水管道翻新导致的运行成本变化和时间成本变化分别见表 5-18 和表 5-19。

施工区间 3.2 内由于污水管道翻新导致的运行成本变化　　　　　表 5-18

类　　别	日平均交通流量（单向）（辆/d）	周数	天数	机动车总量（辆）	速度（km/h）	机动车行驶成本（马克/km）	拥堵路段长度（km）	运行成本影响（马克）
客运汽车（无影响）	7033	13	7	640003	50	0.25	0.15	24000
客运汽车（拥堵）	2110	13	7	192010	2.5	0.65	0.15	18721
客运汽车（有影响）	4923	13	7	447993	30	0.27	0.15	18144
总计								36865
差异								12865

续上表

类　　别	日平均交通流量（单向）（辆/d）	周数	天数	机动车总量（辆）	速度（km/h）	机动车行驶成本（马克/km）	拥堵路段长度（km）	运行成本影响（马克）
货运汽车（无影响）	268	13	7	24388	50	0.41	0.15	1500
货运汽车（拥堵）	80	13	7	7280	2.5	0.62	0.15	677
货运汽车（有影响）	188	13	7	17108	30	0.42	0.15	1078
总计								1755
差异								255
运行成本总计								13120

施工区间3.2内由于污水管道翻新导致的时间成本变化　　表5-19

机动车辆类型	总量比例	日平均交通流量（单向）（辆/d）	时间成本预估（马克/s）	通行时间变化（s）	施工时间（d）	对应机动车辆类型的时间成本（马克）
客运汽车（工作日及休假日）	30%	2110	0.0027	16.0	76	6928
	70%	4923	0.0027	7.0	76	7071
客运汽车（周日及节假日）	30%	2110	0.0016	16.0	15	810
	70%	4923	0.0016	7.0	15	827
货运汽车	30%	80	0.0112	16.0	91	1305
	70%	188	0.0112	7.0	91	1341
时间成本总计						18282

3）综合管廊方案

综合管廊方案的敷设导致在建设阶段需要进行比直埋管线更宽（更深）的开挖。相对应地，明挖施工对交通影响的预测有负面因素。在施工区间3.2中，无论使用方案一还是方案二进行施工，在建设过程中都需要对西侧路面的停车及行车道部分进行开挖并封锁路面。与西侧路面齐平的道床作为余下的车道，必须承载所有向南的交通流量及有轨电车的通行。基于施工工地区域和拥堵情况在交通高峰时间的速度限制，在"有影响"情况下，所有在这条路上行驶的车辆行驶成本及时间成本都会有差异。为了计算改变的行驶时间和相对更少的交通流量，估计20km/h为拥堵时车速。东侧路面上有两条未施工的车道可以承载来往车辆通行。表5-20和表5-21阐述了对这一施工区间的计算和结论。除了在建设阶段可以预见的影响之外，其他交通干扰无法预测，因为综合管廊的翻新工程和传输管道、运行安全系统及支架的重建与道路开挖没有联系。重建过程中的装备将使用在除机动车道之外可进入的装配建筑空间。

施工区间 3.2 内由于敷设综合管廊(方案一及方案二)**导致的运行成本变化**(南向车道)

表 5-20

类　　别	日平均交通流量（单向）（辆/d）	周数	天数	机动车总量（辆）	速度（km/h）	机动车行驶成本（马克/km）	拥堵路段长度（km）	运行成本影响（马克）
客运汽车（无影响）	3517	22	7	541618	50	0.25	0.15	20311
客运汽车（拥堵）	1055	22	7	162470	2.5	0.65	0.15	15841
客运汽车（有影响）	2462	22	7	379148	30	0.27	0.15	15355
总计								31196
差异								10885
货运汽车（无影响）	134	22	7	20636	50	0.41	0.15	1269
货运汽车（拥堵）	40	22	7	6160	2.5	0.62	0.15	573
货运汽车（有影响）	94	22	7	14476	30	0.42	0.15	912
总计								1485
差异								216
公共汽车（无影响）	90	22	7	13860	50	1.23	0.15	2557
公共汽车（拥堵）	27	22	7	4158	2.5	1.79	0.15	1116
公共汽车（有影响）	63	22	7	9702	30	1.28	0.15	1863
总计								2979
差异								422
运行成本总计								11523

施工区间 3.2 内由于敷设综合管廊(方案一及方案二)**导致的时间成本变化**(南向车道)

表 5-21

机动车辆类型	总量比例	日平均交通流量（单向）（辆/d）	时间成本预估（马克/s）	通行时间变化（s）	施工时间（d）	对应机动车辆类型的时间成本（马克）
客运汽车（工作日及休假日）	30%	1055	0.0027	16.0	128	5834
	70%	2462	0.0027	7.0	128	5956
客运汽车（周日及节假日）	30%	1055	0.0016	16.0	26	702
	70%	2462	0.0016	7.0	26	717
货运汽车	30%	40	0.0112	16.0	154	1104
	70%	94	0.0112	7.0	154	1135
公共汽车	30%	27	0.0336	16.0	154	2235
	70%	63	0.0336	7.0	154	2282
时间成本总计						19965

5.4.3 环境相关的外部成本

5.4.3.1 噪声污染评估

噪声的计量单位为 Hz 或 dB。噪声对人的影响与频率、音量、规律性和主观声音灵敏度有关。除了对社会和居住情况的影响之外，噪声还会对人体健康造成损害。在基础设施网络的施工过程中，会产生因施工机械、运输车辆（例如频繁地制动和起动）和交通情况变化（即绕道行驶）引起的噪声污染。同时，在施工区域内可以通过限制车速来降低噪声。为了可以通过货币的形式来评估敷设方案中的"工程噪声"，需要确定规划方案中的价值和数量规模。如果因为高昂的成本费用而不借助调查来评估对可能涉及的居民进行的个体支付准备，那么可以大致追溯不同经济研究中的价格评估，在部分程度上以不同的评价方式作为其基础。相对来说，对数量规模的确定更难，因为评估需要适应声音的影响（中等水平），例如在施工工地上无法轻易测得的噪声声源[5-2]。

对于道路交通噪声而言，如果将所谓的噪声地图与居民等价地图进行对比，至少可以对比较案例（"无影响"的情况）的数量结构（噪声源）进行评估。噪声地图是描摹道路网络中因交通产生的噪声声源，而居民等价地图权衡的是相关居民的数量和等价居民。计算基础（数量规模）也需要借助城市模型模块[5-26,5-29]（近似方法）来确定，该模型将考虑到不同房屋建筑的住宅地理学。根据建筑的种类、楼层数及到道路轴线的距离，需要计算出每千米街道的居民人数。在主要街道的具体案例中，需要根据单个路段的相应建筑结构选择合适的城市模型模块，并决定按比例分配的长度。如果没有合适的规划基础可以得出，可根据道路类型确定城市模型模块对应长度比例的分配方案。对于每一种建筑类型而言，都可以计算出夜间中等水平的每小时交通总体流量压力及系数(b)，对于特定的城市模型模块及道路类型，根据道路噪声污染防护指南，其关注的是行车速度、总体交通比重、发展差距及声音反射的影响[5-30,5-31]。

但是，当知晓包括道路网络在内的绕行线路时，道路建设方针经济分析和联邦交通道路规划的分析方式就只适用于量化规划情况（"有影响"）中的噪声变化。每个建筑工地的等价连续噪声等级是根据对应路段夜间每小时平均交通流量确定的。虽然将在夜间得到的数据转换为白天数据在原则上是可能的，但是分析中的使用可能性会因此受到限制，对于中等及其他水平的计算均以单个道路类型中总体有效的（平均）行驶速度为导向。结果是，对车流平均速度（"有影响"的情况下）的特定影响，例如因为拥堵及对建筑群的影响，无法借助已有的系数(b)得出。基于在"有影响"情况下变化的平均速度，必须重新定义计算单个城市模型模块中等水平的系数(b)。至少应该根据包括道路网络在内的交通模式转换，对噪声源的变化进行评估，以对绕行线路进行可靠预测。借助于以绕行线路为特征的城市模型模块，需要使用近似方法。如果针对绕行线路的交通模式转换，以道路类型为特征的平均速度将明显减慢，计算得出的中等水平无法体现居民实际受到的噪声影响。因为除了在规划中实际选择的绕行线路外，交通参与者只能在限制下规划线路，所以噪声源的规模评估及由此产生的货币形式评估必须停止。除此之外，对由建筑机械产生的噪声污染及噪声源的量化，也未在现行情况下实行。

5.4.3.2 污染物影响评估

污染物排放及废气是在机动车发动机内燃烧的过程中产生。空气污染本质上是由排放的气体或固体微粒造成的,例如一氧化碳(CO)、碳氢化合物(HC)、苯(C_6H_6)、氮氧化物(NO_x)、二氧化硫(SO_2)、铅(Pb)和颗粒物(PM)。空气污染的产生与基础设施网络有关,工作中的机械和车辆、施工都会对道路交通造成影响,排放出空气污染物。与"无影响"的情况相比,废气排放量会更多。由道路交通和施工工地产生的排放影响(CO当量),可以通过联邦交通道路规划的评估方式进行测量,并且根据对由此造成的人体健康损害、植物破坏、材料损坏和建筑损伤成本进行评估。另外,CO_2 排放对气候的影响需要通过 CO_2 的减排成本进行估计。如果变化的机动车平均车速及施工机械的燃料消耗可以被测量和估价,根据单一机动车种类的燃料消耗,每个建筑工程的消耗差异都需要被计算出。因为所使用的建筑机械及其排放量在现行的规划中无法预测,并且主要街道上的这些路段不向重型货物运输开放,所以限制了因机动车(客运汽车、货运汽车和公共汽车)燃料消耗变化而提高的废气排放成本后续计算。这里提及的一氧化碳当量(COE)损失成本和二氧化碳(CO_2)减排成本与货币形式评估的等式,以更新后联邦交通道路规划的评估为基础[5-2]。

$$S_{f,COE} = EV_{f,p} \cdot 0.16 + EV_{f,L} \cdot 0.29 + EV_{f,B} \cdot 0.37_{[DM/I]} \tag{5-10}$$

$$S_{f,CO_2} = EV_{f,p} \cdot 0.86 + EV_{f,L} \cdot 0.95 + EV_{f,B} \cdot 0.95_{[DM/I]} \tag{5-11}$$

式中:$EV_{f,p}$、$EV_{f,L}$、$EV_{f,B}$——每种车辆类型的燃料消耗(L/km);

$\qquad S$——损伤程度。

根据单个机动车辆类型的平均速度,燃料消耗的计算可以参考下式:

$$BP = \left(\frac{100}{v^{0.7}} + 0.59 \cdot e^{0.017v} - 0.3\right) \cdot \exp\left\{\left[9.7 - \frac{(v-120)^2}{1950}\right] \cdot \left(0.015 + \frac{s'}{100}\right)\right\} \tag{5-12}$$

$$BL = \left(\frac{57}{v^{0.4}} + 1.30 \cdot e^{0.020v} - 2.8\right) \cdot \exp\left\{\left[21.0 - \frac{(v-80)^2}{471}\right] \cdot \left(0.008 + \frac{s'}{100}\right)\right\} \tag{5-13}$$

$$BB = \left(\frac{140}{v^{0.4}} + 0.30 \cdot e^{0.016v} - 0.8\right) \cdot \exp\left\{\left[28.6 - \frac{(v-75)^2}{280}\right] \cdot \left(0.008 + \frac{s'}{100}\right)\right\} \tag{5-14}$$

在表5-22~表5-24中,已经作为行驶成本差异评估基础的平均速度被用于燃料消耗评估。比较和规划之间的差异产生于额外的燃料消耗,这一消耗源于施工和汇流区域内的绕行与车流拥堵。通过计算得出的单个机动车辆类型消耗系数及相关评估,可以算出特定车辆类型的破损率。

1)直埋管线

因为施工区间3.2内的污水管道重建(表5-22),迫使每个方向的机动车道都减少了行车面积,所以特定机动车辆类型的不同消耗依靠预期的平均速度得以产生。在"有影响(拥堵速度为2.5km/h)"的情况下,客运汽车相较于"无影响(速度为50km/h)"的情况,每千米的燃油消耗增加0.467L。对于"有影响(速度30km/h)"的情况而言,相较于"无影响(拥堵速度2.5km/h)",其燃料消耗减少0.024L/km。再加上 CO_2 排放的损害成本,相关交通总流量的额外燃料消耗增加到23028马克。表5-23描述了在污水管道翻新过程中,由开挖造成的交通流量减少了废气排放损害成本和减排成本。

施工区间 3.2 内由于污水管道重建导致的额外有害物质排放成本　　表5-22

类别	总量比例 （%）	燃料需求 差异 （L/km）	拥堵路段 长度 （km）	总体交通 流量 （辆）	总体燃料 需求 （L）	CO 污染 成本 （马克）	CO₂ 减排 成本 （马克）	总成本 （马克）
客运汽车	30	0.467	0.15	280630	19658	3145	16906	20051
	70	0.024	0.15	654759	2357	377	2027	2404
货运汽车	30	0.259	0.15	10640	413	120	392	512
	70	0.013	0.15	25004	49	14	47	61
总计								23028

施工区间 3.2 内由于污水管道翻新导致的额外有害物质排放成本　　表5-23

类别	总量比例 （%）	燃料需求 差异 （L/km）	拥堵路段 长度 （km）	总体交通 流量 （辆）	总体燃料 需求 （L）	CO 污染 成本 （马克）	CO₂ 减排 成本 （马克）	总成本 （马克）
客运汽车	30	0.467	0.15	192010	13450	2152	11567	13719
	70	0.024	0.15	447993	1613	258	1387	1645
货运汽车	30	0.259	0.15	7280	283	82	269	351
	70	0.013	0.15	17108	33	10	31	41
总计								15756

2）综合管廊方案

表5-24 描述了在综合管廊建设过程中燃料消耗增加带来的损害成本和减排成本。

施工区间 3.2 内由于敷设综合管廊（方案一及方案二）导致的额外有害物质排放成本（南向车道）

表5-24

类别	总量比例 （%）	燃料需求 差异 （L/km）	拥堵路段 长度 （km）	总体交通 流量 （辆）	总体燃料 需求 （L）	CO 污染 成本 （马克）	CO₂ 减排 成本 （马克）	总成本 （马克）
客运汽车	30	0.467	0.15	162470	11381	1821	9788	11609
	70	0.024	0.15	379148	1365	218	1174	1392
货运汽车	30	0.259	0.15	6160	239	69	227	296
	70	0.013	0.15	14476	28	8	27	35
公共汽车	30	0.685	0.15	4158	427	158	406	564
	70	0.062	0.15	9702	90	33	86	119
总计								14015

5.4.3.3 对土壤及地下水造成损害的评估

土壤和地下水是珍贵的自然资源，其可再生性很弱。土壤尽管从物理学、化学、生物学等各角度来看概念未必统一，但基本上是指地球最外侧的地质层，包括其中蕴含的资源、原材料、生物资源以及地下水资源。与地表水不同，地下水是指地表之下的所有水系统的集合,"前提是这些水系统参与自然水循环功能而非属于家庭用水或水利经济体系"[5-32]。土壤可以被归入各种不同的功能类别,诸如自然调节、生物群落、循环载体和生产环境等。由于对土壤的占用是要服务于能产出效益行为的,因此,并非一概地说我们需要土壤,而是从具体的目标设定来看,谈我们需要土壤的哪些自然功能。鉴于土壤使用的多元化,土壤占用的形式也是多种多样的。如果人们将土壤占用定性为人类需求,那么对土壤的使用主要分为建筑用地、农业和林业经济用地、原材料安置地、储存用地和自然界地块等。土壤的效益潜能在质和量上受到不同使用目的、使用规模的影响,而不同的使用目的与对土壤某一种功能的保护或许是对立的。由此,土壤保护措施的实行便应运而生,土壤给予人类很多的资源,我们在数量和质量上都要对其加以保护和优化,对这种优化的评价与需求方及需求方不同的土壤占用可能性有关。因此,在土壤保护关照下对替代项目进行评估需要首先在各自不同的土壤占用要求基础上评价当地土壤的作用潜能。而由于各地的土壤结构截然不同且各地有特定的土壤功能及自然、人类环境的结合模式,留给我们评估土壤功能潜力的空间其实是很小的。因此,土壤污染导致的对土壤效益潜能的伤害只能在当地,即黑尔讷主街,这一限定的空间条件下进行评价。

总的来说,土壤的功能潜力受到以下因素的限制:地层的剥蚀、地层的压缩、地表层土壤里气孔的紧密程度以及土壤物质的组成。地表下市政管线的敷设和运行限制了土壤功能的发挥,因为在地下敷设线缆和管状通道时,如果土壤结构不适应其连接、填充和埋置,施工作业会造成挤土效应,从而影响土壤之间的物质交换。如果是在交通路段下方敷设管道系统,需要开挖的土壤鉴于其物理与化学特征不适配于填充物质和倾倒区域必需的压缩步骤,土壤不同层之间一定会有物质交换。在管道系统所在之处,需要引入可压缩的填充土壤并进行压缩。管道和线缆的敷设延伸至各封闭的街道和人行道,所经之处,土壤的调节、生产和生物群落空间功能将进一步受到限制。因为在试点区域,人们对土壤占用的要求主要是公共建筑和交通用地,而这种占用形式势必会造成地层间物质的交换以及土壤的填充和压缩,因此,管道系统所在区域内部分损失的自然土壤层以及额外填充压缩进来的土壤都无须再进行额外的经济评测。这一点尤其适用于主街这种街道和步道完全封闭的区域,此地的土壤不需要用作建筑用地。

在前文中,我们讨论到施工作业对地下水的影响。根据管道和蕴含地下水的地层之间的位置关系,管道系统对于地下水的影响主要通过土壤的压缩以及地层间自然物质的交换来引发。在此种关系下,我们要检测的是,土壤间的物质交换是否导致了土壤天然过滤功能的丧失,而这会负面影响到"土壤-水"体系间物质的交换和分解过程、地下水储量及其在其他位置的可动用性。概括的来讲,可以确定的是比起单线管道的安置,管道系统鉴于其埋置深度和结构,其经由敷设和经多年使用带来的土壤间物质交换要小得多。此外,要想减少土壤间的物质交换,还能通过采用闭合的建筑方式来实现。除了物质交换和土壤压缩之外,市政管线的敷设还会在土壤和地下水中排放相关物质。需要区分的是自然渗出的物质和停转的管道、线缆派生的工业废料。当有害物质从管道内向外渗透到土壤和地下水、周围受污染的土壤区域没有被消毒或是管道和线缆在老化过程中释放出有害物质时,停转闲置管道的问题便出现了。对于闲置市政管线遗留物引起的负面外部效应,我们无须再做详尽的考量。有如下两个原因:

（1）对于老化管道的清理，在策划设计阶段和成本预算阶段就已经列入考虑范围了。

（2）损害的潜在影响是未知的，也没有数据基础来测其数量。在综合管廊体系中，多余的管道将因为空间的原因被处理掉，对于管线运营商来说，这种处理方式的成本就是直接简单的拆除、运输和处理。综合管廊系统的特性是，材料的处理可以是零污染的，因此回收材料可以再利用，其价值也可以冲减支出的成本费用。

关于泄漏我们主要关注私人和公共污水管道的不密封性。由于污水里有多种有害物质，污水管道的泄漏就可以和土壤以及地下水的污染负担联系起来。尽管对于管道系统有定期的检修和维护工作来避免故障的发生，但还设有各种安全装置如水位指示器在实际突发故障时能缩短反应时间进而减少污染范围。地下的污水管道并不具备相应的泄漏点定位以及泄漏警告设备，不过由于管道的外壁有保护壳，能阻挡泄漏，所以由于泄漏引起的对土壤和地下水的威胁可能性是很小的，在此我们不需要继续关注。

直埋管线的泄漏可能是点状也可能是线状，当然根据污水管道不密封的情况也可能是大片的泄漏。为了能够评价泄漏物质对土壤和地下水的污染程度，我们需要以下信息如污水流出量、污水浓度、污水管道最低位和地下水最高位的位置关系以及土壤的透水性。污水排水系统的不密封性是否真的导致污水泄漏？如果是，沉积物落到多深的地方？是否真的进入了地下水？这些问题在地理和水文地理关系的基础上，只给出了很少的解答。由于多样的、截然不同的周遭环境，对于各地污水管道泄漏所造成的危险可能，难以做出统一的估测，这与闲置、停止运行的市政管线的潜在危险是一样的情况。如果某次污水泄漏流出有害物质被作为确定案例，就必须要在人为占用相关土壤和地下水的背景下对其进行经济上的评价（有关外部影响货币评估的评估基础请参考文献[5-2]）。对于黑尔讷的主要街道而言，如果有害物质泄漏到土壤当中，只要土壤内的泄漏物质未达到一个确定损害值，没有因管道系统的有害物质泄漏而导致街道封锁，土壤作为街道和人行道用地就不会停止使用。

当有害物质泄漏进入地下水后，要对其进行评估是有难度的，因为泄漏后，污染物不仅在泄漏点产生负面影响，也会在其他地方产生影响。主要原因如下：

（1）地下水流的低速流动有利于有毒物质在其间扩散。

（2）地下水受污染后很难被感知到。

（3）地下水监测点之间的距离远。

有别于人类活动利用水进行生产、消费和清洁等目的，地下水最重要的是满足我们对饮用水的需求。鉴于地下和地表的原水并非毫无关系，因此，泄漏物对于地下水的影响也不能孤立看待。所以，地下水污染评估的切入点可以是计算净化地下水和地表水成为市民生活用水及饮用水的成本费用。根据既定标准生产饮用水的给水公司会参考区域性的水文地质和公用事业结构在有害物质数量上升时采取的适应性措施，因为污染物的数量会影响公司的生产成本。不过，要对污水泄漏污染的地下水和地表水中的污染物进行测定与数值评估是有难度的，因为其中的污染是累积的，其效应也是逐渐显现的，故而要孤立看待某个特定污染区域的危害和成本分摊情况几乎是不可能的。此外，在比较两个管道系统的项目时，渗透污水潜在危害的边际数值也很难界定，因为泄漏到土壤和地下水中的污染物质在具体发挥作用时还受到一系列其他因素影响，故而无法做出普遍的结论。因此关键的是，由于缺少一个一般适用的标准体系，对于泄漏管道的潜在危险的评估是缺乏足够的数据基础的。此外,由于高昂的费用,主要街道项目针对潜在的地下水污染所需要的大规模环境卫生评估调研就显得既无可能,也无意义。在此框架限定下,无法完成一个黑尔讷主要街道地下污水管道泄漏导致的潜在地下水污染的数值测定。但是不能忽视污水泄漏给土壤和地下水带来的巨大危害,尤其是很大一部分是来自给水和居民用水的废水排放管道泄漏,事实上这些管道中的一部分的确密封不严,且这些泄漏物被证明是有害的。不过,针对这些由于外泄物质造成的潜在环境污染和外部成本,可以借助额外安装在污水管道外围的保护外壁以及安装安全系统来避免。

5.4.3.4 对植被破坏的评估

根据城市管道敷设的区域位置及植物的枝叶和根部的分布范围,植物与基础设施的技术设施之间存在着对城市土壤的争夺,这可能导致它们之间的相互干扰。在这种情况下,城市绿化管理办公室的任务就是要在众多技术设施环绕的情况下,为城市绿化植物的生存争得一席之地,因为在对管道的运行、维护、翻新和重建过程中,极有可能对城市绿化植物产生有害的影响。这些不利的影响可能是在建造过程(土方工程)中产生的,如施工装备和施工车辆进入植物的生存空间,以及采用了不适合的建造工具和建造周期等,都会对城市植被造成不利的影响。理论上,城市植被的生存确实可能受到地下管线的威胁[5-33~5-35]。

地下管线敷设可能对城市植被造成破坏和产生副作用是有区别的,它们可以通过以下方式来区别:它是否直接造成了破坏?这种破坏是否能够被观察到?以及人们是否能将这种破坏与其产生的原因联系起来?或者反过来说,造成破坏的原因与产生的后果之间的因果关系是否过于复杂?对植被造成的破坏是否要经过一段时间的时延才会显露出来?通过产生的后果来推断产生破坏的因素是否非常困难?对比刚刚通过的民法,任何个人或公共组织都有权要求造成这种影响的责任人用金钱或生态补偿的方式进行赔偿。在个别情况下,即使破坏生产者尚且负担得起这些赔偿,它也会使得其可用的内部资金缩水,从而直接影响到当时正在进行的各个项目的方案选择和经济模式。然而,一般情况下,由于植物的生长循环和生理循环,它们对外界的破坏需要很长的反应时间,外界破坏的后果会在很久以后才反映出来,因此很难确定到底是哪些破坏生产者对植被造成了破坏。通常情况下,树木生长的区位因素对它的根部、树干以及树梢的影响比例已经经过其自身的调整达到均衡,管道施工会扰乱这种平衡,所反映出来的将会是树木整体的生长循环遭到破坏。文中提到的,地下市政管线施工可能对城市植被造成的潜在影响,主要在于施工有可能会在树木根部分布的区域内进行开挖。对于那些直接被种植在街道边的树木,如果它们的根部延伸到了管道即将被安置或者管道安置会波及的施工区域,它们将在综合管廊设施的安置过程中直接受到影响。在距离树干位置很近的区域(距离树干小于2.5m),管道的敷设不能通过全封闭的作业现场来完成。同时,在树根分布区域的地下开挖也不能使用现有的保护管道,或者说,对井道的开挖不能不通过人工操作的方式来进行,否则,施工对树根的伤害就几乎无法避免。当施工对树根造成的破坏无法与常规现象匹配从而得到修复时,这种破坏是非常严重的。如果树根部分的基坑不通过人工来开挖,那施工对树根造成的破坏性影响就无法得到解决,因为施工机械不仅会把树木的根部切断,而且在破坏无法感知的情况下,对树根部分以下的50~100cm也会产生严重的撕裂。

在我们关注的众多施工区间中,只有施工区间3.2涉及植被破坏,因为其他情况下,再也没有处于距离管道敷设区域很近的树木了。施工区间 3.2 在这一点上跳出了管道施工的框架,因为这段街道两边目前都有密集的树木,因此它在一定程度上具有林荫大道的特征。同时,它还建立了直接通往东部限制停车带的通道。就在街道边种植着 60～70 年的银杏树,它们的树梢部位都各自遮盖了限制人行道以及车道的一部分。而在路的西侧,树梢部位则遮盖了限制人行道以及停车带的一部分。在齐柏林街和海斯特坎普街入口处之间的这片区域里,住宅的前花园内总共种了 12 棵银杏树,2 棵中白姆以及许多其他种类的树木,它们的树梢都伸到了人行道区域内。在距离停车带很近的东部人行道一侧,紧贴车道边一条 1.5m 宽的绿化带上种植着 18 棵银杏树,同时,树干与树干之间还设置有篱笆。在距离东部人行道 7m 远处,有一条平行于人行道的停车带。人行道与停车带之间,以及限制停车带上还种有其他的树。这些地方的树木不仅在树木的品种上与其他地方不同,在树木的年龄上也与其他地方不同。同时,它们没有被种植在一条直线上,而是沿着人行道或停车道有轻微的调整。对于包含停车区域的树木来说,在东边的人行道区域有 3 条平行的树列,这些树木的树梢都完全遮盖了人行道区域和停车带区域。所有沿着主干道路排列的树木之间都有大约 10～20m 的间距,这些在之前讨论树木损伤时就提到过。不仅是种植在主要街道路边的银杏树和公园树木,还有私家花园中的树木埃克尔除了南侧公共绿地之外较大的绿地和公园,在城市建设和卫生建设方面有着很大作用。

虽然由多种多样的植物影响、管网约束、破坏原因所带来的物理学、化学和生物学后果都能够被一一理解,但每种原因可能造成的破坏以及这些破坏的规模都无法进行准确预测。因此,在对破坏程度进行估算的时候,我们不能有条理地使用科赫所提出的实际价值理论[5-36]。作为实际价值理论的替代品,实际操作方式为我们提供了新的方法来计算避免破坏植被而产生的费用。根据"树木种植位置与地下市政管线布置位置说明书"所阐释的政治目标,原则上,在距离树木 2.5m 宽度内的区域是不允许开挖,在树根区域的开挖工作必须人工进行[5-33]。无论树的根部属于平根、深根还是发散根,都必须为树木保留出足够的生存空间,空间直径与树冠的直径差不多相等。在根部区域内,无论是粗大的根或是纤细的根,都对保持树的平衡以及树的水分和养料供应发挥了重大作用,因而对树木的生存至关重要,它们在土方作业的过程中都不能受到损害。此外,为了避免树皮在施工过程中受到损害,需要在树周围设置保护物或隔离带。

西边街道树木根部保护区域的范围内,分布着集中供热管道、给水管道、燃气管道以及电信管道。只要管道敷设所开挖的沟槽分布在西边的车道和停车带区域,就可以确保施工区间 3.2 所包含的总长中,停车带不在开挖涉及的部分里,工作井与树干之间留有 1.5m 的间距。为了使银杏树树冠遮盖的那部分树根区域不受到损害,需要为树干留出 4m 的间距。考虑到沟槽的外缘与树干的外缘之间存在着一个 1.5m 的间距,我们可以通过乘法计算出需要人工开挖的地面面积,即留下的沟槽宽度 2.5m 乘以沟槽长度。在东边靠近停车区街道的车道区域内,除了需要在封闭的建造工地中翻新污水管道外,没有安置过其他任何类型的管道。在人行道以及与人行道相平行的停车道位置,安置电信通信电缆、强电电缆、照明电缆以及输气管道。由于管道所处的位置与银杏树的树干位置非常接近,同时,平行树列的树冠完全遮盖了人行道区域和停车带区域,因此东侧人行道的开挖工作也应尽可能通过人工开挖来完成。我们可以使用种种可能的技术途径来解决这一问题,通过相应的计划设计,各种方法所对应的开挖量是可以确定的。它可以通过对个人以及时间强度都很大的人工开挖方面加价来反映,在这里我们以"减排成本"的形式来计算它。当人工开挖的每立方米净价与已经为机器开挖准备好的工作井相比较的时候,上文提到的加价正常情况下可以达到普通情况下土方作业价格的 3~4 倍。在对施工阶段成本进行计算的过程中,主要街道成本的价格与黑尔讷公共服务机构的服务项目有关。作为基础的土方作业每立方米开挖净价还与开挖种类有关,因为管道开挖的过程中可能出现种种阻碍,比如开挖过程中遇到了事先不知道的陌生管道网络,这时候价格还需要包含土方作业,即通常来说是必不可少的人工开挖费用。然而,在必须保本的情况下,较多地进行使用人工开挖对于已经确定的预算价格来说不可行。由于许多管道开挖的部分处于为树列预留的间距内,使用小型建造机械来帮助施工的情况无法避免,因此树木只能位于齐柏林街和海斯特坎普街之间的西侧人行道上,同时,即使价格已经把土方作业时所需的人工开挖部分计算在内,还需要在总价中额外加入一笔 5000 马克/m³ 的人工开挖总价。为了能让树干周围的隔离装置使用更适合的材料来对抗管道施工,根据黑尔讷公共服务机构的服务表,每棵树还需要额外增加 6300 马克的费用。由于在大规模土建、建造材料运输、地面开挖、材料回填的过程中以及两种管道的生产过程中丰富地使用了重型建造机械,这种保护措施是十分有意义的。表 5-25 为计算得出的两种管道敷设方案的"规避成本"。

避免由路面开挖导致树木损伤的规避成本　　　　　　表 5-25

项　　　目	挖方量 （m³）	手工挖掘的 附加成本 （马克/m³）	附加的开挖 成本总额 （马克）	树木垫衬成本 （马克）	总体规避成本 （马克）
直埋管线					
燃气管道	660	50	33000	—	33000
给水管道	660	50	33000	—	33000
集中供热管道	80	50	4000	—	4000
供电电缆	260	50	13000	—	13000
道路照明电缆	100	50	5000	—	5000
通信电缆	250	50	12500	—	12500
铁路供电及控制电缆	100	50	5000	—	5000
综合管廊					
方案一	2025	50	101250	882	102132
方案二	3125	50	156250	882	157132

　　管线对树木造成的负面影响,并不是所有上文提及的方面都可以借助于人工开挖和树木隔离来解决的。在树木的生长区域内,外部的管道材料运输、地下水的减少以及由集中供热和高负荷电缆造成的地面加热都是对树木生存的一种潜在威胁。不考虑这些没有估值的剩余损害,那些以生存价值、遗留价值以及选择价值为表现形式的固有价值也无法通过这种做法得到重视,因此,尤其是土建安置的计算值,在任何时候都能通过最低限度的外部成本来描述。由外部价值和遗留价值组合而成的计算值,会把物品现在的存在以及未来的潜在使用可能性综合起来归成一个值。物品被利用的可能性反映了它的使用价值,它由物品的

选择价值可以得到[5-37]。

5.4.4　其他外部成本

5.4.4.1　复原交通路段实物资产价值的后续费用

根据官方营业许可规定,每个城市管线运营商都有权以建造和运营城市管线为目的对公共交通用地进行使用。在公共用地以及街道和路面上层建筑下方区域敷设完管线之后,无论是清洁、修理老旧管线或是敷设新管线和住宅连接管线,都需要对交通路面进行开挖作业。尽管对路面的开挖需要得到街道建设负责部门的许可,但实际上有关部门不会拒绝施工单位的要求,最多是要依法缴纳一些税款。不过当管线建成之后,地下和地上相关路段区域都需要重新完整复原。根据《交通路段开挖作业附加技术合同条件》的相关规定,在对已开挖交通区域进行加固作业时基本上要达到"复原重建效果技术上要与开挖作业前的初始状态一致"[5-38],更多有关交通区域的开挖、挖方和回填以及道路建筑重建的重要标准规范及作业建议请参考文献[5-39,5-40]。不过实际上,即使关注《交通路段开挖作业附加技术合同条件》中有关建筑技术的准则,想要对已开挖的交通区域进行技术上的完全复原也基本不可能,因为每一个交通区域加固过程中填补复原的沟槽都会(与原有道路部分之间)产生均质断层。说到原来就有的道路部分,开挖区域重造的道路平面,其表面状态鉴于接合面的畸变以及材料的稳定性,一般来说看起来总是和原有的部分不太一样。而由于开挖又填埋重建的区域在交通和环境因素影响下其状态变化与没有动过工的路面始终或多或少有所区别,随着时间在开挖区域范围内外也会出现不同的路面状态。除了几乎无法避免的、即使认真查阅技术指导细节仍会出现的街道和路面上层建筑的质量下降之外,在通常情况下还会存在来源误差及其导致的后续影响,而这些通过实行技术守则或许是能够规避的。施工质量有缺陷的主要原因是开挖和填埋重建作业在狭窄的空间进行,以及在短时间内为了尽快恢复交通而没有执行严格的作业要求。有关开挖作业引起的对人行道区域的影响可参考文献[5-39]。

(1)沟槽的填充、后续压实、密封及沉降同施工区域路面上方建筑复原再造引起的畸变导致的横向和纵向上的不平坦。

(2)与开挖作业剖开面平行的细碎裂纹以及开挖区域变化时的错位错边。

(3)开放式连接的焊接与缝合。

(4)修复位置区域的抬高,而该区域内部纹理和材质均匀程度都与原始路面有所区别。

这一类由开挖导致的损害和失误将影响以下方面:

(1)道路的原有价值。

(2)道路负荷的增加(鉴于上文提到的横向和纵向上的不平整)。

(3)道路承载能力的漏失(由于开挖区域涌入的水导致)。

(4)开挖区域和周围原有路面间不同的弹性和刚性应力形变。

道路性能受到损害将造成以下影响:

(1)路面纵向不平整降低了行驶舒适性。

(2)交通安全受到威胁(不同的抓地性能以及出现滑水危险时不足的排水设施)。

(3)溅水、泛水。

（4）噪声污染增大（内部结构和路面不平导致）。

（5）道路展示形象在优化美学角度受到损害。

上文所述的问题对于交通参与者、附近居民以及工程承建方带来的负面影响可能会使得相关单位采取附加的保养措施以确保道路资产安全，同时采取预先修缮和换新措施，而这些措施实施也需要封锁街道，但并不一定与开挖有关。无论是城市基础设施公司自己承担路面上方建筑复原重建工作，或是道路工程承建方委托有资质的其他施工单位施工，保修期都要根据《交通路段开挖作业附加技术合同条件》中的规定，最晚都将在 4 年后到期。因此，对于在保修期过后还有可能出现的潜在性后续损伤，不应该由施工单位来承担责任，而是由道路工程承建方承担维修义务。在此过程中产生的额外成本以及价值减损既不能用收到的开挖和复原重修成本，也不能用每年的营业许可费来覆盖。灵活的综合管廊系统有一个明显的好处，就是敷设期间的开挖仅限于管道的建设阶段，相比较而言，如果是敷设单线管道，修缮、清洁和更新作业都需要在或大或小的范围内进行彻底的开挖。所以在对这两个替代项目进行经济层面的比较时，有必要对进行多次开挖工程的道路原有价值和使用价值的影响进行量化分析并计入总的成本和投资计算当中。

在黑尔讷和少许其他城市，对于价值减损的补偿是以维修款（清偿款）的形式进行的，按管理费用的一定比例从重建成本款项里面扣除。维修款的数额是基于路面建筑维修成本计算的，按维修成本总额的 35% 向道路工程承建方汇款。根据所开挖的路面区域无论是机动车道、停车场、人行道还是非机动车道，都将采取不同的路面维修措施进行维修。随着该结账方式的普及，固有价值减损的潜在成本就得以内化，因为城市管线运营商作为施工方和问题责任方必须自己承担后续费用并计入自己的账内。如此一来经常牵扯到的就是内部成本问题。由于这些后续成本只在很少的情况下由社区单位转嫁到社区所属施工单位，如城市公共服务机构和地下工程管理局身上，所以它们通常都作为开挖作业的外部成本来计算。因此，要在多大程度上把与开挖相关的后续成本计算进来，就成了一个问题，这个数字可能被高估也可能被低估。最后，即使当我们握有马士基用以计算对比值连续公式所需要的数据时，所谓的后续成本也很难计算的完全可靠，因为基于模型化的假设和规定所得出的损害百分比只能提供一个一般化的有关价值减损的结论。不同于后续修整总款项的计算，马士基的公式是基于实证分析数据而得出的。注意到相关的施工特征以及非开挖作业期间的情况，该公式同时给出了另一种不同的评估方式。此外该公式还能通过原始价值计算得出后续的成本数值，所以在我们计算与开挖有关的外部成本时偏向于使用这个公式。为了明晰呈现数量级上的差异，在本章节中我们将根据《黑尔讷道路修缮总价》得出城市基础设施工程承建方的潜在成本负担。

黑尔讷地下工程管理局和城市公共服务股份公司之间达成了如下一致，当开挖工程期间道路工程承建方进行街道和人行道加固需要新建和换新作业时，修缮总价不会上涨。在两种调查情况下，即所有管道网络在起始时间点全部翻新（案例一）或在剩余技术使用年限过期之后进行换新（案例二）时，起始时间点 t_0 时刻敷设的所有线缆将不会受到价值减损，因为 t_0 同时是作为更新公共街道与人行道网络覆盖层和底层的时间点。这些对于机动车道和人行道填充加固时的维修以及更新工作同样适用。基于维护策略，试点主要街道开挖区域加固层的使用年限是这样确定的，即每 20 年覆盖层要更换一次，每 60 年覆盖层和底层要同时换新一次。依此来看,对于《黑尔讷计算方法》中的后续成本而言只有开挖是有重要性的,而开挖并不会在更新阶段的时间间隔里进行,因为默认对于机动车道和人行道路面上方建筑的更新总是在开挖工作结束后才开始。表5-26所示的是所有埋地敷设管道线缆以及施工区间内化的后续成本详情,其计算基于被开挖区域的面积以及所制定的单价,所谓单价是黑尔讷的城市公共服务股份公司在工程数量表里公布过的,而道路开挖则根据线缆特性采取相应的敷设方式。以该工程数量表为依据,人行道和非机动车道路面区域维修单价为47马克/m²(在已经压实好了的基座上铺砖),要新装并压实鹅卵石基层需要额外支付22.5马克/m²的成本。机动车道的坚实加固将通过在整个区域内覆盖沥青混凝土层来完成。估算单价:沥青底座(配备强度12cm)成本为63马克/m²,沥青中间层(配备强度6.5cm)成本为41马克/m²,沥青混凝土(4cm)成本为44马克/m²。总之,人行道和非机动车道路面维修成本为69.5马克/m²,机动车道则需要148马克/m²。对于开挖区域,则需要支付其中的35%,即每平方米分别24.3马克(非机动车道G)和51.8马克(机动车道F)。如果线缆横跨两个区域即同时在机动车和非机动车道下方($F+G$)的话,就采取一个混合值108.8马克/m²,并算出需支付的维修总额为38.1马克/m²。在新敷设天然气管道的情况时,开挖区域面积统一采用1.1m宽乘以所给定的路线长度来计算得出。(除了沟槽的宽度之外,需要修缮的路面上部建筑宽度需要通过截短覆盖层和地层来实现。)污水总管采取非开挖方式敷设,路面上方需要重修复原的建筑宽度和高度统一简化成3m×5m(即15m²)的形式,并将路径长度记作60m。

地下敷设管道及后续成本相关重建时间点的修复总金额　　　　　　　　　表5-26

施工区间3.2内的传输管道	位 置 区 域	面积（m²）	成本(成本率为35%)（马克）	成本总额（马克）	除现有翻新及重建时间点的维护策略之外	
					案例一	案例二
污水管道(a段)	机动车道	60	51.80	3108	t_{110}	t_{110}
污水管道(b段)	人行道	30	24.30	729	t_{110}	t_{54}
燃气管道	机动车道及人行道	660	38.10	25146	t_{45}、t_{90}及t_{135}	t_{33}、t_{78}及t_{123}
给水管道	机动车道	510	2430	12393	t_{45}、t_{90}及t_{135}	t_{2}、t_{47}、t_{92}及t_{137}
集中供热管道	机动车道	95	24.30	2309	t_{35}、t_{70}及t_{105}	t_{10}、t_{45}、t_{115}及t_{150}
供电电缆	机动车道	600	24.30	14580	—	t_{10}、t_{50}、t_{90}及t_{130}
道路照明电缆	机动车道	250	24.30	6075	—	t_{10}、t_{50}、t_{90}及t_{130}
通信电缆	机动车道	550	24.30	13365	t_{25}、t_{50}、t_{75}、t_{125}及t_{150}	t_{10}、t_{35}、t_{85}、t_{110}及t_{135}
铁路供电及控制电缆	机动车道	240	24.30	5832		

在表5-26右侧的两列是两种研究情况下单线管道的换新时间点,这些时间点未必是直接落在街道维护的时间点上,即从t_0开始后的第20年。受到所谓"维护比例"的制约,施工单位将承担每次的维护总费用。所有的管道及其变体在整个分析期间,由于仅仅在生产时间点(案例一和案例二中t_0)需要路面开挖作业,所以对机动车和非机动车道的加固作业没

有负面影响。为了借助马士基的公式将后续成本具体量化展示出来,我们可以将上面提到过的机动车、非机动车道加固的维护策略以及黑尔讷城市公共服务股份公司给定的单价重新引入进来。由开挖工程决定的、对机动车道加固作业产生的后续影响导致外部成本绝对值,在已知面积的情况下,可以通过以下公式计算得出[5-40]:

$$S_{g,i} = F_i \cdot K_j \cdot G_{g,j} \tag{5-15}$$

式中:$S_{g,i}$——机动车道某路段开挖作业导致的外部成本(马克);

F_i——该机动车道路段的总面积(m^2);

K_j——满足"使用期限内保养和建筑维护工作无须开挖作业"条件,即特征条件 j 的中间单价(马克/m^2);

$G_{g,j}$——满足特征条件 j 的路段的开挖导致的损害百分比。

路面加固后的"无影响"使用时间将与维护时间间隔一样,确定为20年。考虑到使用年限以及所开挖沟槽临时性的、和最终确定的重建复原之间的时间间隔,马士基和Schmuck给定了损害百分比的上下限。尽管这里预设了一个更长的使用年限,可以证明为了计算外部成本(附加成本)所设的上限值可信度,但从给定的沥青施工方式可能导致的损害百分比上下限出发,还是给出了一个平均值,因为并没有有关第二次选择规则以及路面临时性的、和最终确定的重建复原之间的时间间隔说明。单位价格的中间值(K_j)由上述提到的单价综合得出,并线性地分配到各个使用时间段。这里的中间单价为每个时间段3.9马克/m^2(机动车道加固 F)和2.7马克(人行道 G)。对于机动车道而言,实际上整个方向的机动车道平面都受到影响,在施工区间3.2我们将两条车道作为计算基础引入进来。与之对应,这里的面积就由施工路段的平均街道宽度(7m)除以2(得到单根车道平均宽度)和所开挖的机动车道路段长度来确定。根据不同的开挖时间,我们采用表5-27所给出的标准化沥青建筑方式的平均损害百分比值,来近似确定开挖的后续成本。

由路面开挖导致状况变化的独立损伤百分比　　　　　　　　表5-27

项　目	标准化沥青路面施工方式 (平均值,%)				非标准化沥青路面施工方式 (平均值%)				铺石路面施工方式 (最小值,%)			
	开挖时间点(t_g)				开挖时间点(t_g)				开挖时间点(t_g)			
季度	一	二	三	四	一	二	三	四	一	二	三	四
道路建设者	13.0	8.3	3.8	1.8	9.8	6.3	3.3	1.0	2.5	1.0	0.5	0.0
道路使用者	11.8	5.3	1.3	0.0	13.0	5.3	0.5	0.0	3.5	3.0	2.5	1.0
小计									6.0	4.0	3.0	1.0
影响范围/第三方	37.5	17.0	5.5	0.5	40.8	19.8	9.3	1.3	10.0	8.0	5.5	2.0
总计	62.3	30.6	10.6	2.3	63.6	31.4	13.1	2.3	16.0	12.0	8.5	3.0

人行道区域的开挖需要特殊处理,因为用来确定损害程度的标准适用于评估机动车道的状况。由于交通上的后续负担仅限于行人和骑自行车者以及偶然的过路行驶人,所以对于人行道区域来说,所谓大量开挖后的影响不是很重要,或者说在我们考虑的这个范围内不是很重要。鉴于机动车行驶并不紧要的交通负担以及平面和铺石路面施工方式情况下常常出现的原材料重新装配,此时最容易忽略的就是对噪声的控制以及视觉美学上的印象控制。由于原则上人行道区域的原有和使用价值也可能受到损害,亦需要道路工程承建方进行后

续维护工作,同时可能降低行人与骑自行车者的安全和舒适感,这里我们近似将道路使用和原有价值作为评判准则来看,即表 5-27 中小计所示的铺石路面施工方式损害百分比值。为了观察到与铺石施工方式的机动车道,在人行道区域有更低的损害可能性,我们将使用之前提到过的百分比下限值。在计算人行道区域面积时,我们类似地采用施工路段平均人行道宽度(4m)。借助上述公式,我们计算出不同时间点开挖作业的附加成本。表 5-28 明确地展示了单个施工段落内,开挖作业决定的外部成本数量等级。由于我们设定两次维护之间是 20 年的间隔、维护和换新作业之间也是 20 年的间隔,四分之一即五年。在以上已知条件下我们得出,在街道和人行道重建后的第一个五年中开挖(第一个四分之一阶段),其后续成本最高;而在 15 年后(第四个四分之一阶段)则只会引起最低的后续成本。在更新时间间隔点上,也就是每隔 20 年,沟槽都将重新被忽视。值得注意的是,在维护和更新时间间隔中的第一个五年中,相较于人行道区域(G)的开挖工作,机动车道(F)的开挖会导致十分高昂的外部成本,这主要是由其对第三方和环境的显著影响导致。

根据表层维护措施的开挖时间点进行的路面开挖外部成本测算 表 5-28

施工区间 3.2 内的传输管道	位置区域	线路长度（m）	机动车道及人行道宽度（m）	面积（m²）	统一平均价格 [马克/(m²·年)]	第一季度附加费用（马克）	第二季度附加费用（马克）	第三季度附加费用（马克）	第四季度附加费用（马克）
污水管道(a 段)	机动车道	15	7	105	3.90	25512	12531	4341	942
污水管道(b 段)	人行道	10	4	40	2.70	648	432	324	108
燃气管道	机动车道	290	7	2030	3.90	493229	242260	83920	18209
燃气管道	人行道	290	4	1160	2.70	18792	12528	9396	3132
给水管道	机动车道	340	4	1360	2.70	22032	14688	11016	3672
集中供热管道	机动车道	155	4	620	2.70	10044	6696	5022	1674
供电电缆	机动车道	580	4	2320	2.70	37584	25056	18792	6264
道路照明电缆	机动车道	310	4	1240	2.70	20088	13392	10044	3348
通信电缆	机动车道	580	4	2320	2.70	37584	25056	18792	6264
铁路供电及控制电缆	机动车道	300	4	1200	2.70	19440	12960	9720	3240

观察表 5-26 给出的街道和人行道的重要换新时间点以及选定的维护策略,我们可以推断出特定线缆造成的特定后续成本。而在固定中间单价、更换周期以及由地点条件限定的固定相关规定的情况下,表 5-29 以及表 5-30 分别展示了方案一和方案二研究分析情况,各施工区间内,市政基础设施综合管廊敷设的开挖作业所导致的外部成本。所有的后续成本中的时间值最后还需要以财务数学的方法进行权衡估量。

在主要街道下新建基础设施单线管道的路面开挖外部成本现值(案例一) 表 5-29

措　　施	施工区间 3.2 内直埋管线敷设		
	支付时间点	季度	成本(马克)
通信电缆	25	一	37584

续上表

措　　施	施工区间 3.2 内直埋管线敷设		
	支付时间点	季度	成本（马克）
集中供热管道	35	三	5022
供电电缆	40	一	—
道路照明电缆	40	一	—
铁路供电及控制电缆	40	一	—
燃气管道	45	一	512021
给水管道	45	一	22032
通信电缆	50	二	25056
集中供热管道	70	二	6696
通信电缆	75	三	18792
供电电缆	80	一	—
道路照明电缆	80	一	—
铁路供电及控制电缆	80	一	—
污水管道（翻新）	80	一	—
燃气管道	90	二	254788
给水管道	90	二	14688
通信电缆	100	一	—
集中供热管道	105	一	10044
污水管道（重建）	110	二	12963
供电电缆	120	一	—
道路照明电缆	120	一	—
铁路供电及控制电缆	120	一	—
通信电缆	125	一	37584
燃气管道	135	三	93316
给水管道	135	三	11016
集中供热管道	140	一	—
通信电缆	150	二	25056

在主要街道下新建基础设施单线管道的路面开挖外部成本现值（案例二）　　表 5-30

措　　施	施工区间 3.2 内直埋管线敷设		
	支付时间点	季度	成本（马克）
供水管道	2	一	22032
集中供热管道	10	二	6696
供电电缆	10	二	25056

续上表

措　　施	施工区间 3.2 内直埋管线敷设		
	支付时间点	季度	成本（马克）
道路照明电缆	10	二	13392
通信电缆	10	二	25056
燃气管道	33	三	93316
通信电缆	35	三	18792
铁路供电及控制电缆	40	一	—
集中供热管道	45	一	10044
给水管道	47	二	14688
供电电缆	50	二	25056
道路照明电缆	50	二	13392
污水管道（仅施工区间 3.2 内 b 段）	54	三	324
通信电缆	60	一	—
燃气管道	78	四	21341
集中供热管道	80	一	—
铁路供电及控制电缆	80	一	—
污水管道（翻新）	80	一	—
通信电缆	85	一	37584
供电电缆	90	二	25056
道路照明电缆	90	二	13392
给水管道	92	三	11016
通信电缆	110	二	25056
污水管道（仅施工区间 3.2 内 a 段）	110	二	12531
集中供热管道	115	三	5022
铁路供电及控制电缆	120	一	—
燃气管道	123	一	512021
供电电缆	130	二	25056
道路照明电缆	130	二	13392
通信电缆	135	三	18792
给水管道	137	四	3672
集中供热管道	150	二	6696

5.4.4.2　周边零售商的收入损失

在第 5.2.2.2 节中已经提到，投资项目引起的效应主要是以实际和货币两种形式出现的,而传统的成本效益分析局限在理清项目实际影响的层面。传统的成本效益分析明确放弃关照分配效应,这主要是忽视了个体的分配比重以及没有一个适用于全体社会成员的、统一的收入边际效用。但是只要我们确信,一个单位的收入变化(如 100 马克)带来的边际效用对于一个高收入个体的社会经济变化和一个低收入个体的社会经济变化是不同的。那么,公共基础设施项目的分配效应就应该从社会经济效果的角度来研究。

在地下基础设施建设过程中,地下装置的建筑施工会对周边零售商和中小型工商企业的日常商业运作带来影响。一般利益受影响最大的就是零售行业,因为批发商、中小型工商企业以及自由职业者因其行业明确的供求关系,更少受到所谓易接近性变化带来的影响。如果在街道路面或者是停车场进行开挖作业,首当其冲受影响的就是零售场所的易接近性,因为这使得机动车和短途客运都更难到达。而对商业街和人行道进行开挖施工的话,影响到的是需求者走进商店或驾车驶入顾客停车场。除此之外,道路施工还会造成振动、污染和噪声等问题,这些因素同受限的消费场所的易接触性共同作用,会严重影响消费者的购物体验,进而导致消费者寻求其他的消费场所。对于受牵连的零售商来说,这些影响就体现在企业营业额的计算上。如果我们把企业行为的成功与否定量在收入上,并假定工商业的临时适应能力受到不同成本状况的限制,那我们就无法否认地下市政管线系统的敷设和清洁等作业会导致商业街上零售商的收入损失。不过市场和产品条件变化的情况,还要看具体施工的影响方式和时长、零售商所提供货品的种类款式、行业特定的供求关系以及企业的市场定位,所以会各有不同。

尽管分配效应对于潜在的决策者来说或许是很重要的,但维持传统成本效益分析的前提虽然可以表明其潜在的影响却无法做出量化的评估。当我们采用适用于所有零售商的、统一的收入社会边际效用时,施工地附近的各个经济单位是否会由于受限的接近性而直接遭受到需求和收入的下滑,同时提供同类产品的其他企业又获利于潜在的客户流动,这个问题从宏观经济的角度来看是微不足道的[5-10]。如果我们假定,道路的建筑施工并不会造成宏观经济关照下净收入的变化,那么仅仅是收入转移到了其他的经济有机体上,如此一来,潜在的收益减损将会通过彼方等值的收益来平衡,也因此我们将看不到影响商业运转的施工作业给社会经济带来的影响。不过,从传统成本效益分析的角度来看,这个看法也需要完善一下,因为可能是这样的情况即某个社区内的基础设施投资项目导致收入转移到邻近的社区,也就是说,如果我们仅观察施工作业所牵扯到的某一区域,那我们看到的就会是施工带来的单纯收入净损失;同样地,如果受牵连的各个经济有机体也开始要求按分配比重处理,那这种情况下上述看法也需要修改。方案一在较短的施工作业路线以及牵扯到日常需求用品的情况下基本可以排除不看,只要受牵连的商店和最近的购物场所不是坐落在我们观察的区域边缘或与其他区域交界处。以当时的收入,社会边际效用衡量收入的增加或减少需要巨大的工作量,因为首先项目的效应是要分摊给单个经济有机体的,之后进一步才是确定分配的权重。如果我们为了额外的经济比较,即比较分摊后的替代项目效果而想要厘清同比例的分配效应,则需要根据案例访谈、基于现有项目研究的事后评估或是纯粹的合理性分析来确定,哪些经济有机体由于不同线缆特定的敷设和清洁措施在多大程度上遭受到了收入损失。由于缺乏实证上起决定作用的个体效用水平,我们可以权宜地按收入进行分类,如此一来我们可以在各个收入水平的群组里结算收入的增加或减少,也即计算其成本和效用。一个基本前提是这些经济有机体收入的可确定性以及其在施工期间的变化。所建立的收入分类族群的净值要与分配权重合并为一个总的数额。所以,为了弄清能够反映出对社会经济影响的总数额,首先就需要确定分配权重。需要明确的是什么人以什么方式来确定这个权重。理论上,要追求的是以所牵涉人员的个体优先权为方向,借由案例访问或观察来获取有关个体特定分配基本情况的结论。由于巨大的工作量只有在少数案例当中能够物尽其用,所以现在倾向于让民主授权的决策者来提议分配比重。为了避免分配权重系基于官僚或政治决策者自身的利益而定的,政治分配权重最好是以间接的方式来确定。借助往日的国家投资决策或是收入调控系统我们可以推得政治分配比重,但这种分配比重在我们的第一种情况下可能会失去现实性,而在我们的第二种情况下并非仅仅基于分配政治因素,而也许同时注意到了国有的经济发展趋势或是经济增长等政治经济目标。

既然始终无法令人满意地进行分配效果的个体清算以及根据当前知识来确定社会经济作用[5-3,5-6],假定这里和传统成本效益分析的框架一样并假设给定的收入和财产分配为最优解,换句话说,从一开始我们就采取一个内在的统一分配权重。基于"无影响"导致零售商营业额变化而得出的收入变化,并不会影响社会社会经济的净效应。与之对应的,管道敷设和清洁有关的企业间营业额与收入转移程度、研究测评期间计算的频率多少等这两个替代敷设方式之间的经济比较也是微不足道的。独立于此之外的是政治决策者的行为,诸如这样修改施工作业的分配效应:因为施工而受到经济影响的企业可以借助转移收入方式来保护它们免于负债累累或者支付困难。

5.4.5 外部成本总结

5.4.5.1 注意到未来的外部效应

当我们考虑未来的外部效应时,会出现一些困难,这些困难源于,未来会牵扯到的个体支付意愿,在我们的研究测评期间就已经需要考虑了。不看涉事个体的具体身份,这些困难还源于潜在受威胁的经济主体信息和代表性问题。在本项研究中,所有基于实时交通统计计算出的现值以及在之前章节里各换算成现值的外部效应都被设成同一数值,以便计算未来(t_0 时刻之后)与敷设和清洁作业有关的数据,尽管有可能出现显著的数量和价值的变化。在这里,并非需要那些极少需要克服的、大量亟待预测的因素来证明我们的简化是可信的,而是需要依靠这样一个事实来证明,即对输入量的预测最后也同样展示了一个需要讨论的判断:我们在确定数量和价值变化下的论断推导以及测评期间客观的现金流入可能性同样难以被估计。始终不变的支付数额价值计算是以下论断的基础:一方面由敷设和清洁作业带来的外部效应以及受损害的经济主体数量在数量上不会变化,而另一方面,给定将来受牵连的个体支付意愿与当下受牵连者的支付意愿是相对应的,而且优先权的变化与我们假定的实际价格变化是保持一致的。正如我们在内部成本结算中计算项目成本现值时那样,替代性数据情况的不确定性不会明显地在投资计算里被考虑到,而是以可能性很大的输入数据(更保险的期望值)的形式列入考虑。除此之外,由于两个替代项目被设置以同等估价和初始数量,两者间相对的经济比较更少受到主观价值判断的影响。受影响更多的其实是绝对外部成本大小,其由于现值计算的问题以及单个评价程序方法上的弱点[5-2]仅能作为近似确定的比较参数,不能作为外部效应精确的货币再现来理解。输入总额的变化在多大程度

综合管廊工程

上会影响替代性敷设项目间的经济比较,也即我们推得的能稳定应对数据变化的推荐做法,最后将在敏感性分析中借助替代性实际价格来进行研究。

5.4.5.2 直埋管线外部效应的货币数值呈现(第一和第二种情况)

表 5-31 总结了在之前的施工区间里厘清的、适用于测评期间所有时间节点的、负面外部效应的货币数值呈现,这些是案例一的换新和清洁作业造成的效应。假使开挖作业带来的外部效应不能被排除或者有很大可能性出现、同时外部成本的数额相对容易被低估,这种情况会被标记为"不合格"(n. q.)。借此表明,除了地下市政管线的敷设和清洁施工作业一开始就带来的不合格效应之外,施工区间还会出现事故成本、噪声传播等等后续外部影响,这些影响涉及空气、植物生长以及私人和公共交通等我们测评的"成本中心"所观察的项目,但这些由于上文提到过的原因难以被具体量化。鉴于要做的判断以及对单个在此所运用评价程序方法论的曲解会产生主观影响,我们需要重新表明,成本的多少并不能理解成一个精确的、客观的价值数额体现,而是表现为一个近似值或者线索和暗示,这些近似的成本值能帮助我们更完整地呈现应对宏观经济替代性比较时忽视的外部效应而采取行为变化带来的经济后果。

施工区间 3.2 内地下敷设单线管道的外部成本(案例一)   表 5-31

项　　目	支付时间点 t	306 路有轨电车运行成本(马克)	私车交通运行成本(马克)	私车交通时间成本(马克)	空气污染成本(马克)	植物受损的规避成本(马克)	道路材料后续成本(马克)	货币形式外部影响成本总额(马克)
污水管道	0	148000	19175	26639	23028	—	—	216842
给水管道	0	—	不可计量	不可计量	不可计量	33000	—	33000
燃气管道	0	—	不可计量	不可计量	不可计量	33000	—	33000
集中供热管道	0	—	不可计量	不可计量	不可计量	4000	—	4000
供电电缆	0	—	不可计量	不可计量	不可计量	13000	—	13000
通信电缆	0	—	不可计量	不可计量	不可计量	12500	—	12500
道路照明电缆	0	—	不可计量	不可计量	不可计量	5000	—	5000
铁路供电及控制电缆	0	—	不可计量	不可计量	不可计量	5000	—	5000
通信电缆	25	—	不可计量	不可计量	不可计量	12500	37584	50084
集中供热管道	35	—	不可计量	不可计量	不可计量	4000	5022	9022
供电电缆	40	—	不可计量	不可计量	不可计量	13000	—	13000
道路照明电缆	40	—	不可计量	不可计量	不可计量	5000	—	5000
铁路供电及控制电缆	40	—	不可计量	不可计量	不可计量	5000	—	5000
燃气管道	45	—	不可计量	不可计量	不可计量	33000	512021	545021
给水管道	45	—	不可计量	不可计量	不可计量	33000	22032	55032
通信电缆	50	—	不可计量	不可计量	不可计量	12500	25056	37556

274

续上表

项 目	支付时间点 t	306路有轨电车运行成本（马克）	私车交通运行成本（马克）	私车交通时间成本（马克）	空气污染成本（马克）	植物受损的规避成本（马克）	道路材料后续成本（马克）	货币形式外部影响成本总额（马克）
集中供热管道	70	—	不可计量	不可计量	不可计量	4000	6696	10696
通信电缆	75	—	不可计量	不可计量	不可计量	12500	18792	31292
供电电缆	80	—	不可计量	不可计量	不可计量	13000		13000
道路照明电缆	80	—	不可计量	不可计量	不可计量	5000		5000
铁路供电及控制电缆	80	—	不可计量	不可计量	不可计量	5000		5000
污水管道（翻新）	80	148000	13120	18282	15756	—	—	195158
燃气管道	90	—	不可计量	不可计量	不可计量	33000	254788	287788
给水管道	90	—	不可计量	不可计量	不可计量	33000	14688	47688
通信电缆	100	—	不可计量	不可计量	不可计量	12500	—	12500

类似地,表5-32展示了第二种测评情况下综合管廊敷设外部效应的具体量化价值。

施工区间3.2内地下敷设单线管道的外部成本(案例二)   表5.4-32

项 目	支付时间点 t	306路有轨电车运行成本（马克）	私车交通运行成本（马克）	私车交通时间成本（马克）	空气污染成本（马克）	植物受损的规避成本（马克）	道路材料后续成本（马克）	货币形式外部影响成本总额（马克）
污水管道（a段）	0	148000	19175	26639	23028	—	—	216842
铁路供电及控制电缆	0	—	不可计量	不可计量	不可计量	5000	—	5000
给水管道	2	—	不可计量	不可计量	不可计量	33000	22032	55032
集中供热管道	10	—	不可计量	不可计量	不可计量	4000	6696	10696
供电电缆	10	—	不可计量	不可计量	不可计量	13000	25056	38056
道路照明电缆	10	—	不可计量	不可计量	不可计量	5000	13392	18392
通信电缆	10	—	不可计量	不可计量	不可计量	12500	25056	37556
燃气管道	33	—	不可计量	不可计量	不可计量	33000	93316	126316
通信电缆	35	—	不可计量	不可计量	不可计量	12500	18792	31292
铁路供电及控制电缆	40	—	不可计量	不可计量	不可计量	5000	—	5000
集中供热管道	45	—	不可计量	不可计量	不可计量	4000	10044	14044
给水管道	47	—	不可计量	不可计量	不可计量	33000	14688	47688
供电电缆	50	—	不可计量	不可计量	不可计量	13000	25056	38056

项　目	支付时间点 t	306 路有轨电车运行成本（马克）	私车交通运行成本（马克）	私车交通时间成本（马克）	空气污染成本（马克）	植物受损的规避成本（马克）	道路材料后续成本（马克）	货币形式外部影响成本总额（马克）
道路照明电缆	50	—	不可计量	不可计量	不可计量	5000	13392	18392
污水管道（b段）	54	—	不可计量	不可计量	不可计量	—	324	324
通信电缆	60	—	不可计量	不可计量	不可计量	12500		12500
燃气管道	78	—	不可计量	不可计量	不可计量	33000	21341	54341
集中供热管道	80	—	不可计量	不可计量	不可计量	4000		4000
铁路供电及控制电缆	80	—	不可计量	不可计量	不可计量	5000		5000
污水管道（a段翻新）	80	148000	13120	18282	15756	—	—	195158
通信电缆	85	—	不可计量	不可计量	不可计量	12500	37584	50084
供电电缆	90	—	不可计量	不可计量	不可计量	13000	25056	38056
道路照明电缆	90	—	不可计量	不可计量	不可计量	5000	13392	18392
给水管道	92	—	不可计量	不可计量	不可计量	33000	11016	44016
通信电缆	110	—	不可计量	不可计量	不可计量	12500	25056	37556
污水管道（a段重建）	110	148000	19175	26639	23028	—	12531	229373
集中供热管道	115	—	不可计量	不可计量	不可计量	4000	5022	9022
铁路供电及控制电缆	120	—	不可计量	不可计量	不可计量	5000	—	5000
燃气管道	123	—	不可计量	不可计量	不可计量	33000	512021	545021
供电电缆	130	—	不可计量	不可计量	不可计量	13000	25056	38056
道路照明电缆	130	—	不可计量	不可计量	不可计量	5000	13392	18392
通信电缆	135	—	不可计量	不可计量	不可计量	12500	18792	31292
给水管道	137	—	不可计量	不可计量	不可计量	33000	3672	36672
集中供热管道	150	—	不可计量	不可计量	不可计量	4000	6696	10696

5.4.5.3　可以量化数值形式呈现综合管廊外部效应

管道系统的后续成本与地下敷设的外部成本是对立的。根据之前的说法，负面的成本支付仅仅出现在生产阶段。与之对立的施工区间特有的外部成本见表5-33，相关数据表明，负面外部效应的形式和对应清偿的额度高低完全是受到当地区位因素的影响。尤其是和单线管道相比，其间起决定性因素的是，施工范围是机动车道、人行道还是其他交通区域，有多少牵扯到的交通参与者和受何种形式的影响。

单线管道敷设方式的内外部成本将在第5.5节里根据支付时间节点进行总结,并借由经济数学的加权方法使之能够与综合管廊系统敷设方式进行比较。

每个施工区间内综合管廊的外部成本(案例一及案例二) 表 5-33

方　　案	支付时间点 t	306 路有轨电车运行成本(马克)	私车交通运行成本(马克)	私车交通时间成本(马克)	空气污染成本(马克)	植物受损的规避成本(马克)	综合管廊敷设外部成本(马克)
方案一	0	148000	11523	19965	14015	102132	295635
方案二	0	148000	11523	19965	14015	157132	35635

5.5 综合管廊在主要街道施工区间内的经济利益

5.5.1 货币形式总成本的项目成本对比

如在章节5.3中已经独立考量的内在成本(支出)规模,项目内在和货币形式外在成本的对比,首先以3%的年平均社会贴现率和0%的年平均实际价格波动率为基础。根据 t_0 时相较地下敷设而言按比例缩小(方案一)和与地下敷设大致相同(方案二)的外部成本,施工区间3.2中的外部成本有利于综合管廊方案的相对经济性。如果比较项目内部和外部货币形式总成本的时间进程,两个敷设方案各自的外部效应可以证实,方案一相较于地下敷设而言相对有益。地下敷设基础设施随着时间流逝逐渐加快成本增长,导致的不仅是更高的再投资和持续成本,还有在翻新和重建时产生的外部成本。在案例一中,地下敷设根据已有的数据情况分析,被认为对于这一施工区间而言是不经济的敷设方式。另外在案例二中说明的是,方案一从总体经济角度考虑经济性,因为在这种情况下,关键的使用期限已经到达 t_{40}。当然,这一结果只在使用经济数学"加权系数"为背景的前提下起作用($i_r = 3\%/$ 年, $p_r = 0\%/$ 年)。

5.5.2 灵敏度分析及关键价值调查

根据现存管道系统(案例二)的剩余使用期限,能够密切体现包括预期社会贴现率(每年2% ~6%)及预期价格增长率(每年0 ~2%)在内的成本(效益)分析成果。在施工区间3.2中,决策者首先会得到关于 t_0 时完整敷设管道的建议方案。无须结合社会贴现率和价格增长率,方案一相较于地下敷设方案和方案二的优先级更高,因为其总成本最少。此外,地下敷设方案在调查过程中的实际价格增长相较方案二更高,并成为这一施工区间内最不经济的敷设方案。

另外在案例二中,如果不考虑在同期年价格波动率为0%的情况下高于或等于5%的年平均社会贴现率,方案一清晰地说明了包括2% ~6%预期年利率波动在内的经济对比。如果决策者期待更高的社会贴现率(即每年高于6%)和实际价格增长率(即每年高于1%),那么方案一和地下敷设的优先级不再固定,也就是说,其可以通过改变项目优先级的社会贴现率来体现。

5.6 综合管廊的决定性经济评估

以黑尔纳主要街道上施工区间3.2内规划的综合管廊为例,在当前的使用案例中,综合管廊的经济性将通过地下市政管线敷设方案进行研究。研究的目的在于,确定规划中综合管廊理论使用期限的经济分析周期,以及从比较的角度统一敷设方案的内部和外部影响。除了经济方案建议之外,传输相关的权益及方式还需要阐明多周期的总体经济分析。此外,需要阐明的内容,不仅有调查分析中评估的外部影响,还有敷设方案在此无法量化的外部效应及其评估可能和难度。

关于内部成本及支出规模,对敷设方式的经济分析只能在部分程度上证实许多其他投资分析结果,根据这一分析,管道网络在内综合管廊敷设的建设成本(初始投资)相较于地下敷设的单线管道而言更高。在案例一中,对于主要街道来说会得到差异更大的分析结果。因为除了二选一的敷设方式(综合管廊或地下敷设单线管道)之外,还有不同的建筑方式(开放或封闭)也会在部分程度上造成影响,所以方案二在建设期间的初始成本比地下敷设方案高40%,而方案一比地下敷设方案低6%。同时可以发现,常规敷设单线管道的持续成本和投资明显比综合管廊敷设更高。根据传输管道的数量和长度,单线管道的预估持续成本总体上会高出13% ~ 43%[5-2]。综合管廊敷设过程中较少的再投资成本,从本质上来说源于去除翻新过程中土方作业和通过保护性敷设最大程度上延长的理论使用期限。

由于不同时期的资金流分配、原则上较高的初始投资及较低的持续成本和投资,文献中提及支出规模的单期经济性对比暗示着放弃综合管廊敷设方案。借助于资本价值分析(成本现值计算),内部现金流的动态对比可以帮助获得具有地区差异的方案建议。在分析案例一(所有传输管道在t_0时进行完整翻新)中,独立于经济数学参数,在施工区间3.2(方案一)中的整体钢筋混凝土结构(综合管廊)是占据主导地位的敷设方式,这就是说,其在分析期限内的支出最少。在分析案例二(于剩余理论使用期满后新敷设传输管道)中,上述整体钢筋混凝土结构的优越性存在局限性,因为首先相较于翻新重建单线综合管廊较低的投资成本,综合管廊外壁在t_0时的敷设投资成本较高。在施工区间3.2中,包括社会贴现率(每年2% ~ 6%)和价格增长率(每年0 ~ 2%)预期区间在内的综合管廊敷设(方案一)优势显得相对稳定。

包含主要街道经济分析中货币形式的外部成本在内,施工区间3.2内项目优先级的变化不值一提。道路空间内的综合管廊敷设规划在道路开挖期间,以更高的行驶成本和更多的时间消耗形式,对争夺使用道路空间的交通参与者们造成了巨大的负面外部效应。随着行驶成本的提高,机动车的有害物质排放也相应增多,所以包括306路有轨电车的营运网络中断在内,在道路网络中进行开挖造成的交通影响,对于货币形式的外部成本规模而言是主要决定因素。货币形式的外部成本对于建设时期的综合管廊敷设仍有限制。绝大部分敷设在人行道下的独立管道都位于机动车道下方的综合管廊内,其重建只需要在分析时间t_0进行隔离,因而显著减小了对道路交通的影响。道路材料由此带来的后续成本产生在特定网络的再投资阶段,基于总体经济的成本效益分析,综合管廊方案一(整体钢筋混凝土结构)在案例一中明显是主导所有经济数学分析参数组的建议方案。包括平均社会贴现率和实际价格增长率的期望区间在内,整体钢筋混凝土结构(方案一)被证明是案例二中成本最少的敷设方案。

这里选择的表述方式——体现经济数学参数根据灵敏度测试对研究结果的影响,如果主导的敷设方案不能明确证实社会贴现率和价格增长率或其预期区间,那么在部分程度上对单个建筑区间和研究目标重建及开发决策的明确建议方案表述造成了影响。结合上述对内部和外部影响的评估,其向决策者提供了影响结果的因素、作用和相互关系。由此可以明确的是,哪些的因素和参数可以大幅影响研究结果,并因此需要特别仔细地评估和探究。基于这一原因,在经济分析的靠前部分向读者公布参考数据及评价方法,是为了依靠个体的检查来去除这些因素。基于与数据相关的问题和评价方法的变形,无法提出依靠结合不同敷设方式的多种内部和外部影响的支出规模,来反映实际财政上的内部支出规模和总体调查期间内的个体支付准备的要求。相较于仅以内部成本为基础的单期经济对比,巨大的信息获取量仍然与评估的数量等级有关,因此使得不同的调研结果和建议方案成为可能。除此之外,方式的不确定始终对所有项目方案有所妨碍,所以评估的数量等级体现了单个敷设方案的相对经济性。

可以总结的是,借助于黑尔讷市内(施工区间3.2)调查重建计划的地区实际情况,由经济性对比(案例一和案例二)得知,基于所有预期经济数学参数的综合管廊敷设方案(方案一)将作为明确的主要敷设方案。如果在经济性对比中对下述猜测进行探讨,那么会得到更有利于综合管廊敷设方案的分析结果:

(1)正常运行及关闭的地下敷设管道网络必须建设在人行道下的敷设区域内,并且在道路范围内越来越频繁地进行躲避,因此通常会产生更高的内部和外部成本。

(2)除了对老旧管道连接的基础设施进行翻新或重建之外,还必须满足众多需求,而其在综合管廊中的成本可以大大降低。

(3)在环境责任法不断激化的过程中,检查和保养的成本(例如通过缩短下水道的检查周期)不断增加,而在综合管廊中的相关成本更少甚至完全取消,因为其在多次目视检查的过程中已经完成。

(4)特别是在电信领域,其他的网络供应商可以进入到供应市场,所以综合管廊中规划的备用面积可以减少闲置成本,并产生较少的投资成本。与分配情况无关的综合管廊固定成本,需要根据面积的容纳能力是否得到使用,划分为使用成本及闲置成本。对于这一差异,请参考文献[5-42]。

即使对于主要街道下市政管线的翻新重建工程而言,综合管廊可能是相较于常规地下敷设单线管道更经济的敷设方式,也需要根据许多约束的调节需求来实现。除了从多种法学角度和经济学角度而言,其首先与综合管廊供应商的再融资及由此导致的成本分配还有租金的结构性计算有关[5-2]。基于经济效益的角度可以期待,调研结果向地区性决策者及管线运营商提供建议,在其决策计算中借助于综合管廊容纳成捆的基础设施,并且以管道的重建和开发工程为背景,考量综合管廊在单期生产成本对比中的经济性。

第6章 法律问题

6.1 引论

综合管廊是一个涉及多领域的繁杂问题,该问题通过经济、生态和技术等方面在工业社会体系当中体现。综合管廊缺乏特定的法律规定,明显体现出法律滞后现象。该现象的结果是法律始终是滞后于社会的实际需求,要通过对法律的不断制定、修订以满足社会的需求。

综合管廊相关问题的多面性,除了需要考虑民法外,还需要从公法角度来看待对综合管廊所涉及的问题。它涉及不同领域(包括能源经济法、电信法、道路与公路法、水资源法、建筑法和地方性法律)集成的复杂问题。除了相关的联邦法律,在州立法律中也多有涉及,例如后文阐述的北莱茵-威斯特法伦州的法律(图6-1)。

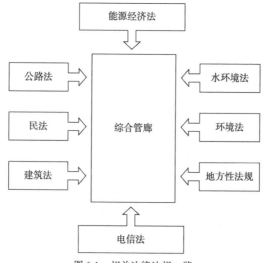

图6-1 相关法律法规一览

对推进综合管廊建设而言,存在重要价值的法律问题需要在之后进行分析。随着经济技术的发展(如引进不同的综合管廊工艺),在法律层面总是会出现需要不断改进或完善的地方。

因此,在进行综合管廊工程建设和管理的过程中,需要讨论的主要法律问题归纳为如下几个方面:

(1)需要满足综合管廊占用公共道路的相关法律规定,并符合共用道路的基本条款前提。

(2)基于通信电缆传输媒介及根据早先《电报线路法》法律状态的特殊地位,在考虑新的(部分程度上来说,即1996年8月1日实施的)《电报线路法》中产生的变化后,确定《传输管道法》的前提条件。

(3)根据通信电缆的特殊地位选择使用私人土地时的电缆形式。

(4)需拥有安装许可权。

(5)基于实施综合管廊技术作为现代基础设施的标准启发和战略要求。

(6)关键的管线组织形式,尤其是管线运营商和综合管廊间的合约。

6.2 相关法律法规概况

如今在德国,公共能源传输(电或水)的法律状况(图6-2)首先与1935年12月13日制定的《能源经济法》中相关规定有关。根据两德统一合约,《能源经济法》同样适用于原东德。作为《能源经济法》的补充,进一步公布解释法律应用及规范客户关系的不同实施细则。

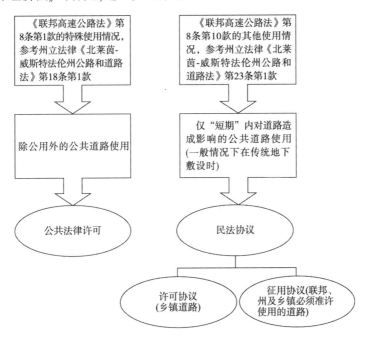

图6-2 公共能源传输的法律状况

除此之外,对于综合管廊而言,一些重要的条件需要满足《能源经济法》及供应商公共条款规定,即《电力供给公共条款规定》《集中供热公共条款规定》《燃气供应公共条款规定》《用水供应公共条款规定》。鉴于通信电缆(原先称为电报电缆及通信电缆)的敷设工程需要证实,这些管线先前遵循1899年12月18日颁布的《电报线路法》、1991年4月24日的司法解释、1994年9月14日对其第8条内容修订和1935年9月24日对通信电缆简单规划的法律法规及1994年9月14日对其第9条内容修订中相关规定的检查。由于欧盟开放通信市场的完全竞争并因此产生的德国通信市场私有化和自由化,《电信法》经历了通信领域监管政策框架的改变。对于通信电缆的敷设及由此产生的在综合管廊中的管道敷设,首先需要考虑的是1996年7月25日通过的《电信法》。公共用水的供应除了考虑一系列特定的法律之外,还要满足以1957年7月27日修订的《水环境法》、1986年9月23日发布的《水环境法》公告、1996年11月12日颁布的公告司法解释和各州制定的水环境法的要求。

为敷设市政管线而占有联邦或州立高速公路,以及因综合管廊建设而需获得的公共交通区域使用权,均需要考虑公路及道路的相关法律(即《联邦高速公路法》及相关州立高速公路法律法规),上述法律致力于从物权的角度建立公共道路法律关系。管线的敷设及综合管廊建设,可以通过运用公法的既有条款来解释。在所有合作方的合约框架下,综合管廊的连接也需要参考民法的法律法规,尤其是《德国民法典》。综合管廊建设的许可首先取决于建筑规划及建筑法规,即综合管廊的计划建设取决于建筑规范和建筑法规。建筑法规致力于排除建筑法中特殊情况下存在的危险,并在州立建筑法规(例如《北莱茵-威斯特法伦州建筑法》)中进行相关调整。此外,建筑法规构建了综合管廊规划及管线在使用综合管廊过程中潜在责任的框架。管线运营商使用综合管廊过程中的潜在责任,可以通过强制规定和合约规定来体现。

6.3　与综合管廊相关的法律法规

6.3.1　在公共道路上敷设市政管线的法律基础

为了能够根据《能源经济法》完成安全的电力及燃气供应,并实现向民众供应饮用水,保障集中供热、通信传输和废水排放;另外由于管网需要互联互通,管线被敷设在星罗棋布的管网中,因此需要占用共用外部的地块。综合管廊建设单位必须在线路经过的地块获得该地块的使用权。综合管廊所需要的地块可能是所有种类的交通道路(联邦高速公路、联邦长途公路、州际/郡际/乡际公路、德国铁路股份公司设备、非联邦铁路管道、联邦或州际水道)。市政管线与道路重叠交叉,并有部分沿道路敷设,也有管线敷设在路面下方的边坡中,市政管线也可以敷设在私有地块中。一方面基于多种在规划和所有权方面的相关法律问题,另一方面基于多种在规划、供应及建造方面的技术问题。为了满足用户的需求,在敷设管线时,管线运营商可以使用已有公路与道路网络。

6.3.1.1　传统直埋敷设与占用公共道路相关的法律法规

在公共道路下敷设管线首先需要考虑相关的道路法律法规。管线运营商需要基于何种法律基础才可以在敷设管线时占用公共道路,这一问题的答案可以以《联邦高速公路法》第8条第1款和第10款,以及《北莱茵-威斯特法伦州公路和道路法》第18节第1条和第23节第1条内容为标准。当道路成为公共财产时,原则上需要根据传统所有权的二元道路法律系统,区分超越特殊用途的公用和不考虑其他用途的公用(仅有汉堡和柏林例外)。《联邦远程公路法》及新颁布的州级公路法有这样的特殊情况:除了保障官方许可的公用条例之外,当法律运用于道路所有权上时(即其他使用情况下),还有公用及由此产生的道路安全,只需要满足民法的使用许可。就这方面而言,管线管理局多用途研究所对道路的理解是以《联邦高速公路法》第8条第1款和第10款及州级公路法的相关规定为基础的。《联邦高速公路法》的第8条和相关州立法律规定所允许的管理,甚至需要区分特殊使用情况下及民法道路使用情况下宪法的相关形式。

官方特殊使用情况(参考《联邦高速公路法》第8条第1款及《北莱茵-威斯特法伦州公路和道路法》第18条第1款)。

根据《联邦远程公路法》《联邦高速公路法》第8条第1款及相关州级公路法,道路的使用情况除了公用之外,还有特殊使用。对此,《联邦高速公路法》第 8 条第 1 款及相关州级公路法只规定了特殊使用情况的事故,而这些规定对于在何种特殊使用情况下可以或必须使用道路,并未给出具体说明。特殊使用与公用十分接近,但在法律上只能通过其定义来推断。鉴于特殊使用对公用依靠紧密,其存在的前提是在交通特定区域和从属区域的地上或地下进行延伸,并需要从安全的角度对公用进行考量。

公用的定义(参考《联邦高速公路法》第 7 条及《北莱茵-威斯特法伦州公路和道路法》第 14 条)。

目前生效的法律包含了对"公用"的法律定义。联邦和州立的公路及道路法对"公用"做出了相应的定义,道路在公益及交通法规(《巴伐利亚州公路和道路法》除外)允许的情况下允许所有人使用。因此在巴伐利亚州,公共道路仅允许在公益的情况下使用。公益在法律意义上是公共道路在使用上的规定。因此,当道路非交通主干道用于其他用途时,负面的限制在于没有公用,根据《北莱茵-威斯特法伦州公路和道路法》或考虑其他不合理的公用时,又或者因为两者的限制关系,以及其他不再公用的情况。这一内涵限制了物权法允许使用的规模。没有超出内涵的就进入了特殊使用范围。根据帝国法院的根本决定,道路的公用不能狭隘地定义为交通的公用,道路因其公益性也需要服务于普遍实行的使用用途。这也体现了迄今为止帝国法院和联邦法院的裁决。交通的概念具有多重含义。交通运输始终属于公用交通的概念,狭义的交通指通过路面借由人力、车辆或动物来克服路程距离,使之发生地点转换。社会层面的交流包括人与人之间的联系(社会交际),经济层面的交流包括商品或生产力的交换(商业或经济往来)。

通过传统地下敷设的方式敷设管线,机动车道下的空间同样可以用于综合管廊建设。在敷设管线的过程中,始终需要对路面进行开挖。除了每个交通目的之外,还需要对路面进行开挖或与开辟临时性道路。为敷设管线而占用公共道路不再是一种公用的使用形式,因为在此情况下,无法再用作交通目的。只要这种非交通使用对公用造成损害或可能造成潜在的损害,根据道路法规的普遍原则,就需要获得官方许可成为特殊使用,其需要主管部门作出决定,并根据《联邦高速公路法》第 8 条及相关州级公路法(《行政诉讼法》第 40 条)中的内容执行。

其他使用(参考《联邦高速公路法》第 8 条第 10 款及《北莱茵-威斯特法伦州公路和道路法》第 23 条第 1 款)。

只要公用之外的使用不损害公用本身,法律一般根据公民权利的法律形式将法律关系相关的规定交给缔结双方来制定。因此,对以公共能源供应为目的、已交付给施工的街道地产使用要求系基于街道财产的民法形式通过强制的或物权的使用合法化来调控的。由此产生的街道使用协议构成了乡镇政府和能源公营企业共同推进的能源政策基础。因此,当公用不会受损或仅仅是暂时性受损(更确切地说是以公共供应为目的的仅在短期内的损害)时,公法上的特别使用要根据法律明文规定(《联邦高速公路法》第 8 条第 10 款、《北莱茵-威斯特法伦州公路和道路法》第 23 条第 1 款)通过民法上的权力授予来替代。根据推进供应经济大背景下写入《联邦高速公路法》的条文,在公用仅是短期内受限的情况下,以公共供应为目的的使用许可要通过公民权利关照下的物权所有人来授予。具体的相关法律由各州立法机构自行制定;而巴登符腾堡州和石勒苏益格-荷尔斯泰因州的立法机构则放弃了"即使是服务于公共供应目的的道路公用也只能暂时性受阻"这一限定,但总的来说预设了公民权利关照下的使用许可授予。《联邦高速公路法》第8条第10款以及北威州州法中的对应条文允许管线运营商从事供应管道的敷设和维修工作,只要满足短期和以公共供应为目的这两个条件即可。

市政管线可参考《联邦高速公路法》第8条第10款及《北莱茵-威斯特法伦州公路和道路法》第2条第1款。

考虑到市政管线的传统敷设,要想研究《联邦高速公路法》第8条第10款及《北莱茵-威斯特法伦州公路和道路法》第23条第1款,其前提是考虑公共供应和短期这两个概念的含义。《联邦高速公路法》第8条第10款的特别条款以及与之对应的州法中的相关规定,只适用于市政管线。《联邦高速公路法》第8条第10款以及对应的州法《北莱茵-威斯特法伦州公路和道路法》第23条第1款中公共供应的概念,是以《能源经济法》第2条的法定定义为准的。按照该条款,不考虑法律形式和所有权关系,所有供应电力或天然气的公司及企业或是管理这些单位的公司及企业都属于公共能源供应领域(《能源经济法》第2条第2款)。所谓公共性这一特征最主要的是向民众供应的单位属性是公益性的,理论上还与企业在某一特定领域内的一般供应义务相关。所有服务于向公众供应电气水暖的管道都可以被视作是公共供应管道,甚至是公共污水排放管道。因此,电气自给管道以及私人污水排放管道、连接工厂内不同区域的工厂车间管道,都不属于公共供应。若此类管道需要使用道路,只要是对公用产生损害,即使是短期内的损害,也需要被授予公共权利,即需要道路工程承建方的公法许可。与公共能源供应管道相同,德国电信及其他供应商的通信线缆也是服务于公共用途的。其法律关系由《电信法》特别规定,因此《联邦高速公路法》第8条第10款以及对应的州法《北莱茵-威斯特法伦州公路和道路法》第23条第1款均不适用于该线缆,且通信线缆对于街道的使用也根据《电信法》的规定单独执行。

公用损害短期之法律含义的界定(参考《联邦高速公路法》第8条第10款及《北莱茵-威斯特法伦州公路和道路法》第23条第1款)。

为了许可在《联邦高速公路法》第8条第10款及《北莱茵-威斯特法伦州公路和道路法》第23条第1款中提及的其他使用,必须将敷设市政管线时对公用的暂时损害限制在短期之内。明确解释损害短期的含义一直是法律实际运用的一部分。《联邦高速公路法》第8条第10款中短期以及《北莱茵-威斯特法伦州公路和道路法》第23条第1款中暂时的概念解释起来之所以困难,是因为除了时间上的评估标准,还需要从是否会通过对街道的使用产生负面影响及其影响程度,到交通流的安全、流畅以及秩序的角度来接受评估。短期内对公用的损害可以理解为可能是由敷设或修理市政管线造成的暂时性的对交通的负面影响。早期最高法院就判决供应管道对公共街道的使用并不属于公用,原则上亦非损害公用,并指示街道工程承建方以及管线运营商缔结民法协议来规定街道和管道的共用关系。民法的使用许可必须由官方考查后,且在符合《联邦高速公路法》第8条以及相关州立法律(《行政诉讼法》第40条)的情况下才能给出。

下面我们可尝试界定该特别规定的作用范围,由此提出当市政管线要对更长的交通路段或是要在更长时期内占用街道、损害了道路监管部门保护的道路公用、对道路有持续的影响时,以市政管线建设为目的的街道占用需要监管部门额外授权许可。且不管道路监管部门协管的新规以及由此产生的、许可授予或多或少受制于公共权利的情况,上述请求额外授权许可的工作与联邦行政法院裁决的有效依据相违背:新规是基于这样一种考虑,即管线运营商要完成那些服务于公共的工作,因此,完成这些事业的企业在街道使用过程中对道路公用会有一定的损害,但只要是在合理范围内就可以接受。为了此类情况,立法部门绕开了公法领域里使用权授予这一有利于供应义务的做法,并保留了街道产权所有者以及使用者之间自由缔结民众民法协议的做法。此外,德国联邦最高行政法院通过《联邦高速公路法》第8条第10款以及相关州立法律中的相关规定明确表示,一般来说,市政管线本身不会对公用产生长期的、显著的负面影响,并从中得出交叉管道或是纵向管道的建设,以及不会持续影响交通的辅助设备如滑动挡板的使用,在法律规定下都会被视作短期内的损害,理论上可以囊括进私人使用权的形式。与道路交叉的市政管线一般来说完全不会影响公用,即使是在敷设期间也不会,这一点在超压输电线缆上尤为明显。地下敷设与道路交叉的管道,由于技术革新,现在采用的是一种能在大多数情况下避免对行车道进行开挖的作业方式。但如果对道路进行开挖,尤其是采用纵向逐段敷设时,即使道路公用受到损害也不需要官方许可,因为短期的损害并不会被注意到,且这一免除许可的做法也会带来便利的处理方式。因此,在地下敷设市政管线并不会损害道路公用。在地下工作完成之后街道就可以不受限地用于交通。而对于那些已经长期处于道路下方的管线,其提出的道路占用则需要通过民法协议判定。

6.3.1.2 管线敷设占用公共街道的合法指标

对于传统市政管线的敷设来说,之前已经实施的有关法律问题措施向人们抛出了这样的问题:在这一领域内的诸多法律法规中,有多少在合适的通道中敷设管线同样有效?又有多少符合道路合法指标?因此,综合管廊是否展示了道路具有公共补给功能,成为人们需要探索的问题。

就像已经讨论的一样,按照相关注解文献的定义,公共补给设施是符合《能源经济法》第2条的公共能源供应管道,也就是燃气管道和电力管线,包括公共的给水管道、排水管道以及集中供热管道。因此,公共传输设施的概念中,首先包括了传统意义上的管线。尽管不同综合管廊有着不同的特征,但通过管线的概念来对综合管廊进行判定仍然不能实现。通过相应的注解文件,可以处理从属于它的相关附件,比如管线。我们可以就相关附件对于综合管廊的附属性问题,依照《德国民法典》中第97条的相关条例来确定。因为《德国民法典》第97条对管网在法律判决和法律文书方面的所有权情况问题有所规定。"附件"的定义在原则上是民法中常用的概念定义,被认为是不具备主要设备要素的可移动物品,其服务于主要设备的经济目的,并与之具备相关空间关系(《德国民法典》第97条)。为了能够接受一项附件特性,从概念上来说,主要设备的存在是必不可少的。只有当附件具有与主要设备的目标功能相适应的用途,或能够促进主要设备完成其功能目标,又仅仅为主要设备提供间接优势的时候,才能够说附件是在为主要设备"服务"。综合管廊可以作为管线的外壁,保护管线免遭腐蚀的侵害,对于管线产生有意义的积极影响。对综合管廊的质疑一般在于,每次鉴定综合管廊是否应当被看作主要设备的这一过程是否有必要。对于哪些是主要设备,哪些是附属设备这一问题,如果需要的话,从交通工程的角度来看,主要设备和附属设备存在着一种包含与被包含的关系。根据《德国民法典》第97条的相关定义,综合管廊中没有对应的附属设备。《德国民法典》准则的目标确定,代表着保证以财产及所属物品分配权的私人权利。街道、道路、能源经济法律准则的目标确定,代表着保证能源供应街道和优先权这一公共目标。在有必要的情况下,这两项目标的确定,需要有能够区分两者边界的方法。附属设备这一概念的定义,在这里尤其可以引用能源经济法律条款,更确切地说,是引用在街道施工方法中对供电线路处理操作的说明(第92条说明)。因此,在说明第92条关于联邦街道施工方法中对供给管道的操作,我们可以找到有关附属设备的列举计数。属于市政管线的附属设备有:电线杆、变压器、支架、闭锁装置、消火栓、控制板、报警装置、电信电缆、控制电缆,以及从属于压力控制、增压和变转站的技术装置。附属设备仅仅只为管线的运营服务或在大多数情况下为管线的运营服务,因此获得了附属设备的属性。同样,在能源法领域和《德国民法典》领域的附件定义中,也是这样说明的:附属设备指为其他设备的运行提供服务的设备(参考第92条说明的章节1.1.4),以及为主要设备的经济目标提供服务的设备(参考《德国民法典》第97条)。与《德国民法典》第97条不同的是,如说明第92条所示,在能源经济领域,附属设备的定义没有包含与被包含的关系。只有诸如汽车站和塔楼这样的设备,依照交通观点层面来看管道之间存在着一种包含关系,才能被认为是附属设备。然而,第92条关于《能源经济法》的叙述中却缺少了为管道服务或为自身服务的情况。虽然综合管廊在依照特定技术组织布局的情况下一定能够通过悬架、控制入口和其他技术设备建立起来,它几乎不能为其他目的服务,这些其他服务中还包括了综合管廊最重要的任务,但理论上来说,它可以像汽车站和塔楼所展示的那样,在之后的某个时间点引入一个新的服务目标,比如接收其他的设备。就这一层面来说,综合管廊的附属性与被视作管道从属设备的贯通槽和保护管道是不可相提并论的。在最后一种情况下,综合管廊不具备《联邦高速公路法》第8条第10款及《北莱茵-威斯特法伦州公路和道路法》第23条第1款所描述的优势,换言之,它被视作《联邦高速公路法》第8条第1款及《北莱茵-威斯特法伦州公路和道路法》第18条第1款中的一种特殊使用情况。无论在露天场合还是在封闭的建造环境中,官方的许可对综合管廊的设立都必不可少。

当计划在综合管廊内敷设管线时,管线的法律状态如何就需要进一步的说明。在此需要区分3种不同的情况:

(1)在已有综合管廊内敷设管线。

(2)在非开挖施工下敷设管线与综合管廊同时进行。

(3)在明挖施工下敷设管线与综合管廊同时进行。

在综合管廊内敷设管线需要用到一条对于民法许可来说必要的评估标准,即仅短期内有损害,若从诠释学角度来理解,首先需要考虑的是技术层面的问题(明挖施工、非开挖施工)。原则上,在传统明挖施工下敷设管线需要对已有路线进行开挖作业、取出并清理原有老旧管道(在由地方政府要求且法律允许的条件下)、新管线的敷设、开挖沟槽的回填以及表面设施的复原,尤其是道路路面复原。如果立法机构设想,在这一传统地下敷设的作业方式中,管线运营商能借由现代科技对道路产生的负面影响降到最低,即道路公用仅在短期内受限,那么这一要求首先要应用于已有综合管廊内敷设,因为该施工方法仅包括了将管线迁入综合管廊这一项作业。就这一点而言,如果恰好只安排了此项工作,那么对交通的影响就能够完全避免。对管线的安装采取这一没有后顾之忧的方式避免了对街道的影响,这便是综合管廊相对于传统直埋敷设而言的优势所在。除此之外,若采取非开挖施工下敷设管线与综合管廊同时进行的施工策略,如非开挖施工也可以达到同样的效果,这得益于技术的进步,该施工方式在地表下方空间内进行,仅占用较少的地面(工作井和接收井),就这一点而言,只会在短期内对车流和人流造成阻碍。对"仅短期内"这一概念的诠释与《联邦高速公路法》第8条第10款的含义和目的是一致的。这一条款是在大力推进供应经济的背景下被写入《联邦高速公路法》的,主要是基于如下考虑:管线运营商要完成那些服务于公共福利的工作,且被托付向民众供应生活必需的资源和能源,因此,完成这些事业的企业在街道使用过程中对联邦高速公路公用有一定的损害,但只要是在合理范围内就可以接受。在这种情况下,工程实施者特意绕开了公共领域内使用权授予这一有利于管线运营商的做法,并被归结到传统的所谓许可证协议或特许权协议体系,即民法领域,因为民法协议比起官方许可来说能更早地考虑到单个案例的特别之处。这一街道地产所有人和管线运营商间有关街道使用的民法处理方案也经由《联邦高速公路法》第8条第10款的发布再次得到确认。《联邦高速公路法》的官方解释中明确提到,在供应管道议题上《联邦高速公路法》第8条第1款并不适用,更准确地说是应当保留一直以来所有人和使用者自由缔结协议的做法。考虑到历史因素,公民权利也应当优先于市政管线。除了语言学、目的论和历史关照下的诠释,如果留意联邦行政法院针对《联邦高速公路法》第8条第10款所赋予的司法权,也能得到同样的结论,该司法权规定了交叉管道路径建设以及传统敷设的地下纵向供应管道都要遵循"仅短期内有损害"这一标准。在综合管廊内敷设管道、非开挖施工减小对交通影响就是所谓的"仅在短期内的损害"。根据该联邦行政法院的司法权,市政管线会在多大程度上对联邦高速公路的用途产生短期或长期的损害,最终还是与单个具体案例有关。尽管综合管廊敷设和在地表下方空间同时敷设管线一直以来都被认为是只会产生短期的损害,但在综合管廊内敷设市政管线及明挖施工下同时安装综合管廊,渐渐成为一种不符合"仅在短期内有损害"说法的道路使用形式。由于费时的施工,可以预测到这些作业方式会对交通有长期的、显著的负面影响,并且与直埋管线敷设相比,对街道表面的开挖作业还要算上其与安装综合管廊之间的时间差。在实际操作中,对于街道法一贯的运用还会导致明挖施工下敷设管道与安装综合管廊同时进行需要特别使用权许可,且会造成相关的费用支出。特别使用权许可产生的费用归街道开发商所得。在考虑综合管廊附件价值的情况下,认为综合管廊的安装只是为了用于敷设管道,并仅安排在开放的施工方式下进行首次安装,作他用的装备以及相关的民法规定将不被承认。鉴于费时且需要在技术上投入大量资金的施工作业,"仅在短期内的损害"难以实现。即使是为了实现闭合施工方式下综合管廊的安装,也会因为此前调控综合管廊而建的、长期滞留在街道表面的入地竖井口而难以将对公用的损害限制在短期内,因此产生了特别的使用,以至于在明挖施工下的综合管廊设置需要一份公法的许可(图6-3)。

6.3.1.3 管线运营商在传统管道敷设时街道占用的协议基础

公共能源供应管道对于他人地产的使用需要在民法的基础上进行,不存在可以通过其对某一地块以公共供应为目的进行征用的公法机构。能源管线运营商也不具有类似于电信或通信电缆那样的道路使用权,其必须在与非同一法人的道路工程承建方缔结民法协议的基础上使市政管线对街道的使用权合法化。使用权合法化可以采取的是债权形式或物权形式,即《强制性特许权协议》以及《德国民法典》第1090条及后续条文关照下的受限制的强制性特许权。如果土地所有者没有准许管道敷设的义务,在法律上则有不同形式的特许权协议需要由管线运营商和该产权所有方缔结签署。能源经济领域内典型的"特许权协议"以及基于特别条件与路政管理部门、联邦铁路及水路管理部门之间的协议也属于这一民法合同范畴。通常情况下,道路施工管理部门和管线运营商之间在涉及乡镇公路时一般缔结所谓的"特许权协议",而在涉及联邦高速公路、州道或郡县公路时一般缔结所谓的"特许权协议",这些协议包括了各式各样的双方权利和义务的调控体系。因为乡镇作为产权所有方根据相关的道路交通法规对当地的道路网络拥有支配权,因此缔结特许权协议是有必要的;另一方面,由于电力电缆可以成捆敷设,电力运营商已经将其电网向外进行了延伸。迄今为止,能源经济领域一直有能力实现自己的利益,保持能源供应投资采用民法道路使用协议的传统做法,并以此方式将有关供应区域的规则制定这一能源经济法的重要部分作为民法协议特权保留了下来。对于房屋管线而言,只要不在私人土地范围内敷设,就可以视作纵向管道的附件部分,并在该房屋管道只占用人行道地产的情况下适用于该纵向管道所属的民法协议。

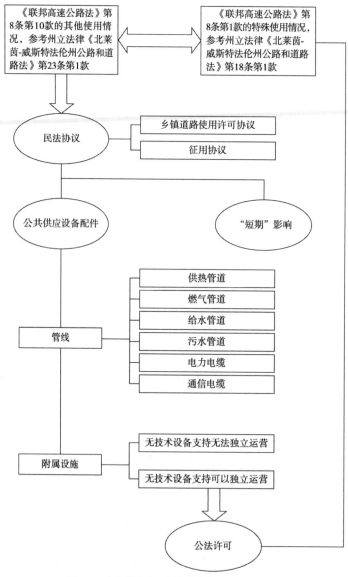

图6-3 在公共道路上敷设市政管线的法律基础

特许权协议是以当地能源供应为目的的传统管线敷设的基础。

管线敷设不仅要占用联邦高速公路、州级公路、郡县公路,还要占用乡镇自有道路。乡镇组织与能源管线运营商之间的特许权协议在20世纪之交起就已经是法律生活中一常见的决策形式了。几十年来,在学界和业界,围绕特许权协议应当归属于公法还是民法、是否需要建立一种双重角度的观察机制的讨论经久不衰。不过可以确定的是,特许权协议被视作一种含有多项偿付和被偿付义务的、特殊的混合型协议,及一种已长期存在并仍等待统一评估的法律关系。不过,在法院的裁决和相关的文献中,考虑到新公路法如《联邦高速公路法》第8条第10款、《北莱茵-威斯特法伦州公路交通法》第23条第1款中的明确规定,如今通用说法是在各个联邦州、在任何情况下特许权协议皆为待评估的完全性民法协议关系。特许权协议尽管越来越多地按照乡镇组织或各供应经济协会制作的标准协议为准,但作为一类标准的、未事先设定好的、在实践中有多种决策形式的法律关系,要注意以下几点:

(1)道路使用附加条款。该条款允许能源管线运营商以安装供应设备为目的对乡镇土地资产进行占用。

(2)运营的附加条款。该条款规定,能源管线运营商有义务在熟练、安全的状态下以维护相关设备为目的占用临时场地。

(3)有性附加条款。该条款允许能源管线运营商拥有唯一的道路使用权作为能源供应基础。

(4)立约的附加条款。该条款规定,能源管线运营商有义务与在其供应条件框架内的每个个体建立沟通并供应能源。

(5)收费表的附加条款。该条款赋予乡镇在制定价目表方面拥有连同能源管线运营商一起的明确共同决策权。

(6)征税的附加条款。该条款确保了乡镇能够就能源管线运营商对街道的占用以及专有权的批复征收一笔费用。

(7)期限的附加条款。该条款规定合同期限介于24~100年间。

(8)到期的附加条款。该条款包含了与合约到期时间点相关的重要条件。

(9)遗产归公的附加条款。该条款允许乡镇在预设好的时间节点无偿或降价接收现有的供应设备。

在管线传统的敷设方式下特许权协议的后续义务与后续成本义务。

乡镇道路可能会因市政工程的建设而进行改建,从而引起管线的变动。由此产生了后续义务与后续成本义务的问题。后续义务是指管线运营商有义务对管道设备实施技术上必要的措施;而后续成本义务是指管线运营商有义务承担由于后续的公路建设施工而导致的,对管道的变动与加工产生的成本。最主要的是特许权协议中的相关条文。

与特许权协议不同的表述如下:

(1)有些特许权协议给管线运营商预设了长期唯一的后续托底成本,该托底成本在考虑到交通原因(在部分合同模板中也考虑到公共利益原因)的情况下是必须的。这里所谓的"公共利益"之表述几乎没有任何限制,因此给乡镇政府留下了很大的解释空间。甚至在一些第三方诱发的案例中,该表述也能导致管线运营商支付债务。除此之外,只要该笔清偿额在诱发性原则的指导下没有被分尽,原则上该笔款项就主要用于管道敷设、已有管道的重新敷设以及管线运营商的其他设备安装与再安装。

（2）后续成本采取五五分配原则。

（3）按管线已使用年限分配的后续成本义务：在管线建成后的10年内，变动成本采取管线运营商与乡镇政府1∶2的原则；在之后的10年里，采取管线运营商与乡镇政府成本1∶1平摊的原则；在余下的时间里，成本采取管线运营商与乡镇政府2∶1的原则。

如果协议中没有有关后续成本义务的规定，那么该协议就要另作注解。在此需要注意的是，与许可权协议输送能源或水为目的道路占用不同，在该乡镇辖区外，乡镇就成为道路工程施工的承建方，对于在乡镇自有公路下方敷设管道有绝对利益诉求，即在管线运营商接管供应工作后乡镇政府将免于从事一些原本系政府自身的工作，如给水供应义务。因此，德国联邦最高法院在补充不含后续成本义务规定的特许权协议条款过程中，根据《框架协议》第11条将成本分配定义为对协议符合事实亦符合利益的一种解释。

（4）管线协议的适用情况。在不同情况下，管线协议的适用情况有所不同。管线敷设可以由地方政府、管线运营商完成或由第三方完成。

6.3.1.4 管线敷设

1）由地方政府进行管线敷设

在地方和管线运营商间已经达成的协议中，管线运营商应在管线运营过程中遵循双方已经确定的条件。此外协议可能包含以下部分：

"在敷设管线之前，管线运营商应尽早提交关于管线敷设的规划。出于公共安全利益，同时为了满足合同要求，在敷设管线之前，地方有权要求变更原有规划。出于城市建设原因的变更需求，只要符合能源经济要求，将会予以考虑管线敷设的规划要求。"

根据协议中的这一规定，管线敷设以公共安全需求为导向，即道路建设需求和交通需求。综合管廊中也可以看作是条件之一，因为它们也是出于公共安全目的，保证交通的通畅。由于是地区的公用设施，地方有义务保护特殊的重要交通区域不受任何形式的损害。综合管廊也是为了在必要的维护和修缮管线时，能避开重要的交通枢纽。由此可以得出结论，管线运营商基于协议的内容，有义务在综合管廊中进行管线敷设。同时也必须注意到，这类要求必须在管线运营商敷设管线前提出，也就是说在第一次敷设前由地方部门提出。如果缺乏具体的理由，即使协议内有这样的条款，地方部门也可能不提出综合管廊内敷设管线的要求。

在综合管廊内敷设变更的后续义务和后续费用责任框架下，公共机构也同意把管线迁改到综合管廊内敷设。问题在于迁改的成本和重新进行综合管廊内敷设产生的额外费用，例如管廊安全方面的投入。如果地方决定更改敷设方式，但是没能同时建成综合管廊，而是通过管线运营商或是私人的第三方进行，这可能导致后续费用的问题。此外，这种敷设方式要求必要的安全措施（例如装设气体警报器、通风设备、排水设备和额外的保温设备等），这也会导致额外的费用。这种条件下就会出现谁来承担后续费用的问题，因此，地方和管线运营商签订的协议就会起到作用。根据协议的规定，地方进行管线迁改时，费用可能由管线运营商单独承担，或者各自承担一半，或者根据管线的使用时间长短梯度承担费用。由于协议里已经有关于后续义务和后续费用责任的条款，因此承担费用的情况就根据协议实行。如果双方对协议的规定有争议时，司法机构会要求他们分担后续费用（当在协议期内管线改建是必要的情况下）。

协议涉及后续费用的条款原则上包括因为道路建设而需要管线迁改的情况。在既定的关于后续费用的条款中，综合管廊由于数量较少，所以没有被明确地提及，因此几乎没有关于这一方面的明确规定。协议中有涉及"根据地方采取的措施不同，管线运营商变更修建"的大体内容。后续费用的条款原文也包括了这一点，管线敷设也是地方部门采取的措施。关于协议中已有的后续费用条款是否对综合管廊内的管线敷设同样适用，应该考虑到其合理性，也就是考虑到额外费用的大小。相对于直埋敷设，综合管廊敷设的额外费用由安全措施决定，其规模大小和作用各不相同，但本身是有价值的。此外，通常认为大多数情况下综合管廊会分期建设，此方式与管线敷设总支出相比，这笔开支就有所下降。从合理性角度出发，地方部门顺理成章地解释和与管线运营商达成的协议，把管网部分路段的综合管廊敷设看作是协议后续费用责任所带来的后果。其他则涉及管线迁改的后续费用，管线网络的整改措施尚不明确，且和首次敷设管线无关。管线迁改到综合管廊中的费用也不是绝对的没有问题。把迁改的管线重新在综合管廊敷设产生的费用，看作是协议中后续费用责任所带来的后果，这一解释显得并不恰当。

由于交通原因需要对管线进行迁改时，协议中会有更为具体的说明；由于公共利益原因，必须进行迁改时，将拟定由管线运营商单独承担后续费用的条款。这种情况下，协议以道路建设和交通情况的要求为导向，同时还要考虑到公共安全。这里的"公共安全"不再是狭义的，这也给了地方政府较大的灵活性。进行综合管廊敷设的目的在于避免不断地对管线进行维护，防止长期道路施工影响交通，维护安全利益和交通畅通，同时也体现了地方的公共利益。管线运营商可能对关于后续费用的条款持反对意见，双方在订立道路养护合同时，无法预见要建设综合管廊和管线迁改，在这样的情况下，订立合同的基础就不复存在。只有在合同签订双方都预见到迁改的可能性，并且明确把议定后续义务纳入考虑范围时，那么涉及的将不是合同的基础，而是合同的内容。由于管线技术的更新换代，在合同签订的时候，综合管廊敷设未必会被预见，也未必会被合同双方纳入考虑范围。所以，地方部门把直埋敷设改为综合管廊敷设的开支，视作是合同中约定的后续费用责任，这一点看起来是不合理的。

合同没有约定在综合管廊敷设情况下管线运营商承担后续费用的责任，那么地方单位如果不想单独承担这笔费用，就必须接受合同中新的关于综合管廊敷设的后续费用条款。在合同期满，地方和管线运营商要续签合同的情况下，对地方单位的法律地位是有利的。如果合同中里没有规定管线运营商可能要承担后续义务，也就是说缺少后续费用责任的条款，那么该合同需要进一步解释。只要现有条款没有对后续费用条款的问题作出解释，也没有在法律中引用明确的解释，那么对合同作出补充说明十分重要。双方在考虑到合同目的条件下，客观衡量双方利益，本着诚实互信的原则，同时考虑到司法解释，对具体情况进行规定，来弥补存在的漏洞。《德国民法典》133条及157条作为对于所有合同有效的原则，在法律解释方面也具有权威性。弥补这些漏洞并研究合约能够有助于理清费用分配的原则。为了寻求恰当的费用分配方案，管理部门探讨了关于合约双方就费用承担和分配责任的不同原则，文献中也有关于这一问题的内容。但是没能贯彻实施一个普遍适用的费用分配系统。由于利益情况不同，一个统一的费用分配系统也并非具有实际操作性，立法人员也尚未针对费用分配问题找到一个合适的解决方案。这些费用分配原则基于实际考虑,即使存在更好的分配标准,也并不会违法。这些费用分配原则对订立后续费用的条款也有所助益。费用分配的问题,也涉及优先原则、对等原则、价值原则、利益原则以及动机原则。

根据优先原则,后续加入的一方承担费用,不仅包括开始费用,也包括未来迁改的费用。优先原则严格上来说没有在联邦德国的交叉路口法中以法条的形式确定下来。尤其是在管线方面,存在一个优化版的优先原则,它包含了1938年的德国公路交叉路口供电设备的准则。在之后有必要重建公路的情况下,管线运营商必须承担重建费用。然而有这样的限制,管线运营商只有在供电设备许可的第11年才需要承担责任。新加入的公司前10年内不需要承担任何迁改费用。管线供应时限内的信任保护原则包含了某些元素,这些元素对于道路建设责任方和管线运营商的协议条款以及涉及综合管廊建设的条款同样是可行的。

根据对等原则,每个合同双方各自承担一半的费用。这种情况下道路建设责任方和管线运营商各自承担一半费用。基于该原则,1939年7月4日颁布了《铁路公路交叉路法》。此后铁路和公路的责任方以固定的份额参与建设。按此设想,道路建设责任方和管线运营商两者是等责的,因此道路建设责任方和综合管廊建设方在这一情况下,会各自承担一半的费用。

价值原则认为,改建费用依据双方现时价值进行分配。分配的关键在于"衡量"交通路线的价值,主要根据交通路线的宽度决定。因此在改建平面交叉道路时(《联邦高速公路法》第12条第3a节)和在改建立体交叉道路时(《联邦高速公路法》第12条第3节第2点),费用由路面宽度决定,但这并不是普遍应用的。在道路和管线问题上价值标准很难进行比较,对于综合管廊和管线的关系,也很难找到毫无异议的分配方案。运用这一原则进行分配,也可能因为缺乏明确的价值估算基础而遇到问题。

根据利益原则应有改建措施的受益人或主要受益人承担费用。这一表述可以参考《铁路与道路交叉法》第12条第1节。根据这一原则评判费用问题时,主要考虑综合管廊敷设的受益方是谁。通常情况下受益对象无法充分确定。但考虑到综合管廊的建设,通常可以确定进行综合管廊敷设的目的在于更新节能型的管线,这也是地方部门的意愿。因此,地方部门会被优先看作是综合管廊敷设的受益人。

同样可以确定的是,管线运营商在维护管线方面也有自身利益,他们也尽量避免因为第三方建设施工导致的损坏情况。修建综合管廊也符合管线运营商的利益。在这样的基础上可以得出各自承担一半费用的结论。如果要遵循优先原则,把地方部门看作是后续加入的一方,管线运营商看作是本身存在的一方,来支付使用费用和改建综合管廊的费用。相应的我们也可以按等价原则和利益原则让双方平均分摊费用。利益原则的均衡性是它的优势。

根据动机原则,应该由成本责任方推动措施实行,提出倡议,与重建这一事实有因果关系的一方承担费用,在具体情况下,是指希望进行管线的建设的一方承担费用。如果综合管廊是在地方部门的推动下建设的,那么地方部门就必须承担总费用。这一原则已经在一系列的规定中明确出现或进一步改进。因此动机原则很早就被看作是处理交叉路和后续费用问题的实用原则。立法者早在1924年8月3日就把它写入《德国国有铁路法》第39章,更早可以追溯到 1899 年的《电报线路法》。但是在 1924 年该法律只对公路和铁路的交叉路部分有效。后来这一法规就被认为同样适用于管线。按这一法规规定,如果是铁路方面推动建设,那么改建的费用由其单独承担,反之,如果是公路交通推动建设,则由其承担相应重建费用。如果双方都倡导改建,那么双方相应分摊费用。这一费用分配的法规没有得到贯彻实施。1939 年 7 月 4 日的《铁路交叉法》对其进行了重大修改。它在建造和维护成本上也运用了这一法规,但是在改建费用方面,基本上拟定了一个分摊费用的方案。交叉法有一个草案进入了联邦议院第 3 轮投票,这一草案中费用的分配仍然依据动机原则。这一计划在 1963 年 8 月 14 日新的《铁路交叉法》中只针对立交桥和地下通道有效,然而对于平面交叉,费用的分配不会考虑到动机原则。在 1956 年 10 月 15 日的《电路交叉法则》和之前 1948 年 6 月 21 日的《天然气管道交叉法则》中,动机原则也被明确地提出。这些法则仅适用于管线和铁路线的交叉情况。除此之外,在 1961 年的《联邦高速公路法》中对于更多道路交叉情况也采用了动机原则。例如在《联邦高速公路法》第 12 章第 1 节第 1 条中,动机原则得到了确认,这样就会由交叉路段新建道路的建造责任方来承担费用。这一原则没有在其他交叉路的实际问题中得到应用,或者说没有被单方面应用。遵循这一原则的阻碍一方面是有动机的一方难以清楚确定,因此费用责任在改建平行交叉路时会转由参与方承担(《联邦高速公路法》第 12 章第 3a 节);另一方面是结果并不合适,因此这一原则只有经过修改才适用。根据《铁路与公路交叉法》费用由要求改建的一方承担,同时批准要求改建的一方的补偿,来平衡对方获得的利益。据联邦法院表示,从上述法律法规中可以推测,联邦立法者已经彻底放弃了动机原则。联邦行政法院也早在 1961 年的判决中,对动机原则的使用表示了怀疑,他们表示:"只要动机原则没有在所涉及交叉路和管线的现行法律法规中表现出来,那么判决委员会就不会把该原则作为个案审判中的有力依据。判决委员会认为,必须适应发展,比如处理交叉路重建面临的危险。"可以确定的一点是,司法机构原则上在关于后续费用条款有争议的情况下会否决动机原则,因为该原则会使管线运营商为地方部门要求进行的管线敷设承担费用。因此,不能在管线敷设的费用分配问题上引用这一原则。这个问题依然需要地方部门和源管线运营商在合同谈判时商议决定,在合同中最终使用哪一种原则(根据利益原则或对等原则,双方各负担一半费用,或者根据优先原则由地方承担费用)对管线敷设的费用进行分配。

2) 由管线运营商建设综合管廊

如果是采用由管线运营商建设综合管廊的方式,那么市场上现有的管线运营商首先就面临这样一个问题,即为了管线运营而签署的特许权协议是否为了运营已经涵盖了管线敷设后的使用权。一般地,特许权协议都有条款,是专门给予管线运营商相关的专有权,该权利允许企业以敷设、运营和维护为目的对公共交通空间提出使用要求。对应于这个表述,特许权协议只适用于涉及接触街道和管线的情况。如果无法证明综合管廊是管线或其附件,则无法将已有的特许权协议用于该综合管廊。不过,特许权协议也可以在实际与以上表述有偏差的情况下包含以下条文:在以给乡镇区域供电为目的的情况下,可以由政府向电力运营商授予专有权,将交通空间用于建设和运营所有供电所需的设备。因此,如果由于交通的安全性和可通行性而使得综合管廊的必需性得到认可,原则上现有的特许权协议就可以涵盖综合管廊这一内容。当以公共供应为目的的管线建设和运营是在违反"相关公用损害仅在短期内存在"的前提下进行的,作为民法协议的特许权协议基于州法中街道法的相关规定不会得到道路监管机构给出的后续合法许可。当相关条文原文含义不明确时,该规定内容将从特许权协议中被援引出来,因为乡镇政府一般不会允许,在此类协议有效的这一长段时间里,管线运营商的管线建造和运营对街道公用产生持续性影响。因此,对特许权协议的诠释和运用要从以下观点出发,即管线运营商仅仅被授权采取只会对公用产生短期损害的施工措施。这意味着,无论是在已建成的综合管廊里敷设管线,还是在非开挖施工情况下敷设管线与综合管廊同时进行,只要是基于公用损害"仅在短期内存在",就都应适用于特许权协议。对公用产生持续性损害的施工措施,如在街道的交通区域内安装电线杆或建一个变电站,原则上只允许在被授予适配的特别使用权时方能得以实行。经讨论,在明挖施工情况下建造综合管廊也需要街道法关照下的特别使用权,不涵盖在特许权协议里。按照前后一致的逻辑,这里所谓的特别使用许可要通过管线运营商去申请。

由管线运营商建设综合管廊,在对已有特许权协议的后续成本规定进行调控时要注意:已经敷设的管线要迁改到综合管廊内,而街道也需要开挖后再复原。在这种情况下人们会想到,把街道重建成本记在乡镇政府的账上。然而,涉及综合管廊建造的后续义务和后续成本义务时,特许权协议里的相关条文是至关重要的。如果协议里有关于后续义务和后续成本义务的规定,则根据该协议来执行。如果牵扯到管线运营商投资的分摊和变更问题,在特许权协议里可以找到如下与后续成本义务有关的条文:"如果投资的分摊和变更由管线运营商引起,则管线运营商承担由此产生的费用。"但由于现在还不普及,在已有的特许权协议后续成本规定中,尚无适用于综合管廊的、考虑到管线运营商施工的成文条款,因此,在这里由管线运营商建设综合管廊的情况下,也没有有关综合管廊的明确合同规定。更确切地说,特许权协议涵盖的是有关管线及其附件敷设的相关规定。特许权协议在综合管廊方面的使用因为缺少把综合管廊视作管道附件这一分类标准而难以实现。为了对在综合管廊内敷设管线做出充足的解释,乡镇政府和管线运营商之间要达成新的后续成本规定。在这一点上可以参阅前文论述过的成本分配原则。

3) 由第三方建设综合管廊

如果综合管廊的建设既不是由乡镇政府来推动,也不是由能源管线运营商来执行,而是由第三方(联邦、州级、郡县、私人)来驱动,就产生如下问题:即已有的特许权协议是否经由该第三方来规范对街道地产的使用。原则上,特许权协议由乡镇政府和管线运营商签订,以提高乡镇区域内的管线标准。而为了综合管廊建设对乡镇内街道开挖却并非合同缔约方的第三方,可以另外与乡镇政府签订一份涉及街道地产使用的特许权协议。与特许权协议不同,该特许权协议局限在对街道地产及路块使用的许可以及与之相关的条件。这种情况下,管线运营商的后续义务与后续成本义务就按照该特许权协议的规定来执行。在许多案例中也允许采用从框架协议和标准协议中摘录下来的条款。这不仅仅是在协议双方即管线运营商和道路工程承建方就后续成本义务的分配问题有争论的案例中,在已有的、乡镇和管线运营商缔结的特许权协议除了考虑协议双方,也考虑到了第三方的参与,并规范了后续义务与后续成本义务。在此背景下,从某种意义上来说,这就是所谓的第三方诱发案例。真正的第三方诱发案例是指,必需的管线变动是由与运营本管线不同的、另一道路工程承建方的施工作业所引起的。由联邦、州、郡县发起的综合管廊建设就可以视作是此类"另一道路工程承建方的施工"。正如我们看到的,特许权协议预设了一个唯一的、管线运营商的后续成本负债额,从交通原因或公共利益角度来看该后续成本清偿都是必须的,此处"公共利益"这一表述在第三方诱发案例中会对管线运营商的贷记债务产生影响。或者是特许权协议预订由触发方来负担成本债务。此外在特许权协议中可写道:"若需要对管线运营商的投资进行分摊或变更,且该分摊或变更是由第三方引起,则协议方可采取任何措施,使得第三方来负担成本费用。如果第三方出于协议双方都认可之原因而免于成本债务,只要相关法律规定或合同规定不对此做出其他要求,则由管线运营商负担成本。"

6.3.1.5 联邦、州立及郡县公路的使用

对于没有官方许可的联邦、州立和郡县公路而言,道路的使用需要获得特殊的许可协议规定,其对个体因市政管线而占用道路的规定进行了限制。随着许可协议的签订,双方对立的利益产生矛盾。不仅是道路建设方,还有管线运营商都有权以适当的方式获得其合理的利益。管线运营商因为负责向市民提供长期、安全的水电供应,所以需要获得道路的长期使用权。相较于强迫管线运营商承担后续义务和后续成本支出义务,道路建设方更重视无须承担的物权保护义务及在使用协议中作为协议组成部分的技术规定。对道路建设方与管线运营商之间对立利益和实际情况的考量,导致了大多以协议模板为基础,也可以说是统一特许权协议的一种尝试。其中,路政管理方面的内容是听取供应经济的观点后确定的(例如《1968年联邦标准协议》),或者其应用和内容是协调供应经济及联邦、州立主管部门后得出的(例如《框架协议》)。

随着时间的推移,逐渐形成了以下几种特许权协议类型(参考联邦高速公路,但个别州郡的实际情况存在差异)。

①1968年12月3日颁布的《1968年联邦标准协议》。

②1987年4月27日修订的《1987年联邦标准协议》。

③1974年11月14日颁布的《1974年框架协议》,及协调各供应经济协会意见后于1976年7月9日颁布的"补充意见稿"和1986年9月1日(或18日)颁布的"修订稿"。

④1984年6月15日颁布的《补偿协议》。

⑤1987年6月15日颁布的《1987年相对协议》(基于1987年4月27日修订的《1987年联邦标准协议》)。

(1)《1968年联邦标准协议》

随着《1968年联邦标准协议》的颁布,联邦交通部在1968年12月3日第一次发布了占用联邦高速公路进行管道敷设的全国统一规范。除此之外,随着时间的推移,这一协议模板还被用于州郡公路占用协议规范。在《1968年联邦标准协议》中涉及只适用于具体公路使用的独立占用协议,其产生于在公路上新供应管道的敷设。除了使用权、管线运营商职能、仓储和库存计划、职能维护、管线运营商的准许使用权、路政管理责任、管线运营商的免职权、施工工程的路政管理许可、使用权终止后设备清除、赔偿、使用费用、道路征收后管线运营商权利的保护、管线运营商协议及授权变化之外,《1968年联邦标准协议》还调整了管辖权和生产成本。在公路上新敷设供应管道所带来的生产成本,根据优先原则需要完全由管线运营商来承担。另外,在《1968年联邦标准协议》的第10条中整顿了由后续义务及后续成本义务造成反复发生的问题及其规模。另外,后续支出原则上有管线运营商和排污企业

共同承担。仅仅是《1968 年联邦标准协议》第 10 条第 2 节中调整的问题,就体现了路政部门需要承担的后续支出,比如当相交的管道因道路施工发生的额外交叉。然而,从供应经济的角度来看,只能在部分程度上认可这一标准协议。

（2）《1974 年框架协议》

《1974 年框架协议》在经过近 2 年的协商谈判后,联邦与州交通部代表和能源协会各占半数席位的委员会最后签署了这份协议,它同时成为此类协议的模板。于 1974 年 11 月 14 日签署在维尔茨堡签署的一项协定中规定,联邦交通部有义务建议各州签署关于联邦公路,州内和州立联合会的道路的框架协议。能源协会同样对其成员作出了相同的建议。框架协议的原则在于:无论是能源公司还是道路承建方都应当完成各自任务、实现公共利益、平等处理双方权利和义务。这一框架协议与 1987 年的协议模板相反,它规定不仅仅根据单独的道路使用行为,而是包括一切能源公司采取的措施,通过这些措施能源公司基于自己已有的权利和尚未确定的权利,在没有其他反对理由情况下,得以使用道路。这一协议规定了道路和管线交汇可能遇到的问题及其处理方法,能源公司和道路承建方经常会遇到各种原因导致管道交汇的情况。协议对大量道路和管线交汇的情况作出规定,也包含了关于建设和后续费用,以及责任的分配情况的规定。

在建设新管线和处理与之交叉的道路问题上,建设费用应当由在已有道路上建设管线和在已有管线上建设道路的一方承担(所谓的责任人原则)。

许可协议经常会在涉及后续责任和后续费用问题上产生法律问题。道路交通的迅速发展也导致大量的道路改建(扩建,抬高或者降低)或者必须重建,因此需要进行大量的道路建设。这又导致了能源公司必须能够让自己的管线适应新的改建、重建和新建道路。能源公司的这个义务就被称之为后续责任。有关后续责任的规定在框架协议的第 11 章。第 11 章规定了能源公司应根据书面要求,即刻进行管线的改建,保证其安全。这些改建措施必须是被道路建设管理部门出于改造、扩建或其他道路改建或其他道路养护目的,被认定为必要的措施。虽然与后续责任无关,我们需要作出判断,由哪一方来承担道路改建和必要的管线改建费用。这就涉及后续费用责任的问题。对这一类问题作出一个普遍适用的判断是不现实的。实际上根据不同的判定情况,可以区分出不同的情况。框架协议规定了后续费用责任最重要的问题,也解决了谁负担道路改造和相应的必要的管线改造费用,这在第 11 章里也有涉及。因为道路建设,所以能源公司已投入使用的管线必须进行改造,框架协议第 11 章出于平等原则,大体上会让双方各自承担一半的管线改造费用。对于后续费用则取决于具体情况:管线是仅与道路交叉还是有较长一段在道路地面下延伸。如果是与道路交叉的管线,那么原则上由道路建设管理部门和管线运营商各自承担一半费用(《1974 年框架协议》第 11 章Ⅱ第 1 条)。与交叉情况不同,当管线有较长一段位于道路地面下时,费用原则上由管线运营商承担。因为道路建设而改造的管线,以及在道路路面外,与道路平行延伸的管线,其建设费用由道路建设管理部门承担(《1974 年框架协议》第 11 章Ⅳ第 3 条)。其中一条规定,在过境公路范围内,沿路管线服务本地,范围同样包括不由道路建设管理部门负责的路面区域,比如人行道,停车带。《联邦高速公路法》第 5 章Ⅳ定义过境道路为联邦公路的一部分,位于一个封闭的地区内,具有延伸到该地区某个重要区域和连接该地区地方性路网的功能。另一条款规定,如果管线不是服务于本地区,而只是通过这一地区,那么应由管线运营商承担费用,参考《1974 年框架协议》第 11 章Ⅳ。

(3)《1987 年联邦标准协议》

《1968 年联邦标准协议》进一步发展为《1987 年联邦标准协议》,协商结果由联邦交通部长、州道路建设管理部门和能源协会共同组成的委员会发表。该协议在联邦交通部签署后,自 1987 年 4 月 27 日开始实施。修订《1987 年联邦标准协议》的目的在于让该协议尽可能与《1974 年框架协议》《补偿协议》和《相对协议》中的相应条款相匹配。《1987 年联邦协议》与《1974 年框架协议》相似,也对建造和后续费用的分配作出了规定。

关于建设费用的问题,在《1987 年联邦标准协议》第 4 章里作出了规定。建设费用由在已有道路上建设新管线的一方承担。

关于后续费用的问题,在《1987 年联邦标准协议》第 10 章里作出了规定。根据这些条款,一切道路建设管理部门必要的出于改建,扩建,或其他道路改造以及道路养护措施,根据道路建设管理部门的书面要求,能源公司应当立刻执行。根据《1987 年联邦标准协议》第 10 章第 1 条在管道位于道路路面下时,能源公司承担改造和安全费用。在路面外的管道部分可以参考第 10 章的特殊条款,这一条款规定,由道路建设管理部门承担管道改造的费用。由于道路地面以外的施工导致路面下管道改道的情况下,费用同样由道路建设管理部门承担。例外情况如:本来就交叉的管道,因为道路改建产生新的交叉情况。

(4)《补偿协议》

如果管线运营商没有缔结框架合同,那么公路建设管理部门就会向管线运营商提供 1984 年首次出现的所谓《补偿协议》。《补偿协议》被认为是专为以下案例设计的标准合同:某管线首次接触到某新建的、已敷设或已扩建的街道或因其施工而导致自身工程被排挤,且因此该管线必须要变更或者调整。《补偿协议》规范了由于街道新建或改建而必需的管线敷设、安全化以及其他变更措施的成本承担细则。如果由于管线在道路施工时敷设的情况导致在路建施工后管道和道路的工程还是继续分开进行(排挤)的话,管线施工方就只需要缔结《补偿协议》并进行清算即可。可报销的成本数额由该《补偿协议》的第 1 条规定。在此之后,公路建设管理部门必须要对管线采取所有必要的措施来作为路管相交生产引起的成本补偿,也即所谓的生产成本。

(5)《1987 年相对协议》

《1987 年相对协议》于 1984 年 6 月 15 日初现雏形并于 1987 年 4 月 27 日更新,其模板是在按照框架协议约定第 4 条基础上于 1974 年 11 月 14 日建立的同级委员会上,作为 1968/1987 版本的标准合同的对立合同诞生的。老版的反对协议的缺点是适用范围太小,仅限于国家承担管道首次调整带来成本的案例,在实践上也即那些物权得到保障的管线权利,因此有必要在 1987 年对其进行增补更新。《1987 年相对协议》规范了由于街道新建或改建而必需的管线敷设、安全化以及其他变更措施的成本承担。若某条街道由于新建、敷设或扩张而首次要在自有区域内添加一根管道并且与该管线会存在长期接触的话,比如在某街道现有的燃气、给水管道上方敷设管线(所谓的共享情况),那么管线运营商和路政管理部门间的法律关系在此前并未缔结法律协议的情况下则要鉴于此后由道路施工带来的管道变更根据反对协议进行规范。后续成本的范围可以参考框架合同的相关规定。当存在协议或是共享已经受到标准合同第 10 条的规范时,则反对协议不适用。

6.3.1.6　综合管廊特许权协议的适用性

联邦、州级以及乡镇的公路法赋予了各层行政单位与管线运营商或第三方缔结相关特许权协议权力,以便在管辖区域内的公共交通空间敷设管网。如果综合管廊是由管线运营商或第三方建设的,那么为了建设综合管廊而签署的特许权协议是否已经涵盖管线敷设后的使用权,又是否预设了相关的后续成本规定。将相关特许权协议运用在综合管廊相关议题之前,先要确定其适用领域。框架合约的第 1 条确定了该协议的适用范围。协议第 1 条牵涉到公用事业单位的设施修建。根据协议第 2 条第 1 款允许因生产设施装备所需的对街道的使用权。《1968 年标准协议》以及 1987 年修订稿都赋予相关单位因设施修建和运营所需的对街道资产的使用权。同时,标准协议保留了缔结双方根据协议商定此处何为"设施"的选择权。根据条文,只要综合管廊符合这里对"设施"的定义,特许权协议及其附属的有关后续成本规定就适用于所建之综合管廊。框架协议里所谓的设施不仅单指管线,还包括许多必备附件如电线杆、分线箱、长途线缆、控制线缆、调节器和脚手架等。协议是否适用于其他设施如变压器室和压力调节站等,需要根据其具体作用个别确定。不过从民法角度(参考《德国民法典》第 97 条)以及能源法的角度来看,综合管廊并不能被定性为管道的配件。上面提到的各类特许权协议如《1968 年联邦标准协议》《1987 年联邦标准协议》《1974 年框架协议》以及 1984 年的《补偿协议》等都不适用于综合管廊的敷设。尽管初次敷设综合管廊不在特许权协议适用范围内,但协议适用于在已建成的综合管廊里敷设管线。特许权协议作为民法协议原则上容许违反,但需要被证明是短期的公用违反。此项说明适用于上文所提及的在已建成的综合管廊里敷设管道以及非开挖施工情况下敷设管线与综合管廊同时进行等情况。《1974 年框架协议》《标准协议》和《补偿协议》等特许权协议的不同形式都只处理由于接触到街道和管线而触发的案例,必要时也处理由于第三方影响引发的涉及道路或管线的案例(但不处理同时涉及道路和管线的案例)。由于非开挖施工情况下敷设管线与综合管廊同时进行,除了会产生管线变化带来的成本,还会产生由于新建综合管廊造成的街道变化带来的成本。就此方面来说,所谓的特许权协议与"综合管廊"并不相配。公共土地所有者也有权单独与管线运营商或是第三方签署协议。类似地,当已有特许权协议并未赋予管线运营商后续敷设管线的自由时,允许双方缔结民法协议,以使得在综合管廊内敷设管线合理化。这些需要额外签署的民法合同也可以允许公共土地所有者就敷设技术或诸如在已有综合管廊内敷设管线等对第三方敷设空间的使用施加影响。与此同时,民法协议的条文可以在内容上以联邦交通运输部和各公用事业协会拟就的各类协议(《1974 年框架协议》《标准协议》《补偿协议》等)为准来考虑在综合管廊内敷设管线一事。这意味着,条约需要就综合管廊内敷设管线一事主要有以下几方面的制定规则:有关街道使用权的授予以及其期限的规定、管线运营商职能、仓储和库存计划、生产成本、综合管廊维护、准许使用义务、施工作业、路政部门对管线施工的许可、对道路的新建和改造措施、解约细则、道路使用权失效后已停运的综合管廊清理工作、赔偿、使用费用、管线运营权权利及义务的转移、协议受理法院的所在地以及最重要的对后续义务和后续成本的规定。当然,在制定有关后续义务和后续成本的规定时,也需要考虑到综合管廊本身。就这方面来说,在特许权协议里也可以写明按成本分配原则制定后续成本的相关规定,这里的成本分配原则具体指优先原则、同等待遇原则、重要性原则、利益原则或者肇事方原则。

6.3.1.7　对交通路段作业实施传统地下敷设方案时通信电缆的特殊地位

1)通信电缆的许可权(参考《电报法》)

通信电缆是否与公共市政管线可以无差别地适用于上文提到的各类法理论述成为亟待回答的问题。首先要说明,根据《联邦高速公路法》第 8 条第 10 款关于"公共供应"设施的概念界定以及与之对应的州法中的规定,只有《能源经济法》第 2 条提到的公共能源供应管线(输气管道与电缆)、公共给水管道、污水管道以及集中供热管道符合这个概念,而通信电缆尽管也属于公共服务,但因为《电信法》(原《电报法》)拥有其特殊地位。原《电报法》于1899 年 12 月 18 日生效,1991 年 4 月 24 日修订。原《电报法》第 1 条第 8 款于 1994 年 9 月14 日进行修订,该条款规定电报管理部门(今德国联邦邮政电信股份公司及其他获许可单位)被授权,若其电信线缆(今通信电缆)是以公共事业为目的的,该部门可以对相关交通路段进行使用,只要该路段的公共服务功能不要因此长期受限即可。根据原《电报法》第 1 条第 3 款规定,所谓的交通路段是指道路、广场、桥梁、公共水域及其服务于公共使用之水岸。在提供公共交通功能之际,每一交通路段也都将被付诸一次公法用途,即借由线缆服务于公共通信。换言之,与公共路段貌似"正常的"、首要的交通功能密切相连的是其依法自动需要"履行"的公共线缆通信之功能,而这一点与城市市政管线恰恰相反。所以,许可权成为道路交付公共交通用途的必然附属品。这个概念准确来说可以被称为公共道路的"电报义务",尽管这个术语在今天看来已经过时。在原《电报法》的修订版中只提到了将公共道路用于电信线缆(今通信电缆)的权力。相较于其他城市市政管线需要支付方能获得开发权,电信线缆对道路的使用是免费的。与法律史上的前身条文以及联邦参议院 1869 年 6 月 25 日的决议不同,上述有关电信线缆的法理论述在此间并未明文规定。尽管法律条文对此没有逐字明文规定,但一直被众人普遍认可,无论是道路产权所有者还是维护义务方(施工单位)对于街道的使用都不需要有偿。而根据原《电报法》的第 1 条规定,只有当道路的公用功能不长期受限,才需要接受安装服务于公共目的之电信管道带来的、无须支付费用的施工作业。需要证实的是,解释原《电报法》第 1 条规定中"不长期受限"这一概念,原则要参考解释《联邦高速公路法》第 8 条第 10 款中"仅在短期内的损害"这一概念时所使用的标准。正如《联邦高速公路法》第 8 条第 10 款所述"仅在短期内的损害",联邦邮政敷设电话线时也受制于同样的规定。原《电报法》第 2 条第 1 款规定使用交通路段时,要尽可能避免对维护工作的阻碍以及对道路公共用途的"临时性限制"。总而言之,与《北莱茵-威斯特法伦州道路交通法》第 23 条第 1 款中有关道路的条文类似,原《电报法》第 1 条也只适用于在已有综合管廊内敷设通信电缆、在非开挖施工方式下敷设通信电缆与综合管廊同时进行等情况。

2)通信电缆的许可权(参考新《电信法》)

随着 1994 年德意志联邦邮政局第二次私有化改革,通信行业中那些规范监管之框架条件的法律。此期限日期与欧盟自 1998 年 1 月 1 日起解除对语音电话服务及通信系统之垄断的决议日期一致。欧盟有关通信市场自由化决议的实施将出台新通信法律一事提上议程,而该法律则基于欧盟的整体方针政策。从这时起亟待得以实施的《电信法》除了所有通信行业中监管之框架条件的变更之外,还在第 50 条第 1 款中规定,保留早在 1899 年起就实行的《电报法》中有关原"电报线缆"(或称"电信线缆")即今"通信电缆"免费许可权在该法废除后仍不变。因此,原《电报法》的控制内容被《电信法》给保留了下来。就这点而言,如果基于服务公共目的之通信电缆对交通路段的免费使用权不变,那么这里就不会出现什么实质性的变更。这一受《电信法》保护的对道路无偿使用的要求从公法角度来看是理所当然的,以至于在《联邦高速公路法》第 8 条第 10 款以及由此产生的民法性街道使用协议都不适用。需要由街道施工管理部门批准的施工申请事实上是一个公法上的特别使用许可。但是技术结构已由 1996 年 8 月 1 日起部分生效的《电信法》更改。与公共供应委托密切相关的是 1899 年起在服务于公共通信目的条件下对公共路段的无偿使用权。在联邦范围内的通信基础设施为目的的基础上,电报管理部门(帝国电报管理局、巴伐利亚州皇家电报管理局、巴登-符腾堡州皇家电报管理局)根据原《电报法》第 1 条拥有上述法律权限。在这之后德国联邦邮政局以及德国联邦邮政电信股份公司作为电报管理的(主权)责任方拥有涉及通信电缆(原电信线缆)的道路使用权限。与其他涉及刚需的公共供给领域,如能源、给水等的供给不同,电报管理的各责任方在法律上同时也是以电报或通信为目的的道路使用权所有者。这可以说是公共供应委托所产生的主要道路使用权(主要道路义务)的一个附属权;本来供应的受委托方就应得到无偿道路使用权。即使在联邦邮政局第二次私有化改革后,这一赋予供应受委托方附属道路权的做法也得以保留了下来,随着原《电报法》第 1 条的更改,德意志电信股份公司作为私有垄断者由联邦立法机构赋予于过渡时期内对交通路段在涉及服务于公共目的之电信线缆(今通信电缆)的情况下的(无偿)使用权。过渡时期内基本法保障的基建委托全由联邦电信股份公司给出,与之密切相关的是涉及通信电缆情况下对公共交通路段的无偿使用。按照新《电信法》,该道路权被转移至一私有机构作为合法、有义务的公共供应工作的责任方。在此需要注意的是,迄今为止,根据法律,所有的公共供应工作都仅指向作为管线网络基础设施一般责任人的德国电信股份公司,而在消除垄断后,这些供应工作将由一系列竞争者来填补。与原《电报法》不同,新《电信法》中的公共交通路段使用权不再是后续责任企业如德意志联邦邮政电信股份公司的责任,而是基于基本法第 87 条第 1 款系作为担保方的联邦的责任;而根据《电信法》第 50 条第 2 款,与基础设施工作有关的无偿道路使用权在许可证授予的框架内被转移到所有许可证持有方,这些许可证持有方就是上述消除垄断后的一系列竞争者。在基本法保障的、不再仅仅由德国电信股份公司同时也由竞争者受理的基建委托的背景下,原则上,以通信电缆为目的对公共路段的使用在将来也会同现在一样是免费的。根据《电信法》第 50 条第 1 款,所有的交通路段都有义务无偿接受因安装服务于公共之目的的通信电缆带来的通过性施工影响,只要这些路段的地役权不长期受限即可。可以确定,此处"不长期受限"的表达系立法机构引自原《电报法》并加诸现在起实行的《电信法》。解释《电信法》第 50 条第 1 款中"不长期受限"这一概念,原则要参考解释《联邦高速公路法》第 8 条第 10 款中"仅在短期内的损害"这一概念时所使用之标准。我们可以得出这样的结论,与《北莱茵-威斯特法伦州公路交通法》第 23 条第 1 款、《联邦高速公路法》第 8 条第 10 款涉及街道的相关法律规定类似,当应用于在综合管廊内敷设通信电缆这一议题时,只有在已有综合管廊内敷设通信电缆、非开挖方式下敷设通信电缆与综合管廊同时进行等情况适用于《电信法》第 50 条第 1 款。与此同时,按照《电信法》第 50 条第 3 款,敷设新的通信电缆以及变更现有线缆都需要道路工程承建方的许可,即乡镇道路敷设时需要乡镇政府的许可、涉及国道时需要联邦政府的许可。当申请者拥有符合《电信法》第 6 条及后续条文规定的相关牌照资质、街道的公共用途不长期受限、通信电缆符合技术上对于安全、有序以及其他公认标准的情况下,允许授予许可。需要指出的是,也有批评者反对这一无偿道路使用权,并支持对公有和私有路段涉及通信电缆的使用征收费用。他们的主要论据是,无偿街道使用权涉嫌违反宪法所保护的乡镇行政级别之地位、是过渡干预乡镇的自治权。此外,批评者表示,对公共路段的无偿使用在基本法第143条(b)第2款第1点的关照下是违反宪法的。批评者还表示,能源和水供应领域内的相关规定违反了《基本法》第3条第1款规定的平等权。德国联邦参议院以及立法人支持无偿道路使用权并反对所谓"过路费",他们认为对道路的无偿使用没有违反宪法所保护的乡镇行政级别之地位,因为普遍认为基本法第14条所述所有权承诺对于乡镇来说是不充分的。此外,他们认为乡镇的自治权也没有被干预,因为通信历来是公共服务的一部分,在若干个百年间都是要得到保障的,为了实现基本改组,通信行业不能实现"乡镇化"。批评者基于其违反基本法第3条第1款规定之平等权批评无偿道路使用权,参议院及立法人则表示,能源和水供应领域内的相关规定及其收取使用费的做法,同通信电缆相比缺少可比性。需要有官方许可的供应管道是地方的公共服务,涉及乡镇自治领域内的能源和水管线运营商,但通信电缆并不属于政府垄断设施,因此两者不能相提并论。相关供应权由乡镇政府分发给各私人单位,即将垄断权分散,这些私人单位应当得到专有权在垄断区域内进行修建和维护工作,而该专有权则通过乡镇授予的许可得到保障。

6.3.1.8 通信电缆通过综合管廊占用交通道路的特殊地位

针对综合管廊这一主题,还需要考虑的是《电信法》第50条中规定的无偿使用道路,仅仅适用于通信电缆。相较之下,通信电缆的概念比通信管道更广,它包含了所有通信电缆必需的物质要素。通信电缆概念的定义可以在《电信法》第3条第20款中找到,其将通信电缆定义为地下或地上敷设的通信电缆设备,包括其附属的开关、分支器、电线杆及支架、电缆井和电缆管道。因此,根据立法者的意愿,地面上方空间通过的通信电缆和地面下的通信电缆均属于通信电缆。但是,这一概念定义尚未考虑到综合管廊工艺的新型经济技术发展。无论是以非开挖或明挖施工方式建设综合管廊,《经济法》及其无偿的道路使用权均起不到作用。更确切地说,在这些情况下使用的是《联邦远程公路法》及各州的《州级公路法》,因而需要达成"有偿的许可协议"或"特殊使用许可"。

6.3.2 传统地下敷设方式在使用私人土地时的法律问题

6.3.2.1 在电力、燃气、给水和集中供热等管线的传统地下敷设过程中,基于总体传输条件的管线敷设权

公共的供电及供水基于管线的限制,在传输设备的安装或敷设过程中,除了使用公共道路,还需要占用私人土地。管线运营商若要在私人土地上获取管线敷设权,不是基于《公共供应条款》及针对特殊用户的管线运营商,就是在不对管线运营商进行规定的情况下,根据民法的总体规定来获取。如果一个地块的能源供应只能合理地应用于另一地块,那么在许多情况下,该管线运营商可以引用《公共供应条款》中第8条的内容来论证其使用权。

1)《公共供应条款》

对于典型的、与管线运营商缔结协议方数量相关的供应关系而言,立法者在《能源经济法》第6条中对简化管理和节省资本进行了解释,包括能源运营商需要对公共供应条件及总

体协议价格进行公示,并据此在特定的供应范围内对每个人签订协议和能源供应。因为基于《能源经济法》的第7条,联邦经济部在征得国会同意之后,于《一般交易条款法》中的第26条通过《公共供应条款》规定,协议关系对协议方具有约束力,所以就这点而言,剥夺了能源运营商合同条款的自由拟定权。《电力供给公共条款规定》是与协议方之间法律关系的决定性规定,并且作为法令将不会顾及协议签订者是否了解协议方条款中的组成部分及强制性内容。根据《电力供给公共条款规定》第8条内容,为了地区性的能源供应(低压电网及中压电网)用户及协议缔结方(即土地所有者)需要准许其在既定管道区域内的土地,无偿地用于电力输入及输出管线的安装和敷设,以及后续管线、其他设备和必要保护措施的安装。

(1)承担准许使用义务的群体。只要遵照《公共供应条款》并收取总体协议款项,那么首先需要承担《电力供给公共条款规定》第8条规定法律义务的"用户",即准许电力输入及输出管线设备(包括相关特殊装置和必要的保护措施)无偿使用协议方的私人土地,是在《能源经济法》第6条和《公共供应条款》第1条第2节中提及的协议方。三分之一不承担能源运营商相关电力工作,也没有签订供应协议的人,只有当他成为协议缔结方之后才会承担准许使用的义务。一般来说,其与土地拥有者是一致的。

(2)承担准许使用义务的地块。根据《电力供给公共条款规定》第8条的内容,准许使用义务只对下述地块存在意义:毗连电力供应的地块、被所有者用于与周边土地电力供应开展经济合作的地块以及除此之外存在在经济领域于电力供应有益的地块。

(3)准许使用权的范围和规模。鉴于准许使用的设备及规模,准许使用义务仍然会受到一定的限制。准许使用的设备是指为地区性供应服务的设备,并需要将低压电网和中压电网计算在内。对"地区性供应"这一概念,无须进行狭隘的定义。从技术的角度来看,根据《电力供给公共条款规定》第8条第1节的内容,准许使用义务涉及电力输入、输出管线的敷设,以及管线支架、其他设备和必要保护措施的安装。因此,《电力供给公共条款规定》第8条第1节中提及的应用范围,明确包含了电缆在地下的传统敷设方式。在个别情况下,能源运营商占用土地的前提是,在比例上维持符合宪法规定的原则,也就是说,土地的占用必须符合委托管线运营商公共事业的计划规模,并且只能在这一规模下占用土地。因此,在管线运营商作出决策时仍然需要考虑这样的情况(《德国民法典》第242条),是否并且以怎样的规模占用协议方的土地来进行管线敷设。如果由于传输管线的敷设导致了对应地块交通意义上的价值受损,那么当交通意义上的价值发生巨幅下降时,其只会导致土地所有者无偿提供土地的不合理性。或者如说是能源运营商在承接公共事业(《能源经济法》第6条)框架下,根据何种方式看上去是必要且节省成本的电力供应方式来作出判断。就这点而言,当无法使用同样的解决方案时,管线运营商可以不参考公共土地的占用。

(4)准许使用及履行义务。然而,准许使用义务不仅与设备本身有关,同时也和管线运营商及其合作方为新建或保养其设备所做的相关措施及行动(如压平或开挖地面)有关。《公共供应条款》第8条第1节中的内容,仅涵盖了准许使用义务,但不包括履行义务。所以如果没有缔结协议,准许使用义务就无法对地块进行改变(如对树木的修剪)。根据第1节的内容,能源运营商的权利、装置及设备除了确定关系到用户获得能源的时间点,还可以无偿使用地块进行保留或维护。一般来说,这一时间点与能源传输协议的有效期相同。

(5)土地所有者在缺少协议缔结方/用户认可的情况下同意协议。如果协议缔结方或用户并非相关地块的所有者,那么他们有权利得到管线运营商根据土地现有使用情况作出的赔偿,该赔偿需要得到土地所有者、协议缔结方及用户的认可。因此,根据《公共供应条款》第8条第5节的内容,在这样的情况下,管线运营商可以要求用户及协议缔结方以《公共供应条款》第8条第1节及第5节内容的形式告知土地所有者的许可说明。如果土地所有者不同意特许权协议,则对土地进行征用是必要的。

2)《燃气供应公共条款规定》

从法律角度来看,《电力供应公共条款规定》和《燃气供应公共条款规定》在本质上是相同的。因此,先前做出对法律问题的解释也同样适用于《燃气供应公共条款规定》,而电力及燃气之间在总体供应条件上的偏差可以从技术的角度得出。从技术层面来看可以得出,基于燃气的特殊性会产生特定的背离,其首先表现在准许使用的供应设备中。根据《燃气供应公共条款规定》第8条第1节的内容,用户及协议缔结方必须准许以地方性供应为目的的燃气输入与输出管道使用,此外还包括管道的敷设和分配设备及必要保护措施的安装。其他的主管道、供应管道及连接管道也将被算作准许使用的管道。尽管如此,由于《燃气供应公共条款规定》第8条第1节并未具体限制,所以准许使用义务适用于所有压力等级的管道。

3)《用水供应公共条款规定》

从给水管线运营商的角度来看,在法律法规上是否存在与电力或燃气管线运营商之间的不同还有待检验。以前,不同于电力或燃气管线运营商,给水管线运营商可以在法律的框架下自己决定使用条件,其在《用水供应公共条款规定》生效后变得不再可行。在结构上,同样于1980年4月1日生效的《用水供应公共条款规定》模仿了已经在1979年6月公布的《电力供给公共条款规定》及《燃气供应公共条款规定》。只要未发生特殊情况,其在内容上也满足相关内容。从技术的角度来看,根据电力供应的相关法规,准许使用义务涉及包括附件及必要保护措施在内的管道。因此,根据《用水供应公共条款规定》第8条,在用户和协议缔结方就是土地所有者的情况下,其必须允许以地区性供应为目的的管道在其位于供应线路上的地块中进行运输和敷设,包括给水输入及输出管道的附件和必要的保护措施。

4)《集中供热公共条款规定》

《公共供应条款》中的土地使用是否可以同样应用于集中供热领域尚有争议。正如给水管线运营商,集中供热企业过去也在法律法规的框架下,根据其测算来决定相应的使用条款。但是就这方面而言,随着《集中供热公共条款规定》于1980年4月1日正式生效,和给水管线运营商相似的法律状况出现了。在《集中供热公共条款规定》第8条中提及的土地使用规定(除第6节外),尽可能地符合了其他供应条款规定的第8条规定,尤其是《电力供给公共条款规定》和《燃气供应公共条款规定》中第8条的内容。然而在这里,考虑到准许使用的供应设备,其技术上的特点必须经过计算推演。根据《集中供热公共条款规定》第8条第1节中的内容,若有土地或其他建筑位于供应区域内,作为土地所有者的用户及协议缔结方,必须无偿提供土地以地区性供应为目的的集中供热输入和输出管道安装与敷设使用,此外还需无偿提供用于其他的分配设备、配件及必要保护措施安装的土地。因此,除了分配装置之外,准许使用义务还包括了属于地区性供应管道的其他设备和装置,如平衡设备、隔离装置、开关控制管道等。与《电力供给公共条款规定》《燃气供应公共条款规定》和《用水供应公共条款规定》之间的差异在于,《集中供热公共条款规定》中的规定还适用于建筑。

5)《公共供应条款》介入与否的法律后果

受到《公共供应条款》保护的法律行为,如果没有超出社会义务的范围,就无须赔偿。否则,将会因此导致与征收结果相同的类似征收侵害。只要土地使用准许义务根据《公共供应条款》得以介入。因为对每一个土地所有者而言,准许使用义务是建立在现有法律法规基础上的,所以土地登记方面的保障并非不可或缺。对于《公共供应条款》无法契合的土地占用情况(地区性供应及所有土地所有者非电力用户情况之外的管道、管道支架及配件),必须基于民法进行追溯,因为仅仅凭借公共电力及给水供应的重要性,无法赋予管线运营商其他土地的使用权。对于那些尚未应用《公共供应条款》的领域(除土地征收行为之外),可以根据《德国民法典》第1090条通过签订债务授权协议或个人限制服务义务来实现。在紧急情况下,可以采用《能源经济法》第11条的相关方法(即土地征收)。

6.3.2.2 《公共供应条款》对于综合管廊建设的适用性(电力、燃气、给水、集中供热)

正如《公共供应条款》第8条中所述,接受电力、燃气、给水、集中供热传输设备建设的义务,无论是鉴于设备本身还是准许安装程度,都受到了相应的限制。如上所述,根据《用水供应公共条款规定》第8条第1款的内容,所谓的在技术上接受准许义务,指的是接受给水管道及其附件的安装敷设以及接受必要的保护装置。在涉及集中供热时,《集中供热公共条款规定》第8条第1款规定,除了供热管道、附件以及必要的保护装置外,其允许的范围还外延到其他分配装置的安装。基于供给的能源(给水、集中供热、电力和燃气)不同,所谓准许使用义务涉及的范围也不同,在燃气供给的实践中,根据《燃气供应公共条款规定》第8条第1款,除了管道、必要的保护措施以及分配装置的安装外,还包括了管道的敷设。而根据《电力供给公共条款规定》第8条第1款,相关的准许使用义务不仅仅局限在电力传输管道的敷设和必要的保护设备安装上,其概念还延伸到管道支架和其他设施的安装上。就这点而言,该义务需要就以下问题进行论述,即综合管廊的安装以及在综合管廊内敷设的市政管线是否同样包含在内。在4种供应传输资源(给水、集中供热、电力及燃气)之中,都提及了准许设置"必要的保护措施"的义务。所谓的"保护措施"指的是以保护供应设施为目的的所有必要措施。虽然,综合管廊的目的本身就在于避免由霜寒、沉降、冲蚀以及外部腐蚀引起的管道或电缆损坏,以便综合管廊可以名副其实地起到对供应管道的保护作用,但是所谓的保护措施仅仅包括了诸如指示牌的安置、砍除树根以及修剪树木等工作。此外,对于《电力供给公共条款规定》第8条第1款提及的"管线"及"管线支架"概念的解释不应存在疑问。"管线"指的是架空电线和电缆。"管线支架"指的是电缆以及管线的支架等。《电力供给公共条款规定》第8条第1款中提及的附件包括配电盘、分离器等。

然而,正如上文所说,由于缺少民法角度,即《德国民法典》第97条提及的将综合管廊归类到附件中的做法,因此在讨论该义务时,也不能直接将综合管廊作为附件。除此之外,由于其技术上的设计,综合管廊原则上并非仅供敷设管道之用,因此综合管廊亦不能因能源经济的原因被归类到附件。如若管廊的结构确实仅供敷设管道使用,那么可以采取另一种分类方式。因此,综合管廊或许只能被归类到《电力供给公共条款规定》第8条第1款所提到的"其他设施"这一概念中,可以想到,如果这种分类方式被采用,那么《公共供应条款》第8

条第 1 款中提及的其他能源(即给水、电力及集中供热)的供应条款也可以延伸到这一概念,或者将管道以书面的形式确定为供应条款的实际情况。而"其他设施"这一概念的法定定义,无论是在《公共供应条款》《能源经济法》还是在其他法律中都难以找到。就此而言,需要对这一概念做出解释。我们采取广泛得到认可的法规解释方式来确定其意义。因此有必要对"其他设施"这一概念的含义特征及其与管线、管线支架概念的关系进行描述,以明确《电力供给公共条款规定》第 8 条规定所牵扯到的调控领域。之后,则首先要弄清这一概念的字面意义。然而,如要决定何种语义适用,则需要先根据立法者在历史法律上的意图考虑该规定在法制体系中的位置,只要该表述在法律文本中确实出现,并且在当下决策者作出决策时该表述依然十分重要,即并未由于实际关系或法律框架的改变而显得冗余或过时。

1)从语义学角度解释

如果要对《电力供给公共条款规定》第 8 条第 1 款之原条文进行解释,首先要对"设施"这一概念进行解释。在解释某声明时起决定作用的是日常语用,而对于为专业人士构建的文本来说,重要的则是话语的专业内涵。日常语用当中,"设施"一词原先有两层含义:其一,即"其他设施"中的"设施",是指通过该设施作为具体物品使得房屋能够被使用;其二,在更早期的时候,是在医学领域指能用来使身体部位复位的物体。这里提到的医学上的用法在今天的语用当中已经不再存在。但是,对"设施"这一概念的语义理解,由于其建筑学上的指向性难以在法律文本当中被直接挪用。因此,此概念的法律含义与日常语用当中的含义有所区别。所以,单独解释"设施"这一概念的意思,并不能就《电力供给公共条款规定》第 8 条第 1 款的适用范围给出解答。更确切地说,这取决于其基准点,即上文所列举的"管线"和"管线支架"。从词义上看,"其他"这一限定明确了之前所提及的可视对象"管线"和"管线支架"在一般性法律条文中的存在。另外,虽然该可视对象具有同样的、可以提炼总结其关系之特征,另一方面它们之间则具有等级关系,其中"其他设施"这一概念具有囊括其他概念的特征。根据相关文献,在《电力供给公共条款规定》出现的"其他设施",在任何情况下都包括诸如配电盘、分离器等相关附件。而正如上文所述,无论是从《德国民法典》的角度,还是从《能源经济法》的角度来看,综合管廊都不能被看作附件。换句话说,如果将"其他设施"的概念仅仅限定在附件上,那么综合管廊就不能被看作"其他设施"。不过,从相关文献中"任何情况下附件都属于其他设施"的表述来看,并未将"其他设施"这一概念就局限在附件上。而设置"其他设施"这一可以囊括许多对象的概念也表明,《公共供应条款》应当能给出不仅在能源经济层面、技术层面以及法律层面上都充分适用的调控规范,且该调控规范应当能基于复杂且不断变化的管线系统对"其他设施"这一概念做出解释。因此,《电力供给公共条款规定》第 8 条第 1 款第 1 节的原文允许将综合管廊的技术归到"其他设施"中。而根据其条款所述,土地所有者接受在其土地上准许安装传输管线的义务,应当也同样适用于综合管廊。

2)历史法律中立法者的意图

有关该条款在历史法律中的解释面临这样一个问题,即"其他设施"(以及"分配设施")这一概念是否从电力经济时代到 1980 年 4 月 1 日《公共供应条款》生效期间已经为人所熟知。另外,当时人们对于这一概念又作何理解。因为当立法者采用一个在专业领域内为人所熟知的概念时,立法者本身也希望能如专业人士一般理解这个概念。根据其产生的历史,

《公共供应条款》是基于更早期的经济团体如电力管线运营商及给水管线运营商的公共供应条条款规定而设计的。对于"其他设施"以及"分配设施"的概念，这些早期的公共供应条款规定并没有做出解释。不过，要想对"其他设施"以及"分配设施"的概念加以界定，可以参考"电力管线运营商低压电网供电的公共条款"以及"燃气管线运营商供应网络燃气供应的公共条款"，当时的联邦国防军作为给水、电力及燃气能源的监管部门，同时作为帝国定价委员会，通过1942年1月27日生效的基于《能源经济法》第7条中有关授权规定而下达的命令，并将其作为符合《能源经济法》第6条第1款的公共条款规定，要求所有电力管线运营商以及燃气管线运营商于1942年4月1日起实行相关规定。"电力管线运营商低压电网供电的公共条款"第3条第3款中的规定如下：

"当受惠人即土地所有者时，其有义务允许在其自有土地上进行电力传输，并允许当地以公共供应为目的的管道、管道支架以及附件的安装工作，其允许低压电网的安装作业不收取额外费用。此外，其有义务尽可能地协助工作实施顺利进行(如在必要时提前修剪树木)、不对工厂安装之设施要求有效产权、按照技术车间之要求在该电网停止使用后的五年内保持原样或协助拆除、在土地权让渡时要将这些责任同时交代清楚。"

早期对电力工程管道领域的准许使用义务限制，以及对管线、管线支架和尤其是"附件"这一概念上的做法，自1980年4月1日起生效的公共条款中所使用的"其他设施"这一概念至少应该包括"附件"。更多对"其他设施"概念界定的线索，可以参考亦曾提交给各相关协会的报告提纲，具体来说是联邦经济部于1979年2月15日给出的旨在规定协议用户供电的草案(《协议用户电力供应公共条款规定》)和联邦经济部于1979年2月14日提出的旨在规定协议用户燃气供应的草案(《协议用户燃气供应公共条款规定》)以及基于这些草案同时提交的官方论证。在后者，即联邦经济部对于1979年2月15日所提交的《协议用户电力供应公共条款规定》的官方论证当中，除了列举保护措施的种种可能性(诸如修剪树木)之外，还列举了"其他设施"的案例，并表示变电站也可以被归入这一概念中。与道路施工过程中对供应管道的处理方法(第92条提示)相对应，变电站即采用公共供应管道附件的处理方式。根据历史法律上立法者的意图，"其他设施"这一概念应当首先包括管线的附件和管线支架。鉴于其复杂性以及不断发展变化之特征，"其他设施"的概念不应当仅仅局限于附件。根据历史法律上立法者的意图，综合管廊议题适用于《协议用户电力供应公共条款规定》第8条第1款。

3)从目的论角度解释

从目的论角度来解释这一规定，亦可证明我们对该指示的理解之正确。《协议用户电力供应公共条款规定》第8条第1款建立了管线运营商及房屋管线的私人土地所有者拥有准许使用土地以安装供应设备的权利。规定的制定者最后总结出了接受准许使用义务所带来的结果，即公共能源供应要依靠占用私人土地，但管线运营商虽然完成了其服务于公共利益的公共供应任务，却在原则上没有法定权利对他人土地进行占用。在这里，由《付费用户电力供应公共条款规定》第8条确定的对用户以及受惠于管道接入的个体准许管道安装使用土地要求，在规定中得到了细化，即涉及具体的管道、管道支架以及"其他设备"包括所有公共供应必需的各类设施。准许使用义务的目的和意义在于构建一个闭合的能源供应网络。决定是否有必要新建管道以及预先划定相关线路仅仅是管线运营商的责任。原则上，只有管线运营商有权决定选择采取何种施工方式,以保证安全有效的能源供应能够达到预期目的且能避免高昂的成本。基于对《付费用户电力供应公共条款规定》目的论角度的解释,综合管廊的敷设适用于该规定第 8 条第 1 款第 1 节。

4)从系统论角度解释

欲进一步对"其他设施"这一法律概念的内容具体化,可以从该表述是否在其他法律当中也得到使用的角度来研究法律制度。对于该概念的理解同样可以被转嫁到《付费用户电力供应公共条款规定》第 8 条第 1 款第 1 节的表述中。采用"设施"这一表述的首先是《德国民法典》、地方法规、《联邦污水排放法》、州建筑法以及建筑相关法规。因此需要考虑的是,是否存在一个固定的对于"设施"之法律概念的解释,作为上述法律法规条款的基础,如果可行的话,是否能将其转嫁到《付费用户电力供应公共条款规定》第 8 条第 1 款第 1 节。乡镇条款第 8 条第 1 款规定了乡镇在其辖区范围内针对域内居民经济、社会、文化之服务建设必需之公共设施的责任与义务。地方法规中"设施"这一概念可以外延得更多,它包括通过第三方得以使用的各事物及其实体诸如学校、剧场、市政厅、供应和交通运营单位等。与之相反,《德国民法典》在第 258 条及之后的内容中,设计了设施在通行道路上拥有的占用权。"设施"这一概念指与其他物体在物理上相连、且服务于该物体经济目的的物体,并且两者间的联系足够服务于一个暂时的目的。

法律所使用的"设施"表述的不同解释内容,表明了该术语在不同法律领域内的实质多样性。鉴于该意义多样性以及不同的目的设置,现在看来,要想厘清《付费用户电力供应公共条款规定》第 8 条第 1 款第 1 节中"设施"的概念并不容易。即使某种猜想符合该表述在某一法律中的意义,也不能说明在不同法律中文字上相同的这些概念在意义上也具有同向性。在不关注《付费用户电力供应公共条款规定》第 8 条第 1 款第 3 节中比例原则的情况下,无法对"其他设施"这一概念做出解释。按照该条款规定,除非特殊原因,土地的产权人有义务让市政管道从其所拥有的土地下穿越。这一限制明确了土地社会义务界线的条文表达与意义的具体化。因此,在各个案例中需要衡量相关方的利益得失,即要测试以实现公共供应为目的的土地占用是否必须;和与之带来的高效且节约的供应功能相比,土地所有者是否能承受此目的的土地占用给其带来的负面影响。土地占用对于该土地所有者来说是否能承受,一直以来只能根据其当下的使用情况来确定,尤其是要考虑建筑使用。根据不同的综合管廊敷设深度,所有者所能承受的土地损害极限或许会由于缺少土地的可施工性而被逾越。而干扰拥有许可的施工作业实施也会导致所能承受的土地损害极限被逾越。土地的可用性甚至还会由于深埋地下的综合管廊而受到显著的限制。此类由于综合管廊造成的该土地可施工性的损害是土地所有者不能接受的。这些对土地的干扰与损害不再属于财产社会公共义务的范畴,且会导致综合管廊难以承受。此外根据《付费用户电力供应公共条款规定》第 8 条第 3 款第 1 节的规定,当其难以承受现有位置的设施时,土地所有者还可以要求重新安装设施。且根据该规定第 8 条第 3 款第 2 节内容,新敷设的成本费用由管线运营商承担。这是所谓比例原则的又一明确表达,当原先设施可以承受,但此后同位置的土地占用在客观上来说不再能够承受时,可以使用该比例原则。当衡量需要被保护的产权人利益和财产社会公共义务框架下的准许使用之义务后的结果表明,现有的供应设施历时后由于对土地的使用变化已经越过了土地所能承受之极限时,可以有理有据地要求重新敷设。当该私人土地的所有者恰好想要在某已经敷设了供应设施的位置上建造房屋或是对该位置的已有房屋进行改建，且该供应设施妨碍了其修建或改建时，就可以说土地所有者的利益被侵犯了。在涉及综合管廊时，管线运营商对于这一在《付费用户电力供应公共条款规定》第 8 条第 3 款中明文赋予土地所有者对变更的要求只能在理论上照顾到。按照该规定的第 8 条第 3 款第 2 项，敷设综合管廊的成本费用必须由管线运营商自身承担。实际上这种敷设在投资上就相当于重建综合管廊，鉴于成本原因这种敷设很难实现。由于土地所有者的这一敷设要求不仅在《付费用户电力供应公共条款规定》，同时也在燃气、集中供热、给水供应的相关规定中得到保障，因而，即使从系统论的角度解释来看，综合管廊都无法被直接纳入《公共供应条款》的适用范围。

6.3.2.3 民事管道敷设权在占用私人土地敷设综合管廊情形下的行使

除了《公共供应条款》第 8 条对土地所有者和管线运营商的准许使用义务做出规定之外，《德国民法典》也有类似的条款，在特定情况下可以作为能源管线运营商主张其管道敷设权的法律基础。首先可以援引《德国民法典》第 917 条对必经道路准许使用权的规定。依据第 917 条的规定，土地所有者在其土地未与公共道路相连，以致所有人均无法合理使用其推断的情况下，有权向相邻土地的所有者申请，准许其在相邻土地上通行，以到达公共道路。第 917 条内容，旨在保障土地可以与公共道路相连接。如果一块土地被其他相邻土地围绕并"被孤立"，则会缺少与公共道路的直接连接。该条款对某一土地是否"被孤立"的定义并不仅仅局限于地表与公共道路的连接。相关判例与学者文献中对《德国民法典》第 917 条的运用也并不仅限于允许地表上的必要通行，还包括对准许使用敷设并维持能源供给及排水管道的请求权，管道包括在地下敷设排水管道、给水管道、燃气管道、电力电缆与通信电缆等。毫无疑问，在某一土地缺少与公共能源供给及排水系统连接的前提下，所有人必要准许使用权的客体应当包括请求相邻土地所有者准许使用供给与排水管道的敷设，这一观点为学界和司法判例广泛接受。在此意义上，第 917 条同时也保障了所谓的必要管道敷设权。通常只有"被孤立"土地的所有者，或类似权益的所有人，例如租借者（参考《租借条款》第 11 条），能够行使必要准许使用权。当某一土地所有者的土地无法通过道路或管道与公共道路或公共供应相连接时，则将该土地与公共区域隔开的相邻土地所有者在"被孤立"土地的所有者请求下，应当准许"被孤立"土地所有者合理使用其土地以建立必要的连接。该准许使用的义务并不意味着必要准许使用权是一种可以被授予的地役权。"被孤立"土地的所有者对相邻土地使用权的产生并不需要依合同或判决的确认而产生。此外，必要准许使用权也不能记载在土地登记册中，因为该权利不具有物权属性，而只是在内容上确认土地所有者受法律保护的自由边界。因此，必要准许使用者有义务支付一定的费用。行使相邻土地的准许使用权需要所有者依据《德国民法典》第 917 条第 2 款申请，必要的准许使用权所有者支付必要的使用费用。该费用将根据相邻土地所有者因准许使用义务产生的使用损失进行计算。第 917 条只能在极少数情况下支持能源管线运营商的诉求，只有当能源管线运营商为"被孤立"土地的所有者或类似权利所有人的情形下，且土地的面积也符合能源供应网络建设所需的规模。《德国民法典》第 917 条规定必要准许使用权的目的在于，当作为能源供给消费者的多个（相邻）土地所有者有意见分歧时，为平衡双方利益提供法律基础。而与此相对的，能源管线运营商希望通过完善基础建设从整体上实现能源经济提升的诉求，而不在该条文立法目的的考虑范围之内,因此不能依据此条文得以实现。

《德国民法典》第905第2款可能成为主张对敷设供给及排水管道准许使用义务的民事法律基础。《德国民法典》第905条作为一条普通条款,时常因法条冲突被特殊条款排除使用。该条款规定了在发生纠纷的情况下,第三方(多数情况为企业)能依此条款使用一块不属于其所有土地的地表或地下空间。根据《德国民法典》第905条第2款的规定,若第三方使用了某一土地特定高度或地下深度的空间,而排除这种来自第三方的影响并不涉及该土地所有者的利益,则土地所有者不能禁止第三方对其土地施加这种影响。土地所有者授权及排除使用其土地的范围不仅包括土地表面,还包括了地表之下的部分。第905条第2款所指的地下意为土地表面之下的部分。在判断土地所有者根据第905条第2款是否享有禁止第三方施加影响的权利时,需要考虑的因素是排除第三方影响是否关乎土地所有者的利益。至于当禁止行为不涉及土地所有者受法律保护的利益时,土地所有者是否失去禁止权利,则需要结合交易观念(考虑的因素包括土地所处的位置等)进行判断。该条保护的是土地所有者及被授权使用土地的权利人的一切可保护财产性权利或非物质利益(如美学意义上的利益),使其能不受第三方干扰地使用土地(不仅限于地表面积)。对于能源管线运营商能否援引《德国民法典》第905条第2款支持其享有管道敷设权这个问题,司法判例给出的答案在近年发生了转变。早期的司法判例将"土地所有者利益"的范围解释得非常广泛,土地所有者拒绝能源管线运营商敷设管道通常被认为与其利益相关。司法判例强调,不需要在土地所有者与能源管线运营商(针对其基于公共能源供应目的的管道敷设行为)之间进行利益权衡,因为这种利益权衡并没有包含在《德国民法典》第905条第2款最初的立法目的之内。毫无疑问,土地所有者的利益具有优先性。即使这种利益和能源管线运营商敷设管道背后的能源供应公共利益相比没那么重要,司法判例观点认为拒绝行为也涉及对土地所有者的利益。因此,未经土地所有者的同意敷设管道通常而言是行不通的。这种司法判例的观点导致能源管线运营商无法援引《德国民法典》第905条第2款支持其敷设管道的行为。即使供应与排水管道的敷设是在为公共能源供应服务,其本质是一种代表了公众普遍利益的公共事业,土地所有者对此也没有准许使用义务。一般而言,这样一种以能源管线运营商利益为基础的准许使用义务是不存在的。

与早期的司法判例不同,新的判例将"值得保护的利益"这一概念的范围进行了缩小。这种解释的变化反映出司法机关开始关注到保护私人财产的同时不能完全忽视其具有的社会属性。基于这种解释,现在土地所有者对敷设能源供应管道的禁止权利较之前受到了更多的限制。但是,在土地所有者自己想使用地下部分的情形下,新的司法判例仍然支持排除第三方的影响,符合土地所有者的利益,因为在这种情况下第三方的影响可能会阻碍所有人对土地的使用。根据联邦法院的观点,即使是间接阻碍到第三方的使用权也足以使所有人行使拒禁止权。可见土地所有者在未来可能实现的利益是否受到阻碍也在法院考察的范围之内。只要有准许使用义务的义务人能够证明,在土地地下施加的影响下涉及土地所有者的使用,那么这种准许使用义务就不复存在。由于土地所有者对其土地在地表范围的使用各不相同,有的用以进行农业生产,有的用以建造建筑物,在考察土地所有者是否拥有禁止权利时也应当考虑这种差异。根据新的司法判例,当第三方在建造建筑物的土地之下敷设管道时,土地所有者基于其使用土地的方式有权拒绝这种影响。而与之相对的,用于农业生产的土地所有人则对第三方敷设综合管廊的行为负有准许使用义务。这种判决结果已经是法院依据《德国民法典》第905条第2款基于保证能源经济的考虑对能源管线运营商利益做出的最大限度的保护。

6.3.2.4 民事管道敷设权在占用私人土地以敷设管廊时的解释

1)《德国民法典》第917条

为了应对科技进步及时代发展需求带来的诸多变化,立法者为必要准许使用权的适用范围解释留出了很大的空间。在这一前提下,除非造成通行受阻的情形是由客观上极为特殊的、无法合理预计的或完全不恰当的土地使用变化引起的,通常而言必要准许使用权的适用范围不仅包括敷设管道本身,也包括建造综合管廊并在其中敷设管道。然而,正如上文对能源供给与排水管道敷设问题的讨论结果一样,对《德国民法典》第917条的扩大解释只能在极少数情况下支持能源管线运营商建造综合管廊的请求,只有当能源管线运营商为"孤立"土地的所有者或类似权利所有人的情形下,且土地的面积也符合综合管廊建造所需的规模。另外在适用这一条款时还有一点值得考虑,正如适用于《公共供应条款》一样,在能源管线运营商请求修建综合管廊时,土地所有者可以根据《德国民法典》第1023条第1款请求,能源管线运营商在符合相应条件的情况下变更综合管廊建造地点,同时承担相应的变更费用。但是在实践过程中,考虑到由此产生的变更费用数额巨大,几乎没有土地所有者提出过这样的要求。

2)《德国民法典》第905条

《德国民法典》第905条第2款是否可以成为建造综合管廊的申请基础,这一问题值得考虑。这一申请成立与否所面临的问题同样在于,土地所有者对于排除第三方对其土地的影响是否具有利益。土地所有者允许或排除使用的权限,如之前所述,包括地表之下的部分,根据《德国民法典》第905条中相关规定,可以理解为对地下一切空间的利用,如在地下修筑管道。若第三方要在地下一定深度施加影响,则必须证明土地所有者对排除这种影响不具有利益,而这种证明的标准往往较为严格。由于没有关于地下深度及其影响的确切标准,实践中的判断依据通常是影响的类型和其范围。只有当第三方在地下的行动对地表产生影响时,土地所有者才享有拒绝权。由此可见,土地所有者的权利是"基于地表"的。正如上文所述,当第三方在地下施加的影响阻碍到土地所有者在地表对其土地的使用时,土地所有者才可以予以拒绝。在实践过程中,每个涉及此争议的案例都需要结合个案具体情况具体分析。可以构成土地所有者排除权利基础的,不仅包括对当前使用造成的阻碍,还包括对未来使用可能性的阻碍。

建造深度较浅的综合管廊会导致土地所有者无法随心所欲地使用其土地(例如在庭院里修建一个游泳池)。在这种情况下,土地所有者也就没有《德国民法典》第905条第2款所规定的准许义务。当然,土地所有者必须证明这种未来对土地使用的影响,在事实上及法律上是可能的。因此,关键在于第三方在某一深度施加的影响是否会妨碍土地所有者在地表对其土地的使用。对土地所有者在地下的所有权保护应当以其在地下实际上可能使用的利益边界为界限。若土地所有者无法在地下某一深度使用其土地,则必须准许有能力在这一深度使用土地的第三方,在这一深度施加影响。正因如此,在地下深处修筑管道就包含在《德国民法典》第905条第2款规定的范围之内,相关土地的所有人必须准许这一行为,因为土地所有者显然无法从排除这一深度所施加的影响中获得利益。因此,在外部土地范围内施加影响的能源管线运营商需要符合《德国民法典》第905条第2款的前提,而不需要依靠其他权利来源使其行为合法化。当综合管廊的建设方案确定其将建在较深的地下时,依据《德国民法典》第905条第2款,终将得出土地所有者对此应负有准许义务。但即使在第三方的影响所在地下深度较深的情况下,土地所有者还可能对排除影响具有利益。如果第三方在地下较深处施加的影响将导致对相关土地的使用存在危险,那么土地所有者有权排除这种影响。在这种情况下,土地所有者对排除影响所带来的收益,可以被视为一种损害预防的收益。法院先前已据此做出决定,如果施工地点距地表距离很近并存在晃动或坍塌的危险,那么在该土地下敷设管道可能将被禁止。从建筑工程施工技术的角度来看,在敷设综合管廊的过程中不会存在晃动或坍塌的危险。因此在这种潜在危险不存在的情况下,在地下较深处建造综合管廊往往可以依据《德国民法典》第905条第2款获得许可。在敷设综合管廊的过程中,出于对施工安全的考虑,在某些区域需要设置联通地面的升降通道。在此情况下,即使综合管廊修建在地下较深的位置,相关土地所有者对此的准许义务也具备相应条件,即仅有那些不涉及修筑升降通道土地的土地所有者对此负有准许义务。由于土地所有者对其土地在地表范围的使用各不相同(有的用来进行农业生产,有的用以建造建筑物),因而在考察土地所有者是否拥有禁止权利时也应当考虑这种差异。

6.3.2.5 州立法律许可的规定

除了《公共供应条款》第8条所述管线运营商及《德国民法典》第917条所述"贫困地区"土地所有者的准许义务之外,一系列联邦州依靠邻接法建立了特别的法律基础。由此,土地的所有者和使用者都必须承担相应的责任,当供应及排水网络进行有效连接,而土地所有者及使用者需要为占用邻接地块以敷设供应及排水网络支付高得离奇的费用时,以此可以平摊相应费用。例如参考《巴登-符腾堡州邻接法》第7条、《勃兰登堡州邻接法》第44条、《黑森州邻接法》第30条、《莱茵兰-普法尔茨州邻接法》第26条及《萨尔州邻接法》第27条,如若可能,还将产生所有者的相关赔偿责任。然而,北莱茵-威斯特法伦州没有拟定这类管道敷设法。除此之外,这些法律条文还将根据邻接法的目标方向,单独体现邻接土地所有者之间的法律关系,并按《德国民法典》第906条及之后(尤其是第917条)的内容,制定特殊法规。对于能源经济而言,这些法规证实无足轻重,因为其只对邻接土地所有者存在约束,对能源管线运营商而言,综合管廊的建设无法强制实施。从能源管线运营商本身作为邻接土地所有者的情况中得出,邻接法规定的准许使用要求对于能源管线运营商而言并不重要。

6.3.2.6 在债务许可协议或人役权下综合管廊对土地的占用

1)债务性许可协议条件下的土地占用

由于综合管廊对土地的使用权在现有法规如《失业保险促进条例》第8条或者《德国民法典》规定的基础上还难以得到充分论证,可以就综合管廊对土地的使用通过签署协议的方式加以确定。原则上,管线运营商可以通过签署许可协议来确保自己的地役权,只要该企业不会因为其他方面的规定或者某些物权上的保障已经有权对土地进行占用。缔结双方可以自由商定许可协议的结构和内容,因此一份许可协议可以调控安装综合管廊以及在综合管廊内敷设管道等的相关事宜。虽然在土地所有者的土地区域内安装综合管廊已经具有足够构成此类债务性许可协议的基础(此类许可协议不受任何文体格式的约束),但是鉴于综合管廊的规模计划,还是需要将协议内容明文确定下来。关于在许可协议中是租用还是借出的相关规定适用于当前情况,取决于是否对该土地占用支付了相应的费用。若对某土地的占用是基于支付了一笔费用,那么相关的许可协议则需要根据租赁规定来缔结。当对某土地的占用并非基于支付相应费用得以进行,那么该许可权的授予则可以被定性为出借或同类交易方式。在被定性为"租赁或出借关系"的许可协议关照下,地役权根据相关规定只在很小的程度上得到保障。在有偿占用,即许可协议要经由租赁关系的相关原则加以评估的情况下,根据《德国民法典》第 567 条,有权对土地占用方赋予 30 年的法律保护。土地所有者可以在期限到期之后的任意时间点取消协议。在无偿占用,即许可协议被定性为出借或同类交易方式的情况下,根据《德国民法典》第 604 条第 2 款的内容,原则上地役权可以没有任何时间限制。但即便如此,在此类许可协议中,土地所有者也有权按照《德国民法典》第 605 条第 1 款第 1 节,在土地所有者于未预料到的情况下需要对该土地进行使用期限终结协议。另外,此类许可协议仅仅规定了协议双方的权利和义务。《德国民法典》第 571 条的相关内容,不适用于土地的让渡。也就是说,土地出售时,收购方必须确定其与前土地所有者签订的许可协议中的规定不会有悖于土地的转让。考虑到仅仅由一纸土地占用的债务性协议,尤其是许可协议带来的不确定性,只有地役权的物权保障才能为私人土地上的供应设施提供有效的保护。能源管线运营商必须将其在民法上的管道敷设权从物权的角度加以保证,以便转让者也有权接手协议。

因此,地役权的债务性协议,尤其是许可协议的规定也不足以构成因综合管廊敷设而占用土地的法律基础。

2)人役权对土地的占用

只有给地役权额外的物权保障才能给私人土地范围内敷设的综合管廊提供有效的保护。就这点而言,土地使用可以通过土地所有权或是人役权来加以保障。一般来说,针对市政管线的敷设,根据《德国民法典》第 1090 条考虑通过限制的人役权来保障物权。《德国民法典》第 1090 条规定:"土地以此种方式设定权利,因该权利而受益的人,有权在个别关系中使用土地或享有其他可以构成地役权内容的权力(限制的人役权)。"人役权的登记在多方面保障了现有的供应设施能够维持其现状。与通过许可协议实现的债务性保障不同,限制的人役权的优势在于时间上不受限的使用权,该权力为土地使用者所设定且在土地登记册中对使用权登记后,可以让渡给任意自然人,特别是在已设定权利的土地出售情况下。除此之外,管线运营商可以借由自身的权利来应对第三方介入而获得地役权。几十年来,能源管线运营商已证明自己有能力与土地所有者进行协商谈判,以使土地所有者同意赋予用益权并在土地登记册上加以确认。此类保障方式原则上也应该考虑到综合管廊对私人土地的占用。不过,限制的人役权不能只适用于相关土地的某一块。根据《德国民法典》第 1090 条第 2 款以及第 1020 条、第 1023 条,限制的人役权构成了相关土地的产权人和有权使用人之间的法律上的债权债务关系。在此情况下需要考虑《德国民法典》第 1023 条。假如每次地役权的行使都限定在相关土地的某一部分上,那么当在限定土地敷设对土地所有者来说显得艰难时,土地所有者就可以要求地役权下的敷设在另一个对于受权人而言同样适用的地块进行。不过各土地所有者在针对综合管廊时对于变更或敷设的要求由于成本原因(综合管廊的敷设在本质上就是新建)仅在理论上可行。根据《德国民法典》第 1023 条第 1 款中的成本规定,土地所有者需要承担其要求变更或敷设的费用。因此,所谓的敷设实际上可以被排除了。然而,根据《德国民法典》第1023条第2款,土地所有者要求变更敷设的权利不能加以限制或将其排除。在修建综合管廊时由土地所有者承担成本费用就相当于是(不同于市政管线的敷设)限制了对敷设或变更的要求权。此外民法典第1023条也需要额外关注。在行使地役权的过程中,受权方应尽可能地考虑到相关土地的土地所有者利益。相关土地所有者应当在相关土地被占用时仅受到行使地役权所需的合理限制。这一准则在敷设综合管廊的情况下也应当得到充分考虑。

6.3.2.7 通信电缆的特殊地位

服务于公共交通的通信电缆中,仅仅只有一部分是建立在德国电信股份公司的自有土地范围内或是在可以敷设的交通道路上。更多的时候,通信电缆不可避免地需要建造在私人土地上。按原《电报法》,德国电信股份公司[不考虑单独空域内的电缆交叉(原《电报法》第12条)]并不允许借助法律的名义,以安装通信电缆(原电信线缆)为由对私人土地进行占用。《电信客户保护条例》第8条规定,对于每一块相关土地,物权上的所有者或其代表需要给出一份许可说明(土地所有者说明,参考附件一中有关《电信客户保护条例》第8条第1款的内容)。通过该说明,土地所有者准许德国电信股份公司在其所有的土地上架设所有电缆网络承接需要的设备(钻杆、支柱、线缆包括附件等)并在该片区的建筑内安装相关设备以完成管道引入以及电缆网络的生产、成型、维持和扩建。与原《电报法》不同,现已逐渐实行的新《电信法》预设了在某片区运转的地下通信电缆对该片区土地的使用权。根据《电信法》第57条第1款第1节的内容,当某一块土地由法律保障的管道或设备为了通信电缆的安装、运行和换新而需要被占用且该土地的可用性并不会长期额外受限时,此类对线缆通过安装的接受义务生效。根据该项,该接受义务的前提是该土地在安装新的通信电缆前已因安装其他管道或设备而被占用过,即对该土地的使用已经受限。倘若不发生损害现状的恶化,该土地就要再一次被占用。如要判定土地使用是否额外长期受限,首先要确定该土地迄今为止的可用性历史。这意味着,每一次的可用性要基于土地所有者特定的使用意愿来做个案测评,在这里准确地说就是针对综合管廊。此外,根据《电信法》第57条第1款第2节,无偿的准许使用义务生效于对土地的使用不产生或仅仅产生不明显的损害之时。在此立法机构并未明确何为不明显的损害。从该法律的角度来看,所谓不明显的损害是指通信电缆的敷设、运行或更新,只会给土地所有者带来暂时的干扰,且此干扰不会招致长期的损害,亦不会导致该土地的无法使用。若将其用于综合管廊这一课题,则根据《电信法》第57条第1款第1节的内容,在私人土地领域内的已有综合管廊中敷设通信电缆是可行的,因为此种谨慎的电缆敷设方式不会引起该土地额外的可用性限制。不过,综合管廊作为新的经济科技发展成果仅在少数的工程设计中得以应用。首例综合管廊敷设实际上并不适用于《电信法》第57条第1款,因为该条款仅仅涵盖了通信电缆的敷设、运行和更新,正如上文所述,综合管廊这一概念并不能归到通信电缆的范畴里。此外要确定的是,在架设通信电缆和敷设综合管廊同时进行的情况下,无论是非开挖还是明挖施工方式,都不适用于《电信法》第57条第1款的第1节和第2节。综合管廊的敷设会给土地的可用性带来额外的长期影响,因此,预计其会对相关土地存在一定的后续影响。

6.3.2.8 给水及排水管道的特殊地位

在不涉及准许使用义务的《水利法》不予考虑的情况下,供水问题仅仅受到州立法规的约束。每个州的相关法律都允许给水管道对土地的强制使用。此类为保障给水管道排布而允许强制使用土地的做法,几乎可以在所有州立水法中有关"强制权"或"强制义务"的相关表述中看到。这些法律特点很少被研究,呈现的恰恰是一种特殊的权利。它们与《德国民法典》中限制的人役权(至少是经济上)有很密切的关系。此外,尽管隶属于公法体系,但该权利同样享有民法上的保护,即在土地所有者要求索赔的司法程序上是可以进行辩护的。所谓强制拍卖程序或合法获取土地不适用此项规定。由于民法典规定的物权设定有名额限制(特别性原则),土地地块的公共抵押并不会记入土地登记册,原因在于,这一对物权的设定是得到法律特别许可或指定的(参考《土地登记条例》第 54 条)。关于该准许强制使用权存在的规定,可参考《私有道路法》第 340 条第 7 款。然而,由于没有新的州立水法延续准许强制使用权的规定,故公众对其了解得并不清楚。相应地,大多数新的州立水法都预设了(申请)计入水利登记册的做法。根据州立水法第 158 条第 1 款第 3 点,强制权的行使要记入水利登记册。这利于管线运营商,而预设的强制权并不足以确保长期的管道排布工作。尽管企业可以(根据一些州法规定,在个别情况下需凭借有关部门的决策证明)利用其他土地来敷设市政管线,但相关规定并未明确后续成本债务问题、企业自卫权(参考《德国民法典》第 1023 条和 1027 条)以及在某些情况下有关部门撤销决策的权利(参考《行政程序法》第 49 条)。因此,管线运营商应当在"强制权"受到法律许可的情况下,坚持申请限制的人役权许可。有关在"综合管廊"议题下所谓"强制权"的可用性,需要明确的是该权力仅限于水的供应及污水排放工作。此外,这一针对市政管线的规定不适用于综合管廊本身的长期保障。

6.3.3　传统地下敷设中的土地征收

如果先前对产生影响有益的规则无法契合,其问题在于,根据何种其他规则才可以拥有地下路基的使用权。倘若土地所有者(无论是私人还是公共所有者)没有根据供应条款、规定及其他传输规则来承担相应义务,并且拒绝管线运营商合理的土地使用权需求,管线运营商为了完成其以公共利益为目的的供应任务,可以通过政府强制获得土地使用权(即征收)。

6.3.3.1　以电力及燃气传输为目的的土地征收(参考《能源经济法》第 11 条)
就电力及燃气供应领域而言,土地征收的决定性法律依据在《能源经济法》第 11 条中有所提及。基于这一法律法规,电力及燃气管线运营商可以通过已征收道路上的设备来获得必要的土地使用权。土地征收不仅可以针对国有土地,也可以针对公共交通空间。因此,征收对于公共组织的专属资产同样适用。土地征收行为根据《能源经济法》第 11 条的内容分两级进行。

1)第一级:确定土地征收的可行性
根据《能源经济法》第 11 条第 1 节的内容,能源监督机构对土地征收的可行性进行评估确定。对于土地征收行为而言,州立土地征收法通过管线运营商及特定管道线路征收的实施和规模来判定占用土地的可行性。原则上对特定征收行为可行性判定的前提是征收以"公共能源供应"为目的。能源管线运营商根据《能源经济法》第 2 条内容履行所承接供应任务的所有装置和设备,均以公共能源供应为目的,即其生产及分配任务。通常而言,其适用于原来的供应管道。如果土地征收对于个别相关土地仍然必要,那么在这种情况下,对特定管道土地征收可行性总体评估结果可行,都可以进行土地征收。土地征收的必要性在于从能源经济的角度来看必须执行该项目。因此,为了项目的落实需要占用外部土地。另外,其他法律基础[例如《公共供应条款》第 8 条、《德国民法典》第 905 条和 917 条中的规定、使用协议(例如《1987 年标准协议》或《1974 年框架协议》)及公路法中的使用权利]不适用于管线敷设过程中的土地征收。基于土地征收方案的两级性,在可行性评估过程中,对"必要性"的要求优先级并不高,更确切地说仅仅是"表面功夫"。因此,在这样的背景下,当能源管线运营商能够证明其通过私下购买及约定保障使用权的方式不可行,便已充分说明情况。因此,即使尝试对条款进行和平谈判,也会有土地所有者抗拒征收其资产的执行。

2)第二级:土地征收(参考《能源经济法》第 11 条第 2 节)

在能源监督机构确定土地征收的可行性之后,能源管线运营商可以通过向土地征收监督机构申请,基于当地州级土地征收法对土地进行征收。基于《能源经济法》第 11 条第 2 节,在土地征收的框架下,土地征收还需要同时根据具体土地所有者是否允许占用其土地来决定。能源监督机构必须对具体申请的决定进行合法性审查,并需要考虑规划方案对公共福利而言是否必要,是否与比例原则相符和是否因此证实为最后手段。在这一框架体系下,必须承认支持与反对规划方案的公共及个人利益,并权衡理解这一规划方案.土地征收行为的目标不仅在于对能源管线运营商的资产委托,还包括以从属结构建立的道路法。这就是说,必要的或物权的使用权因此也可以被征收。一般来说,征收行为并非对资产的完全征收,而仅仅是给予管线运营商强制性的传输许可,其同样可以保证在土地登记中与土地征收相同的从属关系。

6.3.3.2　集中供热的强制征收

供水及集中供热企业的管道敷设作业并不具有与《能源经济法》第 11 条规定相类似的土地强制使用权。

《能源经济法》第 11 条第 1 款规定,在土地征收过程中,对土地或土地使用权的征收或限制仅能以公共供应为目的。在以公共能源供应为目的的情况下,如果在土地征收过程中有必要对土地或土地使用权进行征收或限制,那么联邦经济部会批准该项土地征收(参考《能源经济法》第 11 条第 1 款)。服务于公共能源供应的装备和设施指所有能源管线运营商在《能源经济法》第 2 条的指导下,用以满足其生产和分配任务所需的装备和设施,包括辅助设备。但如此泛泛而谈的解释是不恰当的,因此乡镇公共事业单位自然也无法为了实施集中供热而诉诸《能源经济法》第 11 条。由于集中供热经济领域不属于《能源经济法》所调控的范围,所以集中供热设备也不属于能源设备。因此,若需要进行土地征收,则必须按照实际情况,根据州土地征收法的普遍有效条款来进行。

6.3.3.3　基础设施的强制征收

除了一系列特定法规之外,水的公共供应工作开展还依赖于 1996 年 11 月 12 日颁布的《水环境法》以及基于该法律衍生的各联邦州州立水法,因为这些涉及水供应的框架条款,若要得以实施,就必须由各州来执行。有利于管线运营商的土地征收,需要根据对应州的相关法律法规确定。而对土地征收申请的许可,在原则上基于州立水法。在以公共基础设施、公共事业的水利建设以及通过脱水保护自然生态和水环境免于损害或对已有损害计划进行弥补为目的的情况下,对土地或土地所有权的征收或限制可以根据州立水法第 46 条第 1 款

(参考《北莱茵-威斯特法伦州水环境法》)在土地征收过程中得到许可。这一许可的前提与能源管线运营商进行土地征收的前提相一致。

6.3.3.4 综合管廊敷设的土地征收

根据《能源经济法》第 11 条之规定，只有在以公共能源供应为目的的情况下对土地进行必要的征收或限制时，该占用许可申请才会被批准。此后方可准许其对土地或其中部分进行征收。然而，《能源经济法》仅适用于部分确定的设备。原则上，批准土地征收许可的前提是施工工程"以公共能源供应为目的"。《能源经济法》第 11 条提及了公共能源供应。服务于该目的的装备和设施指能源管线运营商在《能源经济法》第 2 条内容的指导下，用以满足其供应任务所经营的装备和设施。一般来说，《能源经济法》第 11 条的使用范围包括，用于能源生产、传输或出售的设施，即管道、变电站、变压器以及其他类似的设施。但《能源经济法》第 11 条所适用的范围，并不仅限于该法第 2 条第 1 款所述的能源设施，土地征收权亦不是仅限于管道敷设时的道路通过权，而是适用于所有电力和燃气供应所需的能源设施。参考文献中的部分观点认为，对于"以公共能源供应为目的"这一概念的理解，必须要以更广义的法律解释作为基础与标杆。此外，服务于公共能源供应的所有措施的实施，以及对所需土地进行的征收也必须列入考虑。就此而言，原则上人们可以联想到，综合管廊的敷设也应该按照《能源经济法》第 11 条的规定，执行相应的实施程序。不过，乡镇公共事业管线运营商无法将《能源经济法》第 11 条的内容，付诸集中供热任务的实施。限制原因是《能源经济法》仅仅针对电力和燃气的供应(参考《能源经济法》第 1 条及第 2 条)。由此，《能源经济法》第 11 条仅在涉及敷设综合管廊内燃气和电力供应管道时方构成有效的法律基础，以在需要时使综合管廊强制成为满足能源管线运营商公共事业目的的设施。为了实现综合管廊的敷设，可以考虑按照各州的土地征收法实施。一般而言，州立土地征收法规定，基于公共利益的原因，只要该企业的施工规划中需要行使土地征收权，那么土地征收就可以因个别企业而进行。就这点而言，州立土地征收法也可以作为强制土地所有者接受在其土地下敷设综合管廊的法律依据。根据《能源经济法》第 1 条第 1 款的规定，在北莱茵-威斯特法伦州，如果联邦法律不适用，则应诉诸《土地征收法》(或州立土地征收法)。根据《土地征收法》第 2 条第 1 款的第 1 项内容，为了实现其他法律明文规定的土地征收规划，可以对相关土地进行征收。然而，根据第 2 条第 1 款的第 2 项内容，为了实现其他计划如保护土壤、水、空气、气候和当地环境，可以对土地进行征收，只要相关作业服务于公共利益即可。与传统的管道敷设和更新相比较，综合管廊的主要优势在于通过一次性施工作业来避免对环境造成后续伤害。除此之外，综合管廊还能作为保护壳，在排水管道发生渗漏等破损时，阻挡有害物质渗透进入土壤和地下水。排除了由管道腐蚀引发的如污水渗漏、地下水渗入，导致对建筑物稳定性以及管道本身的威胁。因此，综合管廊可以被认为是出于"保护土壤、水、空气、气候和当地环境"以及"服务于公共利益"的原因进行的修建，同时也符合上述土地征收的要求。正如上文所述，此工程的土地征收前提与能源管线运营商土地征收的前提一致。

6.3.4 综合管廊敷设的法规建设策略

从综合管廊敷设的角度来看，在下列适用案例中，应首先考虑管线运营商是否有义务共用综合管廊。

6.3.4.1 通过强制连接与使用策略引进综合管廊技术

引进综合管廊技术的一个方法是强制连接与使用。当我们发现,原则上强制连接与使用综合管廊的指示是基于公共利益考虑的,以期能在预防措施的框架内,有序推进一项有意义并具有公共性质的任务,而这种推广方式如果不经由法律上的强制措施则难以实现时,这一系列的论断便可以作为强制推广综合管廊技术的理论基础。此外,越来越受到重视的环保要求也必须予以考虑。原则上地方性法规(如《北莱茵-威斯特法伦州市政法》第9条)准许其连接和使用公共设施。根据《北莱茵-威斯特法伦州市政法》第9条第1款,乡镇可以根据公共需求,通过章程规定其辖区内区域连接市政管线、修建基础设施工程以及"服务于大众健康的类似设施"或是要求其连接集中供热设施(强制连接)和使用该设施(强制使用)。由此可见,原则上,立法单位可以将强制连接和使用的规范引入到法律层面上提及的基础设施,以免对将来的技术进步造成阻碍,因此对于综合管廊来说,强制连接和使用也能够得以从法理的角度进行合理化。不过,原则上此类强制连接和使用的要求只能是出于对大众健康的考虑,而不是出于其他的考量。只有对大众健康的保护才能使相关的政府干预合法化(这里的干预指强制地区连接和使用设施)。因此,如果综合管廊可以被归类为"服务于大众健康的类似设施",那么对其强制连接和使用的合法性也就可以得到证明。《北莱茵-威斯特法伦州市政法》第9条中提及的"服务于大众健康的类似设施",意指与该条款中明文提及的市政管线和拥有同样目的的乡镇设施。因此,要判断综合管廊是否属于"服务于大众健康的类似设施",就要发掘出综合管廊的如下优点:

(1)现阶段可以在不重新开挖已加固的街道路面基础上顺利地敷设新的、其他用途的电缆。就这点而言,尤其容易联想到不断增长的信息科技领域网(互联网)。

(2)综合管廊能够在不开挖路面的基础上,通过额外敷设管线的方式实现在现有管线网络适应城市、工业和企业发展的框架内对管线网络的拓延与变更需求。

(3)能够避免由霜寒、沉降、冲蚀、外部腐蚀以及相邻或交叉管线施工所引起的管线的损坏。

(4)通过一次性的施工作业,能最大程度地降低由此造成的环境损害。

由此可见,综合管廊首先需要满足环境保护要求,并且使得管网能够尽快适应未来的科学技术发展,即环境政策和技术目的。由于需要满足公众健康的要求,目前已经引入了强制连接和安装基础设施与管道的政策。但环境政策和技术原因与健康原因是无法平等考虑的,两者也无法进行比较。因此,综合管廊无法归类为符合《北莱茵-威斯特法伦州市政法》第9条所述"服务于大众健康的类似设施"条件的装置,而只能根据现有的法律框架来使得强制连接与使用的政策合理化。虽然根据《北莱茵-威斯特法伦州市政法》第8条的内容,综合管廊可以被视作所谓的公共设施,但根据《北莱茵-威斯特法伦州市政法》第9条第1款第1项内容,其无法被视作服务于大众健康的设施。因此,根据该条款,市政管线也无法通过综合管廊在法理层面的强制连接与使用,而实现其对综合管廊的共用目的。1969年7月16日所发布修正案中的明文规定以及1984年5月29日发布修正案的演变,延伸到集中供热领域强制连接和使用的政策,都对这一法律评估进行了确定。如果立法机构将集中供热的强制连接和使用与基础设施的强制连接和使用画上等号,并且把集中供热视作和给排水设施一样的"服务于大众健康的类似设施",那么从立法者的角度来说,就无须另外将集中供热所涉及的设施通过 1969 年 7 月 16 日发布的修正案纳入《北莱茵-威斯特法伦州市政法》第 9 条及第 19 条所述的设施范围。由此可见,市政管线要想根据《北莱茵-威斯特法伦州市政法》第 9 条内容,通过综合管廊的强制连接和使用从而实现综合管廊的共享,就需要立法机构将综合管廊同供热设施一样,先纳入《北莱茵-威斯特法伦州市政法》第 9 条规定的公共设施范围内。可以敦促立法者考虑技术更新和环保政策问题并将综合管廊明文纳入上述的设施范围里面。而在这里必须注意的是,根据法律解释,乡镇政府只能根据所辖区域内的土地要求,对某些设施进行强制连接和使用。所以需要考虑的只有服务于该土地的公共设施,即"与土地有关的设施"。而这种关联导致设施的强制连接和使用的要求,只能面向土地所有者以及同级别物权所有者,因为只有这类人群能够授权生产所需要连接和使用的设备。正因如此,由于这一关联而使得综合管廊的强制使用,对于大多数乡镇辖区外的能源管线运营商而言,都是难以实现的。

6.3.4.2 通过地方建筑工程管理规划引进综合管廊技术

引进综合管廊技术的另一种方式是依靠乡镇政府对地方建筑工程管理规划的决策来实现。就此而言,乡镇政府依托其自治机制,可以根据《建筑工程法》第 5 条在土地使用规划中,并根据第 9 条在建筑规划中综合管廊的预先确定,作为某些特定区域的道路开发方式。

1)界定建筑区域概述

随着建筑规划的确定,对土地的建筑占用和其他占用(包括其造成的正面及负面影响)也将直接得到调控。对此,一方面,建筑规划可以通过对建筑占用形式的确定得到完善,另一方面,根据《建筑使用条例》第 1 条第 3 款的内容,该条例中第 2 ~ 14 条也可以视作建筑规划的组成部分进行确定。乡镇政府也可在《建筑工程法》第 9 条以及《建筑使用条例》第 1 条第 4 款的框架内,制定更为详细的建筑规划。不过,这些决定必须在城市规划层面上得以证实。根据联邦立法院的决议,乡镇政府原则上可以在其城市规划任务设置的框架内,对建筑规划确立以专业规划为目的的决议,只要该决议对于《建筑工程法》第 9 条第 1 款而言是合理的,那么该乡镇规划将遵循普遍城市规划的任务设置。《建筑工程法》第 9 条第 1 款作为乡镇规划的授权条款,对可能在建筑规划中得出的决议有着决定性的法律计数权。乡镇政府不具有,根据《建筑工程法》第 9 条规定所最终确定的项目清单中额外添加决议这一建筑规划法层面上的权力,所以乡镇政府只能在《建筑工程法》第 9 条第 1 款中第 1 ~ 26 项内容所确定项目清单的基础上,确定相应的建筑规划。为了审核涉及综合管廊的相关规定,根据《建筑工程法》第 5 条第 2 款第 1、2、4、6 项内容和该法第 9 条第 1 款第 1、4、9、12 ~ 14、20 ~ 24 项内容,乡镇有权分别对土地使用规划以及建筑规划提出可行的决议。尤其需要关注现行《建筑工程法》第 5 条第 2 款第 2、6 项以及该法第 9 条第 1 款第 12 ~ 14 项。当土地使用规划根据《建筑工程法》第 5 条第 2 款第 4 项确定了基础设施设备以及对应的管道系统安装所需的土地时,乡镇政府必须根据该法第 9 条第 1 款第 12 ~ 14、21 ~ 24 项内容,在建筑规划中决定安装相关设施。

2)问题:《建筑工程法》第 9 条第 1 款第 12、13 项

根据《建筑工程法》第 9 条第 2 款第 12 项内容,"供应区域"可以在建筑规划中得以确定。根据该项内容,在所界定的区域内应安装向乡镇供应水、电力及其他能源的供应设备。

而按照该条款,综合管廊也可以被归入这一概念。与第12项所述的决议密切相关的是第13项条款中有关敷设"供应设施和供应管道"的可行性。

3)疑问:《建筑工程法》第9条第1款第13项

在第12项明确了潜在决议的同时,值得特别注意的是第13项内容并未对区域(比如建筑用地)的界定做出相关规定。更确切地说,根据《建筑工程法》第9条第1款第13项的内容,已经确定管道的敷设规划,与第12条所述有关"供应区域"的潜在决议不同的是第13项的规定往往不会要求对一整片土地进行占用。就此而言,第13项可以被看作是相较于第12项而言更为特别的内容。《建筑工程法》第9条第1款第13项内容提及的供应设施和供应管道敷设,可以被理解为线路规划。

根据早前的法律规定,只有地面管道线路方能得以确定,而根据现在的《建筑工程法》第9条第1款第13项内容,综合管廊和设施的敷设也可以被纳入这个范畴。尤其需要指出的是,"敷设"这一概念的引入不仅仅涉及供应管道,也涉及其他供应设备。就此而言,根据第13项,潜在决议也可以决定在安装供应设备时无须占用某一土地(如以《建筑工程法》第9条第1款第12项所确定的供应区域为前提),并且该设备不能被归类为"供应管道"这一概念。由此,诸如竖井、地道以及电缆等管道所需之供应设备也可以得到确认。正如该概念表述,由于综合管廊这一设施也具有"管道的特性",并且综合管廊同地道一起可以与供应设备相提并论,所以尽管根据《建筑工程法》第9条第1款第12项还不能将综合管廊定性为供应管道,但根据第13项则已经可行。《建筑工程法》第9条第1款第13项所述的决议,只在引入设施或管道于公共(交通)区域下方、已经属于供应单位的土地下方或在参照该法第9条第1款第21项已具有行人通行权、车辆通行权、管道通过权的私人土地区域下方时有效。如果供应管道和供应设备并非在乡镇公有土地或管线运营商自有土地范围内通过(比如沿着街道或公路),则必须与土地所有者签订相应的协议。如果需要一份物权上的保障,则首先需要根据《建筑工程法》第9条第1款第21项内容申请区域界定决议。根据该条款,可以在建筑规划确定的区域内赋予开发商及限定人群行人通行权、车辆通行权、管道通过权。《建筑工程法》第9条第1款第21项仅仅允许以管道通过权为目的的土地界定,而非确定了该项权利本身。该权利的法理确定要通过协议在土地变更或征收的过程中按照《建筑工程法》第41条第1款中所述程序来完成。这一过程要通过限制的物权(人役权)才得以发生。

总之,根据《建筑工程法》第9条第1款第13项,在建筑规划里将综合管廊确定为供应管道这一做法,只有该综合管廊在公共街道和道路区域内连接,或当相关的道路在利于各管线运营商的情况下,在物权上得以保障时方可生效。如若供应管道之综合管廊并非于乡镇所有或企业自有土地范围内连接且需要在物权上加以保障的话,则该决议便需要按照《建筑工程法》第9条第1款第21项来进行。在涉及综合管廊内敷设排水管道时会出现另一种法律判决。在此情况下,首先必须解决的问题为乡镇是否可以根据《建筑工程法》第9条第1款第13项的内容,在建筑规划里确定建造以排水管道为目的的综合管廊。该条款仅允许了供应管道和供应设备的敷设安装。《建筑工程法》第9条第1款第13项中提及的供应指的是电力、燃气、给水及集中供热的公共供应。根据该法律文本,该条款并未允许敷设排水管道和排水设备。在此情况下,根据《建筑工程法》第9条第1款第14项建立的决议方式应当列入考虑。在该条款指导下,可以确定地块来安装敷设以废水排放或固体垃圾清理为目的的设备装置。与第 12 项一样,《建筑工程法》第 9 条第 1 款第 14 项规定了对"土地"的占用。就这点而言,排水管道并不属于该条款所列的范围,因为这些管道并不需要对整块土地进行占用且限制的物权或债权就已经足够对其加以保障。由于除了《建筑工程法》第 9 条第 1 款第 14 项之外的法律条款并没有预设另一种潜在决议的形式,而综合管廊包括了排水管道,因此乡镇可以根据《建筑工程法》第 9 条第 1 款第 13 项在建筑规划里确定排水管道的综合管廊敷设。现在看来还存疑的是在综合管廊内敷设通信电缆这一议题。《建筑工程法》第 5 条第 4 款的内容针对土地占用规划进行了规定,而《建筑工程法》第 9 条第 6 款的内容对建筑规划进行了确定。根据《建筑工程法》第 9 条第 6 款及其他法律条款所做出的决议,只要该决议在以理解或等待城市规划测评为目的时需要做规划申请,则应以信息的形式由建筑规划接收。就这点而言需要指出的是,在涉及乡镇规划时,必须额外注意《建筑工程法》之外的其他相关法律。这里指的主要是那些保护供应和基础设施领域内的国有或私有许可权所有人在涉及自行决定管道路径、管道连接权的法理论据及至土地征收之特殊法律地位的法律,这些所有人被赋予垄断地位(如早先的德意志电信股份公司)作为其受托负担起管道连接义务的补偿。因此直到 1996 年 7 月 31 日,德意志电信股份公司的管道都受限于 1899 年 12 月 18 日发布,并于 1991 年 4 月 24 修订的《电报线路法》的特别规定,相关规定自 1996 年 8 月 1 日起被写入新的《电信法》并继续生效。需要讨论的是,综合管廊是否也能作为通信电缆的敷设参考现行《电信法》以及《建筑工程法》第 9 条第 1 款第 13 项的内容予以确定。在此情况下首先要关注的是《建筑工程法》中第 38 条的相关规定,该条款描述了正式的专业规划范围,而这些正式的专业规划也决定了《电报线路法》第 7 条的内容。根据《建筑工程法》第 38 条第 1 款,《电报线路法》的条款在《建筑工程法》的第 3 部分原封不动保留了下来,即《建筑工程法》第 29 条及后续条款中有关建筑使用和其他使用的规定。自 1996 年 8 月 1 日起失效的《电报线路法》,在 1935 年 9 月 24 日发布的简化版本的第 7 条中,预设了当因新敷设电报线缆或对既有线缆做重大改动而需要占用交通路段时的规划批准程序。对这一规划的批准,不能由在建筑规划中的审批来代替。《电报线路法》以及简化了规划程序的版本根据《电信法》第 100 条第 3 款的内容,于 1996 年 8 月 1 日失效。《电报线路法》第 7 条所对应的计划批准程序,在新的《电信法》里不再存在,由于通信电缆原则上也可以归类到公共供应的范畴里面,因此暂不考虑《建筑工程法》第 38 条的相关规定,《建筑工程法》第 9 条第 1 款第 13 项的相关内容也可以在设备布置规划中涉及综合管廊内敷设通信电缆时得以运用。在制定建筑规划的过程中,该规划牵扯到的公共利益责任方按照《电报线路法》第 4 条的规定也需要参与其中。根据该条款,在表决建筑规划通过与否时,相关公共利益责任方也要在一旁听证。由于民法法人也属于公共利益这一概念范畴,所以个体管线运营商也具有听证权并有权利表达观点。如果管线运营商不提出有效异议,那么可以确定,乡镇原则上将按照《建筑工程法》第 4 条的内容,在各管线运营商听证后而没有提出有效异议的情况下,在以敷设市政管线或敷设通信电缆的前提下,可以以《建筑工程法》第 9 条第 1 款第 13 项的内容为指导,将综合管廊的敷设在建筑规划当中确定下来。由于具有法律效力,针对管线运营商(包括德意志电信股份公司及其他有许可权的企业)的建筑规划根据《电信法》第 6 条是具有约束力的,所以这些企业也有权利使用综合管廊。

如果管线运营商提出了有效的异议,那么该异议要在建筑规划的起草阶段就被列入考虑范围,并且乡镇政府应当在对该规划进行评测时考量这些异议。在此需要参考《建筑工程法》第4条第6和第7款的相关内容,如若异议没有对乡镇政府产生约束力,则会从该异议的重要性当中延伸出实际效果。如果管线运营商没有提出难以克服的安全技术难题,那么就可以认为,能够将综合管廊敷设列入建筑规划,并且规定管线运营商有权利对综合管廊进行使用。在此还需要指出的是,对于已经受到乡镇和各个管线运营商之间缔结的许可协议所规定的区域,该道路使用权的优先级更高。因此,如果乡镇的目的在于将特定区域内综合管廊的敷设列入建筑规划,并且该区域已经受到乡镇和各个管线运营商之间缔结的许可协议的约束,那么就需要注意已经存在的、协议约定的道路使用权和管道通过权,且这些权利的优先级较高。不过需要了解的是,在建筑规划层面推动管线运营商使用综合管廊,可以促进综合管廊技术的普及。

6.3.5 市政管线及综合管廊敷设许可获得的依据

在管线领域的投资还受制于更多的法律上的先决条件,虽然这些法律并不是专门使用于能源供应管道的(并没有专门针对能源供应管道敷设许可设立的特别法律),但在符合特定前提下适用于能源供应管道的敷设。这意味着,综合管廊的敷设能否获得许可,主要取决于《建筑规划法》与《建筑施工规范》中的相关规定,即依据《建筑工程规范》以及州立建筑工程条款(例如《北莱茵-威斯特法伦州建筑施工规范》)。

6.3.5.1 依据《联邦建筑法》与《建筑施工规范》获得的传统市政管线敷设许可

具有公法性质的建筑法旨在通过城市建筑条例(规划条例)使得土地征用符合公共安全。《北莱茵-威斯特法伦州建筑施工规范》中的相关规定旨在预防来自建筑工程的对公共安全或秩序造成威胁并保障建筑工程立项和实施符合社会所需的最低标准。通常而言,设立、变更、变更使用及拆除《北莱茵-威斯特法伦州建筑施工规范》第1条第1款第2项规定的建筑工程、其他工程和设施,都需要依据《北莱茵-威斯特法伦州建筑施工规范》第63条获得许可,除非上述规划根据法律规定无需许可而仅需在公示的规划目录中,或是在既不需要许可也不需要公示的规划目录中(《北莱茵-威斯特法伦州建筑施工规范》第64、67、79、80条)。根据司法判例和主流学说,施工许可是主管机构(建筑工程监管机构)做出的声明,声明筹划中的建筑工程计划在做出决定时要符合公法的相关规定。据此需要取得许可的范围扩大到一切建筑工程。《北莱茵-威斯特法伦州建筑施工规范》第2条对建筑工程的概念做了法律上的定义。根据《北莱茵-威斯特法伦州建筑施工规范》第2条,建筑工程的定义将所有能引起特定建筑工程作业风险的、具备社会及建筑文化影响的、受建筑条例和规范调控或对城市化结构发展产生影响的工程都包含在内,即这些工程应当包含在建筑法立法目的范围内。《北莱茵-威斯特法伦州建筑施工规范》第2条第1款第1项通过列举构成要素的方式对建筑工程的概念进行了定义。建筑工程需满足两个构成因素:首先要与地面相连接,其次是建筑产物构筑而成(早前为建筑材料及建筑部分)。"与地面相连接"意味着工程需要有一个独立的地基,使其固定在地面上或部分埋在地面下。基于上述最后一点,似乎市政管线,甚至普通的管道,只要敷设于地下,都需要满足《北莱茵-威斯特法伦州建筑施工规范》第2条第1款第1项的要求。但那些对公共安全及秩序影响不大的建筑工程,并不需要取得工程许可。因此在普遍的工程自由背景下,启动与之相违背的工程许可程序,就需要在法律层面上进行更为审慎的考虑。根据《北莱茵-威斯特法伦州建筑施工规范》第65条第1款第10项的规定,能源供应管道(包括其支架及支撑设备)的敷设都不需要取得工程许可。这一工程许可豁免针对的仅仅是除公共能源供应管道外的其他管道。因为那些为公共能源供应服务的管道敷设从一开始就被排除在《建筑施工规范》的适用范围之外。根据《北莱茵-威斯特法伦州建筑施工规范》第1条第2款的规定,本法不适用于给水、燃气、电力、集中供热等公共市政管线或通信管道的敷设,包括其支架、支撑设备或其他地下设施及工程的敷设与建造。上述管道都有一个很重要的共同点,即他们都是为公共基础设施服务的。正是因为这些管道不属于《北莱茵-威斯特法伦州建筑施工规范》的适用范围,因此也就不需要取得工程许可。对市政管线而言,只有那些建筑之外的管道(包括那些连接至房屋的管道)属于上述管道,其敷设不需要取得工程许可。而那些在建筑之内的管道(从连接水表的管道开始),则要受到《建筑施工规范》的约束。

6.3.5.2 依据《联邦建筑法》和《建筑施工规范》获得的综合管廊敷设许可

在做出投资敷设综合管廊的决定前,必须考虑《建筑施工规范》的相关规定,并使之符合建筑工程法规提出的实质要求。若综合管廊可以被理解为是《北莱茵-威斯特法伦州建筑施工规范》第63条意义下的建筑工程,则其建造必须取得敷设许可。《北莱茵-威斯特法伦州建筑施工规范》第2条第2款对建筑物这一概念作出了法律上的定义,建筑物可始终被视作《北莱茵-威斯特法伦州建筑施工规范》第63条第1款所指的建筑工程。而建筑工程被认定是《北莱茵-威斯特法伦州建筑施工规范》第2条第2款中规定的建筑物必须满足以下4个条件:一是可独立被使用;二是其顶部必须被遮盖;三是人们可以进入其内部;四是可以作为人、动物或物品的遮蔽物。若综合管廊满足上述4个条件,才能够在法律上被定义为建筑物。第一个条件"可独立被使用"是指,建筑工程自身就能满足其应当具备的使用目的。可独立被使用的要素之一,就是建筑工程本身具有出入口。而综合管廊由于具有和地面相连的进出升降通道,从而可以被证明符合可独立被使用的条件。第二个条件要求建筑物顶部必须被遮盖。鉴于综合管廊内需敷设用于排污的管道,满足这一条件。因为综合管廊建造的目的在于保护敷设,并保证其中的市政管线不受腐蚀和其他环境变化的影响,且综合管廊的四壁也构成密闭的保护空间,满足工程顶部被遮盖的条件。第三个条件要求,综合管廊还必须保证人能够进入其内部。考察标准是一个正常体型的成年人能进入工程中。对于综合管廊而言,是否满足这一条件取决于其横截面的尺寸及可供通行的横截面(排除敷设管道之外的横截面)选择。若选定的上述两个尺寸使一个正常体型的成年人能在综合管廊中通行,则满足条件。除此之外,第四个条件是建筑物自身还必须具有或能够具备作为人、动物或物品遮蔽物的功能。在考察这一条件是否满足时,应当适当减少从工程所有人及使用人主观的角度出发进行判断,而应当更多地客观评价工程主要的建造目的。鉴于综合管廊的建造目的是保护敷设其间的管道不受环境变化的影响和腐蚀,因此已经具备或可以具备作为人、动物或物品遮蔽物的功能。

由此可见,综合管廊不仅可以被视作《北莱茵-威斯特法伦州建筑施工规范》第2条第1

款意义上的建筑工程,还符合先前所述的《北莱茵-威斯特法伦州建筑施工规范》第2条第2款规定的建筑物的定义。因此,建造综合管廊需要取得工程许可。与之相对应的,若综合管廊内横截面较小,在敷设了成捆的线路后仅能容纳人匍匐,则不能被视为是建筑物。但若这种综合管廊能被视为那些符合建筑物构成条件的综合管廊的附属通道、支线管道或连接通道,则其也能被定义为建筑物的一部分。

6.3.6 综合管廊试点项目的运营形式

6.3.6.1 现有组织形式概述

传统的公法组织形式有国营企业(拥有或不拥有特别基金)、私营企业、公营机构及具有一定目的的协会(由多个乡镇政府和乡镇协会组成),与之相对的是民法组织形式如股份公司或有限责任公司(自主公司)。正如能源供应的法律形式,综合管廊可以由私人企业运营,或由政府运营(尤其是乡镇,但也可以是其他权力机构),或由双方共同运营。政府运营的综合管廊可以在公法或民法组织形式企业里出现。而在混合经济体制的运营中,只能是民法这一种组织形式。基于企业经济的原因,跨地区企业运营综合管廊要优于乡镇企业运营综合管廊。

6.3.6.2 乡镇的组织主权

综合管廊适合哪种组织形式作为出发点,是德国法律层面的主权所有人拥有自由投票选择公共企业组织形式的权利。按照宪法,由乡镇决定是通过公营的法律形式(一般是自营企业)还是借由民法的组织形态来承担其任务。这一选择权是乡镇受宪法保护的自治权(《基本法》第28条第2款)的产物,这里所谓的自治权也包括了乡镇经济上的决策自由,在经济自治的框架下乡镇有权决定采用何种任务执行的形式(组织主权)。乡镇企业的运行可以根据组织性选择自由的原则来进行,因此,原则上乡镇也可以自主选择,是以公营组织形式还是以股份公司或其他民法组织的形式来进行乡镇企业运营。

6.3.6.3 组织形式的特点

基于区域管理机构拥有的选择权,有必要对公共企业可供选择的组织形式的优缺点进行分析,同样适用于综合管廊的敷设。

民法性质组织形式的优点:从部分地区的实践及专业文献观点中,可以归纳出民法性质组织形式的优点。民法性质的自营企业在完成能源供应任务方面具有更高的灵活性(抛去官僚体制的冗余);体现在人员调配不受规定的限制,且不受繁复的公共服务规定的束缚。与公法性质组织形式相比,民法性质组织形式在完成能源供应任务方面具有更高的经济效益;体现在民法层面的自治管理下,在收支方面拥有更多的自由权以及更容易取得贷款,且在营业税方面也能享受到更多的优惠(税前预先扣除部分,较低的税率)。

民法性质组织形式的缺点:虽然专业文献提及了民法性质组织形式的诸多优点,但反对私人化的论点同样也值得考虑,应当将两方面的观点放在一起进行权衡。若选择民法性质的组织形式,首先将造成系统性的危害。支持这一结论的观点主要包括具有宪法效力的预设,关于区域自治(紧急管辖权,责任自负,具有公民自决的特点)的蓝图将随着公共职能的不断下放而不断被削弱。此外,民法性质的主体在这种组织形式下将能够愈加频繁地排除公法主体对其施加的影响和监管。基于此,民法性质的组织形式承担公共职能将导致具有的公共利益被削弱。此外,这一选择在法律上还会受到限制。区域管理机构对于选择民法性质组织形式还是公法性质组织形式来完成任务的选择权,根据《基本法》第28条第2款是"在法律的框架下"受宪法效力保护的。由此,一些联邦州就可以利用这种法律上的限制条件,通过区域经济法的决定对选择民法性质组织进行限制。限制的方式有不同的形式,取决于综合管廊属于《北莱茵-威斯特法伦州市镇制度》第8条意义上的"公法意义上的设施"还是《北莱茵-威斯特法伦州市镇制度》第107条规定的"经济确认"。

为了进一步确定"经济企业"这一概念的适用范围,首先必须确定"经济企业"概念的定义。"经济确认"这一概念的定义不久前出现在《北莱茵-威斯特法伦州市镇制度》中,这是该定义第一次出现在区域基本法中。这一概念出现后,《北莱茵-威斯特法伦州市镇制度》的经济条款不再涉及确切的组织行为,例如经济企业的建立、接管或(实质)变更,而仅适用这个相对描述性的要件"经济确认"。这个概念是指"企业的行为,作为市场上产品或服务的制造者、提供者或分销者进行经营,且私人也能以盈利为目的从事的此类经营行为"。基于这个定义以及上述的考察标准及情形基本可以认定,当综合管廊领域的区域法人及区域企业的行为在特定的范围内时,可以被视为经济确认。只要这些区域法人及区域企业建造综合管廊的目的具有一定的确定性及独立性,则其可以且应当被视为上述意义上的经济企业。

然而,根据《北莱茵-威斯特法伦州市镇制度》第107条第2款第3项内容,若某一机构的行为涉及环境保护(尤其致力于垃圾回收或垃圾处理)、道路清洁、推动经济发展、推动旅游业发展或住房保障,则不需要经济确认。综合管廊的敷设无疑致力于环境保护,因此被涵盖在《北莱茵-威斯特法伦州市镇制度》第107条第2款第3项的范围之内。所以,敷设综合管廊不属于经济确认。在这些不属于经济确认的领域,区域管理机构可以自由选择职能承担主体的组织形式来完成该领域的任务。但《北莱茵-威斯特法伦州市镇制度》第108条第1款第2项的内容需要特别注意。区域管理机构可以建立或参与民法性质的企业或机构,这些设施(《北莱茵-威斯特法伦州市镇制度》第107条第2款)符合《北莱茵-威斯特法伦州市镇制度》第8条第1款(公共机构)所规定的条件,及区域管理机构对建立或参与民法性质的企业具有"重大利益"。通常而言,公共机构这一概念包含下述客体或多个客体的总和,是区域管理机构为了实现特定的公共目的设立的,且对其使用需要州居民或公共目的涉及的特定人群的同意。《北莱茵-威斯特法伦州市镇制度》第8条第1款意义上的设施概念可以被解释得很广。综合管廊因其是依特定人群,即能源供应者的同意而建造的,所以也属于上述范围之内。

《北莱茵-威斯特法伦州市镇制度》第108条第1款第2项的应用还有一个前提条件,即区域管理机构对建立或参与非经济确认具有"重大利益"。只有当区域管理机构力求达到的目的在没有民法性质企业参与的前提下无法达到或不被允许达到时,才满足"重大利益"的条件。重大利益条件满足与否需要在个案中逐一考察,下述情况一定满足,当区域管理机构希望采取混合经济形式,即允许私人参与公共职能的完成。因为在纯粹的公法性质的组织形式中,不允许私人的直接参与。让供给与排污企业参与综合管廊的建设与维护活动对综合管廊的保养与监控是有好处的,因为这些企业有技术诀窍、专业人员以及专业的设备支持上述活动。因此,民法性质的企业加入非经济确认所必需的前提条件"重大利益"才得以满足。

《北莱茵-威斯特法伦州市镇制度》第108条第1款第3项规定,吸纳民法性质企业的前提还包括区域管理机构的责任必须被限定在一定的范围之内。必须避免区域管理机构陷入不可预计的财政风险中。当区域管理机构作为出资方参与到股份有限公司、有限责任公司、有限合伙企业或股份制有限合伙企业中时,上述条件即得到满足。而具体以何种的形式参与,则由区域管理机构根据具体情况自行选择。此外,区域管理机构的行为必须符合《北莱茵-威斯特法伦州市镇制度》第108条第1款第4~8项所列出的其他条件,即区域管理机构不能接管或承担数额不确定或无法计算的损失;区域管理机构必须在企业或机构内具有一定的话语权,尤其是出于监管的考虑,这种话语权必须通过公司初设的协议、公司章程或其他形式确定下来;必须通过公司初设协议、公司章程或其他组织性文件确保公司的经营目的与公共目的一致;必须保证公司按照相关类型企业经营所依据的规定要求编制年报及情况报告并接受监督和抽查。

6.3.6.4 不同的企业管理模式

有许多不同的企业管理模式,这里列举民间兴建营运后转移模式(BOT模式)以及合作模式作为例子。

BOT模式的特点在于,通过支付酬金的方式将综合管廊的运营工作交付给独立的私人运营商,过程中乡镇无权直接决定或参与决定综合管廊的管理,亦不存在诸如自行实施任务时所产生的工作小组。BOT模式下,乡镇充其量只能通过一系列协议(经营协议、人员调度协议、冲裁协议和租地造屋协议)来施加影响,因此,乡镇在BOT模式下无法再施加直接的影响。

与BOT模式相比,在合作模式中乡镇可以在企业由多方参与的情况下施加更大的影响。如同BOT模式一样,在合作模式下是由民法企业规划、资助并建造综合管廊。不过,在合作模式下,除了该民法第三方之外,乡镇本身以多数股份(一般是51%)参与该企业。

企业里公私合作双方(公私伙伴关系)的适度平衡得到项目安全优势作为补充,而这一项目安全系通过公方伙伴企业经济的管理及其作为私方伙伴动议方产生的营销效应而实现。就此而言,在涉及综合管廊运营议题时,为了实现综合管廊的建造和运行,可以采用合作模式或BOT模式。此种运营形式的优点在于公法伙伴将需要规划综合管廊的不动产作为其原始资金引进,而民法伙伴通过现付将流动资金作为其份额注入。综合管廊所有方与能源管线运营商之间,以及运营商有限公司(或亦是运营方)与能源管线运营商之间需要缔结协议,以授予能源管线运营商使用综合管廊的权利。有多种协议使用的形式可供选择,如租用协议、使用协议或租赁合同。比如在采用租用协议时,使用方要租借其管道敷设所需占用综合管廊的面积,即其管道敷设所需要的空间,除此之外使用方还要租借综合管廊用以实现其功能所需的集体空间中的一部分。占用综合管廊的租金可以根据成本覆盖原则确定。

租用协议模板详见附录B。

运营方或运营商有限公司、公司负责人(比如有限公司)与能源管线运营商之间的租用协议模板详见附录B。

6.4 结语

本章有关综合管廊的法律问题介绍实际上是在工程实践中所涉及的所有法律关注焦点所在。重大的科技发明历史表明,发展的实现是由多个阶段组成的,而技术发展是科学和科技发展的先锋,而立法机构把与科技发展相关联的现象纳入现有法律体系的行为总是滞后的。笔者希望通过本章的论述使人们了解,所展示的综合管廊等技术在发展上的问题与解决方案,表现出我们妥协于现行法律基础而不关注新兴科技成果的弱点。从法律角度来看,综合管廊技术的引进面临的困难是缺乏明确的法律规定保障。

附录 A 综合管廊操作规程

德国非开挖和管道维护协会第 10 号文件(1999 年)

1 目的及适用范围

本操作规程适用于所有在××市××综合管廊内有人员进行停留及工作的企业行为,旨在保护人员、管线及设备免受影响和损害。综合管廊的详细描述可作为附件。

这类企业行为的安排必须在正常工作及发生意外的情况下,从管线开始使用到计划停止使用之间,保障供应的需求及安全。

对于构件的使用及管线系统的保养而言,管线运营商基于相关的法律法规制定的指南有一定的约束力。

2 相关法人及法律基础

所有方:综合管廊的所有方是××。

建筑及其中现存的运行设备所有权,参照××年××月××日通过的决议/法规确定。

运营方(管理方):综合管廊的运营方是××。

综合管廊所有方及运营方的权利与义务已在××年××月××日签署的准许协议/管理协议中作出规定。

运营方通过监控中心及适用于生产管理的建筑物承担其工作职责。

其坐落在××(地址、电话)。

运营方必须根据普遍公认的安全技术和职业健康,为所有企业行为设立意外预防措施。对此,可制定专门的另行规定。

使用方:本操作规程中的使用方指与综合管廊所有方及运营方签订使用协议的敷设于综合管廊中管线的所有方(管线运营商)。

所有使用方均列入运营方的使用方名单。

外部企业:所有与所有方、运营方或使用方缔结协议并执行的承包企业称为外部企业。

授权人员:本操作规程中的授权人员指基于工作指南和职能安排完成工作、履行职责的所有方、运营方或使用方员工。其需要在登记册上登记自己的姓名、公司、职能、电话或传真。

临时授权人员:本操作规程中的临时授权人员指所有由相关工作指南授权在综合管廊内进行工作及因特殊原因进入综合管廊的人员。

未授权人员:本操作规程中的未授权人员指,所有不具备进入资格的人员。

3　工作职责

3.1　运营方职责

3.1.1　综合管廊运营方必须长期保证综合管廊正常、安全运行,包括但不限于如下责任:

(1)保证所有管线及设备在规划规定的空间位置。

(2)保证随时可由使用方对管线系统进行控制、使用、保养和检查。

(3)保证运行设备的功能正常及综合管廊内的清洁。

(4)保证综合管廊内适合管线运行的温度与湿度。

(5)监控综合管廊内运行设备,以保证其正常及安全运营。

(6)保证建筑外壁、通道及出入口的密闭性,以防水气渗透。

(7)在维持其他使用方运行状况的情况下,可对管线及配件进行补充、更换或拆解。

(8)在出现运行故障及意外时,避免引起次生灾害。

(9)维持安全运行的管控。

3.1.2　运营方必须在各使用方之间发生争执时,从安全技术和合理性的角度进行协商或仲裁。

3.2　使用方职责

3.2.1　使用方在其管线系统控制框架下,必须保证正确使用综合管廊(包括运行设备)。其必须遵循操作规程的所有内容,并且告知综合管廊的其他使用方工作指南。同时,使用方必须在引起功能故障或损坏后及时通知运营方。

3.2.2　使用方必须在其发现综合管廊中的管线系统、综合管廊本身或其他使用方的管线系统发生功能故障或损坏后,立刻通知运营方的监控中心。如果条件允许,还可以根据预案实施保护措施。

3.2.3　从使用方的角度来看,在综合管廊中停留及对其他管线系统进行作业,均不能影响或损害到其功能。使用方不能违反其他使用方的工作指南。禁止使用方自己或第三方委托机构侵入并影响其他管线系统的正常运行。

4　安全措施

4.1　管控

4.1.1　运营方主要通过监控中心来完成管控,部分岗位必须全天(24h)值班。如有特殊情况,运营方必须及时告知使用方。

4.1.2　运营方需要进行管控的内容如下:

(1)照明及供电系统的运行情况。

（2）对讲设备及信号传输设备的运行情况。

（3）锁定系统（如有必要，连接指示器及位置指示器）的运行情况。

（4）保护层、隔离层、门、梯子、踏板和逃生路线的使用及安全情况。

（5）通风系统的运行及控制情况。

（6）水泵、泵坑、进水口和排水沟的运行情况及清洁程度。

（7）水位指示器及渗漏指示器的运行情况。

（8）温度及空气湿度的测量情况（如有）。

（9）气体警报器及烟雾探测器的运行情况（如有）。

（10）建筑结构状况及支撑结构状况的常规管控。

（11）发生机械损伤时的电位平衡检查。

4.2 培训

4.2.1 授权人员需定期（至少1年1次）接受操作规程内容的培训，包括综合管廊中各自的工作及危险情况的处置。

4.2.2 临时授权人员需在每次上岗时接受培训，培训之后将开具含有效期的许可证明。携带作业工具及辅助设备需在许可证明上进行记录。

4.2.3 对临时授权人员在综合管廊内的行为、保护措施、安全装置使用及文件学习上的培训，需要其签字确认。

4.2.4 所有培训均由运营方的授权人员进行，并有序保管相关记录及情况汇总。

4.3 安全装置

4.3.1 固定安全设施（包括安全标示）的安装、运行及保养，根据综合管廊规划、施工及运行指南中第5部分的安全技术装备要求进行。

4.3.2 管线系统中的管道、电缆、装备及配件均需要根据当时实行的规定运行、保护和维护。

4.3.3 急救设备包括急救车上的简易急救箱（根据德国工业标准 DIN 13157）以及监控中心内的大型医疗箱（根据德国工业标准 DIN 13169）。

4.3.4 对于每个在综合管廊内改变管线状况的措施，都需要在作业地点附近放置手提式灭火器，以应对可能发生的火灾。灭火器放置的地点和数量可以根据在安全规划中确定的火灾危险级别和由此需要的灭火能力确定。

4.4 运行故障、意外、火灾或紧急情况处置

4.4.1 管线运营商对其管线的敷设，不能对其他管线或在综合管廊中停留的人员造成危险。

4.4.2 在发现运行故障时，监控中心必须立即以报告的形式告知（可能的）故障类型及准备实施的措施，其他安全措施根据使用方和运营方之间的协商确定。

4.4.3 在发现意外时，必须立即对相关人员进行急救。与此同时，还需要决定是自行急救或等待他人救援。

4.4.4 在发现起火时,必须立即使用灭火器进行灭火。在发生火灾时必须第一时间从最近的出口离开综合管廊,监控中心必须根据状况简单描述实际情况。

4.4.5 在发现危险及紧急情况时,必须立即撤离综合管廊。监控中心须立即报告意外事件。

4.5 文档建立

4.5.1 运营方与当地的消防队应制定一份消防应急预案,并每年更新一次。

4.5.2 根据通知顺序需设置警报机构,由其向运营方进行告知,所有授权机构或人员通过运营方获得信息。

4.5.3 授权人员每年将根据操作规程进行一次急救措施及警报机构调整的培训,并进行相关记录。

4.5.4 使用方需递交其管线网络的实际运行管理计划,并登记其管线系统构件及设备的位置和功能。

5 综合管廊内停留规定

5.1 进入及巡视

5.1.1 进入及巡视指在工作日中,以使用、管控、检查或保养管线系统及综合管廊运行设备为目的,停留在管廊内的情况。

5.1.2 授权人员可以随时进入综合管廊。其在接受培训并签字确认后,方可获得进入综合管廊的通行证(例如门禁卡)。

临时授权人员可以根据管廊培训情况在限制时间内进入综合管廊。

两者均需保证不将未经授权人员带入综合管廊。

所有人员必须谨慎、合理地使用综合管廊的运行设备。

5.1.3 所有改变或限制管线工作情况的行为,只能由管线运营商的相关人员执行。

5.1.4 每次进入综合管廊人员的数量至少为2人。

进入综合管廊的人员相隔距离不得超过彼此的可视或可听范围。进入综合管廊的时间必须在监控中心规定的时间内,报告中还需要包括进入综合管廊的原因。离开综合管廊时,需向监控中心告知具体位置。

5.1.5 发现异常(例如功能受限、损坏、故障或火灾)时,必须立即上报监控中心并撤离综合管廊。

5.1.6 使用方每季度向运营方递交巡视及保养计划,其中需注明保养的时间及简单介绍、相关综合管廊区段、携带的作业工具和材料。

运营方以此确定合适的时间表并提供给使用方。时间表每季度更新一次。

5.1.7 运营方及所有使用方的授权人员需要每季度汇报一次实际情况。一般情况下,运营方与各使用方每季度进行一次协商。使用方各自的巡视由运营方根据作业范围及损坏程度统一进行安排。

记录所有巡视情况。

5.1.8 综合管廊的出入口及紧急出入口在没有人员在综合管廊内停留并进行管线保养期间保持关闭状态。当有人员停留在综合管廊内时,可以与监控中心协商将相关的出入口打开。

5.1.9 出入口在打开的情况下必须有人员设置路障以保障安全,在交通区域还需要额外设置路障指示设备。在公共交通区域内设置路障须向政府主管部门提出申请并报备。

5.2 保护措施

5.2.1 保护措施指有助于劳动保护、健康保护、防火、防爆及环境保护的指示和要求。

5.2.2 人员在综合管廊内停留时必须穿戴安全帽和安全鞋,不得在综合管廊内吸烟和饮酒。同行者中至少有一人携带供电电池并有保护的手提灯。根据作业任务,管线运营商的劳动保护规定同样适用于工作服及装备。

5.2.3 在进入综合管廊之前,首先需要通过监控中心或便携的测量工具对综合管廊内空气的氧气浓度、有毒气体及易燃易爆气体浓度进行监测。

在停留综合管廊内,对空气中成分比例的监测必须重复进行。不适用于这一监测方法的综合管廊必须进行相应的说明。

5.2.4 急救设备必须存放在综合管廊的入口区域(如应急车辆内或建筑入口处的接待室)。对于特定作业项目,急救设备必须随身携带。

5.2.5 在发现综合管廊内起火、冒烟或存在有毒有害物质及易燃易爆气体时,必须立即沿标记的逃生通道从最近的出口撤离综合管廊。

5.2.6 禁止通过综合管廊的排水设施排放导致水污染的物质。消防应急预案内的相关措施适用于灭火器的使用。

5.2.7 综合管廊出入口附近的树木必须在与相关管理部门或私人所有者协商后移除。

5.2.8 所有动物的生活空间将通过合适的方法远离综合管廊。在消除害虫及避免动物死亡的过程中,必须执行相应的警务规定,并向城市的相应管理部门提供规划方案。

只能在有标记且在入口处具有相应防护的位置进行综合管廊内有毒物质的排放。

5.3 管线保养

5.3.1 管线及其配件的保养由使用方进行规划,并根据5.1.4中的内容向运营方进行报备。除了保养规划之外,其他措施必须及时(至少提前一天)与监控中心进行协商。

危害清除作业同样也需要向监控中心进行协商。

5.3.2 使用方的工作委托及责任范围内的规定适用于具体作业的实施。

日常工作的开始及结束必须在进入和离开综合管廊时向监控中心进行报备。

安全措施由运营方和使用方进行协商。每个工作日都必须在运营方、使用方及第三方机构完成沟通后进行保养作业。

5.3.3 若进行焊接、切割及类似作业,需要由综合管廊运营方开具焊接许可证。

防火安全岗位需要有一名人员在岗。

5.3.4 电焊作业时,焊机的最大电压值为 42V。

5.3.5 原则上在综合管廊中不得使用压缩气瓶。

当遇到不得不使用压缩气瓶的情况,需要有特殊的安全措施(检测所有设备部件的密闭性,设置安全防护人员及逃生通道)。

5.3.6 作业过程中存在明火时,必须将易燃物质放置在远离明火 1m 的安全距离之外,并用不易燃烧的材料进行覆盖。

5.3.7 管线、配件、仓储及支撑结构不得用作底座、固定点或存放区域。

5.3.8 切割分离管线或更换配件只能在原有导电桥接(电位补偿)的基础上进行。

5.3.9 粉刷作业必须使用稀释剂含量较少的粉刷材料。在粉刷和烘干的过程中,必须进行足够的通风。

5.3.10 清洁作业必须尽量避免粉尘污染。

5.3.11 在所有作业活动的实施过程中,必须小心对待其他的管线及设备,不得对其他管线及设备造成影响或损坏。

5.3.12 如果在进行作业的过程中损坏了其他管线运营商的管线或运营方的设备,需要立即告知监控中心。责任人不得自行对损伤进行修复和消除,必须在对产生的危险进行评估后才能进行相应的安全处理。

5.3.13 在 1 天的作业结束后,必须对施工场地进行清理,确保所有管线及设备正常运行,并且保证逃生和急救通道能够正常使用。在离开施工场地后的 1h 内,相关使用方方可进行复查。复查结束时,需要向监控中心进行报备。

5.3.14 作业工具及材料的使用和操作具有以下限制:

(1)原则上不能限制综合管廊可通行的特性。逃生通道和应急出口必须长期保持畅通。

(2)综合管廊内只能使用大小合适的作业工具,并且其形状和大小、敷设和振动对整体安全没有影响。

(3)综合管廊内不得使用内燃机。

(4)用电设备只能在规定的位置使用。

(5)支撑结构、软管及其他辅助设备不得限制其他管线系统及逃生救援通道的正常使用。

(6)综合管廊内不得存放材料和作业工具。

(7)综合管廊内材料使用的临时性存放需要参考合适的技术规定。除此之外,此类仓储形式必须与运营方协商。

(8)综合管廊中只能使用防火材料。

(9)禁止存放易燃材料。

5.4 管线的启用和停用

5.4.1 使用方必须及时告知综合管廊的运营方,其管线将临时性或长期地启用或停用,并采用管线启用计划或书面报告的形式告知第三方,内容包括时间节点、时间期限、相关行动及限制。

5.4.2 管线启用的规定适用于综合管廊内其他作业。对于特殊的行动(例如压力测试、缺陷定位),安全防护措施需要由所有使用方共同商议,综合管廊运营方负责协调。

5.5 管线的翻新、更换及拆除

5.5.1 管线翻新、更换及拆除作业必须及时以书面形式通知运营方。为此需要准备事实说明和概要,并以此与运营方进行协商。

5.5.2 管线启用的规定适用于综合管廊内其他作业。当特定的作业方式对邻近管线产生不可避免的影响时,是否实施需与所有使用方共同商议后确定。综合管廊运营方负责协调。

5.5.3 运营方可按规定的期限要求使用方拆除无用的管线。

6 责任及保险

6.1 保险

6.1.1 通过由运营方签订的综合管廊责任保险,根据附件一的内容,可以对管线系统受损投保,其对建筑缺陷、运行设备缺陷或低效的仓储和管线支撑结构(如果在运营方的所有物内)有效。

6.1.2 管线运营商为其综合管廊内的管线分别签订保险合同,并必须告知运营方。

6.1.3 授权的外部企业必须证明,在职业责任保险履行的过程中,对委托人有足够的覆盖金额。

6.2 责任规定

6.2.1 在管线或综合管廊内产生的所有类型损坏,其责任都由责任人承担。使用方或运营方(或所有方)有责任找出责任人。如果无法查明责任人,则将其他人的责任排除在外。

6.2.2 除6.2.1所述的损坏(例如"不可抗力")其他由所有使用方按规模比例承担总费用中各自的费用。运营方(或所有方)的责任仅在计划和失职上存在。

6.2.3 根据本操作规程,限制管线正常运行秩序的违法行为,需要由运营方对责任人提出指控。责任人需要承担修复管线及综合管廊正常运行秩序的必要费用。

7 其他事项

本操作规程自××年××月××日起正式生效。

使用方签订使用协议视作同意本操作规程。本操作规程内的增补、修订及删减由运营方(或所有方)提出,如不影响使用对象和范围,则无须各使用方同意相关内容即可生效。如果其不适用于个别使用方,则运营方(或所有方)仅需征得相关使用方的同意。

附录 B　租赁合同(使用合同)

综合管廊运营公司/开发公司由企业管理层代表,以下记为出租方与管线运营商(如××管线运营公司)。

由董事会代表(以下记为承租方)签订针对综合管廊使用的租赁合同如下:

第1条　适用范围

1.本协议之规定适用于综合管廊使用,其位置在所附地图中由××测量公司确定标记。

2.本使用权规定亦适用于分支管廊,其作为综合管廊的分支,由独立土地所有者敷设完成或将要敷设。

对应的敷设责任在有利于授权人与乡镇政府的情况下,要与各土地所有者通过缔结协议的方式获得保障。

第2条　合同基础

1.××年××月××日颁布的综合管廊规范系本合同之诉因。

2.莱茵兰技术监督协会的技术安全鉴定系本合同之诉因。

第3条　合同内容

1.承租方被授予第1条所述综合管廊的无限期使用权,用以敷设管线。

2.出租方向承租方提供综合管廊内包括专供调控及安全技术线路在内的管线线路,以供使用。

3.出租方基于莱茵兰技术监督协会技术安全鉴定的推荐决定管线线路位置。

第4条　租金

1.承租方自××年××月××日起支付租金××欧元(含法定增值税)用于综合管廊使用。

2.租金每半年提前支付一次,也即当年的1月1日与7月1日支付接下来半年的费用。不单独公布账目。

3.租金用于补贴现有的综合管廊维护和保养费用。

第5条　出租方的义务

1.出租方有义务维持综合管廊现状,并负责综合管廊建筑外壁的保养以及保障综合管廊的日常维修。此外,出租方有责任对建筑外壁进行检查。

2.根据所附的综合管廊规章制度,出租方应派人每周对综合管廊进行巡视检查。

3.出租方有义务每年与承租方一同对管线进行巡视。

4.出租方应设置综合管廊监控中心。承租方应被告知该入口的具体位置、电话信息、在岗时长以及非办公时间紧急情况下的呼叫号码。

5.出于保障综合管廊运行安全,出租方应基于各承租方给定的保养和巡视周期制定巡查计划,该计划应确保各承租方的工作不受干扰。

6.出租方应核查所有不属于供应管道的钢制构件(如应急出口门、梯子、工作台、伸展台以及防止事故发生、确保高效、防止腐蚀侵害的接合点)，并排除已经确定的缺陷。

7.出租方应维护和运行通风设备及水泵,包括集水坑的清洁。

8.出租方应设置防火设备。

9.出租方应立即排除承租方所发现的但并非承租方所引发的综合管廊缺陷。

10.出租方承担下列任务作为组织工作：

(1)在总图纸中汇总所有承租方的竣工图纸和修订图纸,以便在营业所向各承租方作为信息展示。

(2)当施工对其他承租方的电缆和管道有影响时,出租方要立刻通知相关企业。并与其他承租方一起进行清障工作。

11.只要综合管廊由出租方敷设,那么出租方要对综合管廊的安全性、可接近性、可通行性以及可敷设性进行担保。

12.出租方应自行对可能出现的风险投保。

13.出租方应保证禁止让未授权人员进入综合管廊。

第6条 承租方的义务

1.承租方有义务维护供应管线,包括操作技术方面的安全器械的维护和保养。

2.承租方在综合管廊内的所有维护、修缮、拓展和敷设等工作都要分别向出租方报备。报备内容必须包括施工类型、目的、人员数量、涉及线路、工程开始与结束日期等。在无法事先进行书面通报的紧急情况或毁损情况下,应在事后向出租方立刻补交所有需要的信息。故障情况应由承租方就程度、范围和时间进行记录。

3.如有必要实施关闭措施或使管线区域设施停止运转,则必须将此类措施的必要性降到可行范围内的绝对最低值,若可行且在经济角度合理,则尽量安排在普通停工期内进行。

4.若在清除干扰的过程中需要对综合管廊网络或网络的部分进行技术变更,则需要由管线运营商补上一份对应的运行规范追加许可。

5.茵兰技术监督协会推荐的针对管线的安全系统应付诸使用。基于安全鉴定的建议以及所有相关准则,承租方与出租方应就承租方管道的材料、压力比、所传输之物质达成一致。

6.承租方负责其装置的专业敷设以及投入运营之工作,并自行负责其管线的支架结构。该结构只允许在主管道内的垂直支撑结构上及底部混凝土上使用。承租方无权对支撑结构或建筑外壁的力学平衡产生干预。

7.承租方有义务在其工程交付执行前向出租方呈交其安装规划的项目细则,包含所有必需的技术报告。出租方必须在4周内做出回应,并向承租方书面回复其顾虑与异议。

8.此外,承租方有义务在竣工后的4周内,向出租方呈交其管道的竣工图纸(包括操控和安全设备)。在工程涉及管道变更时,必须立刻更新管道图纸。承租方需要保证其所呈递附件的完整性。

9.原则上承租方不允许在综合管廊外壁进行钻孔或焊接。如涉及例外情形(如需要接通综合管廊外的消火栓等),则须事先通知出租方,并需要出租方批准该项工作。

10.承租方有义务遵守涉及综合管廊及其敷设管道的防火规范,并密切关注管廊内的秩序、安全与卫生。

11. 只要现阶段在技术上可行,并且在经济上合理,就应当优先使用不易燃材料。

12. 在综合管廊内工作期间,承租方有义务确保竖井入口和井道免受损坏。

13. 承租方有义务严格遵守综合管廊管理规章(如事先通知并登记入综合管廊记录册)。

14. 承租方有义务每年与出租方所派人员一同对综合管廊进行巡视。

15. 承租方有义务保障综合管廊内自有系统的安全以及确保其雇员工作认真仔细。

16. 承租方有义务使其综合管廊内的设备按照技术的最新要求进行优化更新。

17. 承租方有义务将其于综合管廊内在工作期间发现的综合管廊系统或其他承租方管道的异常情况以及其他缺损立即以文件批注形式向出租方报告。

18. 承租方有义务在每次离开综合管廊后,按协议规定,将所有使用的出入口关闭并上锁。

第7条　承租方的权利

1. 承租方有权利以巡视为由,进入综合管廊并对其设备进行必要检查。

2. 承租方同样有权利对其设备进行其他的维护工作。

第8条　出租方的权利

1. 在承租方提出紧急工作要求,并且事态不允许其他承租方进行事实检查的情况下,出租方有权与涉事综合管廊承租方重新商议确定新的检查计划及时间节点。

2. 第1款同样适用于毁损情况。

第9条　有效期限与解约

1. 本合同自××年××月××日起生效,长期有效。

2. 解约需要书面提交申请。解约申请必须在当年年底前×个月前提交。

3. 出于重要原因的解约权利不受影响。

第10条　其他协定

1. 本合同的变更、补充与解除都需要递交书面申请。

2. 部分条款失效不会触及本合同整体有效性。

3. 受理法院的所在地即出租方所在地。

4. 本合同一式三份,出租方、承租方、乡镇政府各保留一份。

附录 C 综合管廊的规划、建造与运营
（第二部分：综合管廊的运营与养护）

德国非开挖和管道维护协会工作小组纲要(2001 年 6 月 4 日)

1 前言

综合管廊是指建造在地下用于敷设各种管线的市政公用设施。综合管廊的建设能够保证在不反复开挖地面的情况下,对管线进行定期养护、维修、更换。

为了保障综合管廊的安全运营,应按照要求对综合管廊进行日常的养护。

2 法律形式

对综合管廊的养护管理应当按照协议规定的要求进行。协议双方应对综合管廊的正常使用要求达成一致。在协议中必须充分考虑到综合管廊的安全运营要求,并充分考虑公共利益和综合管廊运营公司利益的平衡。

在确定综合管廊运营方或管理公司的权利和义务时,应当在坚持公共利益至上的同时兼顾土地所有者的私人利益。

在所有方与运营方订立的管理或经营协议中,无论双方采取何种法律形式上的合作,都必须在协议中就财产、结算及税务工作的分工与基本的财务问题做出清晰的约定。

在运营综合管廊的过程中必然还会涉及运营方与各使用方(管线权属企业)的合同关系。在准许使用合同中预先规定双方的权利和义务,如安全计划、养护计划、登记与证明规则等。这其中应当包括对相关方责任、组织义务、监管义务划分的基本原则。运营方也应购买与其责任相关的保险。

3 建筑保养

3.1 保养对象

对综合管廊的养护主要包括以下几点:

(1)保证综合管廊各部分完好且能正常工作,如综合管廊主体结构、建筑、地基、支撑结构及附属设备。

(2)管理并监控综合管廊内管线系统的运行情况,包括工作人员在综合管廊内的活动、工作情况、安全情况、内部环境是否受气候变化的影响,出入综合管廊是否受阻。

(3)测量、存储及调控设备的运转,尤其是通风、排水及运营供电设备。

(4)对综合管廊内部的清洁工作,尤其是综合管廊及升降通道底部、连接通道、梯子、台阶、综合管廊入口及集水坑。

3.2 建筑保养的要求

为了保障综合管廊各部分完好并正常工作,需遵循以下要求:

应保障整体建筑工程设施及工程技术设备完好、无故障且符合预期的使用目的。将工程和设备的技术参数汇总在特定的文件中,如在地图或位置图中。

为了对运行情况进行管理并监控,需满足以下前提条件:

(1)保证工作人员能安全且无障碍地进出综合管廊,并能够在综合管廊内开展检测、维修工作。

(2)在运行规则和安全计划中制定完整的运作标准体系。

(3)通过运行日记或电子设备记录存储每天重要的运行活动。

(4)在指令报告中指出每个责任人相应的专业知识和对综合管廊实际情况的了解程度。

(5)将设备的机械及电子功能参数记录在技术记录手册或检测报告中。

为了保证设备的正常运转,下述所有必要的组织及专业前提条件必须得到满足:

(1)设置监控中心,交替巡逻区域,相关工作人员需具备专业资质,对设备编制检测报告。预先在运作规则及安全计划中划分好工作范围。

(2)为了保障综合管廊的正常运作,综合管廊的使用方需要将其在综合管廊内敷设管道的重要技术参数报告给综合管廊的运营方。

(3)使用方对上述重要参数的变更需要征得综合管廊运营方的同意,并在运营日报中确认该变更。

(4)使用方必须对其首次敷设管线、完善敷设、更换管线或重建管线提交装配计划。以将确保后续相邻管线及设备的正常、无障碍运行。

综合管廊保养文件的主要内容包括:

(1)综合管廊所有方和乡镇及土地所有者之间需遵守的规则:就长期使用的基本原则达成的协议。

(2)综合管廊所有方和管理方之间需遵守的规则:运营及管理协议。

(3)综合管廊管理者和使用者之间需遵守的规则:使用及租赁协议、基于统一标准的工作计划。

(4)其他规则:工程维护的组织架构、工程技术文件(标有设备位置及参数的地图及位置图)、操作规程、运行日记、安全计划、等级规则、防火设施计划图、维修保养规划、财务规划、证明规则、指导及资质证明、技术记录手册及检测报告、保险等。

4 运行设备

4.1 概念及注释

综合管廊运行设备指的是保证综合管廊内管线能正常运作,且保障人员能在综合管廊内安全作业而设置的附属配套设施。选择所需的所有设施是为了保证设施的规格与安全符合要求，能正常运行。设施所处的位置及功能特点都必须记录在相应的工程技术文件中。

基础必备的运行设备包括：

4.1.1　排水设备

排水设备的主要作用是收集并排出废水。废水是由于清洁、鼓风或排气过程产生，特定情况下也包括消防用水。除此之外还包括建筑工程局部渗水及管道组件渗水导致的流入综合管廊底部的污水。此外，综合管廊之外的地表水及地下水也将由排水系统收集并排出。

4.1.2　通风设备

通风设备主要负责整个综合管廊敷设空间、装配空间及运作空间的排换气。通过工程设施（如通风竖井）及设备（如通风设备）确保满足综合管廊运行所需的足够的空气流通。

4.1.3　电力设备

电力设备保障了综合管廊内管线系统的运作和养护。电力设备主要有照明系统，包括紧急照明装置和插座（220V/380V）。此外电力设备还为泵、通风设备及信息系统的运行提供电力。

4.1.4　人员出入口及紧急出入口

人员出入口确保了相关人员能安全且无障碍地进出综合管廊。紧急出入口则保障危险情况下人员能安全撤离。人员出入口和紧急出入口都应配备相应的门禁系统。

4.1.5　梯子、台阶、平台及走廊

梯子、台阶、平台、走廊及防跌落安全措施都确保了相关人员能安全地在综合管廊内活动并维持综合管廊的运作。

4.1.6　装配孔隙、装配空间及装配辅助

装配孔隙、装配空间及装配辅助保证使用方在综合管廊内敷设、更换及重建管道。

4.1.7　信息与交流设备

信息与交流设备保证了综合管廊内部、综合管廊之间以及与监控中心及救援平台的信息交换。测量、存储、调控及预警系统都在为信息交换服务，此外还包括综合管廊内的一系列标识和指示牌。交流系统可以是有线、无线或两者相结合。

4.1.8　防火设施

防火设施保障了在综合管廊内活动的相关人员的生命与健康，保护了综合管廊内敷设的管道系统并在火灾发生时防止火势的进一步蔓延。

4.1.9　电位平衡及接地设备

电位平衡及接地设备可防止过高的接触电压，并平衡综合管廊内不活跃部分、金属部分及地线的电位潜在不平衡。

4.2　运行设备要求

4.2.1　排水设备

排水设备的建造必须保证综合管廊底部的废水在一定时间内经由一个集水坑完成收集并排出。

排水设备的组件必须是可检测并可维修的。必须使排水设备符合相关现行有效的法律

规定及监管机构的标准,并通过相关的验收。

4.2.2 通风设备

通风设备的运行是为了保证综合管廊内的空气条件符合职业健康的要求,保证相关人员能够安全地在综合管廊内开展工作。综合管廊内具体的通风方式因其所在的位置和对防火的要求不同而有所不同。根据综合管廊的位置和落差,在综合管廊的某些位置可能采用自然通风,某些位置可能采取人工进行排换气通风,也可以将两者相结合。

4.2.3 电气设备

电气设备是指能支持所有耗电设备正常有序运行与服务的设备。

来自供电网络的电力可以通过一个或多个供电站提供,且经过总配电盘与下属配电盘进行供电。

投入使用的电气设备如电线、照明用具、开关、按钮及插座应符合"防尘防潮"的要求。

照明强度应符合"定向照明"的需求。在选用插座的时候应当考虑插座的用途与相应的保养安装要求。耗电设备将由固定电线供电。对这些设备的安装和保养需遵循德国电子协会认证(VDE)的相关要求。

4.2.4 出入口及紧急出口

必须保证相关工作人员能通过楼梯、台阶或梯子安全进出综合管廊。同时安装防水并满足使用需求的门及井盖,防止未经许可的人员进入。紧急出口处应保证工作人员在不需要其他帮助的情况下能轻易安全地爬出综合管廊。

4.2.5 梯子、台阶、平台及走廊

在所有人员行走或操作相关设备困难或受到阻碍的位置,都需设置梯子、台阶、平台或走廊。必要的时候通过利用平缓的地势,配置把手和护栏来保障这些辅助设施的安全性。

4.2.6 装配孔、装配空间及装配辅助

应在综合管廊内预留装配孔,孔间应留有足够的距离,并在管道完成敷设后填补这些装配孔。装配空间是操作空间及管道敷设空间之外的预留空间,使综合管廊的使用方在使用期间不用再进行挖掘工程就能完成对管道的敷设与拆除。

应在综合管廊内备有支架、锚固、锁链或手推车,已备使用方在装配管道过程中有所需要。

4.2.7 信息与交流设备

信息与交流设备应按照操作及安全管理需要预先设置。基于操作文件预设的远程监控与远程操作的目标,推荐安装下述设备:排水系统的水泵控制设备、通风系统的空气控制设备、低洼处的水位监测设备、入口及行道处的监控设备、气体成分监测设备(选择性安装)、火灾报警器(选择性安装)。

4.2.8 防火设施

防火设施是指为了实现安全计划预设的目标,在结构性防火措施及使用防火性材料之外设置的设施。

依敷设管道及防火性选择以下设施:水密隔仓、防火门、防火墙及防火隔板、防火阀门及烟雾挡板、观测孔、防火且气密的管道连接器、防火设施只能由专业公司装配并养护。

防火设施与通风设备必须协同运转。

4.2.9 电位平衡及接地设备

非导电设备与导电设备之间以及综合管廊中设备部件与保护层之间的电位平衡通过电位平衡线来实现。为避免较高的接触电压,电力及通信电缆必须接地。

接地设备及电位平衡线必须根据相关标准执行,其可通过绝缘故障及电流差找寻系统并进行完善和补充。

5 检查与保养措施

由于综合管廊各个工程部分的荷载及磨损性能都不相同,对其的检修应基于功能丧失及结构部分、设施及设备的具体损害而定,见表 C-1。

主要检查及保养工作列表 表 C-1

项目(测试基于可见缺陷及损坏)		周期(为最低限度的周期间隔,当设备临时性停止运行时也需要检查及保养)
建筑外壁结构 (综合管廊及所有功能性设施)	裂缝、不密闭的接缝、构件错位、凹洞、沉降、变形、腐蚀及潮湿环境	每年一次
	综合管廊及电缆性能状况	每年一次
	污染	每年一次
管道系统、固定设备	支架、座架、平台及悬挂状况	每年一次
	装配工具及围墙状况	每年一次
	泵、回流阀及填料高度指示器状况	半年一次
	关门系统功能	半年一次
	电力、高压电、备用电供应功能(含保护电路)	半年一次
	照明设备功能	
	电子模块(如传感器、探针、触点及附属电路)功能	
	综合管廊底部、出水沟及排水沟清洁	每年一次
	通风设备、栅栏及保护罩功能	每年一次
	门、小窗及顶盖(包括入口辅助设备)功能	每年一次
	爬梯及楼梯的功能及固定	每年一次
	通道、防振防坠落安全措施及保护层(包括操纵杆、手柄及扶手)	每年一次
	说明警示标识及涂色的可视性	每年一次

项目(测试基于可见缺陷及损坏)		周期(为最低限度的周期间隔,当设备临时性停止运行时也需要检查及保养)
管道系统、固定设备	电位平衡及接地状况	每年一次
	电子设备整体复查	每四年一次
可移动设备	测量仪功能	每年一次或按制造商说明进行
	灭火器功能	每两年一次
	个人保护装备(包括安全带)	每次使用前
	应急车辆及其装备状况	每次使用前
	急救设备的完整性	每年一次
	交通安全技术	每年一次
	卷扬机、升降机、牵引机等其他起重设备功能	每年一次
	金属加工器械功能	每年一次
	应急供电设备功能	每年一次
	焊机功能	每年一次
	泄漏及运行产生积水的排水设备功能	每年一次

为了保障综合管廊内所有工作能够不受阻碍且安全地进行,有必要每隔一段特定时间就对其进行检修,见表 C-2。

每千米综合管廊进行维护、检查及保养平均时长   表 C-2

项 目	平均时长(h/年)
协议规定的运行组织检查	500
运行设备的控制、检测及操作	250
巡视及检查(包括评估)	50
清洁及保养	500
总计	1300

注:时长数值由调度中心按 1990 年修建及翻新的公共建筑区域内综合管廊(线路长度 3km 以内)及供应商职责完成所需个人工作时间确定;线路长度超出 3km 的,时长的增长幅度逐步递减。

养护工作是指那些维持工程各部分能发挥应有作用的各种措施,可以通过日常简单的手工操作完成(包括各结构的某些部分上油、润滑、清洁、除锈、加盖涂层、加固或更换部件)。

除此之外还需要进行下列保养工作:

1)仓储及支撑结构(假设由综合管廊运营方负责)

对活动部件(如铰链、吊环或悬挂装置)的清洁、除锈、刷漆、润滑。

2)运行设备

(1)金属构件的清洁、润滑、除锈及刷漆。

（2）紧急事件后综合管廊底部、出水口、水槽的清洁。

（3）害虫防治及杀菌消毒。

（4）机械、电力及电子设备的更换。

（5）重新刷漆。

（6）拧紧松开的防护设备。

（7）活动构件保养。

6　修缮措施

6.1　概念

综合管廊的修缮措施指的是在现有建筑组件受损以及功能受限的情况下对综合管廊及其设备部件进行的维修、改装和换新工作。

一般地，综合管廊的运行不会因此中断。修缮工作主要是为了达到以下目的：

（1）通过确保承载能力与适合使用性在确定时间段内，保障协议约定的综合管廊使用不受限制。

（2）保护已投入使用的管道系统避免发生故障或受到干扰，包括风险控制。

（3）保障在综合管廊内长期停留负责管道运行与维修的工作人员安全。

（4）以适当的措施将出现的损害控制住。

对于综合管廊的建筑结构，其修缮措施可以通过以下典型功能特征来区分：

（1）包含综合管廊和功能建筑物的外壁结构建设。

（2）管道的支架和支撑结构建设。

（3）使用没有限制的运行设备建设综合管廊。

对于外壁结构而言有以下修缮措施：

（1）维修。建筑外壁的维修主要包括墙面局部轻微破损。维修的方法包括局部涂刷、填料、外观再造以及单个裂缝的填塞。

（2）改装。建筑外壁的改装主要包括：通过损坏强烈或明显限制装置使用功能的建筑及承载部件的复原工作；密封不严或多孔面的填塞、裂缝的填塞、凹洞灌浆以及对从静力学角度看有需要的建筑组件采取腐蚀防护措施。

（3）结构部件换新。建筑外壁的部件换新主要包括通过补充或加固单个建筑组件来恢复或部分优化设备或设备部件的功能。

对于支架和支撑结构而言有以下修缮措施：

（1）维修。增强耐久性以及减小劳损的措施；包括预防腐蚀的保护涂层、再次焊接、更换螺丝钉和铆接接头。

（2）改装。给支架以及支柱结构镀层和加固的措施，包括新部件的单个接入；还包括替换悬臂支架、桥架的负荷能力。

（3）结构部件换新。通过新的结构部件以及建筑系统部分或全部更替原建筑结构的措施;包括某一路段内支架的完全更换或补足。

对于运行设备而言有以下修缮措施:

(1)维修。长期保护部件以及更换已闭塞部件的措施;包括针对电扇、水泵和脚手架的腐蚀预防工作以及连接部件的更换。

(2)改装。优化装置功能的措施;包括排水设施的翻新、更换部分电力设备。

(3)结构部件换新。部分或完全更换功能组件;包括信息和通信装置的现代化改造、大气和土壤保护设备的更换或补足。

6.2 修缮措施的规划

为了规划和实施修缮措施,综合管廊的运营方首先要制定维修策略。一份完整的维修策略包括了功能和经济原则指导下实施步骤的系统性顺序描述。通过运营方的修缮规划,这些步骤可按顺序实施。

推荐方式如下:

第1步:通过额外的视觉观感以及对建筑材料和建筑用地的检测总结建筑维护(看护与审查)框架内的损害和功能限制。

第2步:描述综合管廊、功能建筑物、支架和支撑结构以及运行设备的现状。需要将密封性、稳定性、冗余承载力、干扰风险、事故风险作为衡量标准并详细厘清。

第3步:在关注需要中长期保障的功能效用以及变化中的使用要求的前提下,评估设备和部件现状。评估结果可以通过损害分级及加权评估的形式呈现。

第4步:根据设备部件、交付内容、维修程序、数量与价值确定维修需求。

第5步:根据实时综合管廊系统的使用和安全要求完善维修需求。

第6步:分别根据自有资金和外来资金进行规划、招标与交付。

规划维修包含下列目的:

(1)确保并长期维护建筑外壁的承载力和密封性。

(2)确保支架和支撑结构以及运行设备的正常使用。

(3)保障基础设施系统运营条件的稳定与不受限。

(4)保障所有构件以及管道系统装备构件的接入与操作。

选取适当的维修程序应遵循以下原则:"以合理的费用保障每个部件功能长期安全"。

在选取适当的维修程序时应注意下列影响因素:

(1)交通区域、绿化区域以及其他区域下方的建筑构件位置。

(2)上边缘建筑构件和上边缘地块(覆盖)间的距离。

(3)需要按时空平行分类的地下工程作业。

(4)土壤与地下水关系。

(5)结构特征以及整体结构对作业的要求。

(6)使用方的运营和安全要求。

(7)未来的功能变动。

7 启用与停用

7.1 相关概念

（1）综合管廊网络：在特定区域内彼此相连的所有综合管廊以及功能建筑物的集合。

（2）综合管廊的一段：综合管廊网络的一部分，由一个或多个综合管廊以及功能建筑物组成。

（3）综合管廊或其部分的临时性运营：当管线在综合管廊网络竣工验收前就投入使用的情况。此时各管线运营商承担管道运行的法律责任。

（4）综合管廊或其部分的正式运营：整个建筑施工验收（包括所有技术装备以及运营设施）后的情况，与市政管线是否已在综合管廊内敷设完成无关。

（5）综合管廊或其部分的临时性停止运营：所有管线停止运行、被拆卸但敷设空间仍存在的情况。运行设备的功能影响不得限制邻近综合管廊段的运行。当市政管线的运行只能以非常规的方式进行时，也可以要求暂时性的停止运行。

（6）综合管廊或其部分的正式停止运营：所有管线停止运行且所有管线、技术设备和装置都被拆除时的情况。剩余的管线将根据相关规定（尤其是开采法的相关条文）彻底填充。

（7）综合管廊或其部分的重新投入运营：在某一次暂时性停止运营后，地下设备的所有功能得以执行且至少有一根管线重新得以运行时的情况。

7.2 要求

7.2.1 临时性运营

当一根或多根市政管线在综合管廊完全竣工之前要投入运行，则此时涉及综合管廊或其段落的临时性投入运营。需要确保后续的施工、安装等工作不会对该参与运行的管线造成负面影响。管线运营商有义务排除所有危险并确立适当的、与装备运行相适配的保护措施。

7.2.2 正式运营

随着所有管线竣工，必须通过后续措施确保装置的功能性之安全。在综合管廊的运营方和使用方之间应当制定综合管廊和管线安装的具体规定。针对该综合管廊的操作规程也应当随之生效。

其他从操作规程以及协议关系当中派生出来的措施与规定应当在合适的期限内实现。

7.2.3 临时性停止运营

按照有效操作规程，所有与临时性停止运营状态有关的措施都应当被记录下来。综合管廊运营方、使用方、所有方以及土地所有者之间应当针对使用条件的变更缔结协议。

7.2.4 正式停止运营

旨在正式停止运营的拆除措施应当得以记录且需要由所有方验收。在持有负责机构许可的情况下可以对外壁建筑进行部分或完全拆除。空管道填充时应当明确施工对邻近建筑物的影响。

施工完成后不再有综合管廊重新投入运营的可能性。

7.2.5 再次投入运营

再次投入运营之前,要对所有建筑和设备组件以及技术装备组件的功能效用以合理的方式和程序进行检测并记录在验收附件当中。如果只是部分再次投入运营,则要根据临时性停止运营的程序来操作。

参 考 文 献

[1-1] Stein, D. : Trenchless technology for utility networks-An important part of the development of megacities. In: Documentation World Tunnel Congress (WTC), S. 1247-1254. Sao Paulo 1998.

[1-2] Girnau, G. : Unterirdischer Städtebau. Verlag Ernst & Sohn, Düsseldorf 1970.

[1-3] SIA 205: Verlegung von unterirdischen Lei tungen. Schweizerischer Ingenieur und Ar chitektenverein (Ausgabe 1984).

[1-4] Frühling, A. : Handbuch der Ingenieurwissen-schaften in fünf Teilen. Teil III: Der Wasserbau. 4. Bd. : Die Entwässerung der Städte. Verlag Wilhelm Engelmann, Leipzig 1919.

[1-5] Deutsche Gesellschaft für grabenloses Bauen und Instandhalten von Leitungen e. V. (GSTT): Leitfaden-Planung, Bau und Betrieb von begehbaren Leitungsgängen-Teil1: Allgemeine Grundlagen (Entwurf des GSTT-Arbeitskreises 4).

[1-6] Stein, D. : Erneuerung innerstädtischer Verund Entsorgungsleitungen durch Leitungs-gänge. In: Der begehbare Leitungsgang, Beiträge zur Kanalisationstechnik, Bd. I, S. 9-24 (Hrsg. : D. Stein). Analytika-Verlag, Berlin 1990.

[1-7] Stein, D. , Drewniok, P. : Der begehbare Leitungsgang. Umwelt Technologie Aktuell (UTA) (1994), H. 4, S. 267-279.

[1-8] Stein, D. : Instandhaltung von Kanalisationen. 3. überarbeitete und erweiterte Auflage. Verlag Ernst & Sohn, Berlin 1998.

[1-9] Stein, D. , Drewniok, P. : Innerstädtische Infrastrukturprobleme und ihre technische Lösung durch begehbare Leitungsgänge. Dokumentation 5. Internationaler Kongress Leitungsbau, S. 837-864. Hamburg 1997.

[1-10] Wissenschaftlicher Beirat der Bundesregierung-Globale Umweltveränderungen: Welt im Wandel: Wege zu einem nachhaltigen Umgang mit Süßwasser. Jahresgutachten 1997. Springer-Verlag, Berlin/Heidelberg/New York 1997.

[1-11] Stein, D. : Moderne Leitungsnetze als Beitrag zur Lösung von Wasserproblemen in Städ-ten. Gutachten im Auftrag des Alfred-Wegener-Institutes für Polarund Meeresforschung Bremerhaven (WBGU XIII/1996). Bochum, März 1997.

[1-12] Huber, M. : Liberalisierung im Telekommu-nikations-und Elektrizitätsversorgungssektor-Auswirkungen auf den Leitungsbau. Dokumentation 5. Internationaler Kongress Leitungsbau, S. 1101-1111. Hamburg 1997.

[1-13] Stein, D. : Absaugung und Ableitung schadstoffbelasteter Luft von innerstädtischen Verkehrswegen. Umwelt Technologie Aktuell (UTA) (1997), H. 8.

[1-14] Stein, D. et al. : Studie zur ökologischen Er-neuerung innerstädtischer Verund Entsorgungsleitungen sowie zur Erschließung kontaminierter Industriebrachen mit Hilfe begehbarer

Leitungsgänge-Teil I bis V. Unveröffentlichter Forschungsbericht der Ruhr-Universität Bochum,September 1997.

［1-15］Klemmer,P. ,Köhler,T. ：Wirtschaftliche Fragen des begehbaren Leitungsgangs. In：Dokumentation 5. Internationaler Kongress Leitungsbau,S. 865-880. Hamburg 1997.

［1-16］Girnau,G. ：Begehbare Sammelkanäle für Versorgungsleitungen. Herausgeber：Stadt Frankfurt/Main und STUVA. Albis Verlag GmbH,Düsseldorf 1968.

［1-17］GSTT Informationen Nr. 6：Bau und Betrieb begehbarer Leitungsgänge-Statusbericht（September 1997）.

［1-18］Rudolph,U. ,Büscher, E. ：Privatwirtschaftliche Realisierung der Abwasserentsorgung verringert Kosten,entlastet Kommunen und Bürger. BW（1993）,S. 24-31.

［1-19］Stein,D. ,Bornmann,A ,Meister,H. -P. ：Studie zur ökologischen Erneuerung innerstädtischer Ver-und Entsorgungsleitungen sowie zur Erschließung kontaminierter Industriebrachen mit Hilfe begehbarer Leitungsgänge-Teil II：Bautechnik. Unveröffentlichter Forschungsbericht der Ruhr-Universität Bochum,September 1997.

［1-20］Drewniok,P. ：Studie zur ökologischen Erneuerung innerstädtischer Ver-und Entsorgungsleitungen sowie zur Erschließung kontaminierter Industriebrachen mit Hilfe begehbarer Leitungsgänge-Teil III：Umsetzung in Herne und Okologie. Unveröffentlichter Forschungsbericht der Ruhr-Universität Bochum,September 1997.

［1-21］Klemmer,P. ,Köhler,T. ：Studie zur ökologischen Erneuerung innerstädtischer Ver-und Entsorgungsleitungen sowie zur Erschließung kontaminierter Industriebrachen mit Hilfe begehbarer Leitungsgänge-Teil V：Okonomie. Unveröffentlichter Forschungsbericht der Ruhr-Universität Bochum,September 1997.

［1-22］Tettinger,P. J. ,Reinecke-Löser,R. ：Studie zur ökologischen Erneuerung innerstädtischer Ver-und Entsorgungsleitungen sowie zur Erschließung kontaminierter Industriebrachen mit Hilfe begehbarer Leitungsgänge-Teil IV：Juristische Fragestellungen. Un-veröffentlichter Forschungsbericht der Ruhr-Universität Bochum,September 1997.

［1-23］Stein,Det al. ：Studie zur ökologischen Erneuerung innerstädtischer Ver-und Entsorgungsleitungen sowie zur Erschließung kontaminierter Industriebrachen mit Hilfe begehbarer Leitungsgänge-Teil I：Vorwort und Zusammenfassung. Unveröffentlichter Forschungsbericht der Ruhr-Universität Bochum,September 1997.

［1-24］DIN 1998：Unterbringung von Leitungen und Anlagen in öffentlichen Flächen,Richtlinien für die Planung（05. 78）.

［2-1］Brüggener,H. ：100 Jahre Berliner Rohrpost（1865-1965）. Bärenpost 1964.

［2-2］Heck, G. ：Großrohrpost Hamburg. Zeitschrift für das Post-und Fernmeldewesen（Oktober 1962）, S. 757-765.

［2-3］Heck, G. ,Frerichs, J. ,Eske, W. ：Die Hamburger Großrohrpost, Teil I. Verlag für angewandte Wissenschaften GmbH, Baden-Baden 1965.

［2-4］Thomas, F. , Werner, G. , Keber, R. ：Elektri-sche Rohrzugbahn für den Ferntransport von Schüttgütern. VDI-Berichte (1980),Nr. 371,S. 1997-203.

[2-5] Werner, G. : Entwicklung der gleislosen elektrischen Rohrzugbahn (GRZ-Bahn). Dissertation,Universität Karlsruhe, Fakultät für Maschinenbau (1983).

[2-6] Alexandrov, A. M. : Pneumatic pipeline container trasnportation of goods ("Transprogress" System). Pneumotransport 4, 4th International Conference on the Pneumatic Transport of Solids in Pipes, (June 26-28 1978),S. G5-51-G5-59.

[2-7] Firmeninformation Sumitomo Metals: Pipeline Transportation System Capsule Liner. Japan 1993.

[2-8] Stein,D. : Absaugung und Ableitung schadstoffbelasteter Luft von innerstädtischen Verkehrswegen. Sonderdruck aus UTA (1997),H. 4.

[2-9] DIN 1998: Unterbringung von Leitungen und Anlagen in öffentlichen Flächen,Richtlinien für die Planung (05. 78).

[2-10] Bächle, A. ,Rischmüller, R. : Technische und kostenmäßige Optimierung der Verlegung von Verteilund Hausanschlußleitungen für Gas und Wasser. 3Rinternational 35 (1996), H. 10/11,S. 587-595.

[2-11] DIN 4124: Baugruben und Gräben; Böschungen,Arbeitsraumbreiten,Verbau (8.81).

[2-12] DIN EN 1610: Verlegung und Prüfung von Abwasserleitungen und-kanälen (10.97).

[2-13] Zusätzliche Technische Vertragsbedingungen und Richtlinien für Aufgrabungen in Verkehrsflächen (ZTV A-StB 89).

[2-14] Zusätzliche Technische Vertragsbedingungen und Richtlinien für Erdarbeiten im Straßenbau (ZTVE-Stb 94).

[2-15] ATV-A 127: Richtlinie für die statische Berechnung von Entwässerungskanälen undleitungen (12.88).

[2-16] ATV-A 139: Richtlinien für die Herstellung von Entwässerungskanälen undleitungen (10.88).

[2-17] Grunwald,G. : Wirtschaftlichkeitsuntersuchungen bei Kanalsanierungen. Technischwissenschaftliche Berichte des Institutes für Kanalisationstechnik IKT (97/3). Gelsenkirchen 1997.

[2-18] Deutsche Gesellschaft für grabenloses Bauen und Instandhalten von Leitungen e. V. GSTT (Hrsg.): Leitfaden zur Auswahl von Bauverfahren für den Bau und die Instandhaltung erdverlegter Leitungen unter umweltrelevanten und ökonomischen Gesichtspunkten (Mai 1997).

[2-19] Stein, D. : Instandhaltung von Kanalisatio-nen. 3. Auflage 1998,Verlag Ernst & Sohn, Berlin.

[2-20] Stein, D. , Ewert, G. -D. : Perspektiven für die Schadensbehebung bei undichten Kanalisationen-Handlungsbedarf, künftige Technologie, Kostenaufwand. Dokumentation 23. Essener Tagung-Wasser-Abwasser-Abfall. Perspektiven für das Jahr 2000,020, S. 337-362.

［2-21］ Laistner,H. : Infrastrukturkanal und Umwelt. In: Der begehbare Leitungsgang,Beiträge zur Kanalisationstechnik-Band 1. Hrsg. : D. Stein. Analytica-Verlag,Berlin 1991.

［2-22］ ATV-A 125: Rohrvortrieb (09. 96).

［2-23］ ATV-A 161: Statische Berechnung von Vor-triebsrohren (01. 90).

［2-24］ Stein,D. : Hydraulischer Rohrvortrieb. DVGW-Schriftenreihe Wasser Nr. 202, S. 33-1 bis 33-19,Eschborn 1985.

［2-25］ Stein,D. ,Conrad,E. U. : Hydraulischer Rohrvortrieb-Schwerpunktthemen aus Forschung und Praxis. Taschenbuch für den Tunnelbau 1985,S. 325-382. Verlag Glückauf GmbH, Essen 1984.

［2-26］ Stein, D. ; Möllers, K. ; Bielecki, R. : Leitungs-tunnelbau: Neuverlegung und Erneuerung nichtbegehbarer Ver-und Entsorgungsleitungen in geschlossener Bauweise. Verlag Ernst & Sohn,Berlin 1988.

［2-27］ Stein, D. , Falk ,C. : Stand der Technik und Zukunftschancen des Mikrotunnelbaus. Felsbau 14 (1996), Nr. 6, S. 296-303.

［2-28］ Thompson, J. C. : Pipejacking and Microtunnelling. Blackie Academic & Professional,an imprint of Chapman & Hall,Glasgow 1993.

［2-29］ Stein,D. : Erneuerung innerstädtischer Ver-und Entsorgungsleitungen durch Leitungsgänge. In: Der begehbare Leitungsgang, Beiträge zur Kanalisationstechnik-Band 1 (Hrsg. : D. Stein). Analytica-Verlag,Berlin 1991.

［2-30］ Kallmann,M. : Maßnahmen zum störungsfreien Betriebe städtischer Licht-und Bahnkabel-netze. Technisches Gemeindeblatt 4 (1901),H. 8,S. 112-117.

［2-31］ Fleckner,H. : Regelungen für Mindestabstände und Verlegetiefen und ihre wirtschaftlichen Folgen. 3Rinternational 35 (1996),H. 10/11,S. 631-634.

［2-32］ N. N. : Leitungsgräben ohne Sandbett. ZfK (1996), H. 12.

［2-33］ DIN 18300: VOB Verdingungsordnung für Bauleistungen-Teil C: Allgemeine Technische Vertragsbedingungen für Bauleistungen (ATV); Erdarbeiten (06. 96).

［2-34］ DIN 18319: VOB Verdingungsordnung für Bauleistungen-Teil C: Allgemeine Technische Vertragsbedingungen für Bauleistungen (ATV); Rohrvortriebsarbeiten (06. 1996).

［2-35］ Eggert,W. : Erkundigungs-und Auskunftspflicht. In: Arbeiten an in Betrieb befindlichen Gasleitungen. 2. Auflage. Vulkan-Verlag,Essen 1994.

［2-36］ Richtlinien für die Anlage von Straßen (RAS),Teil: Landschaftsgestaltung (RAS-LG), Abschnitt 4: Schutz von Bäumen und Sträuchern im Bereich von Baustellen (RAS-LG 4). Ausgabe 1986.

［2-37］ Stute,G. : Begrünung von Stadtstraßen und sichere Versorgung-Erfahrungen mit Baumpflanzungen im Bereich von Versorgungsleitungen. Schriftenreihe aus dem Institut für Rohrleitungsbau an der Fachhochschule Oldenburg. Bd. 4. S. 35- 51. Vulkan-Verlag, Essen 1993.

［2-38］ Merkblatt über Baumstandorte und unterirdische Ver-und Entsorgungsanlagen. Hrsg. : Forschungsgesellschaft für Straßen-und Verkehrswesen, Ausgabe 1989.

[2-39] Brüggemann, H. : Starkstrom-Kabelanlagen-Band 1. VDE-Verlag, Berlin 1992.

[2-40] Becker, K. : Baumschäden durch Leitungsbau-Ursachen, Rechtsfolgen, Folgekosten-Baum-schutz durch grabenloses Bauen. In: Dokumentation Grabenloses Bauen, S. 149-153. Bertelsmann Fachzeitschriften GmbH, Gütersloh 1997.

[2-41] Dujesiefken, D. , Kowol, T. : Gesunde Bäume trotz Leitungsbau: Handlungsempfehlungen für einen fachgerechten Baumschutz. Dokumentation 5. Internationaler Kongress Leitungs-bau, S. 771-782. Hamburg 1997.

[2-42] Musterbauordnung MBO. Fassung 11. 12. 1993.

[2-43] DIN 31051: Instandhaltung, Begriffe und Maßnahmen (01. 85).

[2-44] DIN EN 752: Entwässerungssysteme außerhalb von Gebäuden. -Teil 1: Allgemeines und Definitionen (01. 96). -Teil 2: Anforderungen (09. 96). -Teil 3: Planung (09. 96). -Teil 4: Hydraulische Berechnung und Umweltschutzaspekte (11. 97). -Teil 5: Sanierung (11. 97). -Teil 6: Pumpanlagen (06. 98). -Teil 7: Betrieb und Unterhalt (06. 98).

[2-45] ATV-A 140: Regeln für den Kanalbetrieb Teil I: Kanalnetz (20).

[2-46] Arbeitsgemeinschaft Fernwärme e. V. (AGFW) (Hrsg.): AGFW-Richtlinie 4. 2. 4 Kunststoffmantelrohr-Uberwachungssysteme. Verlags-und Wirtschaftsgesellschaft der Elektrizitätswerke mbH (WEW).

[2-47] DVGW Arbeitsblatt G 465/I: Uberprüfen von Gasrohrnetzen mit einem Betriebsdruck bis 4 bar (05. 82).

[2-48] Kätelhön, J. E. , Motsch, H. : Die Baggerschä-denstrategie im deutschen Gasfach, VDI Be-richte Nr. 1139 (1994), S. 85-91.

[2-49] Altmann, W. , Engshuber, M. , Kowaczeck, J. : Gasversorgungstechnik. 2. Auflage. VEB Deutscher Verlag für Grundstoffindustrie, Leipzig 1983.

[2-50] DVGW W 390 A: Uberwachen von Trinkwasserrohrnetzen (2. 83).

[2-51] DVGW W 391: Wasserverluste in Wasserverteilungsanlagen, Feststellung und Beurteilung (10. 86).

[2-52] Bolte, O. G. : Praxis der Wasserverlustbe-kämpfung im Rohrnetz. 2. Auflage. Seminarreihe "Rohrnetz aktuell" 1992/93.

[2-53] ATV-A 142: Abwasserkanäle und-leitungen in Wassergewinnungsgebieten (10. 92).

[2-54] Winkler, U. : Selbstüberwachung von Abwasser-Kanalisationsnetzen in Deutschland. Referat anläßlich der Veranstaltung "Entwicklungen in der Kanalisationstechnik" im November 1996. Veranstalter: Ministerium für Umwelt, Raumordnung und Landwirtschaft des Landes Nordrhein-Westfalen, Düsseldorf, Institut für Kanalisationstechnik (IKT) an der Ruhr-Universität Bochum, Gelsenkirchen, Institut für Siedlungswasserwirtschaft der RWTH Aachen.

[2-55] ATV-A 147: Betriebsaufwand für die Kanalisation-Teil 1: Betriebsaufgaben und Intervalle (05. 93).

[2-56] DIN 1986 Teil 30: Entwässerungsanlagen für Gebäude und Grundstücke, Instandhal-tung (01.95).

[2-57] Gesetz-und Verordnungsblatt für das Land Nordrhein-Westfalen: Bauordnung für das Land Nordrhein-Westfalen-Landesbauordnung(BauO NW) (1/96).

[2-58] Vereinigung Deutscher ElektrizitätswerkeVDEWe. V. (Hrsg.): Kabelhandbuch. 5. Auflage. VWEW Verlag, Frankfurt a. M. 1997.

[2-59] Rietz, W. : Fehlerortung bei Energiekabeln mit der Lichtbogen-Stoßmethode. etz 103 (1982), H. 4, S. 177-180.

[2-60] Jäckle, E. : Fehlerortsbestimmung an Kabeln durch Auswertung transienter Vorgänge. Etz 103 (1982), H. 4, S. 171-184.

[2-61] VDEW-Störungs-und Schadensstatistik 1992 und 1993. VWEW-Verlag, Frankfurt a. M. 1996.

[2-62] Teschner, W. , Ludl, A. : Optimale Netzver-fügbarkeit und reduzierte Betriebskosten durch automatische Faserüberwachung. Nachrichtenkabel & Netze (1997), H. 1, S. 3-5. Hrsg. : Alcatel Kabel AG & Co. , Mönchengladbach.

[2-63] Haag, H. G. : Editorial. Nachrichtenkabel & Netze (1997), H. 1, S. 2. Hrsg. : Alcatel Kabel AG & Co. , Mönchengladbach.

[2-64] Deutsche Bundespost (Hrsg.): Linientechnik (1)-Kabelmontage, ober-und unterirdischer Fernmeldebau. 1984.

[2-65] Lühr, H. -P. : Die Bewertung von Boden-und Grundwasserbelastungen. Institut für wassergefährdende Stoffe an der Technischen Universität Berlin, IWS-Schriftenreihe Boden-/ Grundwasser Forum Berlin (1988) , Sanierung undichter Kanalisationen. Bd. 5, S. 179-192.

[2-66] N. N. : LAWA fordert Nullemissionen. gwfaktuell (1987), H. 7, S. XIV.

[2-67] Stein, D. : Undichte Kanalisationen-was kommt auf die Kommunen zu IWS-Schriftenreihe. Band 3,1. Boden-/Grundwasser-Forum Berlin, (Oktober 1987). Erich Schmidt Verlag, S. 351-364.

[2-68] Dohmann, M. , Hagendorf, U. , Lühr, H. -P. , Rott, U. , Stein, D. : Wassergefährdung durch undichte Kanäle-Erfassung und Bewertung. Schlußbericht zum BMFT-Verbundprojekt (1995), 02 WA 9035-9039.

[2-69] Dohmann, M. , Decker, J. , Menzenbach, B. : Untersuchungen zur quantitativen und qualitativen Belastung von Untergrund, Grund-und Oberflächenwasser durch undichte Kanäle. Schlußbericht zum BMFT-Verbund-projekt (1995), 02 WA 9035.

[2-70] Dohmann, M. , Haußmann, R. : Belastung von Boden und Grundwasser durch undichte Kanäle. gwf Abwasser Special II 137 (1996), Nr. 15, S. S2-S6.

[2-71] Decker, J. : Jede Infiltration ist Belastung. ENTSORGA-Magazin EntsorgungsWirschaft (1995), H. 11, S. 27-34.

[2-72] Hagendorf, U. , Krafft, H. , Clodius, C. -D. , Ikels, J. : Untersuchungen zur Erfassung und Bewertung undichter Kanäle im Hinblick auf die Gefährdung des Untergrundes.

Schlußbe-richt zum BMFT-Verbundprojekt（1995），02 WA 9036.

［2-73］Härig,F.：Auswirkungen des Wasseraus-tauschs zwischen undichten Kanalisationssystemen und dem Aquifer auf das Grundwasser. Dissertation. Fakultät Bauingenieur-und Vermessungswesen der Universität Hannover（1991）.

［2-74］Toussaint,B.：Die Kanalisation als Ursache von Grundwasser-Kontaminationen durch leichtflüchtige Halogenkohlenwasserstoffe-Beispiele aus Hessen. gwf-wasser/abwasser 130（1989）,H. 6,S. 299-311.

［2-75］Hagendorf,U.：Studie zum Nachweis von undichten Kanälen und ihre Auswirkungen auf den Untergrund. Institut für Wasser-, Boden-und Lufthygiene des Bundesgesundheitsamtes,Außenstelle Langen（unveröffentlicht）.

［2-76］Stein,D.：Undichte Kanalisationenein Problembereich der Zukunft aus der Sicht des Gewässerschutzes. Zeitschrift für angewandte Umweltforschung（ZAU）1（1988）,H. 7,S. 65-76.

［2-77］Hartmann,A.,Macke,E.,Schulz, O.：Aus-wirkungen von Kanalschäden auf das Grundwasser. ATV-Schriftenreihe, Kanalbau undsanierung im Zeichen Europas. ATV-Workshop （am 9./10. Mai 1996）, anläßlich der IFAT 96.

［2-78］Stein,D.,Lühr,H.-P.,Niederehe,W.,Willert,R.,Petrich, W.：Undichte Kanäle als Ursache von Grundwasserverunreinigungen,Studie über die Erfassung des Istzustandes unter besonderer Berücksichtigung des Betriebes und der Instandhaltung von Kanalisationen. Umweltforschungsplan des Bundesministers für Umwelt, Naturschutz und Reaktorsicherheit,Forschungsbericht 10202609（Juni 1987）.

［2-79］ATV Abwassertechnische Vereinigung e. V.（Hrsg.）：ATV-Handbuch-Planung der Kanalisation（früher u. d. T.：Lehr-und Handbuch der Abwassertechnik）. 4. Auflage. Verlag Ernst & Sohn,Berlin 1994.

［2-80］Liersch,K.-M.：Fremdwasser überlastet viele Schmutzwasserkanalisationen,KA 32（1985）, H. 10,S. 820-824.

［2-81］Ehnert, M.：Anforderungen an eine Kanalisation aus Sicht eines Anwenders. TIS 22 （1980）,H. 7,S. 596-600.

［2-82］ATV-M 143：Inspektion,Sanierung und Erneuerung von Entwässerungskanälen undleitungen. -Teil 1：Grundlagen（12. 89）. -Teil 2：Optische Inspektion（06. 91）-Teil 6： Dichtheitsprüfungen bestehender erdüberschütteter Abwasserleitungen undkanäle und Schächte mit Wasser, Luftübe-und unterdruck（06.98）.

［2-83］Firmeninformation Emunds + Staudinger GmbH, Hückelhofen.

［2-84］Hiesinger：Kabelsalat,reich garniert. ZfK（1996）,H. 4,S. 44.

［2-85］Boegly, W. J.；Griffith,W. L.：Utility tunnels enhance urban renewal areas. The American City（1969）, H. 2.

［2-86］Lomott, M.：Gashausanschlüsse für Betriebsdrücke bis 4 bar. In：Arbeiten an in Betrieb befindlichen Gasleitungen, 2. Auflage. Vulkan-Verlag,Essen 1994.

［2-87］ NEN 3399（Nederlands Normalisatie-Institut）：Abflußsysteme außerhalb von Gebäuden（09.94）.

［2-88］ In：WAZ Westdeutsche Allgemeine Zeitung vom 31.07.1996（Bochum）.

［2-89］ In：WAZ Westdeutsche Allgemeine Zeitung vom 19.11.1994（Bochum）.

［2-90］ Prof. Dr. -Ing. Stein & Partner GmbH：Gutachtliche Stellungnahme-Feststellung der Ursache für die Beschädigung einer Gasrohrleitung. Im Auftrag der VEW-Energie AG, Bezirksdirektion Münster. Unveröffentlichtes Gutachten,Bochum August 1996.

［2-91］ Steinmann,K.,Rheinfeld,U.：Anlagen-und sicherheitstechnische Maßnahmen bei Planung und Bau von Gasversorgungsanlagen. VDI Berichte Nr. 1139,S. 11-32（1994）.

［2-92］ Stein,D.,Kaufmann, O.：Schadensanalyse an Abwasserkanälen aus Beton-und Stein zeugrohren der Bundesrepublik Deutschland-West. Korrespondenz Abwasser（KA）40（1993）,H. 2,S. 168-179.

［2-93］ Stein,D.：Sind undichte Kanalisationen eine bedeutende Schadstoffquelle für Boden und Grundwasser Kongreßvorträge Wasser Berlin,S. 330-340. Berlin 1989.

［3.1-1］ Wölfel,W.：Die Eupalinos-Wasserleitung von Samos. Bautechnik 73（1996）,H. 2, S. 121-123.

［3.1-2］ Hahn,H.（Hrsg.）：Fünfzig Jahre Berliner Stadtentwässerung. Verlag von Alfred Metzner,Berlin 1928.

［3.1-3］ Hobrecht,James：Die modernen Aufgaben des großstädtischen Straßenbaues mit Rücksicht auf die Unterbringung der Versorgungsnetze. Deutsche Bauzeitung 74（1890）,H. 9,S. 445-446.

［3.1-4］ Durm, J.：Handbuch der Architektur. Vierter Theil：Entwerfen, Anlage und Einrichtung der Gebäude. 9. Halb-Band：Der Städtebau. Verlag Arnold Bergstraesser,Darmstadt 1897.

［3.1-5］ Helm,A.,Gröger,H.：Begehbare Kanäle für Versorgungsleitungen-Informationsbericht. Heft 20/65. Mitteilungen des Instituts für Ingenieur-und Tiefbau der Deutschen Bauakademie（Manuskript）. Berlin/Leipzig 1965.

［3.1-6］ Frühling,A.：Handbuch der Ingenieurwissenschaften in fünf Teilen. III：Der Wasserbau. 4. Bd.：Die Entwässerung der Städte. Verlag Wilhelm Engelmann Leipzig 1919.

［3.1-7］ N. N.：Mittheilung des Senats an die Bürgerschaft（No. 135）. Hamburg,8. Juli 1892.

［3.1-8］ Roeper：Der Bau der Kaiser-Wilhelm-Str. in Hamburg. Deutsche Bauzeitung 27（1893）, S. 9-11,17-18 und 23-26.

［3.1-9］ DIN 1998：Unterbringung von Leitungen und Anlagen in öffentlichen Flächen,Richtlinien für die Planung（05.78）.

［3.1-10］ Guttmann K.,Sträussler,E.：Rationalisierung der Baulandaufschließung-Kollektoren. Osterreichisches Institut für Bauforschung,Forschungsprojekt 44. Wien 1965.

［3.1-11］ SIA 205：Verlegung von unterirdischen Leitungen. Schweizerischer Ingenieur-und Architektenverein（Ausgabe 1984）.

［3.1-12］ Heierli, R. : Planungen mit Ver-und Entsorgungsstollen. Dokumentation ATV-Workshop "Undichte Kanäle", S. 73-91. 1990.

［3.1-13］ Ritz, H: Sanierung von Sammelkanälen und Fernwärmekanälen. Dokumentation Deutsche Leitungsbautage, S. 305-319. Leipzig 1993.

［3.1-14］ Bauakademie der DDR, Institut für Ingenieur-und Tiefbau（Hrsg.）: Komplexrichtlinie Sammelkanäle. Schriftenreihen der Bauforschung. Reihe Ingenieur-und Tiefbau, Sonderheft 1. Berlin 1976.

［3.1-15］ GSTT Informationen Nr. 6: Bau und Betrieb begehbarer Leitungsgänge-Statusbericht （September 1997）.

［3.1-16］ Firmeninformation SAKA Sammelkanal und-Service GmbH, Berlin.

［3.1-17］ Brandenburgische Technische Universität Cottbus, Lehrstuhl Abwassertechnik: Dokumentation der Cottbuser Sammelkanäle. Cottbus 1997.

［3.1-18］ N. N. : KOLES-Grundlegendes Sammelkanalsystem des Zentrums der Hauptstadt Prag.

［3.1-19］ Schmitt（Hrsg.）. : Der städtische Tiefbau. Band I: Die städtischen Strassen. Verlag von Arnold Bergstraesser, Stuttgart 1897.

［3.1-20］ Stein, D. , Bornmann, A. , Meister, H. -P. : Studie zur ökologischen Erneuerung innerstädtischer Ver-und Entsorgungsleitungen sowie zur Erschließung kontaminierter Industriebrachen mit Hilfe begehbarer Leitungsgänge-Teil II: Bautechnik. Unveröffentlichter Forschungsbericht der RuhrUniversität Bochum, September 1997.

［3.1-21］ Pazzani, P. : Das Problem der unterirdischen Leitungen. GWF 96（1955）, H. 18, S. 589-599.

［3.1-22］ Stein, D. : Erneuerung innerstädtischer Verund Entsorgungsleitungen durch Leitungsgänge. In: Der begehbare Leitungsgang, Beiträge zur Kanalisationstechnik, Band 1（Hrsg. : Stein, D. ）. Analytica-Verlag, Berlin 1991.

［3.1-23］ Bohnen, H. -D. , Oberwittler, G. : Betriebserfahrungen mit einem Versorgungskanal-das Beispiel der Ruhr-Universität Bochum. In: Der begehbare Leitungsgang, Beiträge zur Kanalisationstechnik, Band 1（Hrsg. : Stein, D. ）. Analytica-Verlag, Berlin 1991.

［3.1-24］ Tiefbauamt der Stadt Zürich（Hrsg. ）: Informationsmappe "Leitungsgänge der Stadt Zürich".

［3.1-25］ Heierli, R. : Schweizer Erfahrungen mit Leitungsgängen. Vortrag auf der Tagung der Ruhr-Universität Bochum am 16. Oktober 1996.

［3.1-26］ Boegly, W. J. , Griffith, W. L. : A survey of underground Utility Tunnel practice. Oak Ridge National Laboratory（1967）.

［3.2-1］ Deutsche Gesellschaft für grabenloses Bauen und Instandhalten von Leitungen（GSTT） e. V. : Leitfaden-Planung, Bau und Betrieb von begehbaren Leitungsgängen, Teil 1: Allgemeine Grundlagen（Entwurf des GSTT-Arbeitskreises 4）.

［3.2-2］ Girnau,G. et al. : Begehbare Sammelkanäle für Versorgungsleitungen. Forschung und Praxis-U-Verkehr und unterirdisches Bauen. Albis-Verlag,Düsseldorf 1968.

［3.2-3］ Stein,D. ,Drewniok,P. ,Körkemeyer,K. : Begehbare Leitungsgänge-bauliche,betriebliche und sicherheitstechnische Aspekte. Dokumentation Deutsche Leitungsbau-Tage,S. 321-335. Leipzig 1993.

［3.2-4］ Bauakademie der DDR,Institut für Ingenieur-und Tiefbau（Hrsg.)：Komplexrichtlinie Sammelkanäle. Schriftenreihen der Bauforschung. Reihe Ingenieur-und Tiefbau,Sonderheft 1. Berlin 1976.

［3.2-5］ Steinle,A. ,Hahn,V. : Bauen mit Betonfertigteilen im Hochbau. Verlag Ernst & Sohn, Berlin 1995.

［3.2-6］ N. N. : Infrastrukturkanal Gewerbegebiet Wachau Nord. In：Dokumentation Grabenloses Bauen und Instandhalten von Leitungen in Deutschland 1997,S. 134-135. Hrsg. : Bertelsmann Fachzeitschriften GmbH, Gütersloh und GSTT Deutsche Gesellschaft für Grabenloses Bauen und Instandhalten von Leitungen e. V. , Hamburg 1997.

［3.2-7］ Laistner,H. : Der moderne Infrastrukturkanal. Sonderdruck aus：Ingenieurblatt für Baden-Württemberg,1994.

［3.2-8］ Stein,D. ,Drewniok, P. : Schwachstellenanalyse an der begehbaren Leitungsgangkonstruktion Mehrplattensystem MPS der Firma Voest-Alpine, Beispiel Gewerbegebiet Leipzig-Wachau. Unveröffentlichtes Gutachten,Bochum 1993.

［3.2-9］ Stein, D. : Erarbeitung möglicher Abdich-tungsmaßnahmen für Leitungsgänge aus dem Mehrplattensystem MPS der Firma Voest-Alpine Krems Finaltechnik GmbH. Gutachtliche Stellungnahme im Auftrag der Voest-Alpine Krems Finaltechnik GmbH, Krems／Osterreich,München／Deutschland. Unveröffentlicht,Bochum 1994.

［3.2-10］ DIN 50900：Korrosion der Metalle,Begriffe（04.82).

［3.2-11］ Haack,A. ; Girnau, G. : Tunnelabdichtungen, Dichtungsprobleme bei unterirdisch hergestellten Tunnelbauwerken. Reihe Forschung + Praxis, Hrsg. : Studiengesellschaft für unterirdische Verkehrsanlagen e. V. (STUVA)-Band 6, Alba-Buchverlag, Düsseldorf 1969.

［3.2-12］ Lufsky,K. : Bauwerksabdichtung. Vierte Auflage,Verlag B. G. Teubner,Stuttgart 1983.

［3.2-13］ Haack,A. ,Emig,K. F. , Hilmer, K, Michal-ski, C. : Abdichtungen im Gründungsbereich und auf genutzten Deckenflächen. Verlag Ernst & Sohn,Berlin 1995.

［3.2-14］ Klawa, N. ,Haack,A. : Tiefbaufugen：Fugen und Fugenkonstruktion im Beton-und Stahlbetonbau. Hrsg. : Hauptverband der Deutschen Bauindustrie und Studiengesellschaft für Unterirdirdische Verkehrsanlagen e. V. (STUVA). Verlag Ernst & Sohn, Berlin 1990.

［3.2-15］ DIN 18541：Fugenbänder aus thermoplastischen Kunststoffen zur Abdichtung von Fugen in Ortbeton（11.92).

［3.2-16］ DIN 7865：Elastomer-Fugenbänder zur Abdichtung von Fugen in Beton. Teil 1：Form und Maße (02. 82). Teil 2: Werkstoffanforderungen und Prüfung (02. 82).

[3.2-17] Stein, D. , Kipp, B. : Sanierungsfähiges Bewegungsfugenband für Tief-und Tunnel-bau-werke. Taschenbuch für den Tunnelbau 1988, S. 327-338. Verlag Glückauf GmbH, Essen 1987.

[3.2-18] DS 853: Vorschrift für die Abdichtung von Ingenieurbauwerken. Drucksachenzentrale der DB (1992).

[3.2-19] Lindner, R. : Wasserundurchlässige Baukörper aus Beton. Betonkalender 1996, Teil Ⅱ, S. 383 ff. Verlag Ernst & Sohn, Berlin 1996.

[3.2-20] Stein, D. , Bornmann, A. , Meister, H. -P. : Studie zur ökologischen Erneuerung innerstädtischer Ver-und Entsorgungsleitungen sowie zur Erschließung kontaminierter Industriebrachen mit Hilfe begehbarer Leitungsgänge-Teil II: Bautechnik. Unveröffentlichter Forschungsbericht der RuhrUniversität Bochum, September 1997.

[3.2-21] Firmeninformation SAKA Sammelkanal-und Service GmbH, Berlin-Marzahn.

[3.2-22] Firmeninformation Japan Precast PC Culvert Box Association, Japan.

[3.2-23] Firmeninformation Domesle Stahlverschalungs GmbH, Maxhütte-Heidhof.

[3.2-24] Firmeninformation Nikkei Construction Co. , Japan.

[3.2-25] Firmeninformation Halfen GmbH & Co. KG, Langenfeld-Richrath.

[3.2-26] Fedorow, N. F. , Weselow, S. F. : Unterirdische Versorgungsnetze und Sammelkanäle-Teil 2. Moskau 1972.

[3.2-27] Fröhlich, B. : Sammelkanal Stütze-Platte, Typ Frankfurt (Oder). Bauplanung-Bautechnik (1976), H. 9, S. 424-428.

[3.2-28] Firmeninformation Voest-Alpine Krems Finaltechnik, Krems.

[3.2-29] Firmeninformation Hamco Dinslaken Bausysteme GmbH, Dinslaken.

[3.2-30] Kienberger, H. : Uber das Verformungsver-halten von biegeweichen, im Boden einge-betteten Wellrohren mit geringer Uberschüttung. Bundesministerium für Bauten und Technik, Straßenforschung, H. 45, Graz 1975.

[3.2-31] Haack, A. , Klawa, N. : Unterirdische Stahltragwerke, Hinweise und Empfehlungen zu Planung, Berechnung und Ausführung. Beratungsstelle für Stahlverwendung, Düsseldorf 1982.

[3.2-32] Firmeninformation Voest-Alpine GmbH, München.

[3.2-33] Firmeninformation Simplast S. p. A. , Caltanissetta, Italien. Literatur zu Abschnitt 3. 3

[3.3-1] DIN 4124: Baugruben und Gräben; Böschungen, Arbeitsraumbreiten, Verbau (08. 81).

[3.3-2] Empfehlungen des Arbeitskreises "Baugruben". 8. Auflage. Verlag Ernst & Sohn, Berlin 1996.

[3.3-3] Empfehlungen des Arbeitskreises "Ufereinfassungen". 8. Auflage. Verlag Ernst & Sohn, Berlin 1990.

[3.3-4] ATV-Arbeitsblatt A 139: Richtlinien für die Herstellung von Entwässerungskanälen und-leitungen (10. 88).

［3.3-5］ Merkblatt für das Zufüllen von Leitungsgräben. Forschungsgesellschaft für das Straßenwesen-Arbeitsgruppe Untergrund, Köln 1970.

［3.3-6］ DIN EN 1610: Verlegung und Prüfung von Abwasserleitungen und-kanälen（10.97）.

［3.3-7］ Köhler, R. : Tiefbauarbeiten für Rohrleitungen. 5. aktualisierte und erweiterte Auflage. Verlagsgesellschaft Rudolf Müller BauFachinformationen GmbH, Köln 1995.

［3.3-8］ Simons, K. : Verfahrenstechnik im Ortbetonbau: Schalen, Bewehren, Betonieren. Teubner-Verlag, Stuttgart 1987.

［3.3-9］ Weißenbach, A. : Baugrubensicherung. In: Grundbau-Taschenbuch-Teil 3（Hrsg. : Smoltczyk, U. ）, 4. Auflage. Verlag Ernst & Sohn, Berlin 1992.

［3.3-10］ DIN 4084: Baugrund; Gelände und Böschungsbruchberechnungen（07.81）.

［3.3-11］ Baldauf, H. : Betonkonstruktionen im Tiefbau. Verlag Ernst & Sohn, Berlin 1988.

［3.3-12］ DIN 18315: VOB Verdingungsordnung für Bauleistungen; Teil C: Allgemeine Technische Vertragsbedingungen für Bauleistungen（ATV）; Verkehrswegebauarbeiten; Oberbauschichten ohne Bindemittel（06.96）.

［3.3-13］ DIN 18316: VOB Verdingungsordnung für Bauleistungen; Teil C: Allgemeine Technische Vertragsbedingungen für Bauleistungen（ATV）; Oberbauschichten mit hydraulischen Bindemitteln（06.96）.

［3.3-14］ DIN 18317: VOB Verdingungsordnung für Bauleistungen; Teil C: Allgemeine Technische Vertragsbedingungen für Bauleistungen（ATV）; Oberbauschichten aus Asphalt（06.96）.

［3.3-15］ DIN 18318: VOB Verdingungsordnung für Bauleistungen; Teil C: Allgemeine Technische Vertragsbedingungen für Bauleistungen（ATV）; Pflasterdecken, Plattenbeläge und Einfassungen（06.96）.

［3.3-16］ Zusätzliche Technische Vorschriften und Richtlinien für die Befestigung ländlicher Wege（ZTV-LW 87）. Ausgabe 1987.

［3.3-17］ Zusätzliche Technische Vertragsbedingun-gen und Richtlinien für Tragschichten im Straßenbau（ZTVT-StB86）. Ausgabe 1986.

［3.3-18］ Zusätzliche Technische Vertragsbedingungen und Richtlinien für den Bau von Fahrbahndecken aus Asphalt（ZTV bit-StB 84/90）; Ausgabe 1984; Fassung 1990.

［3.3-19］ Merkblatt für die Erhaltung von Asphaltstraßen: Teil: Bauliche Maßnahmen; Rückformen der Fahrbahnoberfläche; Ausgabe 1983; Abtragen von Asphaltbefestigungen durch Fräsen oder Aufbrechen. Ausgabe 1990.

［3.3-20］ Merkblatt für die Bodenverdichtung im Straßenbau. Ausgabe 1972.

［3.3-21］ Zusätzliche Technische Vertragsbedingungen für Aufgrabungen in Verkehrsflächen（ZT-VA-StB 89）. Ausgabe 1989.

［3.3-22］ Zusätzliche Technische Vertragsbedingungen und Richtlinien für den Bau von Fahrbahndecken aus Beton（ZTV Beton-StB93）. Ausgabe 1993.

［3.3-23］ Herth, W. , Arndts, E. : Theorie und Praxis der Grundwasserabsenkung. 3. Auflage.

Ernst & Sohn, Berlin 1995.

[3.3-24] Rappert, C.: Grundwasserströmung-Grundwasserhaltung. In: Grundbau-Taschenbuch-Teil 2 (Hrsg.: Smoltczyk, U.), 4. Auflage. Verlag Ernst & Sohn, Berlin 1991.

[3.3-25] Gemeinsame Empfehlung des Deutschen Ausschusses für unterirdisches Bauen e. V., der Osterreichischen Gesellschaft für Geomechanik, der Forschungsgesellschaft für das Verkehrs-und Straßenwesen und der Fachgruppe für Untertagebau des Schweizerischen Ingenieur-und Architektenvereins: Empfehlungen zur Auswahl und Bewertung von Tunnelvortriebsmaschinen. Taschenbuch für den Tunnelbau 1998, S. 257-321. Verlag Glückauf GmbH, Essen 1997.

[3.3-26] Weichelt, F.: Handbuch der Sprengtechnik. Leipzig 1969.

[3.3-27] Maidl, B.: Tunnelbau im Sprengvortrieb. Springer-Verlag, Berlin/Heidelberg/New-York 1997.

[3.3-28] Langefors, U.; Kihlström, B.: The Modern Technique of Rock Blasting. Stockholm 1977.

[3.3-29] Wild, H.-W.: Sprengtechnik. Verlag Glück-auf GmbH, Essen 1984.

[3.3-30] Menzel, W., Frenyo, P.: Teilschnitt-Vortriebs-Maschinen mit Längs-und Querschneidkopf. Glückauf 117 (1981), S. 284-287.

[3.3-31] Maidl, B.: Handbuch des Tunnel-und Stollenbaus, Band 1. Verlag Glückauf, Essen 1984.

[3.3-32] Quellmelz, F.: Die Neue Osterreichische Tunnelbauweise. Bauverlag GmbH, Wiesbaden und Berlin 1987.

[3.3-33] Maidl, B., Herrenknecht, M., Anheuser, L: Maschineller Tunnelbau im Schildvortrieb. Verlag Ernst & Sohn, Berlin 1994.

[3.3-34] Beckmann, U.: Tunnelbohrmaschinen und ihr Einsatz im Festgestein. Taschenbuch für den Tunnelbau 1985, S. 57-101. Verlag Glückauf GmbH, Essen 1984.

[3.3-35] Firmeninformation Herrenknecht AG, Schwanau.

[3.3-36] Stein, D., Falk, C.: Stand der Technik und Zukunftschancen des Mikrotunnelbaus. Felsbau 14 (1996), Nr. 6, S. 296-303.

[3.3-37] Scherle, M.: Rohrvortrieb, Band 1: Technik-Maschinen-Geräte. Bauverlag GmbH, Wiesbaden und Berlin 1977.

[3.3-38] Stein, D., Möllers, K., Bielecki, R.: Leitungstunnelbau-Neuverlegung und Erneuerung nichtbegehbarer Ver-und Entsorgungsleitungen in geschlossener Bauweise. Verlag Ernst & Sohn, Berlin 1988.

[3.3-39] Stein, D.: Hydraulischer Rohrvortrieb. DVGW-Schriftenreihe Wasser Nr. 202, S. 33-1 bis 33-19, Eschborn 1985.

[3.3-40] Thompson, J. C.: Pipejacking and Microtunnelling. Blackie Academic & Professional, an imprint of Chapman & Hall, Glasgow 1993.

[3.3-41] ATV-Arbeitsblatt A 125: Rohrvortrieb (09.96).

[3.3-42] Stein, D., Bielecki, R.: Horizontale Vortriebsverfahren im Tiefbau unter besonderer Berücksichtigung des Abwasserleitungsbaus. Taschenbuch für den Tunnelbau 1981,

S. 227-274. Verlag Glückauf GmbH, Essen 1981.

[3.3-43] Arbeitsblatt ATV-A 161: Statische Berechnung von Vortriebsrohren (01.90).

[3.3-44] Körkemeyer, K.: Beitrag zur Bemessung des Lasteinleitungsbereiches von Vortriebsrohren aus Beton und Stahlbeton. 4. Internationales Symposium Microtunnelbau, München. Balkema, Rotterdam 1998.

[3.3-45] Scherle, M.: Rohrvortrieb, Band 2: Statik-Planung-Ausführung. Bauverlag GmbH, Wiesbaden und Berlin 1977.

[3.3-46] Suhm, W.: Langstreckenvortrieb. Vortrag an der Colorado School of Mines, USA, 15. Februar 1995.

[3.3-47] Holla, M., Remmer, F.: Europipe, 2600 m Rohrvortrieb unter dem Wattenmeer. 3. Internationales Symposium Microtunnelbau, München. Balkema, Rotterdam/Brookfield 1995.

[3.3-48] HDW Howaldtswerke-Deutsche Werft Aktiengesellschaft (Hrsg.): Ein zukunftsorientiertes Konzept umweltgerecht realisiert-Tunnelvortriebsmaschine Energieversorgungstunnel Kiel. Firmeninformationen, Kiel (ohne Jahr).

[3.3-49] Westfalia Becorit Industrietechnik GmbH (Hrsg.): Hydraulischer Rohrvortrieb beim Bau des Versorgungstunnels Kieler Förde. Firmeninformation, Lünen 1991.

[3.3-50] Holzmann AG, Frankfurt (Autor): Fördetunnel Kiel. Tiefbau-BG (1993), H. 4, S. 216-221.

[3.3-51] N. N.: Undersea breakthrough in Kiel. Tunnels & Tunnelling (1990), H. 6, S. 9.

[3.3-52] Watanabe, S, Ishikawa, Y, Ito, Y., Tsuchida, A.: Development of Parallel Link Excavating Shield Method to Utilize the Underground Effectively. Dokumentation 5. Internationaler Kongreß Leitungsbau, S. 630-642. Hamburg 1997.

[3.3-53] Kashima, J., Kondo, N.: Construction of extremely closeset tunnels using the muddy soil pressure balanced Rectangular Shield Method. Tunnels for People, S. 255-260. Eds: Golser, Hinkel & Schubert. Balkema, Rotterdam 1997.

[3.3-54] Uffmann, H.-P.: 400 Meter Rohrschub DN 1600 im Schutze von Verbau. TIS (1987), H. 8, S. 458-462.

[3.3-55] Groos, M.: Geibelstraße in Hamburg-Winterhude-System halboffene Bauweise. Sonderausgabe bi (1994), S. 22-23.

[3.3-56] Schuster, J.: Ein halboffenes Debüt. Rohrbau Journal (1995), 1. Jahrgang, Ausgabe 1, S. 12-13.

[3.3-57] Firmeninformation Robot-Press-Bohr GmbH, Hünxe.

[3.3-58] Stein, D.: Instandhaltung von Kanalisationen. 3. Auflage. Verlag Ernst & Sohn, Ber-lin 1998.

[3.3-59] Firmeninformation Emunds + Staudinger GmbH, Hückelhoven.

[3.3-60] Firmeninformation Japan Precast PC Culvert Box Association, Japan.

[3.3-61] Stein, D., Bornmann, A., Meister, H.-P.: Studie zur ökologischen Erneuerung innerstädtischer

Ver-und Entsorgungsleitungen sowie zur Erschließung kontaminierter Industriebrachen mit Hilfe begehbarer Leitungsgänge-Teil II: Bautechnik. Unveröffentlichter Forschungsbericht der Ruhr-Universität Bochum, September 1997.

［3.3-62］ Firmeninformation Voest-Alpine Krems Finaltechnik, Krems.

［3.3-63］ Firmeninformation Nippon Concrete Company Ltd. , Japan.

［3.3-64］ Firmeninformation Karl Schaeff GmbH & Co. Maschinenfabrik, Langenburg.

［3.3-65］ Gester, T. : Stand und Entwicklungstenden-zen der Rohrwerkstoffe und Auskleidungen im Sammlerbau. Diplomarbeit an der Ruhr-Universität Bochum.

［3.3-66］ Stein, D. , Conrad, E. U. : Hydraulischer Rohrvortrieb-Schwerpunktthemen aus Forschung und Praxis. Taschenbuch für den Tunnelbau 1985, S. 325- 382. Verlag Glückauf GmbH, Essen 1984.

［3.3-67］ Firmeninformation DAIHO Corporation, Tokyo, Japan.

［3.3-68］ Firmeninformation Takanaka Civil Engineering & Construction Co. Ltd. , Tokyo, Japan.

［3.3-69］ Karnath, U. : Erneuerung eines Abwasserkanals in "halboffener" Bauweise. Dokumentation 4. Internationaler Kongreß Leitungsbau, S. 45-52, Hamburg 1994.

［3.3-70］ Voth, B. : Tiefbaupaxis. Konstruktionen, Verfahren, Herstellungsabläufe im Ingenieurtiefbau, 2. , vollständig neubearbeitete Auflage. Bauverlag GmbH, Wiesbaden und Berlin 1984.

［3.4-1］ DIN 1229: Einheitsgewichte für Aufsätze und Abdeckungen für Verkehrsflächen (06. 96).

［3.4-2］ Bauakademie der DDR, Institut für Ingenieur-und Tiefbau (Hrsg.): Komplexrichtlinie Sammelkanäle. Schriftenreihen der Bauforschung. Reihe Ingenieur-und Tiefbau, Sonderheft 1. Berlin 1976.

［3.4-3］ Girnau, G. et al. : Begehbare Sammelkanäle für Versorgungsleitungen. Forschung und Praxis-U-Verkehr und unterirdisches Bauen. Albis-Verlag, Düsseldorf 1968.

［3.4-4］ Firmeninformation Betonbau GmbH, Waghäusel.

［3.4-5］ Arbeitsgemeinschaft Fernwärme e. V. (AGFW) (Hrsg.): Bau von Fernwärmenetzen. 5. Auflage. VWEW-Verlag, Frankfurt a. M. 1993.

［3.4-6］ DIN EN 124: Aufsätze und Abdeckungen für Verkehrsflächen (08. 94).

［3.4-7］ Firmeninformation SAKA Sammelkanal-und Service GmbH, Berlin-Mahrzahn.

［3.4-8］ Stein, D. , Bornmann, A. , Meister, H. -P. : Studie zur ökologischen Erneuerung innerstädtischer Ver-und Entsorgungsleitungen sowie zur Erschließung kontaminierter Industriebrachen mit Hilfe begehbarer Leitungsgänge-Teil II: Bautechnik. Unveröffentlichter Forschungsbericht der Ruhr-Universität Bochum, September 1997.

［3.4-9］ Firmeninformation Hans Huber GmbH, Berching.

［3.4-10］ DIN EN 476: Allgemeine Anforderungen an Bauteile für Abwässerkanäle und-leitungen für Schwerkraftentwässerungssysteme (08. 97).

［3.4-11］ Laistner, A. : Einsatz begehbarer Leitungsgänge/Infrastrukturkanäle in der öffentlichen

Ver-und Entsorgung. POET-Buch Kreative Ingenieurtechnik, Lauchheim 1996.

[3.4-12] Stein, D: Instandhaltung von Kanalisationen. 3. Auflage. Verlag Ernst & Sohn, Berlin 1998.

[3.4-13] Firmeninformation Passavant-Werke AG, Aarbergen.

[3.4-14] Yang: Begehbare Leitungsgänge für Verund Entsorgungsleitungen. Tschan-Si Verlag, Taipei 1992.

[3.4-15] Firmeninformation Japan Precast PC Culvert Box Association, Japan.

[3.4-16] Bach, W. : Sammelkanal in Suhl. Bauzeitung (1965), H. 8, S. 437-440.

[3.5-1] SIA 205: Verlegung von unterirdischen Leitungen. Schweizerischer Ingenieurund Architektenverein (Ausgabe 1984).

[3.5.1-1] Girnau, G. et al. : Begehbare Sammelkanäle für Versorgungsleitungen. Forschung und Praxis-U-Verkehr und unterirdi sches Bauen. Albis-Verlag, Düsseldorf 1968.

[3.5.1-2] Arbeitsgemeinschaft Fernwärme e. V. (AGFW) (Hrsg.): Bau von Fernwärmenetzen, 5. Auflage. Verlags-und Wirtschaftsgesellschaft der Elektrizitätswerke m. b. H. (VWEW), Frankfurt 1993.

[3.5.1-3] Stradtmann, F. H. : Stahlrohr-Handbuch, 10. Auflage. Vulkan-Verlag, Essen 1986.

[3.5.1-4] DIN 2448: Nahtlose Stahlrohre; Maße, längenbezogene Massen (02.81).

[3.5.1-5] DIN 1629: Nahtlose kreisförmige Rohre aus unlegierten Stählen für besondere Anforderungen, technische Lieferbedingungen (10.84).

[3.5.1-6] DIN 17175: Nahtlose Rohre aus warmfesten Stählen; Technische Lieferbedingungen (05.79).

[3.5.1-7] DIN 2458: Geschweißte Stahlrohre; Maße, längenbezogene Massen (02.81).

[3.5.1-8] DIN 1626: Geschweißte kreisförmige Rohre aus unlegierten Stählen für besondere Anforderungen, technische Lieferbedingungen (10.84).

[3.5.1-9] DIN 2440 (ISO 65-1981): Stahlrohre; mittelschwere Gewinderohre (06.78).

[3.5.1-10] DIN 2441: Stahlrohre; schwere Gewinde-rohre (06.78).

[3.5.1-11] DIN 2442: Gewinderohre mit Gütevor-schrift; Nenndruck 1 bis 100 (08.63).

[3.5.1-12] DIN 2413: Stahlrohre; Berechnung der Wanddicke gegen Innendruck (10.93).

[3.5.1-13] DIN EN 1333: Rohrleitungsteile; Definition und Auswahl von PN (10.96).

[3.5.1-14] DIN 2401: Innen-und außendruckbean-spruchte Bauteile; Druck-und Temperaturangaben; Begriffe, Nenndruckstufen (09.91).

[3.5.1-15] Hommonay, G. : Fernheizungen. Verlag C. F. Müller, Karlsruhe 1977.

[3.5.1-16] DIN EN ISO 6708: Rohrleitungsteile; Definition und Auswahl von DN (Nennweite) (09.95).

[3.5.1-17] DIN 2402: Rohrleitungen; Nennweiten; Begriff, Stufung (02.76).

[3.5.1-18] DIN 18421: VOB Verdingungsordnung für Bauleistungen-Teil C: Allgemeine Technische Vertragsbedingungen für Bauleistungen (ATV); Dämmarbeiten an technischen Anlagen (05.98).

[3.5.1-19] DIN 4140: Dämmen an Betriebs-und Haustechnischen Anlagen-Ausführung von Wärme-
und Kältedämmung (11.96).

[3.5.1-20] VDI 2055: Wärme-und Kälteschutz für betriebs-und haustechnische Anlagen-Berech-
nungen, Gewährleistungen, Meßund Prüfverfahren, Gütesicherung, Lieferbedingungen
(07.94).

[3.5.1-21] Kirchner, G.: Standardisierung von Unterstützungskonstruktionen für den industriellen
Rohrleitungsbau. 3R international (1997), H. 4/5, S. 182-186.

[3.5.1-22] Schwaigerer, S.: "Rohrleitungen-Theorie und Praxis", Reprint der 1. Auflage, Springer-
Verlag, Berlin 1996.

[3.5.1-23] DIN 2632: Vorschweißflansche, Nenndruck 10 (03.75).

[3.5.1-24] DIN 2635: Vorschweißflansche, Nenndruck 40 (03.75).

[3.5.1-25] DIN 2543: Stahlgußflansche, Nenndruck 16 (09.77).

[3.5.1-26] DIN 2545: Stahlgußflansche; Nenndruck 40 (09.77).

[3.5.1-27] DIN 2505: Berechnung von Flanschverbindungen (Entwurf 01.86).

[3.5.1-28] DIN 2605: Formstücke zum Einschweißen; Rohrbogen. Teil 1: Verminderter Aus-
nutzungsgrad (02.91).-Teil 2: Voller Ausnutzungsgrad (06.95).

[3.5.1-29] DIN 2615: Formstücke zum Einschweißen; T-Stücke. Teil 1: Verminderter Aus-nut-
zungsgrad (05.92).-Teil 2: Voller Ausnutzungsgrad (05.92).

[3.5.1-30] DIN 2616: Formstücke zum Einschweißen; Reduzierstücke. Teil 1: Verminderter Aus-
nutzungsgrad (02.91).-Teil 2: Voller Ausnutzungsgrad (02.91).

[3.5.1-31] DIN EN 736: Teil 1: Armaturen-Terminologie: Definition der Grundbauarten (04.
95).-Teil 2: Armaturen-Termino logie: Definition der Armaturenteile (11.97).

[3.5.1-32] DIN 3352: Schieber; Allgemeine Angaben (05.79).

[3.5.1-33] DIN EN 3354-5: Klappen; Absperrklappen, dicht schließend, zentrisch, zum Ein-
klemmen oder Anflanschen mit weich-dichtender Gehäuseauskleidung (02.91).

[3.5.1-34] DIN 3356: Ventile; Allgemeine Angaben (05.82).

[3.5.1-35] DIN 3357: Kugelhähne; Allgemeine Angaben für Kugelhähne aus metallischen Werk-
stoffen (10.89).

[3.5.1-36] DIN 3202 Teil 1 bis Teil 4: Baulängen von Armaturen (04.83.6-09.84).

[3.5.1-37] DIN 3840: Armaturengehäuse; Festigkeitsberechnung gegen Innendruck (09.89).

[3.5.1-38] Arbeitsgemeinschaft Fernwärme e. V. (AGFW) (Hrsg.): Sicherheitsregeln für den
Betrieb von Fernwärmenetzen. Merkblätter der Fernwärmeversorgung, Band 4, Merk-
blatt 6.1. Frankfurt a. M. 1982.

[3.5.1-39] Firmeninformation Armaturen-Vertriebsgesellschaft Alms GmbH, Ratingen.

[3.5.1-40] Firmeninformation MHP Mannesmann Präzisrohr GmbH, Hamm.

[3.5.1-41] Firmeninformation Rockwool Systeme GmbH, Gladbeck.

[3.5.1-42] Firmeninformation Halfen GmbH & Co. KG, Langenfeld-Richrath.

[3.5.1-43] Stein, D., Bornmann, A., Meister, H.-P.: Studie zur ökologischen Erneuerung innerstädtischer Ver-und Entsorgungsleitungen sowie zur Erschließung kontaminiert-er Industriebrachen mit Hilfe begehbarer Leitungsgänge-Teil Ⅱ: Bautechnik. Unveröffentlichter Forschungsbericht der Ruhr-Universität Bochum, September 1997.

[3.5.1-44] Firmeninformation Witzenmann GmbH, Pforzheim.

[3.5.1-45] Firmeninformation Bernecker Rohrbefe-stigungstechnik GmbH, Gevelsberg.

[3.5.1-46] Strien, H. (Hrsg.): Handbuch für den Rohrleitungsbau. VEB Verlag Technik, Berlin.

[3.5.1-47] Witzenmann GmbH, Metallschlauch-Fabrik, Pforzheim (Hrsg.): Kompensatoren-Das Handbuch der Kompensatortechnik. Labhard Verlag, Konstanz 1992.

[3.5.1-48] Firmeninformation Buderus Guss GmbH, Wetzlar.

[3.5.1-49] Mannheimer Versorgungs-und Verkehrsgesellschaft mbH (Hrsg.): Fernwärmeleitung Mannheim-Heidelberg. Mannheim 1987.

[3.5.2-1] Altmann, W.: Der Zustand der Gasversorgungsnetze in den neuen Bundesländern. Dokumentation Deutsche Leitungsbautage, S. 7-9. Leipzig 1993.

[3.5.2-2] Altmann, W.: Gasversorgungstechnik. VEB Deutscher Verlag für Grundstoffindustrie, Leipzig 1983.

[3.5.2-3] DVGW-Arbeitsblatt G 465/I: Uberprüfen von Gasrohrnetzen mit einem Betriebsdruck bis 4 bar (05.82).

[3.5.2-4] Bauakademie der DDR, Institut für Ingenieur-und Tiefbau (Hrsg.): Komplex-richt-tlinie Sammelkanäle. Schriftenreihen der Bauforschung. Reihe Ingenieur-und Tief-bau, Sonderheft 1. Berlin 1976.

[3.5.2-5] TUV Rheinland: Sicherheitsanalyse für den Infrastrukturkanal der Gemeinde Wachau. Unveröffentlicht, 1991.

[3.5.2-6] Stein, D., Drewniok, P.: Der Leitungsgang: Ein effizientes System zur Aufnahme von Rohrleitungen und Kabeln. Gut-achtliche Stellungnahme (unveröffent-licht). Bochum/Leipzig/Halle 1992.

[3.5.2-7] Rohrleitungsbauverband RBV (Hrsg.): Arbeiten an in Betrieb befindlichen Gasrohr-leitungen. Vulkan-Verlag, Essen 1994.

[3.5.2-8] DVGW-Arbeitsblatt G 600: Technische Regeln für Gas-Installationen (DVGW-TRGI 1986) (08.96).

[3.5.2-9] Schörnig: Stellungnahme Infrastrukturka-nal Lauchheim-Anfrage der BG 10 vom 08. 02.1996. Sicherheitstechnische Stellungnahme der BG 4 (unveröffentlicht).

[3.5.2-10] DIN 30670: Polyethylen-Umhüllung von Stahlrohren und-formstücken (04.91).

[3.5.2-11] DIN 2470-1: Gasleitungen aus Stahlrohren mit zulässigen Betriebsdrücken bis 16 bar; Anforderungen an Rohrleitungsteile (12.87).

[3.5.2-12] Firmeninformation Witzenmann GmbH, Pforzheim.

[3.5.2-13] DVGW Arbeitsblatt G 462-1: Errichtung von Gasleitungen bis 4 bar Betriebsdruck aus Stahlrohren (09.76).

［3.5.2-14］ SIA 205 (Hrsg. : Schweizerischer Ingenieur-und Architektenverein) : Verlegung von unterirdischen Leitungen (Ausgabe 1984).

［3.5.2-15］ DVGW-Fachseminar Gasverteilung (mit Erfahrungsaustausch). Dozent: Dipl. -Ing. Werner Paetzel, VEW Bochum.

［3.5.2-16］ DIN 3230-5: Technische Lieferbedingungen für Armaturen; Armaturen für Gasleitungen und Gasanlagen; Anforderungen und Prüfungen (08. 84).

［3.5.2-17］ DIN 3394-1: Automatische Stellgeräte; Stellgeräte zum Sichern, Abblasen und Regeln für Drücke >4bar bis 16bar (07. 95).

［3.5.2-18］ DIN 3537-1: Gasarmaturen bis PN 4; Anforderungen und Anerkennungsprüfung (06. 90).

［3.5.2-19］ DVGW-Arbeitsblatt G 490: Technische Regeln für Bau und Ausrüstung von Gas-Druckregelanlagen mit Eingangsdrücken bis 4bar (01. 98).

［3.5.2-20］ DVGW-Arbeitsblatt G 491: Gas-Druckregelanlagen für Eingangsdrücke über 4bar bis 100bar-Planung, Fertigung, Errichtung, Prüfung, Inbetriebnahme (03. 92).

［3.5.2-21］ DVGW-Arbeitsblatt G459-1 Gas-Hausanschlüsse für Betriebsdrücke bis 4bar; Planung und Errichtung (07. 98).

［3.5.2-22］ Eberhard, R. : Handbuch der Gasversorgungstechnik. R. Oldenbourg Verlag, München 1990.

［3.5.2-23］ Bauakademie der DDR: Druckrohrleitungen der Wasserversorgung aus Gußeisen mit Kugelgraphit. Bauforschung Baupraxis, Richtlinie 178, Bauinformation, Berlin 1986.

［3.5.2-24］ Steinmann, K. , Rheinfeld, U. : Anlagen-und sicherheitstechnische Maßnahmen bei Planung und Bau von Gasversorgungsanlagen. VDI-Bericht Nr. 1139, VDIVerlag 1994.

［3.5.2-25］ DVGW-Hinweis G 465/II : Beurteilungskriterien von Leckstellen an erdverlegten Gasleitungen in der Ortsgasverteilung (04. 83).

［3.5.2-26］ Tiefbau Berufsgenossenschaft (Hrsg.) : Unfallverhütungsvorschrift Arbeiten an Gasleitungen (VBG 50) (Ausgabe 1988).

［3.5.2-27］ Fasold, H. -G. , Wahle, H. -N. : Einfluß der Luft-und Bodentemperatur auf die Transportkapazität von Erdgasversorgungssystemen. gwf Gas-Erdgas (1995), H. 3, S. 113-122.

［3.5.2-28］ Girnau, G. et al. : Begehbare Sammelkanäle für Versorgungsleitungen. Forschung und Praxis-U-Verkehr und unterirdisches Bauen. Albis-Verlag, Düsseldorf 1968.

［3.5.2-29］ Tiefbauamt der Stadt Zürich: Leitungstunnel oder konventionelle Verlegung. Unveröffentlicht, Zürich 1992.

［3.5.2-30］ DVGW-Arbeitsblatt G 260-1: Gasbeschaffenheit (04. 83).

［3.5.2-31］ Berufsgenossenschaft der chemischen Industrie (Hrsg.) : Explosionsschutz-Richtlinien (EX-RL). Ausgabe 9 (1994).

［3.5.2-32］ DVGW-Hinweis G 110: Ortsfeste Gas-warneinrichtungen (12. 85).

［3.5.2-33］ Stein, D. , Bornmann, A. , Meister, H. -P. : Studie zur ökologischen Erneuerung innerstädtischer Ver-und Entsorgungsleitungen sowie zur Erschließung kontaminierter Industriebrachen mit Hilfe begehbarer Leitungsgänge-Teil II: Bautechnik. Unveröffentlichter Forschungsbericht der Ruhr-Universität Bochum, September 1997.

［3.5.2-34］ Firmeninformation Seppelfricke Armaturen GmbH & CO,Gelsenkirchen.

［3.5.2-35］ Firmeninformation Städtler + Beck GmbH,Speyer.

［3.5.3-1］ Kittner,H. : Wasserversorgung. 6. Auflage. VEB Verlag für Bauwesen,Berlin 1988.

［3.5.3-2］ DVGW Deutscher Verein des Gas-und Wasserfaches e. V. : DVGW-Schriftenreihe Nr. 202: DVGW-Fortbildungskurse Wasserversorgungstechnik für Ingenieure und Naturwissenschaftler. Kurs 2: Wasserverteilung Teil 1. ZfGW-Verlag, Frankfurt a. M. 1985.

［3.5.3-3］ DIN 4046: Wasserversorgung; Begriffe. Technische Regel des DVGW (09. 83).

［3.5.3-4］ DIN 2000: Zentrale Wasserversorgung; Leitsätze für Anforderungen an Wasser; Planung,Bau und Betrieb der Anlagen (11. 73).

［3.5.3-5］ DIN 2001: Eigen-und Einzelwasserversorgung; Leitsätze für Anforderungen an Wasser; Planung,Bau und Betrieb der Anlagen. Technische Regel des DVGW (02. 83).

［3.5.3-6］ DIN 1988: Technische Regeln für Trinkwasser-Installationen (TRWI). Teil 1: Allgemeines,Technische Regel des DVGW (12. 88). Teil 2: Planung und Ausführung; Bauteile,Apparate,Werkstoffe; Technische Regel des DVGW (12. 88). Teil 2 Beiblatt 1: Zusammenstellung von Normen und anderen Technischen Regeln über Werkstoffe,Bauteile und Apparate; Technische Regel des DVGW (12. 88). Teil 3: Ermittlung der Rohrdurchmesser; Technische Regel des DVGW (12. 88). Teil 4: Schutz des Trinkwassers,Erhaltung der Wassergüte; Technische Regel des DVGW (12. 88). Teil 5: Druckerhöhung und Druckminderung; Technische Regel des DVGW (12. 88). Teil 6: Feuerlösch-und Brandschutzanlagen; Technische Regel des DVGW (12. 88). Teil 7: Vermeidung von Korrosionsschäden und Steinbildung; Technische Regel des DVGW (12. 88). Teil 8: Betrieb der Anlagen; Technische Regel des DVGW (12. 88).

［3.5.3-7］ Bauakademie der DDR(Hrsg.): Druckrohrleitungen der Wasserversorgung aus Gußeisen mit Kugelgraphit. Bauforschung Baupraxis, Richtlinie 178, Bauinformation. Berlin 1986.

［3.5.3-8］ DIN 19630: Richtlinien für den Bau von Wasserrohrleitungen; Technische Regel des DVGW (08. 82).

［3.5.3-9］ DVGW-Arbeitsblatt W 346: Guß-und Stahlrohrleitungsteile mit ZM-Auskleidung, Handhabung (02. 95).

［3.5.3-10］ DIN 2614: Zementmörtelauskleidung für Gußrohre, Stahlrohre und Formstücke; Verfahren,Anforderungen, Prüfungen (02. 90).

［3.5.3-11］ DIN 30674：Umhüllung von Rohren aus duktilem Gußeisen. Teil 1：Polyethylen-Umhüllung（09.82）. -Teil 2：Zementmörtel-Umhüllung（10.1992）. -Teil 3：Zink-Uberzug mit Deckbeschichtung（09.1982）. -Teil 4：Beschichtung mit Bitumen（05.1983）. -Teil 5：Polyethylen-Folienumhüllung（03.1985）.

［3.5.3-12］ DIN 2460：Stahlrohre für Wasserleitungen（01.92）.

［3.5.3-13］ Mutschmann,J.：Taschenbuch der Wasserversorgung. 10. Auflage. Franck-Kosmos Verlags-GmbH & Co,Stuttgart 1991.

［3.5.3-14］ DIN 19533：Rohrleitungen aus PE hart（Polyäthylen hart）und PE weich（Polyäthylen weich）,für die Wasserversor-gung；Rohre,Rohrverbindungen,Rohrleitungsteile（03.76）.

［3.5.3-15］ DIN 19532：Rohrleitungen aus weichmacherfreiem Polyvinylchlorid（PVC hart, PVC-U）für die Wasserversorgung；Rohre,Rohrverbindungen,Rohrleitungsteile；technische Regeln des DVGW（07.79）.

［3.5.3-16］ Bauakademie der DDR,Institut für Ingenieur-und Tiefbau（Hrsg.）：Komplexrichtlinie Sammelkanäle. Schriftenreihen der Bauforschung. Reihe Ingenieur-und Tiefbau,Sonderheft 1. Berlin 1976.

［3.5.3-17］ Girnau,G.：Begehbare Sammelkanäle für Versorgungsleitungen,Albis Verlag GmbH, Düsseldorf 1968.

［3.5.3-18］ DIN 28603：Rohre und Formstücke aus duktilem Gußeisen；Steckmuffen-Verbindungen,Anschlußmaße und Massen（11.82）.（Norm-Entwurf）DIN 28603：Rohre und Formstücke aus duktilem Gußeisen Steckmuffen Verbindungen Anschluß-maße（01.98）.

［3.5.3-19］ DIN 28601：Druckrohre und Formstücke aus duktilem Gußeisen für Gas-und Wasserleitungen. Teil 1：SchraubmuffenVerbindungen,Zusammenstellung, Muffen,Schraubringe（03.76）. -Teil 2：Schraubmuffen-Verbindungen, Dichtringe（03.76）. -Teil 3：Schraubmuffen-Verbindungen,Gleitringe（03.76）.

［3.5.3-20］ DIN 28602：Druckrohre und Formstücke aus duktilem Gußeisen für Gas-und Wasserleitungen. Teil 1：Stopfbuchsenmuffen-Verbindung,Zusammenstellung,Muffen,Stopfbuchsenringe（03.76）. Teil 2：Stopfbuchsenmuffen-Verbindung, Dichtringe（03.76）. Teil 3：Stopfbuchsenmuffen-Verbindung, Hammerschrauben und Muttern（03.76）.

［3.5.3-21］ DIN EN 1092-2：Flansche und ihre Verbindungen；Runde Flansche für Rohre,Armaturen, Formstücke und Zubehörteile,nach PN bezeichnet；Gußeisenflansche（06.97）.

［3.5.3-22］ DIN EN 545：Rohre,Formstücke,Zubehörteile aus duktilem Gußeisen und ihre Verbindungen für Wasserleitungen Anforderungen und Prüfverfahren（01.95）.

［3.5.3-23］ DIN 8063 Rohrverbindungen und Rohrleitungsteile für Druckrohrleitungen aus weichmacherfreiem Polyvinylchlorid（PVC-U）. Teil 1：Muffen-und Doppelmuffenbogen,

Maße (12.86). Teil 2: Bogen aus Spritzguß für Klebung, Maße (07.80). Teil 3: Rohrverschraubungen, Maße (07.80) bzw. (Entwurf 01.96). Teil 4: Bunde, Flansche, Dichtungen; Maße (09.83) Teil 5: Allgemeine Qualitätsanforderungen, Prüfung (10.99). Teil 6: Winkel aus Spritzguß für Klebung, Maße (07.80) bzw. (Entwurf 06.91). Teil 7: T-Stücke und Abzweige aus Spritzguß für Klebung, Maße (07.80). Teil 8: Muffen, Kappen und Nippel aus Spritzguß für Klebung, Maße (07.80) bzw. (Entwurf 06.91). Teil 9: Reduzierstücke aus Spritzguß für Klebung, Maße (08.80). Teil 10: Wandscheiben, Maße (08.80) bzw. (Entwurf 06.91). Teil 11: Muffen mit Grundkörper aus Kupfer-Zink-Legierung (Messing) für Klebung; Maße (01.87). Teil 12: Flanschund Steckmuffenformstücke; Maße (01.87).

[3.5.3-24] DIN 16451: Formstücke aus duktilem Gußeisen (GGG) für Druckrohrleitungen aus weichmacherfreiem Polyvinylchlorid (PVC-U). Teil 1: Technische Lieferbedin-gungen (06.94). -Teil 2: Maße (06.94).

[3.5.3-25] DVGW-Arbeitsblatt W 355: Leitungsschächte (08.79).

[3.5.3-26] DIN 3221: Unterflurhydranten PN 16 (01.86).

[3.5.3-27] DIN 3222: Uberflurhydranten PN 16 (01.86).

[3.5.3-28] DVGW-Arbeitsblatt W 331: Hydranten (04.98).

[3.5.3-29] Zeitz, K. : Instandhaltung und Betrieb im Wasserrohrnetz auf dem Weg in die Zukunft. gwf 134 (1993), H.6, S.313-317.

[3.5.3-30] Bolte, O. G. : Praxis der Wasserverlustbekämpfung im Rohrnetz. Seminarreihe "Rohrnetz aktuell". 2 Auflage 1992/93.

[3.5.3-31] Stein, D. , Bornmann, A. , Meister, H. -P. : Studie zur ökologischen Erneuerung innerstädtischer Ver-und Entsorgungsleitungen sowie zur Erschließung kontaminierter Industriebrachen mit Hilfe begehbarer Leitungsgänge-Teil II : Bautechnik. Unveröffentlichter Forschungsbericht der Ruhr-Universität Bochum, September 1997.

[3.5.3-32] KRV Kunststoffrohrverband e. V. Bonn (Hrsg.): Kunststoffrohr Handbuch-Rohrleitungssysteme für die Ver-und Entsorgung sowie weiterer Anwendungsgebiete. 3. Auflage. Vulkan-Verlag, Essen, 1997.

[3.5.3-33] Buderus Guss GmbH (Hrsg.): Gussrohrtechnik-Wasser-Gas. Wetzlar 1992.

[3.5.3-34] Firmeninformation MHP Mannesmann Präzisrohr GmbH, Geschäftsbereich LinePipe, Hamm.

[3.5.3-35] DIN 16928: Rohrleitungen aus thermoplastischen Kunststoffen: Rohrverbindungen, Rohrleitungsteile, Verlegung, allgemeine Richtlinien (04.79).

[3.5.3-36] Firmeninformation Buderus Guss GmbH, Wetzlar.

[3.5.3-37] Ibanez, J. M. : Absperrarmaturen in der Wasserversorgung: Gestern, Heute und Morgen. 3RInternational 36 (1997), H.2, S.100-115.

[3.5.4-1] DIN EN 752: Entwässerungssysteme außerhalb von Gebäuden. Teil 1: Allgemeines und Definitionen (01.96). -Teil 2: Anforderungen (09.96). -Teil 3: Planung (09.96). -Teil 4: Hydraulische Berechnung und Umweltschutzaspekte (11.97). -Teil 5: Sanierung (11.97). -Teil 6: Pumpanlagen (06.98). -Teil 7: Betrieb und Unterhalt (06.98).

[3.5.4-2] DIN EN 1671: Druckentwässerung außerhalb von Gebäuden (08.97).

[3.5.4-3] DIN EN 1091: Unterdruckentwässerungssysteme außerhalb von Gebäuden (02.97).

[3.5.4-4] Rothe, K.: Die Werkstoffauswahl für das Rohrein wesentliches Element der Planung am Beispiel der Ortskanalisation. Steinzeug-Information (1983/84), S.35-38.

[3.5.4-5] Schorn, H.: Skriptum zur Materialtechno-logie. Ruhr-Universität Bochum.

[3.5.4-6] DIN 4030: Beurteilung betonangreifender Wässer, Böden und Gase. Teil 1: Grundlagen und Grenzwerte (06.91). -Teil 2: Entnahme und Analyse von Wasser-und Bodenproben (06.91).

[3.5.4-7] Stein, D.: Instandhaltung von Kanalisationen. 3. Auflage. Verlag Ernst & Sohn, Berlin 1998.

[3.5.4-8] Frühling, A.: Handbuch der Ingenieurwissenschaften in fünf Teilen. Teil 3: Der Wasserbau, 4. Bd.: Die Entwässerung der Städte. Verlag Wilhelm Engelmann, Leipzig 1910.

[3.5.4-9] DIN EN 4263: Kanäle und Leitungen im Wasserbau; Formen, Abmessungen und geometrische Werte geschlossener Querschnitte (04.91).

[3.5.4-10] Hähnlein, V.: Einsatz, Fertigung und Verlegung großformatiger Stahlbetonrohre. 3Rinternational 31 (1992), H.3, S.128-137.

[3.5.4-11] White, H.: Eier stehen wieder auf dem Speiseplan. BFT Betonwerk + Fertigteil-Technik (1994), H.4, S.50-53.

[3.5.4-12] Braunstorfinger, M.: Die Renaissance des Eiprofils. Tiefbau TIS (1993), H.9, S.633-634.

[3.5.4-13] Sartor, J.: Die Wiedereinführung des Eiprofils in der Kanalisationstechnik. Dokumentation 2. Internationaler Leitungsbau-kongreß, S.239-254. Hamburg 1989.

[3.5.4-14] Abwassertechnische Vereinigung e. V. (ATV) (Hrsg.): Lehr-und Handbuch der Abwassertechnik. Verlag Wilhelm Ernst & Sohn, Berlin/München 1982. Band I: Wassergütewirtschaftliche Grundlagen, Bemessung und Planung von Abwasserableitungen. 3. Auflage. -Band II: Entwurf und Bau von Kanalisationen und Abwasserpumpwerken. 3. Auflage.

[3.5.4-15] ATV-A 118: Richtlinien für die hydraulische Berechnung von Schmutz, Regen-und Mischwasserkanälen (07.77).

[3.5.4-16] DIN 4035: Stahlbetonrohre, Stahlbetondruckrohre und zugehörige Formstücke aus Stahlbeton; Maße, technische Lieferbedingungen (08.95).

[3.5.4-17] Busch, F., Hummel, A. G.: Wasserversorgung-Abwasserwirtschaft. Ingenieur-Taschenbuch, Bd. III: Boden-Wasser Verkehr. Teubner-Verlagsgesellschaft, Leipzig 1965.

[3.5.4-18] Abwassertechnische Vereinigung e. V. (ATV) (Hrsg.): ATV-Handbuch: Planung der Kanalisation. 4. Auflage. Verlag Ernst & Sohn, Berlin 1995.

[3.5.4-19] Zäschke, W. : Ermittlung optimaler Tragfähigkeitsreihen vorgefertigter Rohre für Abwasserkanäle. Dissertation, Berichte aus Wassergütewirtschaft und Gesundheitsingenieurwesen, Nr. 56. Technische Universität München 1986.

[3.5.4-20] ATV-A 110: Richtlinien für die hydrauli-sche Berechnung von Abwasserkanälen (08.88).

[3.5.4-21] DIN EN 752: Entwässerungssysteme außerhalb von Gebäuden. Teil 1: Allgemeines und Definitionen (01.96). -Teil 2: Anforderungen (09.96). -Teil 3: Planung (09.96). -Teil 4: Hydraulische Berechnung und Umweltschutzaspekte (11.97). -Teil 5: Sanierung (11.97). -Teil 6: Pumpanlagen (06.98). -Teil 7: Betrieb und Unterhalt (06.98).

[3.5.4-22] ATV-A 147: Betriebsaufwand für Kanalisationen. Teil 1: Betriebsaufgaben und Intervalle (05.93).

[3.5.4-23] ATV-M 143: Inspektion, Sanierung und Erneuerung von Entwässerungskanälen undleitungen. Teil 1: Grundlagen (12.89). -Teil 2: Optische Inspektion (06.91). -Teil 6: Dichtheitsprüfungen bestehender erdüberschütteter Abwasserleitungen und-kanäle und Schächte mit Wasser, Luftüber-und Unterdruck (06.98).

[3.5.4-24] Girnau, G. : Unterirdischer Städtebau. Verlag Ernst & Sohn, Berlin/München/Düsseldorf 1970.

[3.5.4-25] Stein, D. , Bornmann, A. , Meister, H. -P. : Studie zur ökologischen Erneuerung innerstädtischer Ver-und Entsorgungsleitungen sowie zur Erschließung kontaminierter Industriebrachen mit Hilfe begeh-barer Leitungsgänge-Teil II: Bautechnik. Unverö-ffentlichter Forschungsbericht der Ruhr-Universität Bochum, September 1997.

[3.5.4-26] Köhler, R. : Tiefbauarbeiten für Rohrleitungen. 5. Auflage, R. Müller Verlag, Köln 1995.

[3.5.4-27] Giesler, N. : Ist die DIN 4033 Entwässe-rungskanäle undleitungen (Richtlinie für die Ausführung) noch zeitgemäß. KA 39 (1992), H. 3.

[3.5.4-28] Nelles, E. : Versorgungskanal auf dem Gelände der Universität Bochum. Sonderdruck Steinzeug Information, Nr. 2, Köln 1970.

[3.5.4-29] Firmeninformation Halfen GmbH & Co. KG, Langenfeld-Richrath.

[3.5.5-1] DIN VDE 0295: Leiter für Kabel und isolierte Leitungen für Starkstromanlagen (06.92).

[3.5.5-2] DIN VDE 0255: Bestimmungen für Kabel mit massegetränkter Papierisolierung und Metallmantel für Starkstromanlagen (ausgenommen Gasdruck-und Olkabel) (11.72).

[3.5.5-3] Brüggemann,H.: Starkstrom-Kabelanlagen. Band 1. VDE-Verlag,Berlin 1992.

[3.5.5-4] VDEW Vereinigung Deutscher Elektrizitätswerke e. V. (Hrsg.): Kabelhandbuch. 5. Auflage. VWEW Verlags-und Wirtschaftsgesellschaft der Elektrizitätswerke mbH, Frankfurt a. M. 1997.

[3.5.5-5] Heinold,L.: Kabel und Leitungen für Starkstrom,Band 1 und 2. Siemens Aktienge-sellschaft,München 1987.

[3.5.5-6] DIN VDE 0271: Starkstromkabel mit Isolierung und Mantel aus thermoplastischem PVC und Nennspannungen bis U0/ U(Um) 3 ,6/6 (7 ,2) kV (06. 97).

[3.5.5-7] DIN VDE 0207: Isolier-und Mantelmischungen für Kabel und isolierte Leitungen; Verzeichnis der Normen der Reihe DIN 57207/VDE 207 (07. 82).

[3.5.5-8] N. N.: Besser halogenfreie Kabel. ZfK (1996),H. 5,S. 17.

[3.5.5-9] DIN VDE 0276-620: Starkstromkabel-Teil 620: Energieverteilungskabel mit extrudi-erter Isolierung für Nennspannungen U0/U 3 ,6/6kV bis 20 ,8/36kV; Deutsche Fas-sung HD 620 S1 Teile 1 ,3C,4C,5C und 6C (12. 96).

[3.5.5-10] DIN VDE 0263: Kabel mit Isolierung aus vernetztem Polyethylen und ihre Garni-turen; Nennspannungen U0/U > 18/30kV bis 87/150kV (02. 91).

[3.5.5-11] DIN VDE 0276-603: Starkstromkabel-Teil 603: Energieverteilungskabel mit Nenn-spannungen U0/U 0 ,6/1kV (11. 95).

[3.5.5-12] DIN VDE 0289: Begriffe für Starkstromkabel und isolierte Starkstromleitungen. Teil 1: Allgemeine Begriffe (03. 1988). Teil 2: Aufbauelemente (03. 1988). Teil 3: Fertigungsvorgänge (03. 1988). Teil 4: Prüfen und Messen (03. 1988). Teil 5: Längen (03. 1988). Teil 6: Zubehör,Garnituren (03. 1993). Teil 7: Verlegung und Montage (03. 1988). Teil 8: Strombelastbarkeit (03. 1988).

[3.5.5-13] DIN VDE Normenkatalog. VDE-Verlag,Berlin.

[3.5.5-14] DIN VDE 0276-1000: Starkstromkabel. Strombelastbarkeit,Allgemeines; Umrech-nungsfaktoren (06. 1995).

[3.5.5-15] Bauakademie der DDR,Institut für Ingenieur-und Tiefbau (Hrsg.): Komplexrich-tlinie Sammelkanäle. Schriftenreihen der Bauforschung. Reihe Ingenieur-und Tief-bau,Sonderheft 1. Berlin 1976.

[3.5.5-16] DIN EN 60439-5: Niederspannung-Schaltgerätekombinationen; Besondere Anforde-rungen an Niederspannung-Schaltgeräte-kombinationen, die im Freien an öffentlich zugängigen Plätzen aufgestellt werden; Kabelverteilerschränke (KVS) in Energie-versorgungsnetzen (02. 97).

[3.5.5-17] DIN VDE 0660-505: Niederspannungs-Schaltgerätekombinationen; Bestimmungen für Hausanschlußkästen und Sicherungskästen (10. 98).

[3.5.5-18] DIN VDE 0101: Errichten von Starkstromanlagen mit Nennspannungen über 1kV (05. 89).

[3.5.5-19] DIN VDE 0670-1000: Wechselstromschaltgeräte für Spannungen über 1kV (08.

84). (Norm-Entwurf) DIN VDE 0670-1000/A2: Wechselstromschaltgeräte für Spannungen über 1kV; Gemeinsame Bestimmungen für Hochspannungsschaltgeräte; Anderung 2 (11.91).

[3.5.5-20] DIN 47630: Hausanschlußmuffen aus Metallguß bis 1000V; Maße (03.72).

[3.5.5-21] Klockhaus, H. , Wanser, G. : Abschluß-und Verbindungstechnik bei Starkstromkabeln. VWEW Verlag, Frankfurt a. M 1979.

[3.5.5-22] DIN 43627: Kabel-Hausanschlußkästen für NH-Sicherungen Größe 00 bis 100A 500 V und Größe 1 bis 250A 500V (07.92).

[3.5.5-23] DIN 43629: Kabelverteilerschrank; Gehäuse, Anbaumaße (08.78).

[3.5.5-24] DIN VDE 0165: Errichten elektrischer Anlagen in explosionsgefährdeten Bereichen (02.91).

[3.5.5-25] Flosdorff, R. : Elektrische Energieverteilung. 6. Auflage, Teubner-Verlag, Stuttgart 1994.

[3.5.5-26] Fehling, H. : Elektrische Starkstromanlagen. VDE Verlag, Berlin 1984.

[3.5.5-27] DIN 42500: Drehstrom-Ol-Verteilungs-transformatoren 50Hz, 50 ~ 2500kVA; Allgemeine Anforderungen und Anforderungen für Transformatoren Um bis 24kV (12.93).

[3.5.5-28] DIN 42523: Trockentransformatoren 50Hz, 100 ~ 2500kVA; Allgemeine Anforderungen und Anforderungen für Transformatoren Um bis 24kV (12.93).

[3.5.5-29] Firmeninformation GEC Alsthom T & D GmbH.

[3.5.5-30] Firmeninformation BETONBAU GmbH, Waghäusel.

[3.5.5-31] DIN VDE 0266 Starkstromkabel mit verbessertem Verhalten im Brandfall-Nennspannungen U0/U 0,6/1kV (11.97). (Norm-Entwurf) DIN VDE 0266/A1: Starkstromkabel mit verbessertem Verhalten im Brandfall-Nennspannungen U0/U 0,6/1kV; Anderung A1 (01.98).

[3.5.5-32] DIN VDE 0276-604: Starkstromkabel-Teil 604: Starkstromkabel mit Nennspannungen U0/U 0,6/1kV mit verbessertem Verhalten im Brandfall für Kraftwerke (10.95).

[3.5.5-33] DIN VDE 0276-622: Starkstromkabel; Starkstromkabel mit Nennspannungen von U0/U 3,6/6 (7,2) bis 20,8/36 (42)kV mit verbessertem Verhalten im Brandfall für Kraftwerke (02.97).

[3.5.5-34] DIN VDE 0472-804: Prüfung an Kabeln und isolierten Leitungen; Brennverhalten (11.89).

[3.5.5-35] Schaefer, H. (Hrsg.): VDI-Lexikon Energietechnik. VDI-Verlag, Düsseldorf 1994.

[3.5.5-36] TUV Rheinland: Sicherheitsanalyse für den Infrastrukturkanal der Gemeinde Wachau. Unveröffentlicht, 1991.

[3.5.5-37] Heinold, L. : Kabel und Leitungen für Starkstrom. Band 1 und 2. Siemens Aktiengesellschaft München 1987.

[3.5.5-38] Firmeninformation ALCATEL Kabel, Mönchengladbach.

［3.5.5-39］ Firmeninformation PUK Werke KG Kunststoff-Stahlverarbeitung GmbH & Co. , Berlin.

［3.5.5-40］ Stein, D. , Bornmann, A. , Meister, H. -P. : Studie zur ökologischen Erneuerung innerstädtischer Ver-und Entsorgungsleitungen sowie zur Erschließung kontaminierter Industriebrachen mit Hilfe begehbarer Leitungsgänge-Teil II : Bautechnik. Unveröffentlichter Forschungsbericht der Ruhr-Universität Bochum, September 1997.

［3.5.5-41］ Firmeninformation SAKA Sammelkanal-und Service GmbH, Berlin-Marzahn.

［3.5.5-42］ Firmeninformation Geyer AG, Nürnberg.

［3.5.5-43］ Firmeninformation OBO-Bettermann, Menden.

［3.5.6-1］ Mahlke, G. , Gössing, P. : Lichtwellenleiterkabel. Siemens 1993.

［3.5.6-2］ Ludl, A. et al. : Low cost solution for introduction of optical fibres in existing CATV-networks. Montreux International TV Symposium 1997.

［3.5.6-3］ Ludl, A. et al. : Anforderungen an CATV-Kabel und Komponenten für neue Rückkanal-Dienste. In : HFC-Netzwerken mit hohen Datenraten. ITG-Fachtagung Telekommunikationskabelnetze, Köln 1997.

［3.5.6-4］ CCITT : Construction, installation, jointing and protection of optical fibre cables. Geneva 1990.

［3.5.6-5］ Schüler, H. : Telekommunikationskabel bei der Deutschen Telekom. Unterrichtsblätter Jg. 48, 1/95.

［3.5.6-6］ DIN EN 50117-1 : Koaxialkabel für Kabelverteilanlagen; Fachgrundspezifikation (02. 1996). Teil 1/A1 : Fachgrundspezifikation; Anderung A1 (09. 1997).

［3.5.6-7］ Pooch, H. : Kabeltechnik. Fachverlag Schiele & Schön, Berlin 1991.

［3.5.6-8］ DIN VDE 0815 : Installationskabel und-leitungen für Fernmelde-und Informationsverarbeitungsanlagen (09. 85).
DIN VDE 0815/A1 : Installationskabel und-leitungen für Fernmelde-und In-formationsverarbeitungsanlagen; Ande-rung 1 (05. 88).

［3.5.6-9］ DIN VDE 0816-1 : Außenkabel für Fernmelde-und Informationsanlagen, Kabel mit Isolierhülle und Mantel aus Polyethylen in Bündelverseilung (02. 88).

［3.5.6-10］ DIN VDE 0888 : Lichtwellenleiter-Kabel für Fernmelde-und Informationsverarbeitungsanlagen. Teil 1 : Begriffe (06. 88). -Teil 2 : Faser, Einzeladern und Bündeladern (08. 87).

［3.5.6-11］ Wartmann, H. : Fernmelde-Linientechnik. Fachverlag Schiele & Schön, Berlin 1985.

［3.5.6-12］ Schubert, W. : Nachrichtenkabel und Ubertragungssysteme. Siemens 1986.

［3.5.6-13］ Bergmann, K. : Lehrbuch der Fernmeldetechnik. Fachverlag Schiele & Schön, Berlin 1986.

［3.5.6-14］ Deutsche Bundespost (Hrsg.) : Kabelmontage, ober-und unterirdischer Fernmeldebau. Linientechnik (1) 1984.

［3.5.6-15］ DIN VDE 0899 Teile 1 bis 5 : Verwendung von Lichtwellenleiter-Fasern, Einzeladern, Bündeladern und Kabeln für Fernmelde-und Informationsverarbei-tungsanlagen.

[3.5.6-16] Gierz, U. et al. : Geschichtliche Entwicklung der Fernsprech-Ubertragungstechnik über Kabel und Richtfunk. Der Fernmelde-Ingenieur (1990), H. 11/12, S. 1-75.

[3.5.6-17] Ludl, A. : Local Loop-Zugang mit Erd-, Röhren-und/oder Luftkabel. IIR-Forum 1996.

[3.5.6-18] Ludl, A. : Zuverlässigkeit von LWL-Kabelnetzen. ntz 1-2/98.

[3.5.6-19] DIN VDE 800-1 : Fernmeldetechnik; All-gemeine Begriffe, Anforderungen und Prüfungen für die Sicherheit der Anlagen und Geräte (05. 89).

[3.5.6-20] Firmeninformation Alcatel Kabel AG & Co. , Mönchengladbach.

[3.5.6-21] Firmeninformation PUK-Werke KG Kunststoff-Stahlverarbeitung GmbH & Co. , Berlin.

[3.5.6-22] Stein, D. , Bornmann, A. , Meister, H. -P. : Studie zur ökologischen Erneuerung innerstädtischer Ver-und Entsorgungslei-tungen sowie zur Erschließung kontaminierter Industriebrachen mit Hilfe begehbarer Leitungsgänge-Teil II : Bautechnik. Unveröffentlichter Forschungsbericht der Ruhr-Universität Bochum, September 1997.

[3.5.7-1] SIA 205 : Verlegung von unterirdischen Leitungen. Schweizerischer Ingenieur-und Architektenverein (Ausgabe 1984).

[3.5.7-2] Firmeninformation Halfen GmbH & Co. KG, Langenfeld-Richrath.

[3.5.7-3] Firmeninformation GEW Gas-, Elektrizitäts-und Wasserwerke Köln Aktiengesellschaft, Köln.

[3.6-1] ATV-Arbeitsblatt A 125 : Rohrvortrieb (09. 96).

[3.6-2] Stein, D. , Möllers, K. , Bielecki, R. : Leitungstunnelbau-Neuverlegung und Erneuerung nichtbegehbarer Ver-und Entsorgungsleitungen in geschlossener Bauweise. Verlag Ernst & Sohn, Berlin 1988.

[3.6-3] Stein, D. , Falk, C. : Stand der Technik und Zukunftschancen des Mikrotunnelbaus. Felsbau 14 (1996), Nr. 6, S. 296-303.

[3.6-4] Stein, D. , Niederehe, W. : Herstellung von Hausanschlüssen für die Entsorgung von Gebäuden und Grundstücken. In : Kiefer, W. u. a. : Grundstücksentwässerung. Expert Verlag, Sindelfingen 1985.

[3.6-5] Uffmann, H. -P. , Nieder, G. : Preiswerter als offene Bauweise-Geschlossene Bauweise von Abwasserhausanschlüssen und kleinen Sammlern. biumweltschutz (1996), H. 2.

[3.6-6] DIN 1986 Teil 1 : Entwässerungsanlagen für Gebäude und Grundstücke; Technische Bestimmungen für den Bau (06. 88).

[3.6-7] DIN EN 1610 : Verlegung und Prüfung von Abwasserleitungen und-kanälen (10. 97).

[3.6-8] VDEW Vereinigung Deutscher Elektrizitätswerke e. V. (Hrsg.) : Kabelhandbuch. 5. Auflage. VWEW Verlags-und Wirtschaftsgesellschaft der Elektrizitätswerke mbH, Frankfurt a. M. 1997.

[3.6-9] DIN 18195 : Bauwerksabdichtungen. Teil 1 : Allgemeines, Begriffe (08. 83). (Norm-Entwurf) DIN 18195-1 : Grundsätze, Definitionen, Zuordnung der Abdichtungsarten (09.

98). Teil 2: Bauwerksabdichtungen; Stoffe (08.83). (Norm-Entwurf) DIN 18195-2: Stoffe (09.98). Teil 3: Verarbeitung der Stoffe (08.83). (Norm-Entwurf) DIN 18195-3: Anforderungen an den Untergrund und Verarbeitung der Stoffe (09.98). Teil 4: Abdichtungen gegen Bodenfeuchtigkeit, Bemessung und Ausführung (08.83). (Norm-Entwurf) DIN 18195-4: Abdichtungen gegen Bodenfeuchtigkeit (Kapillarwasser, Haftwasser, Sickerwasser); Bemessung und Ausführung (09.98). Teil 5: Abdichtungen gegen nichtdrückendes Wasser, Bemessung und Ausführung (02.84). (Norm-Entwurf) DIN 18195-5: Abdichtungen gegen nichtdrückendes Wasser; Bemessung und Ausführung (09.98). Teil 6: Abdichtungen gegen von außen drückendes Wasser, Bemessung und Ausführung (08.83). (Norm-Entwurf) DIN 18195-6: Abdichtungen gegen von außen drückendes Wasser; Bemessung und Ausführung (09.98). Teil 7: Abdichtungen gegen von innen drückendes Wasser, Bemessung und Ausführung (06.89). Teil 8: Abdichtungen über Bewegungsfugen (08.83). Teil 9: Durchdringungen, Ubergänge, Abschlüsse (12.86). Teil 10: Schutzschichten und Schutzmaßnahmen (08.83).

[3.6-10] Haack, A., Emig, K.: Abdichtungen. In: Grundbau Taschenbuch Teil 2 (Hrsg.: Smoltczyk, U.), 4. Auflage. Verlag Ernst & Sohn, Berlin 1991.

[3.6-11] Firmeninformation DSI Rohrleitungsbau-Zubehör GmbH, Nehren.

[3.6-12] Firmeninformation Doyma GmbH & Co., Oyten.

[3.6-13] DIN 4102: Brandverhalten von Baustoffen und Bauteilen. Teil 9: Kabelabschottungen; Begriffe, Anforderungen und Prüfungen (05.90). Teil 11: Rohrummantelungen, Rohrabschottungen, Installationsschächte und-kanäle sowie Abschlüsse ihrer Revisionsöffnungen; Begriffe, Anforderungen und Prüfungen (12.85).

[3.6-14] Husemann, B., Schilhart, P.: Kompakte Mehrsparten-Hauseinführung. 3Rinternational 37 (1998), H. 10/11, S. 716-719.

[3.6-15] Firmeninformation Tracto-Technik, Lennestadt.

[3.6-16] Firmeninformation Herrenknecht AG, Schwanau.

[3.6-17] Firmeninformation Bohrtec GmbH, Alsdorf.

[3.6-18] Firmeninformation Ingenieur-Tiefbaugesellschaft Dr.-Ing. G. Soltau GmbH, Lüneburg.

[3.6-19] Stein, D., Bornmann, A., Meister, H.-P.: Studie zur ökologischen Erneuerung innerstädtischer Ver-und Entsorgungsleitungen sowie zur Erschließung kontaminierter Industriebrachen mit Hilfe begehbarer Leitungsgänge-Teil II: Bautechnik. Unveröffentlichter Forschungsbericht der Ruhr-Universität Bochum, September 1997.

[3.6-20] Altmann, W.: Gasversorgungstechnik. VEB Deutscher Verlag für Grundstoffindustrie, Leipzig 1983.

[3.6-21] DIN 4032: Betonrohre und Formstücke; Maße, technische Lieferbedingungen (01.81).

[3.6-22] Firmeninformation Halberg-Luitpoldhütte Vertriebsgesellschaft mbH, Saarbrücken-Brebach.

[3.6-23] Firmeninformation Euro Ceramic GmbH, Viersen.

［3.6-24］ Firmeninformation Rehau AG & Co. , Erlangen-Eltersdorf.

［3.6-25］ Firmeninformation Steinzeug GmbH，Köln.

［3.7-1］ Deutsche Gesellschaft für grabenloses Bauen und Instandhalten von Leitungen（GSTT）e. V. ：Leitfaden-Planung，Bau und Betrieb von begehbaren Leitungsgängen，Teil 1：Allgemeine Grundlagen（Ent-wurf des GSTT-Arbeitskreises 4）.

［3.7-2］ DIN 5035-2：Beleuchtung mit künstlichem Licht，Richtwerte für Arbeitsstätten in Innenräumen und im Freien（09.90）.

［3.7-3］ Volger,K. ：Haustechnik. B. G. Teubner，Stuttgart 1994.

［3.7-4］ Tiefbau-Berufsgenossenschaft（Hrsg. ）：Elektrische Einrichtungen im Tunnelbau（1994）.

［3.7-5］ DIN 18015-3：Elektrische Anlagen in Wohngebäuden；Leitungsführung und Anordnung der Betriebsmittel（07.90）.

［3.7-6］ Bauakademie der DDR,Institut für Ingenieur-und Tiefbau（Hrsg. ）：Komplexrichtlinie Sammelkanäle. Schriftenreihen der Bauforschung. Reihe Ingenieur-und Tiefbau；Sonder-heft 1. Berlin 1976.

［3.7-7］ Tiefbau-Berufsgenossenschaft（Hrsg. ）：Unfallverhütungsvorschrift Erste Hilfe（VBG 109）（01.97）.

［3.7-8］ Girnau, G. et al. ：Begehbare Sammelkanäle für Versorgungsleitungen. Forschung und Praxis-U-Verkehr und unterirdisches Bauen. Albis-Verlag,Düsseldorf 1968.

［3.7-9］ Firmeninformation Helios Ventilatoren GmbH，Villingen-Schwenningen.

［3.7-10］ Kaarow,H. -J. ：Betriebserfahrungen beim Infrastrukturkanal der Stadtwerke Leipzig Gm-bH. Elektrizitätswirtschaft 23（1995），S. 1538-1543.

［3.7-11］ Sprenger, E.（Hrsg. ）：Taschenbuch für Hei-zung，Lüftung und Klimatechnik，56. Auflage. R. Oldenbourg Verlag，München 1970.

［3.7-12］ SIA 205：Verlegung von unterirdischen Leitungen. Schweizerischer Ingenieur-und Ar-chitektenverein（Ausgabe 1984）.

［3.7-13］ Tiefbauamt der Stadt Zürich：Leitungstunnel oder konventionelle Verlegung. Unveröffentlicht，Zürich 1992.

［3.7-14］ DIN 18082-1：Feuerschutzabschlüsse,Stahltüren T30-1（12.91）.

［3.7-15］ Tiefbau-Berufsgenossenschaft（Hrsg. ）：Sicherheitsregeln für die Ausrüstung von Arbeitsstätten mit Feuerlöschern（04.94）.

［3.7-16］ Taiwanesisches Verkehrsinstitut（Hrsg. ）：Grundsätze für Planung und Erstellung bege-hbarer Leitungsgänge. Taiwan 1992.

［3.7-17］ DIN 14675：Brandmeldeanlagen；Aufbau（01.84）.

［3.7-18］ DIN VDE 0833：Gefahrenmeldeanlagen für Brand,Einbruch und Uberfall. Teil 1：Allge-meine Festlegungen（01.89）.
Teil 2：Festlegungen für Brandmeldeanlagen（BMA）（08.82）. Teil 3：Festlegungen für Einbruch-und Uberfallmeldeanlagen（VDE-Bestimmung）（08.82）.

［3.7-19］ Yang：Begehbare Leitungsgänge für Ver-und Entsorgungsleitungen. Tschan-Si Ver-lag,

Taipei 1992.

[3.7-20] Stein, D., Bornmann, A., Meister, H. -P.: Studie zur ökologischen Erneuerung innerstädtischer Ver-und Entsorgungsleitungen sowie zur Erschließung kontaminierter Industriebrachen mit Hilfe begehbarer Leitungsgänge-Teil II: Bautechnik. Unveröffentlichter Forschungsbericht der Ruhr-Universität Bochum, September 1997.

[3.7-21] Tiefbau-Berufsgenossenschaft (Hrsg.): Unfallverhütungsvorschrift Sicherheitskennzeichnung am Arbeitsplatz (VBG 125) (04.89).

[3.7-22] Firmeninformation Hespe & Woelm GmbH.

[3.7-23] Firmeninformation Promat Gmbh, Ratingen.

[3.7-24] Firmeninformation Hilti Deutschland GmbH, Kaufering.

[3.7-25] Firmeninformation Anhamm Behälter-, Stahl-& Apparatebau, Moers.

[4-1] Gesetz zur Umsetzung der Richtlinie des Rates vom 27. Juni 1985 über die Umweltverträglichkeitsprüfung bei bestimmten öffentli chen und privaten Projekten (85/337/EWG); Gesetz über die Umweltverträglichkeitsprü fung (UVPG) vom 12. Februar 1990. BGB, Teil I, S. 205-214.

[4-2] Kühling, W.: Grenz-und Richtwerte als Bewertungsmaßstäbe für die UVP. In: Bewertung der Umweltverträglichkeit, S. 31 ff. Eberhard-Blottner-Verlag, 1991.

[4-3] Bodenschutzkonzeption der Bundesregierung, Bundestagsdrucksache 10/2977 vom 07. 03. 1985. In: Materialienband Bodenschutz des Bodenschutzzentrums NRW von 1990.

[4-4] Okologische Stadt der Zukunft-Konzepte und Maßnahmen der Modellstadt Düsseldorf 1993. Zwischenbericht, Düsseldorf 1994.

[4-5] Gesetz zum Schutz des Bundesministeriellen Referentenentwurfes, Stand 22. März 1996. UTA Umwelttechnik aktuell (1994), H. 6, S. 438 ff.

[4-6] Raschke, N.: Der Umweltbereich Boden in der UVP. UVP-Report (1994), S. 39 ff.

[4-7] Allgemeine Verwaltungsvorschrift zur Ausführung des Gesetzes über die Umweltverträglichkeitsprüfung (UVPVwV) vom 18. 09. 1995 in GMBl, S. 671 ff.

[4-8] VDI-Nachrichten Nr. 11 vom 18. März 1995.

[4-9] Birn, H.: Kreislaufwirtschafts-und Abfallgesetz in der betrieblichen Praxis. WEKA Praxis Handbuch.

[4-10] Bartlsperger, R.: Zur Rechtslage einer Erneuerung von Rohrleitungen im Berstlining-Verfahren. TIS (1995), H. 2, S. 21-32.

[4-11] Wasserhaushaltsgesetz-BGB, Teil I vom 23. September 1986. In: WEKA Praxis Handbuch, Ergänzungssammlung.

[4-12] Länderarbeitsgemeinschaft Wasser (LAWA): Anforderungen an einen fortschrittlichen Umweltschutz.

[4-13] Technische Regeln des DVGW: Arbeitsblatt W 101, Punkt 4.

[4-14] Fellenberg, G.: Chemie der Umweltbelastung. Teubner Studienbücher Chemie, Stuttgart 1992.

[4-15] Stein, D. : Produkte und Verfahren zur Sanierung von Abwasserkanälen. Schriftenreihe der Bundesanstalt für Arbeitsschutz und Arbeitsmedizin, FB 779, Dortmund/Berlin 1997.

[4-16] Stein, D. , Körkemeyer, K. , Leuchtenberg-Auffarth, E. : Acrylamidhaltige Mörtel müssen nicht sein. bi bauwirtschaftliche Information (1997), H. 4, S. 45-46.

[4-17] Stein, D. et al. : Umweltverträglichkeit von Injektionsmitteln zur Abdichtung von Rohrverbindungen in Kanalisationen. Dokumentation 3. Internationaler Kongreß Leitungs-bau, S. 409-421. Hamburg 1991.

[4-18] Stein, D. : Instandhaltung von Kanalisationen. 3. Auflage. Verlag Ernst & Sohn, Berlin 1998.

[4-19] Baier, B. : Energetische Bewertung luftgetragener Membranhallen im Vergleich mit Holz-, Stahl-und Stahlbetonhallen. Verlag Rudolf Müller, Essen 1982.

[4-20] Hantsche, U. : Abschätzung des konkreten Energieaufwandes und der damit verbundenen Emissionen zur Herstellung ausgewählter Baumaterialien. VDI-Berichte 1093, S. 151-165.

[4-21] Dinkgern, G. : Energieinhalte bei Beton und bei Beton-Bauteilen-Teil 1. Betonwerk und Fertigteiltechnik 49 (1983), S. 588-591.

[4-22] Zanker, G. : Okologische Lösungsansätze mit Beton-Bauteilen. Betonwerk und Fertigteiltechnik 59 (1993), S. 73-76.

[4-23] Kumulierte Energie-und Stoffbilanzen. VDI-Berichte 1093 (1993), S. 119-123.

[4-24] Länderarbeitsgemeinschaft Wasser (LAWA): Leitlinien zur Durchführung von Kostenvergleichsrechnungen. München 1990.

[4-25] Stein, D. : Vorstellung des Forschungsvorhabens in der Stadtverwaltung Herne am 11. 03. 1996 (unveröffentlicht).

[4-26] Grunau, E. : Stahlbeton-Grenzen einer dauerhaften Instandsetzung. TIS (1995), H. 2, S. 54-57.

[4-27] Sicherheitsanalyse für den Infrastrukturkanal der Gemeinde Wachau. TUV Rheinland, 30. September 1991.

[4-28] Leitungstunnel oder konventionelle Verlegung. Teilauftrag Risikoaspekte Tiefbauamt der Stadt Zürich, Januar 1992.

[4-29] Basler und Partner, Zollikon: Werkleitungskanal Löwenstraße, Beurteilung der Risiken und der Sicherheitsmaßnahmen. September 1991.

[4-30] Tiefbauamt der Stadt Herne: Daten zum Verkehrsaufkommen in der Hauptstraße in Herne (09/96).

[4-31] Protokollnotiz der Besprechung vom 04. 04. 1996 im Tiefbauamt Herne.

[4-32] Bauakademie der DDR, Institut für Inge-nieur-und Tiefbau (Hrsg.): Komplexrichtlinie Sammelkanäle. Schriftenreihen der Bauforschung. Reihe Ingenieur-und Tiefbau, Sonderheft 1. Berlin 1976.

[4-33] Studie zur ökologischen Erneuerung. Modellprojekt Hauptstraße in Herne, Planungsentwurf. Teil Variantenuntersuchung zu technisch-ökonomischen Lösungsmöglichkeiten. in-

gutis Leipzig, März 1997.

[4-34] Vorabzug Bodengutachten Hauptstraße Schichtenprofile und Rammdiagramme Tief-bauamt der Stadt Herne vom 30. 08. 1996.

[4-35] Stadtökologischer Beitrag der Stadt Herne. Kommunalverband Ruhrgebiet, Abt. Landschaftsplanung. Essen 1996.

[4-36] Klimaanalyse der Stadt Herne (Auszug) Kommunalverband Ruhrgebiet, Abt. Karten-und Luftbildwesen/Stadtklimatologie.

[4-37] UVP in der Praxis-Verarbeitung von Umweltdaten und Bewertung der Umweltverträglichkeit. Dortmunder Vertrieb für Bau-und Planungsliteratur (1990).

[4-38] Raumverträglichkeitsprüfung für Reststoffdeponien Band 2: Methodische Berichte zur Bewertung. Verlag der Fachvereine an den schweizerischen Hochschulen; Zürich.

[4-39] Dinkgern, G.: Energieinhalte bei Beton und Beton-Bauteilen-Teil 2. Betonwerk und Fertigteiltechnik 49 (1983), S. 638-642.

[5-1] Klemmer, P., Köhler, T.: Studie zur ökologischen Erneuerung innerstädtischer Ver-und Entsorgungsleitungen sowie zur Erschließung kontaminierter Industriebrachen mit Hilfe begehbarer Leitungsgänge-Teil V: Okonomie. Unveröffentlichter Forschungsbericht der Ruhr-Universität Bochum, September 1997.

[5-2] Köhler, T.: Erneuerung urbaner Ver-und Entsorgungsinfrastruktur mit Hilfe begehbarer Leitungsgängeeine ökonomische Bewertung. Dissertation an der Ruhr-Universität Bochum, Fakultät für Wirtschaftswissenschaft, Bochum 1998.

[5-3] Hofmann, J.: Erweiterte Kosten-Nutzen-Analyse-Zur Bewertung und Auswahl öffentlicher Projekte. Abhandlungen zu den wirtschaftlichen Staatswissenschaften, Bd. 16. Göttingen 1981.

[5-4] Schneider, D.: Investition, Finanzierung und Besteuerung. 7. Auflage, Wiesbaden 1992.

[5-5] Witte, H.: Die Integration monetärer und nichtmonetärer Bewertungen-Ein Problem volkswirtschaftlicher Bewertungsansätze. Volkswirtschaftliche Schriften, Heft 388. Berlin 1989.

[5-6] Mühlenkamp, H.: Kosten-Nutzen-Analyse. München und Wien 1994.

[5-7] Pareto, V.: Manuel déconomie politique. 4. Auflage. Genf 1966.

[5-8] Kaldor, N.: Welfare Propositions and Interpersonal Comparisons of Utility. In: Economic Journal, Vol. 49 (1939), S. 549-552.

[5-9] Hicks, J. R.: Foundation of Welfare Economics. In: Economic Journal, Vol. 49 (1939), S. 696-712.

[5-10] Musgrave, R. A., Musgrave, P. B., Kullmer, L.: Die öffentlichen Finanzen in Theorie und Praxis, 1. Band. 5. Auflage. Tübingen 1990.

[5-11] Hanusch, H.: Nutzen-Kosten-Analyse. 2. Uberarbeitete Auflage. WiSo-Kurzlehrbücher: Reihe Volkswirtschaft. Vahlen, München 1994.

[5-12] Junkernheinrich, M., Karl, H., Klemmer, P.: Konzeptionen volkswirtschaftlicher Umweltökonomie. In: Junkernheinrich, M., Klemmer, P., Wagner, G. R. (Hrsg.): Handbuch zur Umweltökonomie. Handbücher zur angewandten Umwelt-

forschung, Bd. 2 , S. 88-93. Berlin 1995.

[5-13] Bundesminister für Verkehr (Hrsg.) : Bundesverkehrswegeplan 1992. Bonn/Berlin 1992.

[5-14] Drewniok, P. , Reim, K. -P. : Studie zur ökologischen Erneuerung innerstädtischer Ver- und Entsorgungsleitungen sowie zur Erschließung kontaminierter Industriebrachen mit Hilfe begehbarer Leitungsgänge-Teil III : Umsetzung in Herne und Okologie. Unveröff-entlichter Forschungsbericht der Ruhr-Universität Bochum, September 1997.

[5-15] ATV-A 147 : Betriebsaufwand für die Kanalisation-Teil 1 : Betriebsaufgaben und Intervalle (05. 93).

[5-16] Statistisches Bundesamt (Hrsg.) : Reihe 2. 1-Offentliche Wasserversorgung und Abwasserbeseitigung 1991. Umwelt Fachserie 19. Wiesbaden 1995.

[5-17] Deutscher Verein des Gas-und Wasserfaches e. V. (Hrsg.) : Wasserverluste in Wasserverteilungsanlagen-Feststellung und Beurteilung, Technische Mitteilungen Merkblatt W 391 , Eschborn 1986.

[5-18] Laistner, A. : Einsatz begehbarer Leitungsgänge/Infrastrukturkanäle in der öffentlichen Ver-und Entsorgung. Dissertation an der Universität Wien, Fakultät für Bauingenieurwesen. 1996.

[5-19] Girnau, G. : Begehbare Sammelkanäle für Versorgungsleitungen, Forschung und Praxis-U-Verkehr und unterirdisches Bauen. Forschungsauftrag der Stadt Frankfurt/Main an die Studiengesellschaft für unterirdische Verkehrsanlagen e. V. (STUVA) unter dem Titel " Untersuchungen zur Frage der Zusammenfassung innerstädtischer Versorgungsleitungen in begehbaren Kanälen" , Düsseldorf 1968.

[5-20] Tiefbauamt der Stadt Zürich (Hrsg.) : Leitungsgänge oder konventionelle Verlegung. Infrastrukturelle und wirtschaftliche Aspekte von Leitungsgängen. Studie erstellt von Infrastruktur-und Entwicklungsplanung Umwelt-und Wirtschaftsfragen Zürich (INFRAS), Zürich 1992.

[5-21] Hampicke, U. : Okologische Okonomie-In-dividuen und Natur in der Neoklassik/Natur in der ökonomischen Theorie, Teil 4. Opla-den 1992.

[5-22] Morawietz, M. : Rentabilität und Risiko deutscher Aktien-und Rentenanlagen seit 1870-Eine Berücksichtigung von Geldentwertung und steuerlichen Einflüssen. Zugl. Dissertation an der Technischen Hochschule Darmstadt, Fakultät für Rechts-und Wirtschaftswissenschaften. Wiesbaden 1994.

[5-23] PLANCO Consulting GmbH (Hrsg.) : Nut-zen-Kosten-Untersuchung Main-Donau-Kanal. Essen und Hamburg 1981.

[5-24] Länderarbeitsgemeinschaft Wasser (Hrsg.) : Leitlinien zur Durchführung von Kostenvergleichsrechnungen, 5. Auflage, München 1994 .

[5-25] Willeke, R. : Mobilität, Verkehrsmarktordnung, externe Kosten und Nutzen des Verkehrs. Schriftenreihe des Verbandes der Automobilindustrie e. V. (VDA) , Nr. 81. Frankfurt a. M. 1996.

［5-26］ Forschungsgesellschaft für Straßen-und Ver-kehrswesen（Hrsg.）：Richtlinien für die An-la-ge von Straßen（RAS）-Teil：Wirtschaftlich-keitsuntersuchungen RAS-W. Köln 1986.

［5-27］ Forschungsgesellschaft für Straßen-und Verkehrswesen（Hrsg.）：Kommentar zu den Rich-tlinien für die Anlage von Straßen-Teil：Wirtschaftlichkeitsuntersuchungen RAS-W. Köln 1987.

［5-28］ Bundesminister für Verkehr（Hrsg.）：Gesamtwirtschaftliche Bewertung von Verkehr-swegeinvestitionen Bewertungsverfahren für den Bundesverkehrswegeplan 1992. Schlußbericht zum FE-Vorhaben 90372/92 des Bundesminister für Verkehr，Schrift-en-reihe Heft 72. Essen/Bonn 1993.

［5-29］ Bundesministerium für Verkehr（Hrsg.）：Lärmschutz im Verkehr-Technische und rechtli-che Grundlagen Lärmschutzmaßnahmen Gesetze und Verordnungen. Bonn 1993.

［5-30］ Forschungsgesellschaft für Straßen-und Verkehrswesen（Hrsg.）：Richtlinien für den Lärmschutz an Straßen RLS-90. Köln 1992.

［5-31］ Ullrich,S.：Annahmen zu den Fahrzeugemissionen in den Richtlinien für den Lärmschutz an Straßen RLS-90. In：Straße und Autobahn（1991），H. 4，S. 189-191.

［5-32］ Gieseke,P.，Wiedemann,W.，Czychowski,M.：Wasserhaushaltsgesetz unter Berücksichtigung der Landeswassergesetze und des Wasserstrafrechts-Kommentar,5. Auflage，München 1989.

［5-33］ Forschungsgesellschaft für Straßen-und Verkehrswesen（Hrsg.）：Merkblatt über Baum-standorte und unterirdische Ver-und Entsorgungsanlagen. Köln 1989.

［5-34］ Normenausschuß Bauwesen（NABau）im DIN Deutsches Institut für Normung e. V.（Hrsg.）：DIN 18920：Schutz von Bäumen，Pflanzenbeständen und Vegetationsflächen bei Baumaßnahmen. Berlin 1990.

［5-35］ Bundesminister für Verkehr（Hrsg.）：Richtlinien für die Anlage von Straßen（RAS）-Teil：Landschaftsgestaltung（RAS-LG），Abschnitt 4：Schutz von Bäumen und Sträuchern im Bereich von Baustellen. Aufgestellt von der Forschungsgesellschaft für Straßen-und Verkehrswesen,Bonn 1986.

［5-36］ Koch,W.：Das Sachwertverfahren für Bäume in der Rechtsprechung. In：Versicherung-srecht-Juristische Rundschau für die Individualversicherung 41（1990），H. 16,S. 3-27.

［5-37］ Freeman,A. M.：The Measurement of Environmental and Resource Values-Theory and Methods. Washington D. C. 1993.

［5-38］ Forschungsgesellschaft für Straßen-und Verkehrswesen（Hrsg.）：Zusätzliche Technische Vertragsbedingungen und Richtlinien für Aufgrabungen in Verkehrsflächen（ZTVA-StB 89）. Köln 1989.

［5-39］ Kosog,U.：Zusätzliche technische Vorschriften bei Straßenaufgrabungen und ihre Kon-sequenzen für die Versorgungsunternehmen. 3Rinternational 31（1992），H. 1/2,S. 64-70.

［5-40］ Schmuck, A.，Maerschalk,G.：Auswirkungen örtlich begrenzt auftretender Mängel der Straßenbefestigung auf die Notwendigkeit rechtzeitiger Erhaltungsmaßnahmen. Forschung

Straßenbau und Straßenverkehrstech-nik, Heft 555. Bonn-Bad Godesberg 1989.

[5-41] von Becker, P. : Folgewirkungen von Straßenschäden durch Aufbrüche-Teil 1. Unveröffentlichtes Gutachten im Auftrag des Amtes für Straßen und Verkehrstechnik der Stadt Köln, Auftragnehmer: Technische Uberwachung Hessen GmbH (TUH). Darm-stadt 1996.

[5-42] Chmielewicz, K. : Rechnungswesen, Band 2: Pagatorische und kalkulatorische Erfolgsrechnung. Bochum 1988.